信息安全国家重点实验室信息隐藏领域丛书

隐写学原理与技术

赵险峰　张　弘　编著

科学出版社

北　京

内 容 简 介

隐写的主要作用是保护保密通信与保密存储的事实不被发现，而隐写分析的主要作用是发现这类事实。随着网络与多媒体应用的普及，隐写与隐写分析的研究发展很快，它们之间的对抗不断进入更高级的阶段，有必要进行系统的描述与全新的总结。本书将隐写与隐写分析作为一个新学科——隐写学进行了系统阐述，主要内容包括隐写与隐写分析的发展背景、主要性能指标、基本的消息嵌入方法、隐写分布特性保持、矩阵编码、专用隐写分析、湿纸编码、基于±1的分组隐写编码、通用隐写分析、高维特征通用隐写分析、最优嵌入理论、校验子格编码、自适应隐写、选择信道感知隐写分析与基于深度学习的隐写分析，其中各个子领域的内容也概括了最新的主要研究成果。此外，本书各章的小结与最后一章给出进一步阅读和思考的方向，除最后一章外，每章配有用于巩固知识的思考与实践，附录部分给出了相关的基础知识介绍及实验方案，有助于读者全面学习并形成研究能力。

本书可以作为信息安全相关领域研究人员的参考资料，也可以作为信息安全或相关专业研究生与高年级本科生的学习用书。

图书在版编目（CIP）数据

隐写学原理与技术 / 赵险峰，张弘编著. — 北京：科学出版社，2018.10

ISBN 978-7-03-059117-3

Ⅰ. ①隐… Ⅱ. ①赵… ②张… Ⅲ. ①密码术-高等学校-教材 Ⅳ. ①TN918.4

中国版本图书馆 CIP 数据核字(2018)第 240124 号

责任编辑：阚 瑞 / 责任校对：郭瑞芝

责任印制：吴兆东 / 封面设计：迷底书装

科学出版社 出版

北京东黄城根北街 16 号

邮政编码：100717

http://www.sciencep.com

北京虎彩文化传播有限公司 印刷

科学出版社发行 各地新华书店经销

*

2018 年 10 月第 一 版 开本：720×1 000 1/16

2024 年 1 月第八次印刷 印张：22

字数：430 000

定价：149.00 元

（如有印装质量问题，我社负责调换）

前　言

很多人都了解加密，但对隐写(steganography)的作用不够清楚。一般来说，加密保护保密通信或存储的内容不受非授权的浏览，而隐写保护保密通信或存储的事实不被发现，有学者认为它们提供了机密性的两个方面。在一些应用环境下，保护保密通信或存储的事实非常重要，例如，在不安全或者被监控的环境下，它是进行安全保密通信的前提之一。

隐写是一类信息隐藏技术，它将机密信息隐藏在可公开的数据内容中传输或者保存，使非授权者不但不能浏览保密的内容，而且难以知道保密通信或者机密存储事实的存在，只有授权的接收者才能从隐写后的含密载体中提取隐蔽消息。隐写的主要应用是隐蔽通信与存储，与加密技术不同的是，隐写的主要目的不是对通信或存储内容进行保密，而是要在此基础上隐蔽保密的事实。识别隐写载体的技术称为隐写分析(steganalysis)，它一般通过检测媒体特征的变化判定隐写的存在，因此，隐写的主要设计目标是提高含密载体的隐蔽性，并在此基础上尽量提高数据的隐藏量等性能。

隐写技术历史悠久，在古代人们就已经使用隐写技术，但是，相比密码方法，隐写一直在通信能力上存在较大的劣势，因此长时期没有获得显著的发展。20 世纪末期，随着数字媒体与网络的普及，隐写获得了越来越好的载体源与传输条件，因此，相关的研究非常活跃，也出现了得到广泛关注的应用。当前，人们已经提出了很多以各类数字媒体为载体的隐写方法，互联网上出现了大量的隐写软件，隐写分析方法也日益丰富。

多年来，隐写经常被称为“隐写术”，但是随着隐写与隐写分析方法的发展，有关隐写的理论与技术已逐渐成长为一门较为系统的学科，有必要进行系统的描述与全新的总结。因此，本书采用隐写学作为隐写与隐写分析的总称，并结合最新的研究发展情况对其进行阐述，主要内容包括隐写与隐写分析的发展背景、主要性能指标、基本的消息嵌入方法、隐写分布特性保持、矩阵编码、专用隐写分析、湿纸编码、基于±1 的分组隐写编码、通用隐写分析、高维特征通用隐写分析、最优嵌入理论、校验子格编码、自适应隐写、选择信道感知隐写分析与基于深度学习的隐写分析。为了避免读者陷入各类多媒体编码与应用场景的细节中，在描述上，本书主要通过介绍图像隐写与隐写分析阐述隐写学的基本原理与技术，仅在最后介绍视/音频隐写与隐写分析等子领域的基本发展情况。为了方便读者学习并巩固提高，除最后一章外，书中每章都配有思考与实践，各章的小结与最后一章给出进一步阅读和思考的方向，附录部分回顾所需的基础知识并给出实验方案。

本书是作者在长期从事相关研究与教学工作的基础上完成的，书中主要内容已经在中国科学院大学网络空间安全学院以及计算机与控制学院的信息隐藏课程中讲授。其中，赵险峰教授主要负责撰写正文部分，张弘助理研究员主要负责撰写实验部分。本书的主要课件、实验代码与勘误表可以在 http://www.media-security.net 下载。

本书的编著与出版得到了各方面的帮助。本书的出版得到了 NSFC-通用技术基础研究联合基金项目（U1636102）、中国科学院战略性先导科技专项课题（XDA06030600）与信息安全国家重点实验室重点部署项目（2017-ZD-04）的资助；本书的编著得到了信息隐藏领域同行的指导，尤新刚研究员、郭云彪研究员、许舟军高级工程师、张卫明教授、李晓龙教授、朱美能副研究员审阅了本书，提出了大量宝贵意见；作者所在单位的同事与研究生也为本书的编著提供了重要帮助，荆继武教授、薛锐研究员、高丽丽女士、杨林春女士为作者在中国科学院大学开设信息隐藏课程提供了支持，为本书的教学试用创造了条件，夏超、赵增振、马赛、李晔、曹纭、易小伟、尤玮珂、张振宇、刘亚奇、王运韬等提供了部分参考资料、数据和实验程序。对于以上帮助，作者在此一并表示衷心感谢。

作者希望本书能够为隐写学的发展与教学尽一份力量，隐写学科学背景丰厚，涉及多媒体信号处理与编码、统计学、代数学、模式识别、信息论、信源与信道编码、密码学、最优化理论、深度学习等多个领域，知识交叉融合且更新快，作者虽全力以赴，但由于能力与时间有限，总难免仍有不足，敬请读者指正。如发现错误或提供意见和建议，欢迎发送电子邮件至 ih_ucas@163.com。

作　者

中国科学院信息工程研究所，信息安全国家重点实验室

中国科学院大学网络空间安全学院

2018 年 5 月 1 日

目　　录

前言

第 1 章　绪言 …… 1
1.1　从密码到信息隐藏与隐写 …… 1
1.1.1　密码方法的一些局限 …… 1
1.1.2　信息隐藏基本概念 …… 2
1.1.3　隐写与隐写分析对抗模型 …… 5
1.2　隐写的应用发展 …… 9
1.3　隐写安全指标 …… 11
1.3.1　基于分布偏差的指标 …… 11
1.3.2　基于抗隐写分析性能的指标 …… 12
1.4　本书内容安排 …… 13
1.5　小结 …… 14
思考与实践 …… 14

第 2 章　图像编码与基本嵌入方法 …… 15
2.1　空域编码图像 …… 15
2.1.1　光栅格式 …… 15
2.1.2　调色板格式 …… 17
2.2　变换域编码图像 …… 17
2.3　基本嵌入方法 …… 19
2.3.1　LSB 替换 …… 20
2.3.2　LSB 匹配与加减 1 …… 21
2.3.3　调色板图像嵌入 …… 21
2.3.4　量化调制 …… 23
2.4　小结 …… 25
思考与实践 …… 25

第 3 章　隐写分布特性保持 …… 26
3.1　分布保持问题 …… 26
3.1.1　LSBR 分布问题与 χ^2 分析 …… 26
3.1.2　分布保持及其困难性 …… 29
3.2　基于调整修改方式的方法 …… 31
3.2.1　F3 隐写 …… 31

3.2.2 F4 隐写 …… 32
3.3 基于预留区的方法 …… 33
3.3.1 预留补偿区的分布恢复 …… 33
3.3.2 预留“死区”的分布保持 …… 38
3.3.3 预留补偿区的二阶分布恢复 …… 41
3.4 基于统计模型的方法 …… 44
3.4.1 HPDM 隐写 …… 44
3.4.2 MB 隐写 …… 45
3.5 小结 …… 49
思考与实践 …… 50
第 4 章 矩阵编码 …… 51
4.1 线性分组纠错码的启发 …… 51
4.2 矩阵编码的一般描述 …… 53
4.2.1 矩阵编码嵌入与提取 …… 53
4.2.2 矩阵编码的一些性质 …… 54
4.3 典型的矩阵编码隐写 …… 56
4.3.1 F5 隐写 …… 56
4.3.2 MME 隐写 …… 58
4.4 小结 …… 60
思考与实践 …… 60
第 5 章 专用隐写分析 …… 61
5.1 对空域隐写的专用分析 …… 61
5.1.1 RS 分析 …… 61
5.1.2 对彩色图像的 RQP 分析 …… 66
5.1.3 SPA 分析 …… 68
5.1.4 直方图特征函数质心分析 …… 70
5.2 对 JPEG 隐写的专用分析 …… 73
5.2.1 对 OutGuess 的块效应分析 …… 73
5.2.2 对 MB 的直方图分析 …… 76
5.2.3 对 F5 隐写的校准分析 …… 78
5.3 对调色板图像隐写的专用分析 …… 82
5.3.1 奇异颜色分析 …… 82
5.3.2 颜色混乱度分析 …… 83
5.4 小结 …… 85
思考与实践 …… 86

第 6 章　湿纸编码……87
6.1　湿点与干点……87
6.2　湿纸编码算法……89
6.2.1　编码原理……89
6.2.2　消息容量分析……90
6.2.3　一个基本算法……91
6.3　典型的湿纸编码隐写……94
6.3.1　量化扰动……94
6.3.2　抗收缩 JPEG 隐写……94
6.3.3　双层隐写……95
6.4　小结……95
思考与实践……96
第 7 章　基于±1 的分组隐写编码……97
7.1　一个特例——LSBM-R……97
7.2　基于和差覆盖集的 GLSBM……99
7.2.1　GLSBM 基本构造方法……99
7.2.2　和差覆盖集的生成……102
7.3　小结……103
思考与实践……104
第 8 章　通用隐写分析……105
8.1　通用隐写分析基本过程……105
8.2　通用空域隐写分析……106
8.2.1　小波高阶统计特征分析……107
8.2.2　SPAM 特征分析……108
8.3　通用 JPEG 隐写分析……110
8.3.1　Markov 特征分析……111
8.3.2　融合校准特征分析……113
8.4　通用盲隐写分析简介……116
8.4.1　隐写分析的多种工作模式……117
8.4.2　算法去失配……118
8.4.3　载体去失配……119
8.5　通用定量隐写分析简介……120
8.6　小结……122
思考与实践……123

第 9 章 高维特征通用隐写分析……124
9.1 FLD 集成分类器……124
9.1.1 基本构造……125
9.1.2 参数设置……126
9.2 富模型高维特征隐写分析……127
9.2.1 空域富模型特征分析……127
9.2.2 JPEG 富模型特征分析……133
9.3 随机投影与相位感知分析……138
9.3.1 随机投影特征分析……138
9.3.2 相位感知特征分析……141
9.3.3 相位感知随机投影特征分析……153
9.4 小结……155
思考与实践……156
第 10 章 最优嵌入理论……157
10.1 一般情况……157
10.1.1 PLS 与 DLS 问题……157
10.1.2 最优修改分布的性质……158
10.2 加性模型……161
10.2.1 加性模型下的最优嵌入……161
10.2.2 加性模型最优修改分布求解……164
10.3 最优嵌入模拟……166
10.3.1 基于 Gibbs 抽样的模拟……166
10.3.2 基于子格迭代的模拟……168
10.4 小结……170
思考与实践……170
第 11 章 校验子格编码……171
11.1 STC 基本思想……171
11.2 STC 算法……173
11.3 双层 STC……177
11.3.1 基于三元嵌入分解……178
11.3.2 基于两层嵌入综合……183
11.4 小结……186
思考与实践……186
第 12 章 自适应隐写……187
12.1 限负载自适应隐写……187

12.1.1 基本框架……187
12.1.2 图像空域自适应隐写……189
12.1.3 JPEG 域自适应隐写……198
12.2 限失真自适应隐写……201
12.2.1 基本框架……201
12.2.2 限平均失真隐写……202
12.2.3 限平均统计量失真隐写……205
12.3 非加性模型自适应隐写……208
12.3.1 子格嵌入与失真修正……209
12.3.2 联合失真及其分解……214
12.4 小结……216
思考与实践……217
第 13 章 选择信道感知隐写分析……218
13.1 空域图像选择信道感知分析……218
13.1.1 基于区域选择的方法……219
13.1.2 基于特征权重的方法……219
13.2 JPEG 图像选择信道感知分析……224
13.3 小结……226
思考与实践……226
第 14 章 基于深度学习的隐写分析……227
14.1 深度卷积神经网络简介……227
14.2 针对空域隐写的 CNN 分析……231
14.2.1 基本框架的形成……231
14.2.2 支持选择信道感知的 CNN 分析……236
14.3 针对 JPEG 域隐写的 CNN 分析……239
14.3.1 混合深度学习网络……239
14.3.2 支持相位感知的 CNN 分析……241
14.4 小结……244
思考与实践……246
第 15 章 其他与后记……247
15.1 其他进展……247
15.2 部分问题……252
参考文献……256
附录 A 部分基础知识提要……274
A.1 数学与统计学……274

A.1.1　群、子群与陪集 …… 274
A.1.2　环与域 …… 276
A.1.3　线性回归及其误差估计 …… 277
A.1.4　Lagrange 乘子法最优化求解 …… 279
A.2　信息论与编码 …… 280
A.2.1　信息量单位与转换 …… 281
A.2.2　Fisher 信息 …… 281
A.2.3　KL 散度性质 …… 283
A.2.4　Huffman 编码 …… 285
A.2.5　线性分组纠错码 …… 286
A.3　模式识别 …… 290
A.3.1　分类问题与判别函数 …… 290
A.3.2　Bayes 分类器 …… 291
A.3.3　线性分类器 …… 292
A.3.4　支持向量机 …… 295
A.3.5　神经网络基础 …… 299
A.4　信号处理与检测 …… 304
A.4.1　离散 Fourier 变换 …… 304
A.4.2　离散余弦变换 …… 305
A.4.3　离散小波变换 …… 306
A.4.4　最小均方误差直方图修正 …… 307
A.4.5　假设检验 …… 308
附录 B　实验 …… 313
B.1　图像隐写工具的使用 …… 313
B.2　图像专用隐写分析 …… 316
B.3　JPEG 图像通用隐写分析 …… 318
B.4　空域图像自适应隐写 …… 320
B.5　JPEG 图像自适应隐写 …… 322
B.6　富模型空域图像隐写分析 …… 324
B.7　选择信道感知隐写分析 …… 326
B.8　空域图像 CNN 隐写分析 …… 328
名词索引 …… 331

第 1 章　绪　言

一般人们可能认为，保密通信是采用密码技术的通信，由发送方将消息加密后发送给消息的接收者，但是这种观点并不完全正确。在一些情况下，保密通信方法不但要保护消息内容不泄露，而且需要保护保密通信的行为不被识别。信息安全中机密性的一个定义是[1]：能够确保敏感或机密数据的传输和存储不遭受未授权的浏览，甚至可以做到不暴露保密通信的事实。密码数据存在伪随机特性，与非密码数据相比在统计特征上显著不同，因此，直接发送密文的保密通信难以掩盖保密通信的行为事实，直接存储密文的保密存储难以掩盖保密存储的行为事实，这对很多保密技术的用户来说是不希望发生的。

满足以上机密性全部要求的通信一般称为隐蔽通信(covert communication)。在现代隐蔽通信中，通常消息仍然被加密，但是加密消息的存储与传输方式一般是隐蔽的，即非授权方难以识别保密存储与保密通信的存在。为了达到这个目的，隐蔽通信或存储需要看起来像普通的日常行为。以下将说明，隐写(steganography)就是隐蔽通信或隐蔽存储的一种重要形式。为了描述简单，以下一般仅用隐蔽通信指代类似的需求。

1.1　从密码到信息隐藏与隐写

隐写是一类信息隐藏(information hiding)方法，在给出隐写的定义之前需要先介绍信息隐藏的概念，而要理解信息隐藏需要深入了解密码技术的局限。在很多情况下，引入信息隐藏的目的是满足密码方法难以满足的信息安全需求。

1.1.1　密码方法的一些局限

密码方法主要解决消息保密传输、数据来源认证与完整性认证等信息安全问题，但是密码方法并不解决以下两方面的问题。

(1) 保密通信的行为隐蔽性问题。现代密码方法加密的数据具有伪随机性(pseudo randomness)，这种性质可以用游程、熵与各种自相关值等一系列统计特征来刻画，其特性是自然数据不具有的；Huffman 编码与算术编码等无损压缩数据的随机性很强，但是，通过解压缩可以验证这些数据是未经加密的。因此可以认为，将密码数据直接发送到信道上没有保密通信的行为隐蔽性，不利于在环境不安全的对抗场合进行安全通信。例如，当前已经出现了一系列检测网络加密流量[2,3]与密码协议[4]的方法。

(2)松散环境下的内容保护与内容认证问题。密码体制一般假设密文接收者是可信的，但是在诸如数字内容分发等应用中，合法接收者也存在肆意散布数字内容的版权违规可能，为了加以制约，存在保护解密后数据内容的需求，但这并不是密码方法解决的问题。需指出，在信息安全领域，内容(content)与数据有不同的含义：内容依赖于媒体表达的信息，与具体编码形式没有直接的关系，而数据一般是指信息的具体表现形式。例如，将一个BMP图像文件转换为JPEG格式图像，内容基本是一致的，而数据形式发生了很大的变化。显然，密码学的数字签名、验证码等方法是面向保护数据的，而在实际应用中，也需要对内容的所有权或者真实性进行认证或者保护，例如，一个视频可以经过多种格式编码或者被裁剪，但是人们可能希望验证其内容的版权所有者、购买用户或者内容的真实性，这显然不是针对数据安全的密码技术所能够实现的。

以下将说明，针对上述安全需求，研究人员建立的基于信息隐藏的理论基础与方法体系。

1.1.2 信息隐藏基本概念

信息隐藏又名数据隐藏(data hiding)，是指将特定用途的信息隐蔽地存储在其他载体(cover)中，使得它们难以被发现或者消除。其中，载体一般是可公开的数字内容，包括多媒体或者网络包等，隐藏的信息一般指保密通信的加密消息、内容所有权标识或内容用户标识等验证信息，信息可以被授权用户提取或验证，实现隐蔽通信、内容认证或内容保护等功能。载体内容存在的冗余性是信息隐藏获得存储空间的前提，当前的主要载体是多媒体，是因为多媒体信息冗余更多。信息隐藏的基本研究模型见图 1.1。根据所隐藏信息用途不同，信息隐藏主要分为面向隐蔽通信的隐写[5]与面向内容认证和内容保护的数字水印(watermarking，以下简称水印)[6]两类方法，其中，水印又可分为鲁棒(robust)水印与脆弱(fragile)水印等。在安全性与可靠性等主要性能指标的定义上，这些不同的信息隐藏方法大不相同。

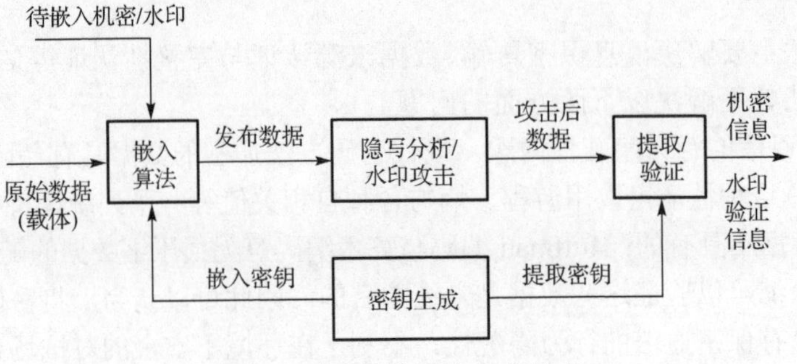

图 1.1 信息隐藏基本研究模型

1. 隐写

隐写是基于信息隐藏的隐蔽通信或者隐蔽存储方法，它将机密信息难以感知地隐藏在内容可公开的载体中，在保护保密通信或者存储内容的同时保护了这种行为事实。一般称隐写后的载体为隐文(stego-text)或者隐写媒体(stego-media)，也称为含密载体或者隐密载体。隐写技术历史悠久，英文 steganography 一词源于希腊语词根 στεγανός 和 γράφειν，意思是密写，说明在古希腊人们就已经使用隐写技术。但是，相比密码方法，隐写一直在信息传输率上有较大的劣势，因此长时期没有获得显著的发展。当前，随着网络与数字媒体应用的普及，这种情况正在迅速改变，隐写已经获得了非常好的载体来源与传输条件，因此，隐写的研究非常活跃，研究人员已经提出了很多以数字媒体为载体的隐写方法，本书称这类隐写为现代隐写，它们的主要性能如下。

(1) 安全性。隐写的首要安全性是特征隐蔽性，因此，隐写的安全性一般就是指隐写后媒体特征变化的隐蔽性，即载体经过隐写后各种特征的变化难以被检测方法所发现。

(2) 隐写容量。隐写容量指隐写传输的信息量。隐写容量可用负载率(payload)表示，负载率也称为嵌入率(embedding rate)，它表示平均每一个嵌入位置所承载的隐蔽消息量；令 m 表示传输的消息量，n 为嵌入位置的数量，则负载率 α 的计算公式为

$$\alpha = \frac{m}{n} \tag{1.1}$$

一般将每个可用的信号样点作为一个承载位置，普遍使用的负载率单位是 bpp(bits per pixel)与 bpnac(bits per nonzero alternating-current coefficient)等，bpnac 也常记为 bpnzac。

(3) 嵌入效率(embedding efficiency)。嵌入效率 e 的含义是，平均每修改一个位置单元(一般是信号样点)所能传输的消息量，若消息量用比特表示，则其计算公式为

$$e = \frac{\text{平均每个载体样点承载的消息比特}}{\text{平均每个载体样点被修改量}} = \frac{\alpha}{d} = \frac{\dfrac{m}{n}}{\dfrac{E(K)}{n}} = \frac{m}{E(K)} \quad \text{bit/次} \tag{1.2}$$

其中，d 称为平均每个载体样点被修改量；$E(K)$ 表示嵌入过程中总修改次数的期望值。显然，在传输相同消息量的前提下，提高 e 有助于减少修改次数，从而增加安全性。

(4) 应用安全性。应用安全性指敌手难以从隐写应用协议与实现上发现有利于检测隐写媒体的方法；对于应用协议，这里也分为敌手知晓或者不知协议设计两种情况。

(5) 计算效率。计算效率指隐写的算法执行效率；实际上任何方法都存在这个指标，但是，由于隐写多用于不安全的物理环境，这个指标也部分关系到隐写的应用安全。

(6) 鲁棒性。隐写信道存在无损和有损两种情况，在有损情况下，含密载体面临有意或无意的干扰，隐写在这类条件下需要有抗干扰能力，但目前的相关研究普遍基于无损情况，并不假设信道存在干扰。

2. 水印

在互联网环境下，图像、音乐、影视和书籍等逐渐以数字内容的形式出现，这使复制品易于获得和传播，造成了娱乐业和出版业巨大的经济损失。20 世纪末期，社会对数字内容版权保护问题日益关注，并且人们开始认识到仅靠法律保护版权是不够的，因此出现了数字产权管理(digital rights management，DRM)技术。鲁棒水印是重要的版权保护与安全标识技术之一，它指将与数字媒体版权或者购买者有关的信息嵌入数字媒体本身中，使得攻击者难以在载体不遭到显著破坏的情况下消除水印，而授权者可以通过检测水印实现对版权所有者或内容购买者的认定，这种认定有助于判定版权权益或者侵权责任。需要指出，如果鲁棒水印隐藏的信息是数字内容购买者或者消费者的信息，有时也将这类水印技术称为指纹化(fingerprinting)技术。鲁棒水印(robust water marking)的嵌入方法是一般将水印信息进行信号调制，之后嵌入载体内容的相对稳定成分中，其性能主要体现在以下几方面。

(1) 鲁棒性(robustness)。鲁棒性指在主动攻击下，授权用户仍然能够提取水印信息。主动攻击是指允许对含水印媒体进行一定的改动，包括对含水印媒体实施信号处理、添加噪声、有损压缩编码、尺寸缩放和裁剪等，但从攻击者的角度看，这种改动是适度的，不应该显著破坏数字内容的质量或者可用性。

(2) 水印容量(capacity)。水印容量指水印能够可靠传输的信息量。有的水印方案只嵌入 1bit 信息，标识相应水印的有或无，有的方案允许嵌入更多信息，显然，在保持其他性能的前提下，后者往往更受欢迎。

(3) 安全性(security)。安全性指水印攻击者难以从水印的算法、应用协议或者实现方法上获得有益于攻击的信息。

(4) 盲性(blindness)。盲性指水印检测不依赖于原始媒体或其相关信息的存在，这样的水印方案也称为是公有的(public)，反之则为私有的(private)；当前信息隐藏领域普遍认为，具备盲性性质的水印方法才是有实用价值的。

由于存在大量攻击，当前实现完全有效的鲁棒水印难度非常大。尤其是在尺寸缩放和裁剪等几何攻击(geometric attacks)下，水印信息的检测或提取非常困难，设计抗几何攻击的水印方案已经成为一个挑战。但是，如果不那么理想化，可以认为，由于水印攻击降低了媒体的感知质量，水印在某种程度上还是成功的，这可能就像门锁一样，虽然从严格意义上防止不了坏人破门而入，但还是起到了防范作用。

目前已经出现了大量针对数字媒体的处理工具，它们可以修改数字内容而不易被人察觉，这为内容造假提供了方便。为保证数据内容的真实性和完整性，需要对许多来自政府、司法、军事和商业等部门的重要数据进行防伪处理。这显然可以通过密码技术中的数字签名实现，但是，数字签名产生了单独的签名数据，需要在应用中专门进行管理，而脆弱水印(fragile watermarking)技术可将防伪信息隐藏在数字内容本身中，以后通过水印检测发现篡改，还可以发现篡改的位置，更方便地支持了被保护内容的安全流转。脆弱水印方法隐藏在被保护内容中的信息会随着内容的改动而变化，这就是它能够进行内容认证与篡改定位的基础。脆弱水印的基本性质如下。

(1) 脆弱性(fragileness)。嵌入被保护内容的水印应随着内容的改动而变化，其变化要反映内容被篡改的事实。

(2) 定位精度。被嵌入水印随着内容改动的变化需要反映内容被篡改的位置。

(3) 可逆性(reversibility)。可逆性指嵌入的水印可以被授权者完全消除，使原始媒体能够得到还原，具有这个性质的水印称为可逆水印(reversible watermarking)。

(4) 安全性。类似地，亦指水印攻击者难以从水印的算法、应用协议或者实现方法获得有益于攻击的信息。

(5) 盲性。类似地，亦指水印的检测不依赖于原始媒体的存在。

相比鲁棒水印，当前脆弱水印在技术上相对更成熟。内容的变化一般会改变水印的局部形态，因此，当前的脆弱水印能够较好地保护内容数据的完整性，并能够定位篡改区域；尤其是可逆水印技术使得授权者可以恢复原始载体，这也使得其更适合保护珍贵的影像资料。但是，一些脆弱水印方案距离内容(而不是数据)保护的需求还有一定概念上的偏差，理想情况下，水印检测不应该对格式转换等正常操作敏感，按照这类要求设计的脆弱水印称为半脆弱水印(semi-fragile watermarking)，它们只对内容的变化敏感而允许内容接受转码等正常处理，显然这样的水印更接近于实现内容保护的目标，但实现难度也更大。

在以上两大类信息隐藏方法中，本书专门讲述隐写的原理与技术。按照信息安全学科“盾”与“矛”相辅相成的原则，书中也将重点介绍隐写分析(steganalysis)。本书将逐渐展示，现代隐写与隐写分析已经成功运用了数学、信息论、编码、模式识别与信号处理等学科的成果，得到了一些经过优化的方法，产生了独有的核心理论与方法，因此，本书用隐写学总称隐写与隐写分析的相关理论与方法体系。

1.1.3 隐写与隐写分析对抗模型

一项信息安全技术的出现必然伴随着相应的攻击，攻守双方不断对抗发展。前面已经描述了隐写的定义，可以看出，隐写的主要目的是掩盖保密通信或存储的行为事实，技术上主要追求特征变化的隐蔽性，因此，隐写失败的标志是隐写事实的暴露。

隐写分析泛指针对隐写的攻击，它主要通过检测隐写后载体特征的变化判定隐写的存在；也有少量隐写分析的技术目的还包括对隐写算法、参数的估计或者对隐藏信息的非授权提取等，例如，定量隐写分析(quantitative steganalysis)的目标是得到隐写负载率。隐写与隐写分析的对抗模型示意请参见图 1.2。

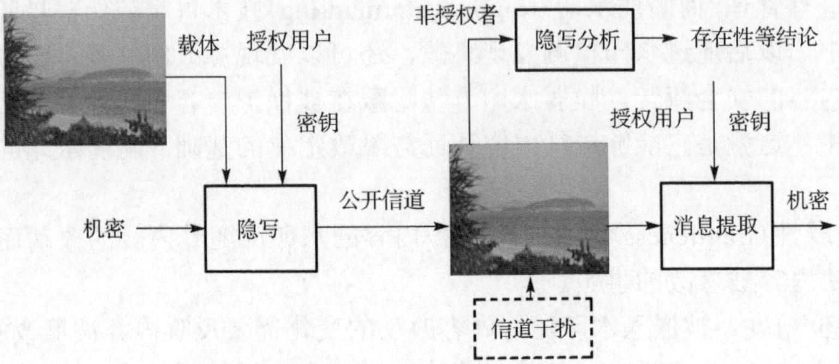

图 1.2　隐写与隐写分析对抗模型示意

图中隐写分析的主要性能指标如下。

(1) 漏检率(miss detection rate)，也称为假阴性率(false negative rate)，指将隐写媒体判断为自然媒体的比率；与之相对的概念是真阳性率(true positive rate)或检测率(detection rate) =1−漏检率，即将隐写媒体判断为隐写媒体的比率。

(2) 虚警率(false alarm rate)，也称为假阳性率(false positive rate)，指将自然媒体判断为隐写媒体的比率；与之相对的概念是真阴性率(true negative rate) =1−虚警率，即将自然媒体判断为自然媒体的比率。

(3) 正确率(accuracy rate)，亦称精度或精确度，是隐写分析的主要技术指标，一般认为真阳性率与真阴性率同等重要，可表示为

$$\text{正确率}=1-\frac{\text{漏检率}+\text{虚警率}}{2}=\frac{\text{真阳性率}+\text{真阴性率}}{2} \tag{1.3}$$

与正确率相对应的是

$$\text{错误率}=\frac{\text{漏检率}+\text{虚警率}}{2}=1-\frac{\text{真阳性率}+\text{真阴性率}}{2} \tag{1.4}$$

隐写分析实验一般基于检测一组原始载体得到虚警率或真阳性率，并基于检测一组隐写样本(一般在一个负载率下)得到检测率或漏检率，进而得到正确率。以负载率为横轴、正确率为纵轴可得到相应的正确率曲线，但是它缺乏对以上两类错误率的综合描述。接收操作特性(receiver operating characteristic，ROC)曲线经常用来描述隐写分析分类器对阴(无隐写)、阳(有隐写)检测样本的综合分析性能(图 1.3)，它的横轴是虚警率，纵轴是检测率，阳性样本的性质(如负载率)是其总体属性。显

然，ROC 曲线位于副对角线之上，越靠近副对角线表示性能越不好，反之则越好；一般可以通过调节分类器的分类界面获得不同虚警率下的检测率，从而绘制 ROC 曲线。在曲线上的每一点均对应一个正确率或错误率，记虚警率为 P_{FA}，漏检率为 P_{MD}，一般取

$$P_E = \min_{P_{FA}} \frac{1}{2}(P_{FA} + P_{MD}) \tag{1.5}$$

为错误率。

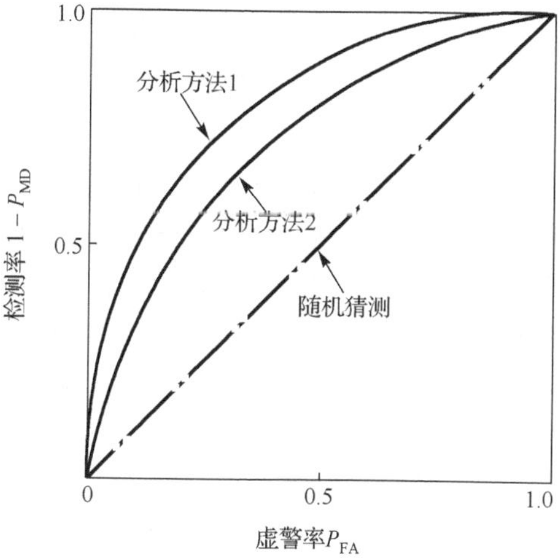

图 1.3 隐写分析 ROC 曲线示意

按照信息安全的观点，攻击一般分为被动(passive)攻击与主动(active)攻击，前者不会修改被攻击的通信中数据，一般仅限于分析或非授权地获得信息，而后者会修改这些数据。隐写分析显然属于被动攻击，在攻击上仅考虑它的研究模型称为被动攻击模型。由于前期主要的网络信道是无损的，被动攻击模型下的隐写与隐写分析获得了更多的研究，占据了当前隐写学领域的主流位置，因此本书主要基于被动攻击模型描述隐写学。当前才逐渐引起人们重视的一种主动攻击是隐写信道干扰，它可以是有意或者无意实施的，例如，网络防护设备可能对多媒体重新编码或者对网络流量重新打包，主动干扰隐写信道，虽然这样做的计算代价很高，但近年来社交网站已经普遍对多媒体上传文件实施降质转码，会无意地干扰隐写信道，在这一类情况下，相关的研究模型称为主动攻击模型。在主动攻击模型下，隐写设计需要在考虑安全性的同时兼顾鲁棒性，以下称这个性质为安全鲁棒性，可惜的是，当前尚缺乏能够较好实现这一性质的方法。

“囚犯问题”形象地描述了隐写与隐写分析的对抗模型。1983 年，Simmons[7] 提出了著名的“囚犯问题”：Alice 与 Bob 是分别关押在监狱两个房间的犯人，Wendy

是看押他们的狱监；Alice 与 Bob 正在谋划共同越狱，他们之间难以见面，但有权委托 Wendy 相互捎带消息，这样，他们只能将有关越狱的机密消息隐藏在一般的文字描述中，而 Wendy 不但可以仔细分析这些文字，还可能通过修改和伪造文字对犯人进行秘密考察。显然，在该模型中，Alice 与 Bob 代表隐蔽通信的双方，Wendy 代表对隐蔽通信的被动与主动攻击者。

基于上述模型与当前发展现状，以下简单描述隐写与隐写分析的主要对抗手段。

1. 隐写对抗隐写分析的主要方法

隐写对抗隐写分析的主要手段是降低隐写对各类特征的扰动，干扰各类检测方法。当前，在保持一定负载率的前提下，隐写主要可以通过以下方法不同程度地对抗隐写分析。

(1) 特征保持。隐写的嵌入尽量保持载体的原有特征。

(2) 降低修改次数。在一定负载率下提高嵌入效率，减少对载体的修改次数。

(3) 降低修改扰动。降低对载体修改的信号幅度或者能量。

(4) 降低被检测代价。对载体的修改区域选择与修改方式考虑了降低被隐写分析检测的风险。

(5) 提高应用方式安全。在应用中考虑了协议安全、抗关联分析等因素，使隐写分析者难以找到漏洞与合适的检测对象。

基于以上技术路线，研究人员提出了一系列隐写算法与方案。本书后面将说明，由于特征保持非常困难，隐写算法的设计逐渐更加依靠其他几类方法。在降低被检测代价方面，关于是不是可以认为隐写者也知道敌手的具体分析方法，当前的对抗模型没有清晰的定义，文献中一般不作这样的假设，原则上要求隐写能够抗“过配”(overfitting)，其中，隐写过配是指隐写只能抵御一种或较少种类隐写分析的检测。

2. 隐写分析对抗隐写的主要方法

隐写分析对抗隐写的主要手段是发现与识别隐写对各类特征的扰动。当前，隐写分析主要可以通过以下方法不同程度地实现这一目标。

(1) 有效提取隐写分析特征。发现与提取对隐写敏感的特征。

(2) 有效构造隐写特征识别系统。构造与训练能有效区分阴、阳分析特征的系统。

(3) 有效获得先验知识。先验知识是指分析者知道的有关隐写者所采取媒体类型、算法与参数等的信息，它能帮助分析者更好地提取隐写分析特征并构造特征识别系统。

相比密码学，隐写学在攻击模型的定义上比较松散，这主要表现在，在隐写分析者能够获得哪些先验知识方面，很多情况下未能达成一致的模型。当前，主流的通用(universal)隐写分析适用于多种或多类隐写，但一般是基于监督学习的，需要基于已知的隐写算法甚至媒体规格制作训练样本；专用(specific)分析方法适用于分析一种或一类隐写，需要基于已知的隐写算法进行专门设计。这都要求隐写分析者掌握隐写者使用的载体、算法及其参数情况，类似于满足密码学中的 Kerckhoffs 准则[8]，后者约定，密码算法的安全必须建立在密钥未知的基础上，而不能假设敌手不知道密码算法。这虽然可以以更高的安全要求验证隐写算法的安全性，但在现实中这些先验知识往往难以获得，尤其是，隐写中诸如确定载体类型与负载率参数等事件有较大的随机性。有更多学者在不假设遵循 Kerckhoffs 准则的前提下提出了隐写攻击模型，他们的做法是，不假设隐写分析者知道隐写算法或媒体规格类型，或者假设隐写算法与媒体规格类型有一定的变化空间，在此情况下进行隐写媒体的识别，本书将在盲(blind)隐写分析的概念下介绍这些成果。

1.2 隐写的应用发展

隐写方法及其应用曾出现在许多古代东西方的文字记载中[9,10]。Herodotus(公元前 486—公元前 425)所著 *Histories* 最早描述了隐写的应用，其中记载，Histiaeus 将消息刺在奴隶的头皮上，等到头发长出来后再将奴隶送出去。曾公亮(999—1078)与丁度(990—1053)合著的《武经总要》首次记载了一个隐写算法(图 1.4)，它反映了北宋军队对军令信息的隐藏方法：先将全部 40 条军令编号并汇成码本，以 40 字诗对应位置上的文字代表相应编号，在通信中，代表某编号的文字被隐藏在普通文件中，只有接收方知道它的位置，这样可以通过查找该字在 40 字诗中的位置获得编号，再通过码本获得军令。德国学者 Trithemius(1462—1516)撰写的 *Steganographia* 与 *Polygraphiae* 是隐写与密码领域最早的专著，其中记载了在文字中隐藏消息的方法，其中的 Ave Maria 编码将字母与拉丁语进行了映射，通过拉丁语句隐藏字符；Schott(1608—1666)在 *Schola Steganographica* 一书中将 Ave Maria 编码扩展到更多语言，并通过把字母映射到音符，用乐谱隐藏消息(图 1.5)。隐写技术在近代也经常获得运用，在 20 世纪的两次世界大战和间谍活动中，隐形墨水被广泛应用，而利用伪装物传递信息更是惯用的手法。

今约军中之事，略有四十余条，以一字为暗号；以旧诗四十字，不得令字重，每字依次配一条，与大将各收一本。如有报覆事，据字于寻常书状或文牒中书之

图 1.4 《武经总要》中描述的军令隐写方法

20 世纪 90 年代以来，随着数字多媒体和互联网的逐渐普及，古老的隐写技术获得了巨大发展[5]。一方面，多媒体(包括常见的图像、音频和视频)内容冗余信息

图 1.5　*Schola Steganographica* 中描述的把字母映射到音符以隐藏信息的方法

多，在其中嵌入机密数据后，内容几乎不发生人可察觉的变化，因此，现代隐写的一个显著特征是大多以多媒体为载体；另一方面，互联网的普及为基于隐写的隐蔽通信提供了方便的传输平台。当前，已经出现了大量的隐写工具与算法，其中很多工具可以从网上下载或者购买[11]。21 世纪初，一些重要的新闻媒体多次报道，隐写工具已经被犯罪组织、恐怖组织以及特工人员使用(图 1.6)，并且部分恶意程序已经采用隐写技术隐藏其自身代码或者进行隐蔽通信。

图 1.6　基地组织与俄罗斯情报人员采用隐写的报道

(1) 隐写被恐怖组织利用。2001 年，美国 USA Today[12]、CNN[13]和 Wired News[14]等媒体先后报道了基地组织采用隐写进行通信的新闻，USA Today 引用美国官员的话写道：“Bin Laden 及其组织成员正在将恐怖目标的地图、照片以及发布的恐怖指令隐藏在体育聊天室、色情公告簿等网站中。”2011 年，在欧洲落网的基地组织分子被发现使用了视频隐写工具[15]，经北约情报机构检测，发现在一段视频中隐藏了 141 个基地组织的机密文件。

(2) 隐写被犯罪组织利用。法国新闻社等媒体于 2008 年报道[16]，哥伦比亚贩毒头目 Abadia 的团伙大量采用隐写工具进行通信和机密存储，巴西警方透露，该贩毒组织将大量音频和文字信息隐藏在作为电子邮件附件的图像中，所隐藏信息包括毒品在各个国家的运输情况，这些图像被送到美国分析；另外，有报道称英国色情犯罪组织也利用隐写进行通信[17]。

(3) 隐写被情报人员应用。Dark Reading[18]等媒体报道，2010 年美国联邦调查局抓获了 11 名俄罗斯间谍，他们使用图像隐写工具与莫斯科通信，其中，女间谍 Chapman 将隐写图像上传到"俄罗斯同学网"等社交网站[19]；对同期逮捕的俄罗斯间谍 Murphy，美国联邦调查局隐写分析人员从缴获的图像中恢复了上百个隐藏的文件[20]。

(4) 隐写被恶意代码利用。一类恶意代码[21,22]将容易暴露意图的代码隐藏在随软件打包发行的图像中，在执行图像访问操作时进行代码提取并执行。目前已发现的这类恶意代码包括 Trojan.HideFrog.A、Trojan.Desktophijack.B、Trojan.Jupillites、W32.Looksky!gen 等，它们主要在广泛采用的 JPEG 图像中隐藏代码；在 Android 平台上也发现了类似的恶意代码，它们除了在 JPEG 图像中隐藏代码，还在 PNG (portable network graphics) 图像中隐藏代码。研究人员发现[23]，Alureon 木马通过下载图像或者下载包含图像的网页，从中提取指令，可以实现自身的再配置；另外，一些僵尸网络也采用了类似的技术管理被控制端。

基于上述原因，西方发达国家对隐写滥用的危害存在普遍共识[24]。2006 年由美国国家科学技术委员会 (National Science and Technology Council) 颁布的"网络安全与信息保障联邦研发计划"[25]中明确指出，隐写等技术已经对美国的安全构成威胁；在欧盟网络犯罪防治中心 (European Cybercrime Centre) 的支持下，欧洲成立了"信息隐藏用于犯罪防治计划"(Criminal Use of Information Hiding Initative) 组织[26]，其职责是联合研究与产业界共同遏制隐写的滥用。因此，隐写防范技术在美国等发达国家受到了高度重视，出现了一些生产隐写分析工具与设备的安全企业，学术界也提出了大量的隐写分析方法。

1.3 隐写安全指标

隐写安全指标是指衡量隐写安全的数值度量，主要包括基于分布偏差与基于抗隐写分析性能两类衡量方法，它们有的更适用于理论分析，有的更适用于实际应用。

1.3.1 基于分布偏差的指标

Cachin[27]基于信息论方法提出了隐写的理论安全性描述。由于隐写安全性主要是指隐写后媒体特征变化的隐蔽性，在理论上可以认为，载体分布的变化程度可以刻画这类隐蔽性。针对某种隐写方法，设 $\boldsymbol{x} \in \mathcal{X}$ 为样本空间，P_C 为自然载体分布，P_S

为含密载体分布，则可以用以下定义的相对熵(relative entropy)或称 KL 散度(Kullback-Leibler divergence)描述分布之间的差别

$$D(P_C \| P_S) = \sum_{x \in \mathcal{X}} P_C(\boldsymbol{x}) \log \frac{P_C(\boldsymbol{x})}{P_S(\boldsymbol{x})} = \sum_{x \in \mathcal{X}} P_C(\boldsymbol{x})(\log(P_C(\boldsymbol{x})) - \log(P_S(\boldsymbol{x}))) \tag{1.6}$$

当 $D(P_C \| P_S) \leqslant \varepsilon$ 时，称隐写方法针对被动攻击者(passive adversary)是 ε 安全的(ε-secure)；当 $D(P_C \| P_S) = 0$ 时，称隐写方法是完美安全(perfectly secure)的。KL 散度的单位与普通熵一样，例如，如果对数底数为 2 则单位为比特(bit)，底数为 e 则为奈特(nat)。以上基于载体分布差别的隐写安全指标是直接基于隐写安全定义的一种理论描述。若将其改造为实际的评估算法，载体维度高并且维度之间有相关性，获得可靠载体分布是困难的，因此，载体 KL 散度一般是难以计算的，但是，在可假设各维度上数据相互独立的情况下，附录 A.2.3 说明，总的 KL 散度等于各维度上的和，这使得在已知各维度上数据分布的情况下存在 KL 散度的估计算法。

为了得到一个可计算的隐写安全指标值，Pevny 与 Fridrich[28]提出基于选定的一组特征偏差衡量隐写安全。虽然 KL 散度也可以描述载体特征分布与含密载体特征分布之间的差异，但有效刻画隐写扰动的特征维度一般较高，使得估计特征分布也需要很大的数据集，这在实际中往往也是困难的。因此，Pevny 与 Fridrich 采用最大平均偏差(maximum mean discrepancy，MMD)来衡量载体特征与含密载体特征在分布上的差异。设 $\mathcal{F}$ 为一组函数集合，$\boldsymbol{x} \sim p$，$\boldsymbol{y} \sim q$，则 MMD 的定义是

$$\mathrm{MMD}(\mathcal{F}, p, q) = \sup_{f \in \mathcal{F}} (E_{\boldsymbol{x} \sim p}(f(\boldsymbol{x})) - E_{\boldsymbol{y} \sim q}(f(\boldsymbol{y}))) \tag{1.7}$$

如果将函数 $f \in \mathcal{F}$ 视为不同的投影或者变换，则 MMD 的含义是，对依两个分布抽样得到的数据，取它们在不同投影下期望值差值的最大者。在以上计算中，考虑投影的作用是，可能存在一个投影使分布偏差加大或减小，当前的分类器普遍基于投影距离进行判决，因此，合理构造 $\mathcal{F}$ 有助于确保有效评估分布之间的各方向差异。在用 MMD 衡量载体与含密载体特征的偏差中，需要对载体集生成载体特征集 $\mathcal{X} = \{\boldsymbol{x}_1, \cdots, \boldsymbol{x}_D\}$ 与相应的含密载体特征集 $\mathcal{Y} = \{\boldsymbol{y}_1, \cdots, \boldsymbol{y}_D\}$，如果可以假设每个载体的出现可能相同，则 MMD 为

$$\mathrm{MMD}(\mathcal{F}, p, q) = \sup_{f \in \mathcal{F}} \left(\frac{1}{D} \sum_{i=1}^{D} f(\boldsymbol{x}_i) - \frac{1}{D} \sum_{i=1}^{D} f(\boldsymbol{y}_i) \right) \tag{1.8}$$

显然，计算 MMD 的关键是确定合适的 $\mathcal{F}$，具体可参见文献[28]。

1.3.2　基于抗隐写分析性能的指标

在被动攻击模型下，隐写者的敌手是隐写分析者，因此，基于抗隐写分析性能

也能衡量隐写的安全。显然，抗隐写分析性能可以直接由隐写分析的正确率等相关指标来表示，正确率的定义见式(1.3)。

在不同情况下实施的隐写分析衡量了隐写的不同安全性。在有关隐写安全的描述上，虽然人们认为非授权方是不知密钥的，但往往存在遵循 Kerckhoffs 准则与不遵循该准则两种情况。例如，前面已经提到，在假设攻击者不知道隐写算法等先验知识时，只能进行盲隐写分析，因此，这样得到的安全指标反映了盲检测下的安全性；而在假设已知隐写算法等先验知识的情况下进行分析，得到的指标反映了这种强条件下的安全性。

以上介绍了当前主流的隐写安全评价方法，但在这方面一直存在争论。首先，对 Kerckhoffs 准则的定义存在不一致的情况，主要表现在，即使假设分析者知道隐写算法，但由于隐写算法参数、载体类型与编码参数等的选择是随机事件，一般隐写分析者不能得知，这样隐写分析者难以选择合适的分析算法；其次，对单次隐写分析报警，分析者一般难以区分是虚警还是真正隐写的情况，因此需要进一步观察隐写者的通信，由于隐写通信随机夹杂在大量正常通信中，这也使得分析者很难选择合适的分析方法，造成隐写安全性的提高。本书主要介绍主流的隐写安全评价方法。

1.4 本书内容安排

本书主要描述隐写学的两个方面——隐写与隐写分析的理论与方法，主要内容如下。

(1)基本的信息嵌入方法。

(2)在基本信息嵌入方法的基础上提高隐写安全等性能的主要理论与方法，包括分布特性保持、隐写编码、最优嵌入、自适应隐写等的理论与技术。

(3)适合检测特定隐写的专用隐写分析。

(4)适合检测多种隐写的通用隐写分析与盲隐写分析。

(5)自适应隐写分析与深度学习隐写分析。

为了避免读者过早陷入视音频编解码的复杂细节，在描述上，本书主要通过介绍图像隐写与隐写分析阐述隐写学的基本原理与技术，仅在最后一章介绍视音频隐写与隐写分析等相关研究领域的现状。作者的计划是针对音视频隐写与隐写分析单独出版专著。

为了使读者巩固和提高所学，书中每章配有思考与实践题，每章后面的小结给出了一些进一步思考与阅读指南，附录 B 给出了算法实验说明。

隐写学内容丰富，是典型的交叉学科，需要读者掌握一些基本知识。因此，附录 A 简单回顾了在数学与统计学、信息论与编码、模式识别、信号处理与检测等方面所需的基础知识。

1.5 小　结

本章概要介绍了隐写与隐写分析的基本概念与发展历史。首先讲述了信息隐藏与隐写解决的问题及其在信息安全领域的地位，描绘了隐写与隐写分析基本的对抗模型与手段；接着主要回顾了隐写的发展与应用历史，重点强调了现代隐写得到迅速发展的原因；本章还给出了隐写最主要的性质——安全性的概念与指标，并介绍了本书的内容安排。

本章的描述反映了科技界截至目前在隐写对抗模型、评价指标等方面的主要发展现状，其中有些内容仍然是有待研究的问题。典型地，由于隐写分析者难以确定一次报警是自然误报还是真实的报警，目前的隐写安全指标并未反映发现隐写者的困难性，而密码学的安全指标往往用破解的复杂性量化表示，能够更好地反映密码系统被攻破的计算代价与困难；针对隐写与隐写分析的对抗，Kerckhoffs 准则是不是完全有效也存在一定争议，例如，一个隐写软件和算法一般存在一定的算法参数空间与载体种类选择空间，这类似于概率加密中的随机事件，因此，隐写分析者即使在了解算法的情况下，也难以构建、训练一个专门的隐写分析系统进行检测，典型地，采用何种嵌入率、何种方式生成(单反拍摄、手机拍摄、扫描、计算机生成等)的载体，对隐写检测的影响都很大。另外，目前的研究成果几乎全部是在被动攻击模型下获得的，但是随着社交网络的普及，传输的多媒体普遍被进行降质转码，因此，获得安全鲁棒性的方法是后期隐写研究的重点之一。

需要特别指出，从当前的隐写学研究看，工作普遍在隐写与隐写分析能够形成相互对抗的情况下开展，而不是在一方占绝对优势的情况下开展。例如，如果负载率极低，显然隐写在安全上占据绝对优势，反之亦然，显然这样的情况下的研究相对缺乏意义。本书作者称以上研究原则为“针尖对麦芒”原则，但要看到应用上可以不遵循这个原则。

思考与实践

(1) 密码技术难以满足哪些需求？为什么信息隐藏技术可满足它们？

(2) 隐写技术与鲁棒水印、脆弱水印技术的相同点与区别是什么？

(3) Simmons 提出的“囚犯问题”是指什么？请举几个例子。

(4) 隐写的负载率与嵌入效率有什么关系？负载率越高，嵌入效率也越高吗？

(5) 假设有针对一个隐写的隐写分析方法，请描述如何通过实验计算其准确率。

第 2 章　图像编码与基本嵌入方法

在自然界中，物体在光源照射下产生的反光或者物体直接的发光进入人类视觉系统，产生人类感知到的自然界图像。类似地，数字照相机也会接收自然界物体的反光或发光，由传感器进行光信号到电信号的转换，经过采样与量化得到以数字阵列形式表达的自然图像。这个数字阵列是数字图像的基本形式，也称为初始图像(raw image)，阵列中每个元素被称为像素(pixel)，它们是对自然界图像电信号的采样点。不同数字照相机产生图像的方式不同，在实际使用中，一般还要进行标准化的图像编码。

我们了解图像编码的目的是，初步认识隐写的消息嵌入域，也就是说，了解隐写在图像的什么位置隐藏了数据。为此，本章在介绍图像编码后，简要介绍一些基本的消息嵌入方法，直接采用它们可以构成非常初级的隐写方案，目前看已经非常不安全，但它们是学习后续章节的基础。

2.1　空域编码图像

空域编码图像，简称空域图像，是指在图像空间域进行编码的图像，也就是直接针对图像像素进行编码。空域编码图像主要分为光栅格式与调色板格式两种。需要指出，一个图像编码标准往往包括多类编码方法，一个图像仅仅是其一类方法产出的实例。例如，常见的 BMP(bitmap)、TIFF(tagged image file format)、PNG 编码标准均支持光栅格式与调色板格式编码，对这两种格式编码分别又支持多种具体编码方法。本书后面将展现，空域编码图像的像素是隐写的主要嵌入域之一。

2.1.1　光栅格式

光栅格式(raster format)的空域编码图像直接用数字阵列的形式存储图像像素，并对每个像素的表示方法有明确的规定。设 $C_{M\times N}$ 表示以上数字阵列，则像素 $c_{i,j}$ 除了具有位置属性 (i,j) 外，主要具有颜色属性。人眼视网膜上的锥状体细胞敏感峰值分别对应红光、绿光与蓝光的波长，在该三色的综合刺激下，人类视觉系统感知到各种颜色。以上现象引出了基于三基色的 RGB 色彩模型：每个彩色像素可以用对应红、绿、蓝三色的向量 (R,G,B) 表示，其中每个色彩分量(color component)也称为通道。假设用 n 比特存储一个颜色分量，则 $(R,G,B)\in\{0,1,\cdots,2^n-1\}^3$ 。典型地，常见的 BMP、PNG 与 TIFF 图像允许用 8bit 表示一个颜色分量，此时色彩总

数为 $2^{3\times8}$，色深为 3×8bit；PNG 与 TIFF 图像允许采用 16bit 的颜色分量，此时的色彩总数为 $2^{3\times16}$。

与彩色图像不同，灰度图像与二值图像采用单通道的像素表达形式，因此，这类图像仅仅表达了亮度信息。人眼锥状体细胞对绿光的光强感知最敏感，对红、蓝二色次之，因此，根据三基色确定亮度的方法是

$$Y = 0.299R + 0.587G + 0.114B \tag{2.1}$$

针对亮度设置阈值，可以将每个图像像素用 1bit 表示，为 0 表示白色，为 1 表示黑色，得到二值图像。例如，BMP、PNG 与 TIFF 图像均支持存储灰度与二值像素。

另外一种常用的彩色图像色彩模型是 YUV 模型，其主要特点是同时存在亮度与色度分量，有利于直接显示为灰度信号。由式(2.1)可知，亮度分量(luminance component)是 RGB 色彩分量的线性组合，因此，若令 $U = 0.492(B - Y)$、$V = 0.877(R - Y)$ 代表色度分量，则也可以用 (Y, U, V) 表示像素[29]，此时有线性变换关系

$$\begin{pmatrix} Y \\ U \\ V \end{pmatrix} = \begin{pmatrix} 0.299 & 0.587 & 0.114 \\ -0.147 & -0.289 & 0.436 \\ 0.615 & -0.515 & -0.100 \end{pmatrix} \begin{pmatrix} R \\ G \\ B \end{pmatrix} \tag{2.2}$$

常见的情况是，RGB 每个分量用 8bit 表示，则取值范围是[0,255]，但是，以上 YUV 中除了 Y 分量在此范围取值外，U 与 V 均可能取负整数和正整数。为了统一取值范围为[0,255]，使得可以用 1 个 8bit 表示，以上 YUV 模型通过以下方法变换为 $\mathrm{YC_bC_r}$ 模型

$$\begin{pmatrix} Y \\ C_\mathrm{b} \\ C_\mathrm{r} \end{pmatrix} = \begin{pmatrix} 0 \\ 128 \\ 128 \end{pmatrix} + \begin{pmatrix} 0.299 & 0.587 & 0.114 \\ -0.169 & -0.331 & 0.500 \\ 0.500 & -0.419 & -0.081 \end{pmatrix} \begin{pmatrix} R \\ G \\ B \end{pmatrix} \tag{2.3}$$

例如，常用的 TIFF、JPEG 等图像标准采用了以上 $\mathrm{YC_bC_r}$ 模型[30]。需要指出，其他编码标准[29]也定义了类似的 YUV 或者 $\mathrm{YC_bC_r}$ 模型。

在约定了像素的表达形式之外，各类光栅图像往往还借助无损压缩减小图像文件的尺寸。例如，TIFF 图像格式可以存储很多类型的图像，当存储彩色光栅图像时，支持采用 LZW 压缩，当存储二值图像时，支持采用 RLE(run length coding)压缩；PNG 采用 DEFLATE 压缩[31]，它是 LZ77[32]与 Huffman 编码的结合。

图像编码标准还包括一些标记、存储格式等的定义，但这些对主要将信息嵌入数字内容的现代隐写意义不大，感兴趣的读者可以参阅相关标准。当前，互联网上一些隐写软件将隐写数据存储在多媒体或文档文件的格式信息字段或文件头中，这一般会留下特殊的指纹痕迹(fingerprint)，也称为隐写特征码，本书不讨论这些不安全的隐写方法。

2.1.2 调色板格式

对于卡通图、计算机生成图像等一些对色彩总数量要求较低的图像，采用调色板格式编码更加合适。这类编码方法比较简单，特点是需要构造一个调色板(palette)，它是包括全部色彩 RGB 向量的一张表，每个色彩按照排列次序用一个索引值标定，而图像像素仅包含相应色彩的索引值(图 2.1)。例如，当前调色板一般最多允许 256 个颜色，每个颜色在调色板中由 3×8bit 的 RGB 三元组表示，这样，图像中每个像素用 8bit 索引值表示即可。

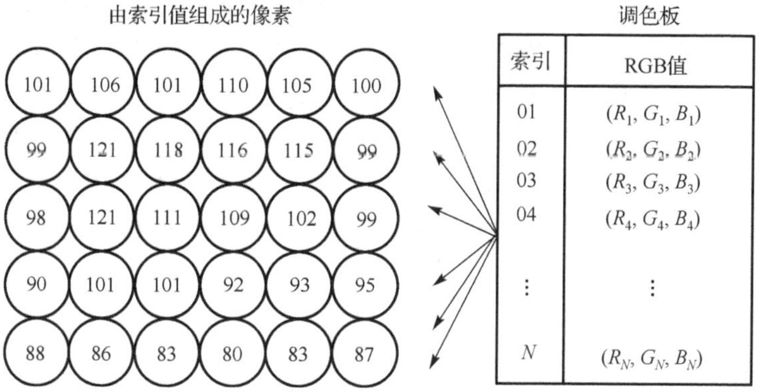

图 2.1　基于调色板的空域图像编码示意

最常用的调色板格式图像是 GIF(graphics interchange format)图像。1987 年，美国 CompuServe 公司推出了 GIF 图像格式，它使用不多于 256 种颜色构成的调色板表示图像的颜色集合，采用 LZW 无损压缩进一步减小了图像尺寸；1989 年，CompuServe 公司又提出了 GIF 格式的改进版本，支持将多个单幅图像组成动画，并允许动画中每一帧采用不同的调色板。PNG、TIFF 和 BMP 格式的图像也包括调色板格式的存储形式，但不支持动画。

2.2 变换域编码图像

变换域编码图像使用最多的是 JPEG 图像标准，它是联合图像专家组(Joint Picture Expert Group)制定的图像编码标准[30]，主要特点是在变换域进行有损压缩编码，并采用无损压缩编码(熵编码)进行最后的数据存储。

JPEG 图像压缩编码的基本流程见图 2.2，主要分为以下几个步骤。

(1) YC_bC_r 格式化。JPEG 编码的输入是 YC_bC_r 格式的空域图像信号，若输入不是该格式的图像则进行转换。

(2) 图像分块。将空域图像各个色彩分量按照 8×8 像素的尺寸进行分块，如果图像不是分块尺寸的整数倍，则需要向外扩充，这部分解码时不显示；考虑到人眼对亮度的敏感程度大于色彩，根据编码配置，编码器可能会对 C_b 与 C_r 分量下采样，使得一个 16×16 的宏块中包含 4 个 Y 分块，C_b 与 C_r 分块的数量可能是 1、2 或 4 个，以进一步压缩尺寸。

(3) DCT(discrete cosine transform)。将每个输入值从[0,255]范围平移到[−128,127]，对每个色彩分块进行 8×8 的二维 DCT，得到 8×8 的 DCT 系数分块(图 2.2)。分块中最左上角样点为直流(direct current，DC)系数，其他系数为交流(alternating current，AC)系数。

(4) 量化。根据操作者选择的质量因子(quality factor, QF)，将以上每块 DCT 系数按对应的 8×8 量化表进行量化，得到整数表达的量化 DCT 系数分块；图像常见的 QF 为 70～100，量化表中元素是相应模式上系数的量化步长，总体上 QF 越小步长越大，同一量化表中高频部分量化步长相对较大，对应着更大程度的有损压缩。由于高频系数数值较小，一般在这一步处理中有很多系数变为 0，这是有损编码的核心步骤，它为提高下面无损压缩的压缩率打下了基础。量化后的 DCT 系数也称为 JPEG 系数。

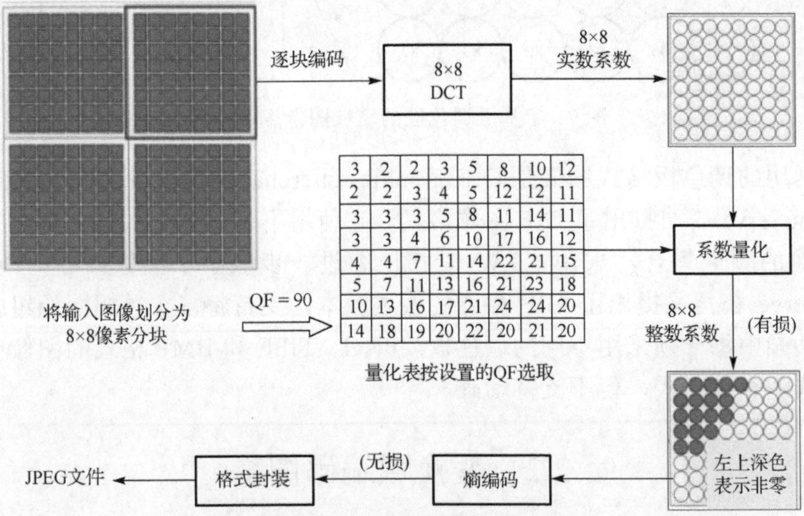

图 2.2　JPEG 图像压缩编码基本流程

(5) 无损压缩。按照图 2.3 的 Zigzag 次序从低频到高频将 64 个 JPEG 系数排列成一维序列，之后，对这个序列包含的比特流进行无损压缩：由于相邻块的 DC 系数接近，采用差分编码(differential pulse code modulation，DPCM)节省存储，只记录相邻块 DC 系数差；对于 63 个 AC 系数，由于连续的数值多，采用行程编码；最后，对以上 DPCM 与行程编码再进行 Huffman 编码，加上文件头等标注后，得到 JPEG 图像最终的文件存储形式。

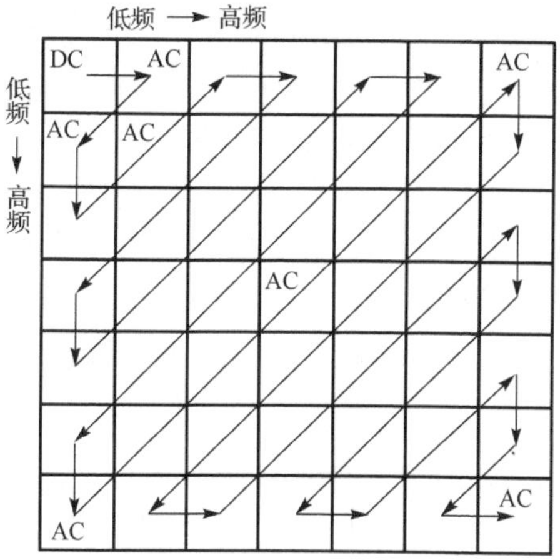

图 2.3　JPEG 图像分块 2 维 DCT 系数的 Zigzag 一维化顺序

以上所有过程均存在反变换或逆处理，因此这里不再介绍 JPEG 文件的解码。对处理 JPEG 文件，开源软件 LibJPEG 提供了方便的调用接口。

由于非零系数较多，JPEG 系数的 Y 分量更适合作为隐写嵌入域。由以上编码可知，JPEG 文件存储的是熵编码后的分块 JPEG 系数，对每一个 8×8 JPEG 系数分块，相对位置 $(i,j), 0 \leqslant i,j \leqslant 7$ 上的系数频率相同，可用 (i,j) 代表频率分量，频率分量也常被称为模式(mode)。(0,0)上是 DC 系数，它是分块系数的平均值，因此，隐写一般只修改 AC 系数。

变换域图像编码还有 JPEG 2000 标准，主要特点是在离散小波变换(discrete wavelet transform，DWT)域进行有损压缩编码，但是目前基于该格式的隐写很少，因此这里不进行介绍。

2.3　基本嵌入方法

基本嵌入是指将信息嵌入载体内容的基本操作，它可以构成最简单的隐写，也是隐写算法优化的基础。选择基本嵌入方法首先需要确定嵌入载体的类型与嵌入域。根据前面的描述可以发现，图像像素、JPEG 系数等数域的样点均存在最低意义比特位(least significant bit，LSB)，由于自然信号样点的奇偶性随机，对它们的修改很难被感知。

有必要强调，好的隐写方法在嵌入消息之前，一般对嵌入域的可用样点进行位置置乱，这样做的直接好处是：在一定负载率下，在置乱域只要顺序嵌入一定的比例，反置乱后，消息扩散在嵌入域中，避免了对载体的不均匀利用，也避免了顺序嵌入消息容易被提取的问题。本书将在后面的章节说明，在置乱域嵌入还有进一步的优势，它使得嵌入算法面对的数据局部性质趋于一致，编码优化算法的运行过程更稳定。

2.3.1 LSB 替换

LSB 替换(LSB replacement，LSBR)是指直接将载体嵌入域样点的 LSB 用待隐藏的秘密消息替换。若 $x=(b_n,\cdots,b_2,b_1)$ 表示一个载体样点值的二进制形式，其中 b_1 为它的 LSB，记 $\mathrm{LSB}(x)=b_1$，$x'=(b_n,\cdots,b_2,b_1')$ 为嵌入消息比特 m 后的相应形式，则 LSBR 嵌入 1 比特的操作可以用二进制运算表示为 $b_1'=m$，也可以用整数运算表示为

$$x'=\begin{cases}x+m, & x\equiv 0 \pmod 2\\ x+m-1, & x\equiv 1 \pmod 2\end{cases} \tag{2.4}$$

LSBR 嵌入是一种非常简单的信息隐藏嵌入操作。由于载体多媒体在生成和编码中均会引入噪声，LSB 具备较强的随机性。这些噪声隐蔽了 LSBR 嵌入引入的噪声，使得在一定负载率下，LSBR 也具有相应的安全性。JSteg[33]是互联网上可下载的隐写软件，它在除 0 值与 1 值的 JPEG 系数上采用 LSBR 嵌入消息。

但是，如果负载率较高，LSBR 嵌入引入的统计特征变化也比较明显。不难想象，按照式(2.4)嵌入，在载体的偶数样点上数值只增不减，在奇数样点上只减不增。第 3 章将说明，如果负载率较高，这个特性使得相邻数值样点的个数接近，这样的奇偶相邻数值对称为“值对”，例如，对原始数值样点 2 与 3，LSBR 后，2 只可能变为 3，3 只可能变为 2，总有一个数量的增加多于减少，使得相邻数值分布更接近；χ^2 特征能够有效刻画这个变化。虽然降低负载率能够降低 χ^2 特征的变化，但本书第 1 章提到，隐写的性能要求之一是具备一定的负载率，这个要求的含义也可以表示为，仅基于降低负载率获得安全性的隐写不是好的方法。显然，直接将 LSBR 嵌入作为隐写不是好的办法。

LSBR 嵌入有其变化的形态。在以上嵌入中，一个偶数与其邻值奇数形成值对，其中，偶数的绝对值小，奇数的绝对值大，在一些情况下需要反过来，这样，在需要修改的时候，可以对奇数绝对值加 1，对偶数绝对值减 1，本书称这样的 LSBR 为“奇小偶大值对 LSBR”。JPEG 系数是经常使用的嵌入域，其中，系数值有正有负，0 值分布较多，为了不显著改变 0 值的出现频率，经常 0、1 与−1 都不用于嵌入，这样最小的值对是 2 与 3、−2 与−3，奇小偶大值对 LSBR 的直接好处是，它可以使得 1 与 2、−1 与−2 为最小值对，从而利用了分布较密的 1 与−1。另外，在多个低位平面上嵌入信息的基本隐写称为 MLSB(multi-level LSB)替换。

LSBR 嵌入的嵌入效率是 2bit/次。这是因为，一般可假设载体样点 LSB 的值与秘密消息比特值均满足伪随机特性，因此载体 LSB 的值有 0.5 的概率与秘密消息比特的值相等，在此情况下不用修改 LSB，而另外 0.5 的概率下需要修改。这样，平均每次修改传输了 2bit。请注意，一个嵌入效率可以对应不同的负载率，例如，在

以上 2bit/次的嵌入效率下，隐写方案可以选择 100%或 50%的像素用于承载信息，则负载率分别是 1bpp 或者 0.5bpp。

2.3.2　LSB 匹配与加减 1

LSB 匹配(LSB matching，LSBM)[34]嵌入有助于克服以上值对分布接近现象。在 LSBM 嵌入中，也是用最后的 LSB 表达秘密消息，但是，当需要修改 LSB 的值时，LSBM 对载体样点值进行随机的加减 1。在数学上，LSBM 嵌入可以表示为

$$x' = \begin{cases} x \pm 1, & x \equiv 0 \pmod 2, \quad m = 1 \\ x \pm 1, & x \equiv 1 \pmod 2, \quad m = 0 \\ x, & x \equiv 0 \pmod 2, \quad m = 0 \\ x, & x \equiv 1 \pmod 2, \quad m = 1 \end{cases} \tag{2.5}$$

其中，“±”表示随机加减。虽然以上操作可能会影响次 LSB(second LSB)或更高位平面的值，但是修改的信号幅度仍与 LSBR 一样是 1。在优化 LSBM 时，往往需要控制±1 操作，使其不是按照随机选取的原则确定+1 或–1，因此，这类嵌入与 LSBM 一般总称为加减 1 嵌入(±1 embedding)。

由于避免了相邻数值样点个数相互接近，在同等负载率下，LSBM 隐写的安全性优于 LSBR，并且 LSBM 的嵌入效率也是 2bit/次。

本书从第 4 章开始将陆续介绍提高嵌入效率的方法，这些方法主要基于 LSBR 或者±1 嵌入提供的基本操作。

2.3.3　调色板图像嵌入

调色板图像隐写的嵌入域有调色板与像素索引值两种。

隐藏的消息可以直接以编码方式用调色板中色彩的排列顺序表达。假设调色板中的颜色数量为 N，则通过调色板中的颜色排序可以表达的信息量为 $\log_2 N!$。Gifshuffle 是互联网上公开的 GIF 图像隐写工具，采用了以上消息隐藏方法。但是这种方法的嵌入容量较小，例如，当 $N=256$ 时，能够传输的消息长度约为 210 字节，并且图像尺寸再大也无益于增加隐写容量。尤其是，一般调色板中颜色排序有一定规律，如参照了亮度、出现频度等因素，而以上随机排序使得调色板有显著的被处理特征。

为了在调色板图像像素索引值中进行类似 LSBR 的嵌入，需要控制索引值的修改变化，合理地为调色板颜色逐对分配奇偶性。可以将调色板中初始颜色数量控制在 128 个，在对索引值进行 LSBR 时，为每个修改后的索引生成一个相邻颜色与编号，约定其与原来的颜色具有相反的奇偶性，这样颜色数量仍然不多于 256 个，但是，在这样构造的调色板中，大多数颜色一般在一个由两个数量更接近颜色组成的分组中，这也不是一般的情况。为解决以上索引值的奇偶分配问题，人们首先想到

的方法是排序调色板。EzStego 是互联网上可下载的 GIF 隐写工具，它的设计者按照亮度排序调色板色彩并交替设置奇偶性，再对需要修改的索引值用相邻颜色索引值替换，但是，亮度值相邻的颜色可能很不相同(图 2.4)，因此，EzStego 隐写后的图像在色彩上存在显著的跳跃[5]。

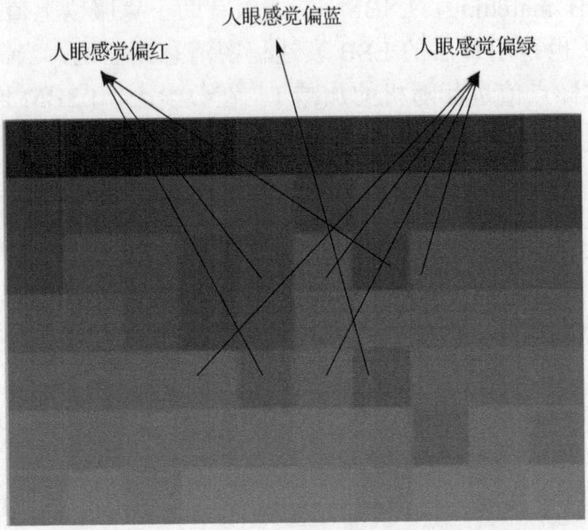

图 2.4　调色板按亮度排序(行方向)后相邻亮度上颜色可能很不同

为了提高以上索引值隐写的隐蔽性，需要更好地分配调色板颜色的奇偶性。在 Fridrich 与 Goljan[35]提出的分量和(sum of components)隐写中定义了颜色距离的概念

$$d_{\mathrm{RGB}}(c_i,c_j)=\sqrt{(r_i-r_j)^2+(g_i-g_j)^2+(b_i-b_j)^2} \tag{2.6}$$

其中，$c_i=(r_i,g_i,b_i)$，$c_j=(r_j,g_j,b_j)$ 代表两种颜色。这种隐写利用颜色三个分量和最低位的奇偶性 $(r_i+g_i+b_i) \bmod 2$ 表示隐写消息比特，在需要修改的情况下，选择距离最短并且分量和最低位奇偶性不同的颜色替换。

Fridrich 与 Du[36]提出的最佳奇偶分配(optimum parity assignment，OPA)隐写，进一步优化了分量和隐写。设调色板中颜色用 $c_i=(r_i,g_i,b_i)$，$i=1,\cdots,N$ 表示，c_i 的奇偶性以 $P(c_i)$ 表示，距离 c_i 最近的颜色用 s_i 表示，OPA 隐写通过以下奇偶分配使得 c_i 与 s_i 必定奇偶性不同。

(1) 使用式(2.6)计算所有颜色的距离 $d[i,j]\overset{\mathrm{def}}{=\!=}d_{\mathrm{RGB}}(c_i,c_j)$；令 $\mathcal{P}=\{\varnothing\}$。

(2) 排序得到非递减序列 $\mathcal{D}=\cdots d[u,v]\leqslant d[k,l]\cdots$；对相等的距离，采用一定的方法使得 $\mathcal{D}$ 为唯一排序，如按照颜色索引值的大小对相等距离排序。

(3) 反复执行步骤(4)直到调色板中全部 N 个颜色都进入 $\mathcal{P}$ 中。

(4) 在 $\mathcal{D}$ 中选择下一个 $d[i,j]$，其中，$c_i\notin\mathcal{P}$ 或者 $c_j\notin\mathcal{P}$，若没有这样的 $d[i,j]$，则说明 $\mathcal{P}$ 中已经包含了全部 N 个颜色，算法结束；否则：

①如果 $c_i \notin \mathcal{P}$ 且 $c_j \notin \mathcal{P}$，则分配相反的奇偶性给 c_i 与 c_j，$\mathcal{P} = \mathcal{P} \cup \{c_i\} \cup \{c_j\}$；

②如果 $c_i \notin \mathcal{P}$ 且 $c_j \in \mathcal{P}$，则令 $P(c_i) = 1 - P(c_j)$，$\mathcal{P} = \mathcal{P} \cup \{c_i\}$；

③如果 $c_i \in \mathcal{P}$ 且 $c_j \notin \mathcal{P}$，则令 $P(c_j) = 1 - P(c_i)$，$\mathcal{P} = \mathcal{P} \cup \{c_j\}$。

不难证明 $P(c_i) \neq P(s_i)$，即对于任意颜色 c_i，与 c_i 距离最近的颜色 s_i 必定与其奇偶性不同：设以上 OPA 当前处理的 $\mathcal{D}$ 中距离为 $d[i,j]$，其中，索引值 i、j 中至少有一个是第一次出现；不失一般性，设 j 是第一次出现，则有 $P(c_j) = 1 - P(c_i)$，可以发现，没有其他颜色 c_k 比 c_i 在距离上更靠近 c_j，否则 $d[k,j]$ 或者 $d[j,k]$ 早就出现了；如果 i 和 j 都是第一次出现，情况也是类似的。

消息接收者也能够对调色板中的颜色进行同样的奇偶性分配，因此，OPA 隐写可以直接用颜色的奇偶性表示消息比特。在需要修改的情况下，用距离最近的颜色替代。这样的处理使得从距离的角度上保证了颜色失真最小。

对调色板图像隐写，5.3 节在描述相应隐写分析的同时给出了一些提高可能。

2.3.4　量化调制

前述 LSBR 与 LSBM 两种基本嵌入都是在整数上修改，引入的扰动幅度都是 1。但是载体的有些数域并不是整数，并且即使载体嵌入域是整数也可以描述为实数集，因此，人们自然会构想在实数域的基本嵌入操作。读者将发现，在实数域的基本嵌入操作也可以看作前面两种基本嵌入的一般形式。

这里首先涉及格(lattice)与信号量化的概念。格是由 N 维欧氏空间 $\mathbb{R}^N$ 中数值点组成的加群，由有规律分布于整个空间的离散点组成，如图 2.5 和图 2.6 所示，每个点是一个基本单元(Voronoi cell)的中心，这些单元规则排列并均匀覆盖整个空间，其中，相邻格点的距离相同，一般称为量化步长(step size)，记为 Δ。在 N 维信号量化中，格的作用是用最接近的格点值代替采样得到的 N 维实数信号值，实现用离散样点代替连续信号。

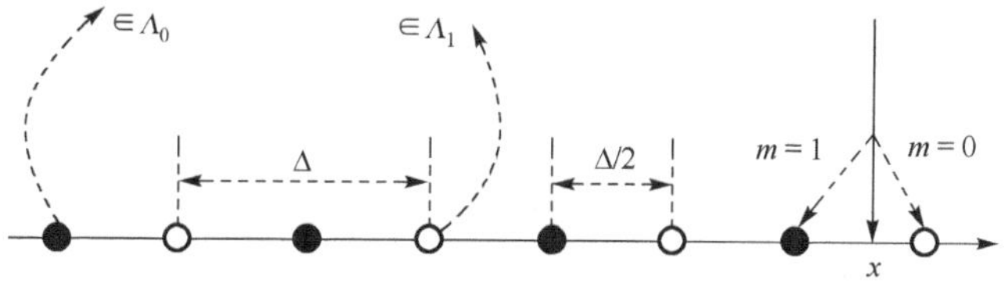

图 2.5　基于标量量化的 QIM 示意

量化调制的含义是，通过控制信号量化值的方法嵌入消息比特。为了利用量化调制嵌入 p 元编码信息，需要将一个格划分为 p 个子格(sublattice)陪集(coset)。在格 Λ_{All} 中均匀等距地取格点组成子集 Λ_0，若 Λ_0 是加群，则它是一个子格。如果存在距离偏移 $\{\boldsymbol{v}_0 = \boldsymbol{0}, \boldsymbol{v}_1, \cdots, \boldsymbol{v}_{p-1}\}$，使得 p 个 $\Lambda_i = \Lambda_0 + \boldsymbol{v}_i$ 等距交错，并且它们是 Λ_{All} 的

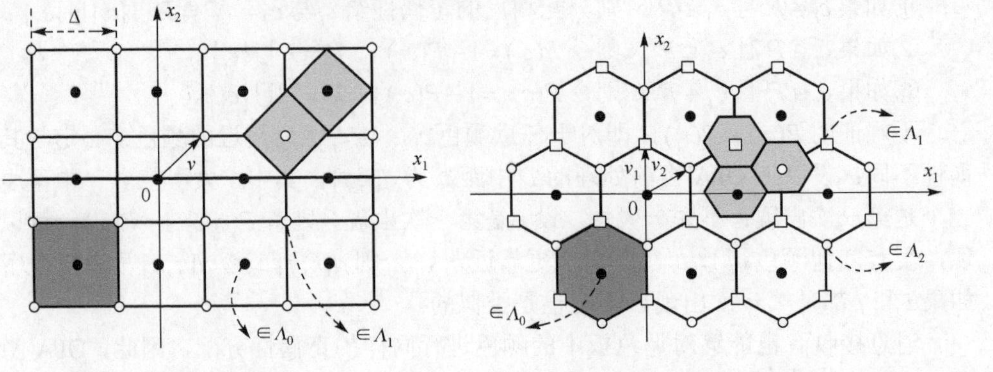

(a) 矩形格中2个陪集　　　　(b) 六边形格中3个陪集

图 2.6　二维矢量量化采用的两种格以及其中的陪集

划分，则 Λ_i（包括 Λ_0）是 Λ_0 的陪集。量化调制嵌入 p 元编码信息的原理是，利用不同陪集中的就近格点代替原载体格点表示嵌入了不同的消息符号，其中，最基本的嵌入方法是 Chen 与 Wornell[37]提出的量化索引调制（quantization index modulation，QIM）方法，其嵌入可以表示为

$$\boldsymbol{y} = Q_m(\boldsymbol{x}), \quad m \in \mathcal{M} = \{0,1,\cdots,p-1\} \tag{2.7}$$

其中，$\boldsymbol{x}$ 与 $\boldsymbol{y}$ 分别为原载体与隐密载体格点；$\mathcal{M}$ 为编码符号集；Q_m 是按照子格陪集 Λ_m 执行量化。因此，式(2.7)的含义是，若基于格点 $\boldsymbol{x}$ 嵌入消息符号 m，则用 Λ_m 中最接近 $\boldsymbol{x}$ 的格点代替 $\boldsymbol{x}$。相应地，QIM 的提取操作可以表示为

$$m' = \underset{m \in \mathcal{M}}{\arg\min}\, \mathrm{dist}(\boldsymbol{y}, \Lambda_m) \tag{2.8}$$

其中，函数 dist 表示格点到子格陪集的距离，因此式(2.8)表示，在隐密格点 $\boldsymbol{y}$ 中提取消息的方式是查看距离最近的陪集，将陪集的编号作为提取的消息符号。

虽然当前采用 QIM 方法的隐写比较少，但是这类嵌入方法具有重要的理论意义。首先，QIM 具有很强的一般性，基于控制 LSB 奇偶性的嵌入方法可以看作其在 $\Delta=1$、$N=1$ 与 $p=2$ 下的特例；其次，当 $\Delta>1$ 时，这类方法具有抵制信号噪声的能力，具有一定的鲁棒性；最后，QIM 对信息隐藏基于子格陪集的描述揭示了信息隐藏的一般原理：任何载体数据如果都存在近似的描述并且这种描述的差别不易检测，就存在构造嵌入算法的可能。

在提出 QIM 方法后，Chen 与 Wornell[38]又通过提出 DM（dither modulation）与 DC-DM（distortion compensated DM），分别通过秘密抖动格点的空间位置与加回部分量化噪声等手段，加强了 QIM 的安全性及其在安全性与鲁棒性之间的平衡能力。

2.4 小　　结

本章介绍了基本的图像编码格式。了解图像编码格式的意义有助于熟悉适合嵌入信息的数据域，为下一步了解隐写方法打下基础。通过阅读本章可以发现，空域编码图像的像素或其索引值以及 JPEG 系数是常用的图像隐写嵌入域。

本章介绍了几种主要的基本嵌入方法，它们对载体的改动都比较轻微，即便如此，本书后面的章节将说明，将这些基本嵌入方法直接作为隐写都不安全，有待于进一步提高。在这种情况下，本章没有介绍基于数字水印技术的基本嵌入方法，如基于扩频的隐写嵌入[39]。

在隐写中，如果一个载体样点的值(而不是诸如 LSB 等位平面上的值)在隐写后有 p 种可能，则称隐写为 p 元编码的。LSBR 与 LSBM 分别是基于二元编码(binary coding)和三元编码(ternary coding)的隐写，QIM 的情况要看其采用几个量化子格。在引入同等能量信号噪声的情况下，由于在多元编码隐写下消息也可以是多元编码的，多元编码理论上具有更强的信息表达能力，即有更大的嵌入容量。严格来说，只有消息也是 p 元编码的，隐写才是 p 元编码的，但是，目前文献中的描述不太严格，例如，有时将二元消息编码下的三元编码隐写也称为三元编码隐写，典型的是基于 LSBM 嵌入二元消息及其改进的方法。本书在描述上将严格区分各类情况，这里提前说明，无论采用几元的消息编码，其消息长度可以用不同的单位表示，不同单位表示的消息长度可以通过附录 A.2.1 的方法相互转换。

思考与实践

(1)请简述 JPEG 的编码与解码过程。

(2)什么是 LSBR 产生的值对现象？LSBM 是如何克服该现象的？

(3)请简述 OPA 调色板图像隐写对分量和隐写的优势。

(4)请简述采用 QIM 嵌入消息的过程；阅读相关文献，给出 DM 与 DC-DM 的操作步骤，并说明它们在性能上相比 QIM 的优势。

第 3 章　隐写分布特性保持

第 2 章给出了将消息嵌入载体的基本方法，其中提到，选择 LSBM 可以克服 LSBR 带来的相邻数值样点数量接近的现象，有助于增强隐写的隐蔽性，实际上这是一种简单的分布特性保持方法。分布特性保持是指在隐写中尽可能维持载体的统计分布性质。一个理想安全的隐写应该不改变任何统计特征，但这是难以实现的，有理论已证明，保持原有载体分布是 NP 困难问题，这表示在实际算法中只能尽量维持载体数据或者特征的分布特性。显然，逐个保持载体的各种统计特征是不现实的，而仅保持数据分布的主要特性有利于形成实际算法，也有利于间接保持其他统计特征。

研究人员提出了一系列基于分布特性保持的隐写算法。由于 JPEG 系数分布有较显著的特性，以下介绍的相关工作主要针对保持 JPEG 隐写的 JPEG 系数分布特性。另外，当前保护一阶以上分布的难度非常大，尚没有出现普遍有效的算法，因此，本章主要介绍保护一阶分布的典型方法，仅简单介绍基于预留区分布恢复的二阶分布保持方法。研读本章内容需要预习附录 A.2.4、A.4.4 与 A.4.5 等列出的基础知识。

3.1　分布保持问题

本节通过实例引出分布保持问题并描述其难度。以下首先介绍基本的 JPEG 系数分布特性以及用 χ^2 统计量表达的值对分布差异特征，说明直接在 JPEG 系数上进行 LSBR 对这类特征的影响；之后，本节将介绍分布保持问题的形式化描述，论述其困难性。

3.1.1　LSBR 分布问题与 χ^2 分析

从统计上看，JPEG 系数近似符合拉普拉斯分布(Laplacian distribution)。其典型特点描述如下(图 3.1)。

(1) 对称性。以 0 值为中心达到最大值，两侧分布近似对称。

(2) 单侧单调性。以 0 值为中心达到最大值，两侧单调下降。

(3) 梯度下降性。小值样点较多，大值样点较少，分布曲线在两侧下降梯度逐渐减小。后面将看到，一些隐写会使得分布曲线向 0 值方向“收缩”(shrinkage)。

一些基本的 JPEG 隐写分析方法主要基于以上特性的改变识别隐写后的 JPEG 图像，因此，JPEG 隐写必须满足这些特性的基本约束。

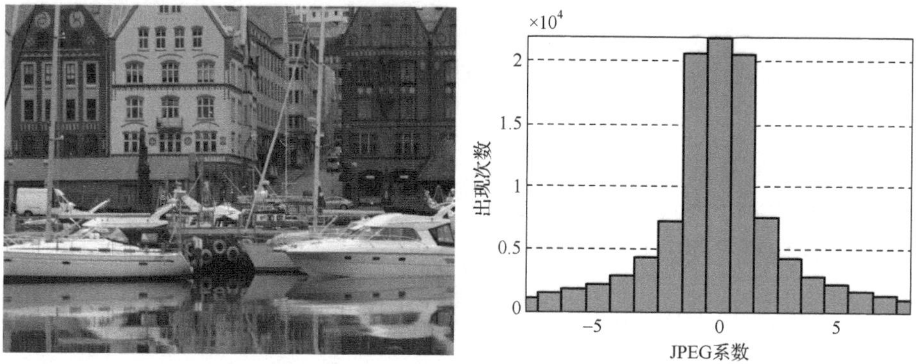

图 3.1　一个 QF=80、640×480 图像 Y 分量 JPEG 系数直方图(0 处截断)

第 2 章在介绍 LSBR 的时候指出这类嵌入造成在奇数值样点上只减不增，在偶数值样点上则反之，这种现象可以基于 χ^2 统计量表征和识别。以下给出 χ^2 隐写分析的原理与方法，它最早由 Westfeld 与 Pfitzmann[40]提出。设 $h(2i)$ 表示载体样点在 $2i$ 处的直方图值(这里限定 $i>0$，$i<0$ 的情况类似)，$h^*(2i)$ 为嵌入后的值，不失一般性，设 $h(2i)>h(2i+1)$，则在 LSBR 后，根据 LSBR 的以上特性，更多的 $2i$ 变为 $2i+1$，因此有

$$|h(2i)-h(2i+1)| \geqslant |h^*(2i)-h^*(2i+1)| \tag{3.1}$$

为了定量刻画这一变化，可以引入 χ^2 统计量特征与相应的隐写识别判决方法。记

$$y^*(i)=\frac{h^*(2i)+h^*(2i+1)}{2} \tag{3.2}$$

以及 $y(i)=h^*(2i)$，显然，由于 $h^*(2i)+h^*(2i+1)=h(2i)+h(2i+1)$，可以通过衡量 $y(i)$ 与固定值 $y^*(i)$ 的相对偏离程度识别隐密载体。可定义统计特征如下

$$t=\sum_{i=1}^{d-1}\frac{(y(i)-y^*(i))^2}{y^*(i)}=\sum_{i=1}^{d-1}\left(\frac{y(i)-y^*(i)}{\sqrt{y^*(i)}}\right)^2=\sum_{i=0}^{d-1}\frac{(h^*(2i)-h^*(2i+1))^2}{2(h^*(2i)+h^*(2i+1))} \tag{3.3}$$

由于 0 和 1 值系数经常不用，所以以上 i 从 1 开始，这样有 $i=1,2,\cdots,d-1=2^{C-1}-1$，$C$ 为样点的考察深度，它限定了考察数值的范围，如果是 8，则有 $i=1,2,\cdots,127$；以上还有一些处理技巧，由于统计学中 χ^2 分布描述的是 M 个均值为 0、标准方差为 1 的高斯分布 $N(0,1)$ 变量平方和的分布，为了使得 $t\sim\chi^2$，需要式(3.3)中第二种表达方法中平方项内的值服从高斯分布 $N(0,1)$，而 $(y(i)-y^*(i))/\sqrt{y^*(i)}$ 是更接近这个分布的。因此，可以认为 $t\sim\chi^2(d-1)$，即 t 满足自由度为 $v=d-1$ 的 χ^2 分布

$$f(t)=\begin{cases}\dfrac{t^{(v-2)/2}\mathrm{e}^{-t/2}}{2^{v/2}\Gamma(v/2)}, & t>0\\ 0, & t\leqslant 0\end{cases} \tag{3.4}$$

其中

$$\Gamma(x)=\int_0^{+\infty}u^{x-1}\mathrm{e}^{-u}\mathrm{d}u \tag{3.5}$$

为 Gamma 函数。

由于 t 越小表示越可能存在隐写，可以设计一个阈值γ，按照假设检验进行判决。这样，漏检率为

$$P_{\mathrm{MD}}(\gamma)=\int_{\gamma}^{+\infty}g^{*}(t)\mathrm{d}t \tag{3.6}$$

其中，$g^{*}(t)$ 是隐密图像统计特征 t 的概率密度；虚警率为

$$P_{\mathrm{FA}}(\gamma)=\int_0^{\gamma}g(t)\mathrm{d}t \tag{3.7}$$

其中，$g(t)$ 是载体图像统计特征 t 的概率密度。

对含密载体 t 的值非常小，因此，在实际中可以简单地用以下统计量完成检测

$$p=\int_T^{+\infty}f(t)\mathrm{d}t=1-\int_0^{T}f(t)\mathrm{d}t \tag{3.8}$$

其中，T 表示根据输入图像计算得到的 t 值；如果 p 接近 1，则认为存在隐写，否则不存在。算法也可以从嵌入位置开始顺序向后，每次分析的数据量递增，从图 3.2 可以看出，以上分析方法对连续 LSBR 嵌入的隐写非常有效，甚至可以估计嵌入长度。

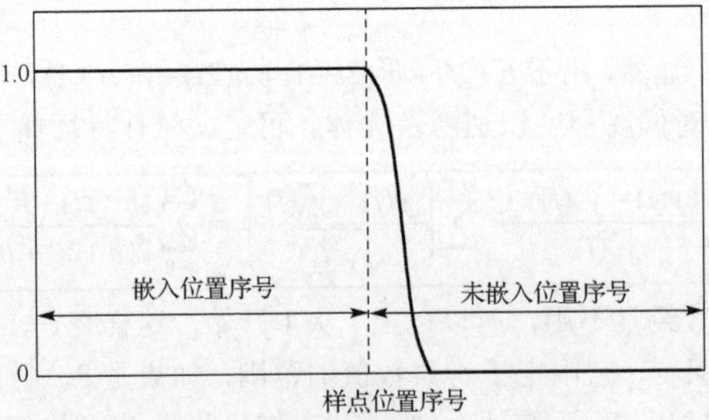

图 3.2　p 统计量(纵轴)对连续位置(横轴为样点位置序号)LSBR 的检测
(结果显示前 50%的位置存在连续隐写)

实验表明，以上方法对不连续、非满负载 LSBR 嵌入的分析性能下降很快。因此，针对随机选择不连续嵌入位置的 LSBR 嵌入，Provos[41]提出了滑动窗口χ^2分析方法，由于这类隐写可能有一些密集嵌入区域，在这些局部区域χ^2分析方法仍然相对有效，使得对隐密载体的总体检测情况仍然呈现一定异常。

3.1.2　分布保持及其困难性

在理论上，分布保持就是使所关心的载体数据或特征的分布与隐写后的分布相同，即距离为零。Chonev 与 Ker[42]形式化地描述了分布保持问题。设隐写过程中各环节的基本操作为 $\boldsymbol{c}_i \in C$，$i=1,\cdots,n$，它们被表示为信息嵌入与特征保持等操作中形成的噪声，但这些操作也可能部分不被执行；$C \in \mathcal{A}$ 为完成一次隐写的操作组合，$\mathcal{A}$ 为能够完成隐写的操作组合集合，$d:\mathbb{R}^p \times \mathbb{R}^p \to [0,\infty)$ 是距离度量，$\phi(\cdot)$ 为计算统计分布的操作，$\boldsymbol{t}$ 是希望达到的目标分布，分布均用 p 个样点表达，理想情况下 $\boldsymbol{t}=\phi(\boldsymbol{x}) \overset{\text{def}}{=} \boldsymbol{s}$，其中，$\boldsymbol{x}$ 为原载体，$\boldsymbol{s}$ 是载体的分布。基于以上准备，分布保持问题可描述为

$$\min_{C} d\left(\boldsymbol{t},\phi\left(\boldsymbol{x}+\sum_{\boldsymbol{c}_i\in C}\boldsymbol{c}_i\right)\right), \quad \text{s.t. } C\in\mathcal{A} \tag{3.9}$$

由于距离度量为非负数，以上问题也可以描述为：求出 $C\in\mathcal{A}$，使得 $d=0$。二次型距离（quadratic distance）

$$d(\boldsymbol{u},\boldsymbol{v})=(\boldsymbol{u}-\boldsymbol{v})^{\mathrm{T}}\Delta(\boldsymbol{u}-\boldsymbol{v}) \tag{3.10}$$

可用于表达以上距离度量，其中，Δ 是一个非负定对称矩阵；当 $\Delta=I$ 时，其中 I 为单位矩阵，以上距离是常用的欧氏距离。

Chonev 与 Ker[42]发现，以上分布保持问题是难以求解的，这表现为即使是问题简化后其仍然是 NP 困难[43]的。如果载体只进行了一次基本操作，则可以用

$$\boldsymbol{\delta}_{\boldsymbol{c}_i}=\phi(\boldsymbol{x}+\boldsymbol{c}_i)-\phi(\boldsymbol{x}) \tag{3.11}$$

表示其对分布的影响。假设基本操作 $\boldsymbol{c}_i$ 之间没有相互影响，它们对分布的影响是独立可加的，则隐写后的载体分布为

$$\phi\left(\boldsymbol{x}+\sum_{c_i\in C}\boldsymbol{c}_i\right)=\phi(\boldsymbol{x})+\sum_{c_i\in C}\boldsymbol{\delta}_{\boldsymbol{c}_i}=\boldsymbol{s}+\sum_{c_i\in C}\boldsymbol{\delta}_{\boldsymbol{c}_i} \tag{3.12}$$

以上简化的研究模型称为加性模型（additive model），后续章节会进一步介绍类似模型在隐写算法设计中的作用。在加性模型中，以上分布距离可表示为

$$\begin{aligned}
d\left(\boldsymbol{t},\phi\left(\boldsymbol{x}+\sum_{c_i\in C}\boldsymbol{c}_i\right)\right)&=\left(\boldsymbol{s}+\sum_{c_i\in C}\boldsymbol{\delta}_{\boldsymbol{c}_i}-\boldsymbol{t}\right)^{\mathrm{T}}\Delta\left(\boldsymbol{s}+\sum_{c_i\in C}\boldsymbol{\delta}_{\boldsymbol{c}_i}-\boldsymbol{t}\right)\\
&=(\boldsymbol{s}-\boldsymbol{t})^{\mathrm{T}}\Delta(\boldsymbol{s}-\boldsymbol{t})+\left(\sum_{c_i\in C}\boldsymbol{\delta}_{\boldsymbol{c}_i}\right)^{\mathrm{T}}\Delta\left(\sum_{c_i\in C}\boldsymbol{\delta}_{\boldsymbol{c}_i}\right)+2(\boldsymbol{s}-\boldsymbol{t})^{\mathrm{T}}\Delta\left(\sum_{c_i\in C}\boldsymbol{\delta}_{\boldsymbol{c}_i}\right)\\
&\overset{\text{def}}{=}(\boldsymbol{s}-\boldsymbol{t})^{\mathrm{T}}\Delta(\boldsymbol{s}-\boldsymbol{t})+\boldsymbol{b}^{\mathrm{T}}\Gamma^{\mathrm{T}}\Delta\Gamma\boldsymbol{b}+2(\boldsymbol{s}-\boldsymbol{t})^{\mathrm{T}}\Delta\Gamma\boldsymbol{b}
\end{aligned} \tag{3.13}$$

其中，矩阵 $\Gamma \in \mathbb{R}^{p\times n}$ 每列由不同基本操作 $\boldsymbol{c}_i$ 对应的 $\boldsymbol{\delta}_{c_i}$ 构成；$\boldsymbol{b}\in\{0,1\}^n$ 中为 1 的元素位置表示在 n 个基本操作中算法真正实施的操作。由于 $\boldsymbol{s}-\boldsymbol{t}$ 是确定的，以上分布保持问题转化为

$$\min_{\boldsymbol{b}} \boldsymbol{b}^{\mathrm{T}}\Gamma^{\mathrm{T}}\Delta\Gamma\boldsymbol{b}+2(\boldsymbol{s}-\boldsymbol{t})^{\mathrm{T}}\Delta\Gamma\boldsymbol{b},\quad \text{s.t.}\quad \boldsymbol{b}\in\{0,1\}^n,\quad \boldsymbol{b}\in\mathcal{A}' \tag{3.14}$$

其中，$\mathcal{A}'$ 是将 $\mathcal{A}$ 中元素用 $\boldsymbol{b}$ 表示后的对应形式，也表示可选用基本操作组合的集合。文献[42]认为以上特殊二次规划问题是 NP 困难的，并给出一个证明，以下是根据该证明给出的一个更易理解的证明过程。

定理 3.1　在加性模型下的以下隐写分布保持问题是 NP 困难的

$$\min_{\boldsymbol{b}} \boldsymbol{b}^{\mathrm{T}}K\boldsymbol{b}+\boldsymbol{k}^{\mathrm{T}}\boldsymbol{b},\quad \text{s.t.}\quad \boldsymbol{b}\in\{0,1\}^n,\quad \boldsymbol{b}\in\mathcal{A}' \tag{3.15}$$

证明　证明一个问题是 NP 困难的方法一般是：①确定问题在 NP 类问题中；②证明可以在多项式时间内将 NP 困难问题规约到该问题。

首先，在给 $\boldsymbol{b}$ 赋值后，可以在不多于 3 次多项式时间内完成式(3.15)的计算，并验证结果是否为 0，因此，以上问题至少是 NP 类问题。

以下将 NP 困难的 MAX-2-SAT 问题[44]规约到以上问题。MAX-SAT(maximum satisfiability)问题[45]是，对表达为合取范式的逻辑表达式(或子式的与分解)，确定能同时满足的最大子式数量；在 MAX-2-SAT 问题中，每个合取范式的子式包含两个变量，例如

$$f(b_1,\cdots,b_n)=(b'_{i_1}\vee b'_{j_1})\wedge(b'_{i_2}\vee b'_{j_2})\wedge\cdots\wedge(b'_{i_m}\vee b'_{j_m}) \tag{3.16}$$

其中，逻辑变量 b'_k 为 b_k 或者其取反后的值 $\neg b_k$，$\{i_1,\cdots,i_m,j_1,\cdots j_m\}\subseteq\{1,\cdots,n\}$。将 $f(b_1,\cdots,b_n)$ 用以下方法替换

$$b_k\vee b_l\rightarrow b_k+b_l-b_kb_l \tag{3.17}$$

$$b_k\vee\neg b_l\rightarrow 1-b_l+b_kb_l \tag{3.18}$$

$$\neg b_k\vee\neg b_l\rightarrow 1-b_kb_l \tag{3.19}$$

可以验证，以上替换在数值上是等价的。这样，MAX-2-SAT 问题转化为求解

$$F(\boldsymbol{b})=\boldsymbol{b}^{\mathrm{T}}D\boldsymbol{b}+\boldsymbol{d}^{\mathrm{T}}\boldsymbol{b}+e \tag{3.20}$$

的最大值。注意到，D 的对角线元素均为 0，$b_i^2-b_i=0$，因此，以上求解最大值等价于求

$$G(\boldsymbol{b})=e-F(\boldsymbol{b})+\sum_{i=1}^{n}m_i(b_i^2-b_i)=\boldsymbol{b}^{\mathrm{T}}(\boldsymbol{m}^{\mathrm{T}}I-D)\boldsymbol{b}+(\boldsymbol{m}-\boldsymbol{d})^{\mathrm{T}}\boldsymbol{b} \tag{3.21}$$

的最小值，其中，$\boldsymbol{m}=(m_1,\cdots,m_n)$。从求解形式上看，问题已属于式(3.15)描述的加性模型下的隐写分布保持问题。　□

由于分布保持的困难性，在隐写算法设计中，一般只能尽量在一定程度上维持数据或特征主要的分布特性，这使问题得到简化。当前，主要出现了基于调整修改方式、预留补偿区与基于统计模型的分布保持方法，以下将介绍典型的方法。

3.2　基于调整修改方式的方法

第 2 章提到，相比采用 LSBR，选择采用随机加减 1 修改操作的 LSBM 有助于避免 LSBR 带来的相邻数值样点数量接近的现象，这是一种典型的通过调整修改方法保持一阶统计分布特征的例子。实际上除了考虑保持以上分布特性外，还需要考虑保护更多的分布特性。

在 JPEG 系数域，被命名为 F3 与 F4 的两种隐写通过选取修改方式保护了 JPEG 系数分布的对称性、单调性等特性，为设计首个基于矩阵编码的隐写 F5 奠定了基础。以下简要介绍 F3 与 F4 隐写。

3.2.1　F3 隐写

F3[46]的嵌入域是 JPEG 系数，为了避免直接采用 LSBR 带来的值对数量接近现象，在嵌入方法上它采取了以下措施。

(1) 隐写操作仅使用绝对值不为 0 的 JPEG 系数；当需要修改当前系数时，采取绝对值减 1 的方法。

(2) 当将绝对值为 1 的系数修改为 0 时，由于提取算法不能区分这个 0 值是修改为 0 的还是未使用的 0 值，嵌入算法需要继续嵌入，直到找到一个非零偶数，或者找到一个奇数并将其通过绝对值减 1 修改为非零偶数。

F3 的消息提取只要读取非零系数上的 LSB 即可。

F3 的设计虽然防止了相邻值出现数量接近的现象，也维持了分布函数的对称性，但使得偶数的分布增加(图 3.3)，在一定程度上并没有满足分布函数的单调性

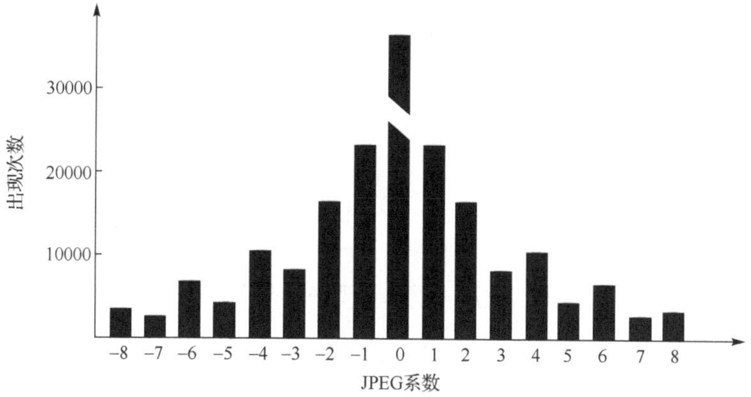

图 3.3　F3 嵌入后 JPEG 系数直方图偶数值增加示意

要求。产生这种现象的原因是，由于载体绝对值为 1 的数值较多，当其被修改为 0 时，嵌入算法继续嵌入直到找到一个偶数值，或者将一个奇数值改为偶数值。这样，绝对值为 1 的系数可以支持嵌入 1，但是不支持嵌入 0，而是需要使用或者制造一个偶数。另外，0 系数的数量有相应增加，产生分布曲线向 0 收缩现象。

3.2.2　F4 隐写

为了克服 F3 的缺陷，F4[46]对不同正负号的奇偶 JPEG 系数采用了不同的嵌入与消息表示方法。F4 用负偶数、正奇数代表嵌入了消息比特 1，用负奇数、正偶数代表嵌入了 0(图 3.4)，但仍然通过减小绝对值的方法进行修改，如果减小绝对值后系数为 0 则继续往下嵌入当前比特。

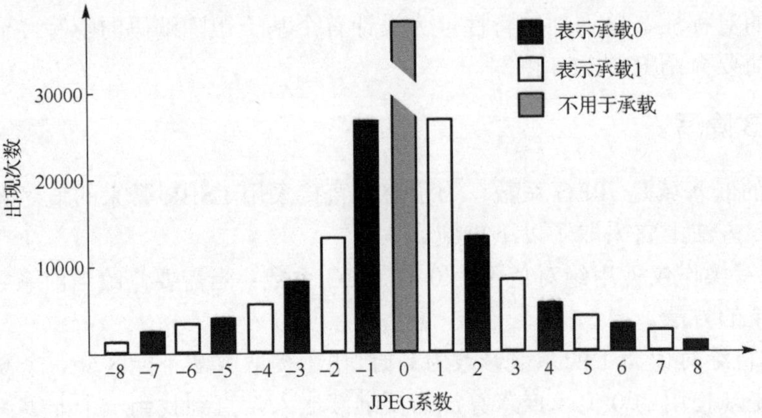

图 3.4　F4 嵌入后 JPEG 量化系数的典型直方图

F4 显然保持了载体分布函数的对称性，以下验证 F4 也保持了载体分布函数的单调性与梯度下降性。设 X、Y 分别是嵌入前后的 JPEG 系数，P 表示分布概率。则从单调性与梯度下降性的约束看载体有以下性质

$$P(X=1)>P(X=2)>P(X=3)>P(X=4) \tag{3.22}$$

$$P(X=1)-P(X=2)>P(X=2)-P(X=3)>P(X=3)-P(X=4) \tag{3.23}$$

由于可认为密文消息是伪随机分布的，并注意到 $X=1$ 时有一半可能承载消息比特 1，有

$$P(Y=1)=\frac{1}{2}P(X=1)+\frac{1}{2}P(X=2) \tag{3.24}$$

$$P(Y=2)=\frac{1}{2}P(X=2)+\frac{1}{2}P(X=3) \tag{3.25}$$

$$P(Y=3)=\frac{1}{2}P(X=3)+\frac{1}{2}P(X=4) \tag{3.26}$$

因此得到

$$P(Y=1)-P(Y=2)=\frac{1}{2}P(X=1)-\frac{1}{2}P(X=3)>0 \tag{3.27}$$

$$P(Y=2)-P(Y=3)=\frac{1}{2}P(X=2)-\frac{1}{2}P(X=4)>0 \tag{3.28}$$

综合式(3.27)、式(3.28)与式(3.22)、式(3.23)，可以验证 F4 能够保持载体分布函数的单调性与梯度下降性约束

$$P(Y=1)>P(Y=2)>P(Y=3) \tag{3.29}$$

$$P(Y=1)-P(Y=2)>P(Y=2)-P(Y=3) \tag{3.30}$$

以上数值验证方法对任何一段分布函数都是适用的。

但是，F4 仍然存在使含密载体分布函数形状向 0 收缩的现象。第 4 章将介绍，这个现象将在一定程度上被 F4 的提高版本 F5 用矩阵编码方法缓解；第 6 章将介绍收缩现象可以被湿纸编码解决。

3.3　基于预留区的方法

通过预留不用于承载消息的区域并进行相应的补偿处理，可以将含密载体的一些分布特性调整到预期的情况，从而能够低于相应的隐写分析。

3.3.1　预留补偿区的分布恢复

载体分布特性一般具有全局性，使得隐写设计者可以预留一个不承载消息的补偿区用于修正变化的分布特性，从而达到程度不同的分布特性保持效果。典型地，OutGuess[41]是 Provos 设计的一款 JPEG 图像隐写软件，采用了一种非常典型的一阶统计特征保持方法，其基本设计思想是，在 LSBR 嵌入之后，通过调整非嵌入区的 LSB 值修复改变的直方图；Solanki 等[47]也针对 QIM 与 LSBM 提出了一些类似的改进方法。

Solanki 等[47]的方法原理性上比较容易阐述。设 $P_X(v)$ 表示载体的 PMF (probability mass function)，即离散分布概率，$P_Y(v)$ 表示含密载体的 PMF，$P_S(v)$ 与 $P_C(v)$ 分别为消息承载区与预留补偿区的 PMF，λ 为消息承载区值为 v 样点占整个嵌入域值为 v 样点的比例，$1-\lambda$ 是预留补偿区值为 v 样点占整个嵌入域值为 v 样点的比例，则在嵌入与补偿后，希望得到的效果是

$$P_Y(v)=\lambda P_S(v)+(1-\lambda)P_C(v)=P_X(v) \tag{3.31}$$

因此有

$$P_C(v)=\frac{P_X(v)-\lambda P_S(v)}{1-\lambda} \tag{3.32}$$

其中，$P_X(v)$ 与 $P_S(v)$ 在嵌入前后均可统计得到，下面讨论如何通过确定 λ 得到 $P_C(v)$。由于式(3.32)中分子大于 0，有 $\lambda \leqslant P_X(v)/P_S(v)$；$\lambda$ 与样点数值 v 相关，一般可以获得一个保守的 $\lambda=\min_n P_X(v)/P_S(v)$ 使得处处可用，即在所有 λ 的上限中取最小值；最后，基于确定的目标分布 $P_C(v)$，通过附录 A.4.4 描述的最小 MSE 直方图修正法将预留区的 PMF 修正到 $P_C(v)$。在 Solanki 等[47]最初提出的空间域隐写方案中，采用 DM-QIM 作为基本嵌入并消除量化痕迹，嵌入域为每个 8×8 像素分块最低频的 21 个 DCT 系数，每个系数组成一个子通道，有 25%～40%的区域用于消息嵌入，其他区域用于修正直方图；在 PMF 较小的区域，$P_X(v)/P_S(v)$ 波动很大，因此，最初的方案放弃了这些位置上的 PMF 修正。在 Solanki 等[48]后来提出的 JPEG 隐写方案中，仅在数值 $\leqslant|T|$ 的系数位置上修改，在这些位置上 PMF 较大，因此不存在放弃修正的区域，另外，为了在 JPEG 系数中嵌入消息，采用 LSBM 作为基本嵌入。

以下介绍更有影响力的 OutGuess 隐写，在介绍它对预留区补偿修正分布变化的方法前，先介绍它在加密与嵌入位置确定上的安全方案。

1) 密钥与密码方案

一个完整的隐写体制(steganosystem)除了包括隐写方法，还包括有关密钥与密码等的使用方案。OutGuess 采用流密码 RC4 加密待隐藏的消息，其加密密钥由消息收发双方共享；OutGuess 将该加密算法也作为伪随机数发生器(pseudo-random number generator，PRNG)使用，由消息长度与一个消息嵌入位置选择种子密钥组成的状态信息也是消息的一部分。以下将看到，基于所用的载体，位置选择种子经过 32 次优选才确定；接收者需要首先得到状态信息，因此它的嵌入位置由固定的共享密钥驱动 PRNG 生成，即依固定密钥选择确定的位置嵌入加密的状态信息。

2) 嵌入位置的伪随机确定

OutGuess 体现了一定的自适应处理思想，它基于任选的 32 个 PRNG 种子在嵌入前临时产生 32 个消息嵌入位置序列，一个序列的产生过程如下：设嵌入位置依次为 $b_i, i=1,2,\cdots,n$，n 为需要嵌入的消息比特数，在每个种子下，位置选择可以表示为

$$\begin{aligned} b_0 &= 0 \\ b_i &= b_{i-1}+R_i(x) \end{aligned} \tag{3.33}$$

其中，$R_i(x)$ 表示在 $[1,x]$ 区间内参照 PRNG 输出序列的一段选择一个位置偏移，并且每嵌入 8 比特重新计算区间长度

$$\text{区间长度} \approx \frac{2\times\text{未使用的载体可嵌入样点数}}{\text{未嵌入的消息比特数}} \tag{3.34}$$

以上乘以系数 2 的原因是，有 0.5 的概率选择的位置偏移不超过 $x/2$。

3)位置选择的优化

在以上位置选择策略下，位置序列是由种子确定的，但是总体需要修改的样点数量取决于种子、消息与载体，在后两者确定的情况下，仅取决于种子。OutGuess 通过采用 32 个种子进行嵌入尝试，选择导致最小修改次数的种子。

通过简单的统计分析可以发现以上优选能够起到一定的作用。设 p 表示一个样点被修改的概率，在伪随机选出的 n 个可嵌入样点中，隐藏同等数量比特数据所需修改样点的个数为 k，则 k 满足二项分布，其分布可记为

$$P(k)=\binom{n}{k}p^k(1-p)^{n-k} \tag{3.35}$$

为了掌握以上优化的大致效果，以下推导修改次数 k 的标准方差 $\mathrm{Var}(k)$ 。由概率论得知，若 $n=1$，则 k 满足 0-1 分布，有

$$E(k)=0\cdot(1-p)+1\cdot p=p \tag{3.36}$$

$$E(k^2)=0^2\cdot(1-p)+1^2\cdot p=p \tag{3.37}$$

$$\mathrm{Var}(k)=E(k^2)-[E(k)]^2=p-p^2=p(1-p) \tag{3.38}$$

若 $n>1$，则 k 满足二项分布，设 k_i 表示位置 i 上的修改次数，有

$$E(k)=E\left(\sum_{i=1}^{n}k_i\right)=\sum_{i=1}^{n}E(k_i)=np \tag{3.39}$$

$$\mathrm{Var}(k)=\sigma^2=\mathrm{Var}\left(\sum_{i=1}^{n}k_i\right)=\sum_{i=1}^{n}\mathrm{Var}(k_i)=np(1-p) \tag{3.40}$$

令 $q=1-p$，有 $\sigma=\sqrt{npq}$，在随机情况下有 $q=p=0.5$， $\sigma=p\sqrt{n}$，而实际情况会有偏差。文献[41]的实验表明，当 $n=14832$ 时，推算和实测的 σ 分别为 60.893 与 53.123，这说明减少的修改次数大致在这个范围内。

OutGuess 的设计者注意到，若直接采用以上方法进行隐写，虽然可以克服 χ^2 分析带来的风险，但是，基于滑动窗口的 χ^2 分析方法仍可以发现隐写的异常。因此，他提出了一种保持 JPEG 系数直方图的方法，在以上嵌入完成后实施。设 α 表示消息比特数占所选择的可嵌入 JPEG 系数数量的比例，则记隐写前后相邻值对(指 LSBR 嵌入相互影响分布的一对邻值)的直方图值 f 与 $\overline{f}$ 分别变为

$$f^*=f-\frac{\alpha}{2}f+\frac{\alpha}{2}\overline{f}=f-\frac{\alpha}{2}(f-\overline{f}) \tag{3.41}$$

$$\overline{f}^*=\overline{f}-\frac{\alpha}{2}\overline{f}+\frac{\alpha}{2}f=\overline{f}+\frac{\alpha}{2}(f-\overline{f}) \tag{3.42}$$

其中，假设 $f \geqslant \overline{f}$，即 f 与 $\overline{f}$ 分别对应绝对值较小与较大的一对 JPEG 系数邻值，系数 1/2 是由于一个可嵌入样点的修改可能是 0.5；中间表达式中的第二项表示从本值中“流出”到邻值的数量，第三项表示从邻值“流入”的数量。为了利用较大邻值位置上未承载消息的区域进行直方图复原，要求预留区样点数要大于 f 的变化数量

$$(1-\alpha)\overline{f} \geqslant \frac{\alpha}{2}(f-\overline{f}) \tag{3.43}$$

不考虑另一侧修改的原因是，一侧被修正了，另一侧也得到了修正。式(3.43)等价于

$$\alpha \leqslant \frac{2\overline{f}}{f+\overline{f}} \tag{3.44}$$

这说明，要可靠修复全部对直方图的影响，α 有一定限制，但是可以基于相邻直方图值差异比较显著的情况估算它，使得其他情况下也可以满足补偿修正的需求。从后面给出的算法 3.1 可看到，即使有不满足的个例，没有成功修正的情况也会很少。

基于以上认识，以下可以给出 OutGuess 在基本嵌入后修正直方图的算法。算法的修正策略是，针对一个值上的分布，算法最终需要通过修改值对中的邻值进行修正，但是它并不立即这么做，而是对各个值上需要的修改次数进行记录，允许暂时不修改，目的是希望等待值对上的修改需求相互抵消；只有需要修改的次数超过了设置的上限次数，才调用 exchDCT 函数基于前面考察过的区域通过修改邻值进行修正，但在修正失败的情况下，也只能继续增加记录的修改次数；逐个系数考察完毕后，最后对记录的需要修改次数再进行一轮处理，但并不确保实现完全的修正。具体算法如下。

算法 3.1　OutGuess 直方图修正

1. $N \leftarrow$ DCTFreqTable(Original Image)；　　//计算 DCT 系数的直方图
2. $k \leftarrow$ Number(Coefficients for Embedding)；　//获得可嵌入系数样点数
3. $\beta \leftarrow$ 按照经验值设置上限；
　　//设置允许多大比例不立即修正，而是等待抵消
4. for $v = \text{DCT}_{\min}$ to $\text{DCT}_{\max}$ do　　//从系数的小值到大值循环
5. 　　$N_{\text{err}}[v] \leftarrow 0$；　　//先设每个 DCT 值需要被修正的次数为零
6. 　　$N^*[v] = \beta N[v]$；　　//记录每个 DCT 值对应的样点暂不修正的数量
7. endfor
8. for $i = 1$ to k do　　//按系数的位置逐一循环
　　//对未修改(隐写或者修正引起的修改)位置不处理，返回
9. 　　if DCT(i) unmodified then

```
            Continue;
        endif
        //以下处理修改过的位置
        //对本值 LSB⊕1后得到邻值，邻值可较大或较小
        AdjDCT ← DCT(i)⊕1;                    //修改方式对任何系数均是 LSB
        if N_err[AdjDCT] then
                        //如果记录显示值对邻值还需要 N_err[AdjDCT] 次修正
            N_err[AdjDCT]减1;                  //则所需修正次数记录减 1
            Continue;             //邻值正好也需要修正，则两个值的修正抵消
        endif;
        //以下处理修正有修改但没有相互抵消的情况
        //如果 DCT(i) 对应值上需要的修正次数小于该值上暂时允许不修改的次数，
        //则可以继续记录(不立即修正，等待以上抵消出现)
        if N_err[DCT(i)] < N*[DCT(i)] then
            N_err[DCT(i)] 加 1;         // DCT(i) 对应的值上需要的修正次数加 1
                                        //这类需要修改的次数由之前的嵌入引起
            Continue;
        endif;
        //如超过缓存的允许上限，则通过 exchDCT 将预留区邻值改为本值
        //方法是修改前面( j < i )考察过的一个邻值样点(未曾修改)完成
        //这一般也会解决邻值的问题，可能只是缓存小造成的问题
        if exchDCT(i,DCT(i)) fails then     //exchDCT 先执行
                        //以下仅在 exchDCT 失败时执行，此时只能增加记录
            N_err[DCT(i)] 加 1;
            Continue;
        endif;
    endfor;
    //遗留缓存中的全部修正需求用本值上未曾修改位置上的样点作修正
    for v = DCT_min to DCT_max do
        while N_err[v] ≠ 0 do
            N_err[v] 减 1;          //确保循环退出
            exchDCT(k,v);   //修改考察范围是整个系数集，k 为最大考察范围
        endw
    endfor
```

3.3.2　预留“死区”的分布保持

如果隐写算法输入的是空域编码图像，输出 JPEG 图像，Noda 等[49]发现，隐写也可以在 8×8 分块实数 DCT 系数的 JPEG 量化中进行 QIM 隐写。这种隐写采用 JPEG 量化表对相应的 DCT 系数进行 QIM 嵌入，有两种分布保持方法，按照所采用方法不同分别称为 HM-JPEG(histogram matching-JPEG) 隐写与 QIM-JPEG 隐写，它们均以一个频率分量(模式)为一个嵌入通道，统计上保护的是该通道上的 JPEG 系数直方图。

这里首先分析用 JPEG 量化表对实数 DCT 系数进行量化的性质。设分块量化表由量化步长 $\Delta_k, 1 \leqslant k \leqslant 64$ 组成，k 表示频率分量，在每个分量上，对应的偶数与奇数量化阶分别为 $C_0 = \{2j\Delta_k, j \in \mathbb{Z}\}$ 与 $C_1 = \{(2j+1)\Delta_k, j \in \mathbb{Z}\}$，如果 $2j\Delta_k$ 或 $(2j+1)\Delta_k$ 分别是 C_0 或 C_1 中距离输入实数系数 x 最近的量化点，那么对应的 JPEG 系数分别为 $2j$ 或 $2j+1$。令 h_i 表示某个频率分量上 JPEG 系数值为 $i \in \mathbb{Z}$ 的数量，它也是实数系数 $x \in ((i-0.5)\Delta_k, (i+0.5)\Delta_k)$ 的数量，用 h_i^- 与 h_i^+ 分别表示 $x \in ((i-0.5)\Delta_k, i\Delta_k)$ 与 $x \in (i\Delta_k, (i+0.5)\Delta_k)$ 的数量，显然，$h_i = h_i^- + h_i^+$，其中 h_i^- 与 h_i^+ 均可计算得到。而对于 QIM 隐写，在消息比特奇偶性与正常量化一致时仍然是就近取整，但不一致时是就近取奇偶性相反的整数，修改幅度可能大于 $0.5\Delta_k$，因此，假设消息比特出现 0 与 1 的概率分别为 0.5，在隐写后 h_i 变为

$$\tilde{h}_i = \frac{1}{2}h_i + \frac{1}{2}(h_{i-1}^+ + h_{i+1}^-) \tag{3.45}$$

可以看出，如果

$$h_i = h_{i-1}^+ + h_{i+1}^- \tag{3.46}$$

则 $\tilde{h}_i = h_i$，可以保持直方图不变。但是，一般图像仅在 JPEG 系数值较大区域近似有以上关系，而在数值为 0 与 ±1 等较小区域以上公式的左右两侧差异较大，这比较典型地表现于图 3.5 所示的直方图中，其中嵌入后 h_0 明显减小，h_{-1} 与 h_1 明显增大。

在以上直接进行的 QIM 中，实数 DCT 系数 $x \in ((i-0.5)\Delta_k, (i+0.5)\Delta_k)$ 向 $i-1$ 与 $i+1$ 两个 JPEG 系数值变化的范围分别是 $((i-0.5)\Delta_k, i\Delta_k)$ 与 $(i\Delta_k, (i+0.5)\Delta_k)$，如果这些范围不是固定的而是在嵌入前动态确定，就可能控制 $\tilde{h}_{i-1}^+$ 与 $\tilde{h}_{i+1}^+$，使 $h_i \approx \tilde{h}_{i-1}^+ + \tilde{h}_{i+1}^+$。注意到，以上 QIM 得到 $i-1$ 与 $i+1$ 两个 JPEG 系数值的概率均为 0.5，而量化为 i 的概率也是 0.5。不失一般性，以下基于非负 DCT 系数描述 HM-JPEG 隐写的一阶分布保持方法。设 QIM 中量化到偶数(0 编码)与奇数(1 编码)的函数分别为

$$Q_0(x) = 2i, \quad t_i^{(0)} < x < t_{i+1}^{(0)}, \quad i = 0,1,2,\cdots \tag{3.47}$$

$$Q_1(x) = 2i+1, \quad t_i^{(1)} < x < t_{i+1}^{(1)}, \quad i = 0,1,2,\cdots \tag{3.48}$$

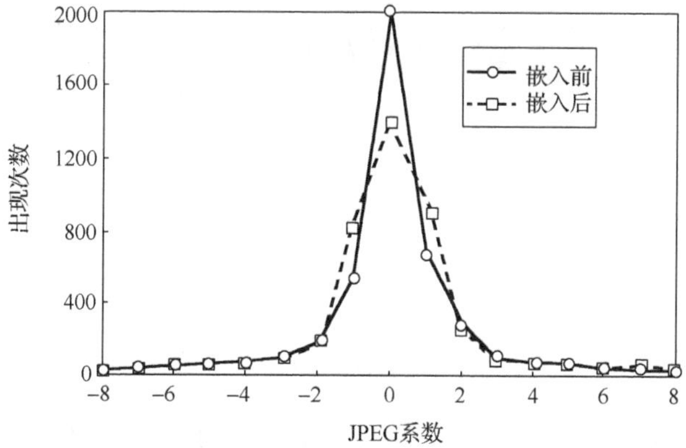

图 3.5　图像 Lena(512×512，QF=80，灰度)在分块量化 DCT 频率模式(2,2)上 QIM 嵌入前后的直方图

其中，$t_0^{(0)}=t_0^{(1)}=0$，$t_i^{(0)}=2i\Delta_k-\Delta_k$，$t_{i+1}^{(0)}=2i\Delta_k+\Delta_k$，$t_i^{(1)}=(2i+1)\Delta_k-\Delta_k$，$t_{i+1}^{(1)}=(2i+1)\Delta_k+\Delta_k$，$i=1,2,\cdots$。但为了在隐写中近似保持 h_i，希望调整以上范围使得满足

$$\frac{1}{2}N(t_i^{(0)}<x<t_{i+1}^{(0)})=\begin{cases}h_0^+, & i=0\\ h_{2i}, & i=1,2,\cdots\end{cases} \tag{3.49}$$

以及

$$\frac{1}{2}N(t_i^{(1)}<x<t_{i+1}^{(1)})=h_{2i+1}, \quad i=0,1,2,\cdots \tag{3.50}$$

其中，$N(\cdot)$ 表示输入范围内数值的总个数；1/2 表示范围内一半数值用于 0 或 1 编码；h_0^+、h_{2i} 与 h_{2i+1} 可基于正常的 JPEG 量化得到。由于总是期望一半的数值用于 0 编码以及一半的数值用于 1 编码，如果这样嵌入，最后期望的奇偶系数数量相同，即要求满足

$$h_0^+ + \sum_{i=1}^{\infty}(h_{2i}) = \sum_{i=0}^{\infty}(h_{2i+1}) \tag{3.51}$$

才能使得以上范围控制方法实现直方图的保持。但是，JPEG 零系数较多，一般偶系数的数量大于奇系数，因此说明，仅作以上改进满足不了直方图保持的要求。为了解决该问题，可以考虑对实数 DCT 系数设置一个“死区”(dead zone) $0<x<t_d$，$t_d<0.5$，使得

$$N_d = N(0<x<t_d) = N_{\text{even}} - N_{\text{odd}} \tag{3.52}$$

其中，N_{even} 与 N_{odd} 分别表示原 JPEG 系数的偶数数量与奇数数量。考虑不使用死区中 N_d 个实数 DCT 系数进行嵌入，由于它们在正常 JPEG 量化下为 0，则剩余量化系数的奇数与偶数数量相等，则可以按照以下约束确定前述量化范围序列

$$\frac{1}{2}N(t_d < x < t_1^{(0)}) = h_0^+ - N_d \tag{3.53}$$

$$\frac{1}{2}N(t_i^{(0)} < x < t_{i+1}^{(0)}) = h_{2i}, \quad i = 1,2,\cdots \tag{3.54}$$

$$\frac{1}{2}N(t_d < x < t_1^{(1)}) = h_1 \tag{3.55}$$

$$\frac{1}{2}N(t_i^{(1)} < x < t_{i+1}^{(1)}) = h_{2i+1}, \quad i = 1,2,\cdots \tag{3.56}$$

以上两类范围序列互有覆盖，但是两类量化各使用了它们 1/2 的比例，因此这种覆盖并不影响量化嵌入。

需要指出，对值为 0 的量化系数，消息提取者不能区分是在死区自然量化而来的还是通过嵌入得到的。一种简单的应对方法是，嵌入量化得到一个 0 后，继续后移进行 0 编码量化，直到遇到一个量化为其他偶数的位置，但是这样做会引起 $\{-1,0,+1\}$ 位置上的分布明显变化(图 3.6)，一般表现为 0 处分布增加，其余两个位置减少。为避免以上问题，当遇到在原本量化为 0 的系数上嵌入 0 的情况时，直接量化为 0，但不用其表达消息，而继续后移嵌入，并启用一个伪随机序列发生器获得伪随机比特，与 0 进行异或(XOR)得到一个加密比特 1 或者 0，在后移中嵌入它。由于不是一直要嵌入 0，可以使得隐写前后的直方图非常接近(图 3.6)。以上伪随机序列消息提取者也可生成，在发现一个 0 系数后，对后面提出的消息比特用计算得到的伪随机比特解密。

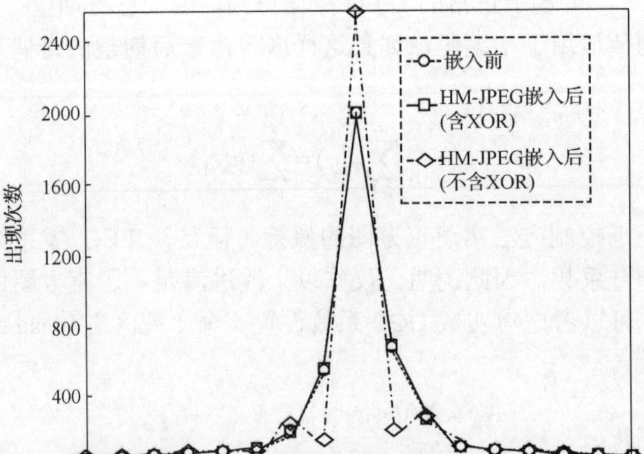

图 3.6　图像 Lena 在分块量化 DCT 频率(2,2)上 HM-JPEG 不采用与采用嵌入比特异或加密处理的分布保持情况，QIM-JPEG 情况近似

以上 HM-JPEG 方法由于存在量化范围上的重新划分，所采用的 QIM 操作偏离了就近取整的原则，因此，Noda 等[49]也提出了称为 QIM-JPEG 的隐写，更直接地基于 QIM 方法进行直方图的保持。如图 3.5 所示，按照 JPEG 量化表直接进行 QIM 嵌入，将使得在每个频率分量上 h_0 明显减小，h_{-1} 与 h_1 较明显增加，QIM-JPEG 隐写通过以下方法能够有效避免以上变化。这里仍然不失一般性地用非负系数的分布保持来描述相关方法。显然，如果直接应用 QIM，则 h_0^+ 变化为

$$\tilde{h}_0^+ = \frac{1}{2}h_0^+ + \frac{1}{2}h_1^- \tag{3.57}$$

一般有 $h_0^+ > h_1^-$，因此，$\tilde{h}_0^+ < h_0^+$，这尤其表现在高频模式上。仍然可以考虑对实数 DCT 系数设置一个不用于嵌入的死区 $0 < x < t_d$，$t_d < 0.5$，通过以下关系确定 t_d

$$N_d = N(0 < x < t_d) = h_0^+ - h_1^- \tag{3.58}$$

在以上情况下进行 QIM 嵌入，h_0^+ 变化为

$$\tilde{h}_0^+ = N_d + \frac{1}{2}(h_0^+ - N_d) + \frac{1}{2}h_1^- = N_d + h_1^- = h_0^+ \tag{3.59}$$

由于 h_{-1} 与 h_1 的变化主要受 h_0 变化影响，以上处理使得它们的分布都得到基本保持。这里要注意，由于采取了死区，HM-JPEG 中的 XOR 处理也需要被采用。

实验表明[49]，在近似的负载率下，HM-JPEG 在保持直方图上较优，而 QIM-JPEG 引入的信号噪声略少。它们的一阶分布 KL 散度上都小于第 4 章将介绍的 F5 隐写，HM-JPEG 的一阶分布 KL 散度与 3.4.1 节将介绍的 HPDM 相当。

以上隐写输入是空间域编码图像，通过编码过程嵌入信息得到 JPEG 隐写图像，这本质上是利用了压缩编码产生的信息，被称为边信息(side information)。本书后面还将介绍几个利用边信息的隐写，它们虽然都利用边信息提高了安全性，但也使得隐写者不能利用广泛存在的 JPEG 图像进行隐写。如果隐写者将 JPEG 图像解压缩至空间域，再进行以上压缩和嵌入，本书后面将会描述，重压缩的图像统计特性较难把握，并且有显著的特征。

3.3.3　预留补偿区的二阶分布恢复

Sarkar 等[50]认为，Solanki 等[47]设计的一阶统计特性保持隐写不能抵御基于考察分块效应的隐写分析。一般来说，基于分块效应的隐写分析特征一般取自块内系数之间与相邻块间同频率系数之间的差值。例如，Fu 等[51]提出的分析方法是典型的基于这类二阶分布特征的攻击，因此，Sarkar 等[50]基于预留补偿区方法提出了抵御这类分析的二阶分布特性保持方法。

Sarkar 等[50]首先基于预留补偿区域的一阶分布特性保持方法，构造了一种简单的二阶分布特性保持方法。设将载体 X 划分为消息嵌入区 S 与统计补偿区 C，后两

者在分别执行嵌入操作 f_1 与统计恢复操作 f_2 后记为 $\hat{S}$ 与 $\hat{C}$，Y 为含密载体，$h(a,b)$ 为 (a,b) 的出现次数，它可以是块内相邻系数(图 3.7)、邻块间同频率系数的联合出现次数，则有

$$X = S \cup C,\quad S \cap C = \phi,\quad Y = \hat{S} \cup \hat{C} = f_1(S) \cup f_2(C) \tag{3.60}$$

$$h_X(a,b) = h_S(a,b) + h_C(a,b),\quad \forall a,b \tag{3.61}$$

$$h_Y(a,b) = h_{\hat{S}}(a,b) + h_{\hat{C}}(a,b),\quad \forall a,b \tag{3.62}$$

若要使得 $h_X(a,b) = h_Y(a,b)$，要求

$$h_{\hat{C}}(a,b) = h_S(a,b) + h_C(a,b) - h_{\hat{S}}(a,b),\quad \forall a,b \tag{3.63}$$

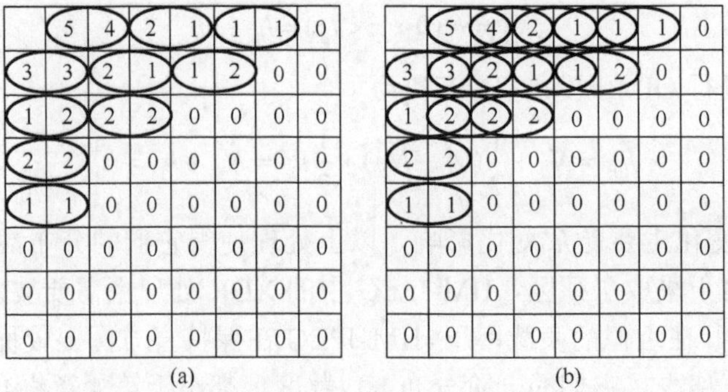

图 3.7　计算 8×8 JPEG 系数分块中行方向二阶直方图中相邻系数的两种确定方法：非交错式(a)与交错式(b)，圈住的一对为相邻

这样，在完成嵌入后，将 $h_{\hat{C}}(a,b)$ 作为目标直方图，可以采用附录 A.4.4 的最小均方误差(mean squared error，MSE)修正法进行二阶统计特性的恢复。但是，Sarkar 等提出的以上方法并没有给出同时保持一阶与二阶分布特性的方法。以上方法对单独的一种二阶统计特征(如块内或块间二阶特征)的恢复是有效的，例如，对补偿分块内部行方向或者 Zigzag 方向上的相邻系数联合分布，恢复操作与嵌入操作的区域相互不覆盖，因此可实现恢复。

显然，也需要一种能够同时恢复块内与块间二阶分布的方法，这里主要需解决两种分布的变化相互牵扯问题。Sarkar 等[50]提出了一种块内与块间二阶分布联合恢复方法。在该方法提出之前，Fu 等[51]提出的隐写分析方法采用行方向 S 形扫描的方法确定相邻分块(图 3.8)，在扫描线路上计算块内与相邻块间的二阶分布特征，因此，Sarkar 等也按照这个顺序决定块的顺序与相邻分块，分别计算 8×8 分块 DCT 系数块内与块间的直方图：在分块扫描线路上，每隔一块设置一个嵌入块，中间间隔的块为预留的分布补偿块；每个分块 DCT 系数 Zigzag 顺序的前 N_C 个系数组成矩阵 A 的一行，一共 N_r 行；用矩阵 A 每行上的相邻样点统计块内二阶直方图

$$H_{\text{intra}}(a,b)=\sum_{i,j} I_{ij},\quad I_{ij}=1 \quad \text{if} \quad \{A_{i,j}=a, A_{i,j+1}=b\} \quad \text{else} \quad 0 \tag{3.64}$$

用每列上的相邻样点(相邻分块同频率系数)统计块间二阶直方图

$$H_{\text{inter}}(a,b)=\sum_{i,j} J_{ij},\quad J_{ij}=1 \quad \text{if} \quad \{A_{i,j}=a, A_{i+1,j}=b\} \quad \text{else} \quad 0 \tag{3.65}$$

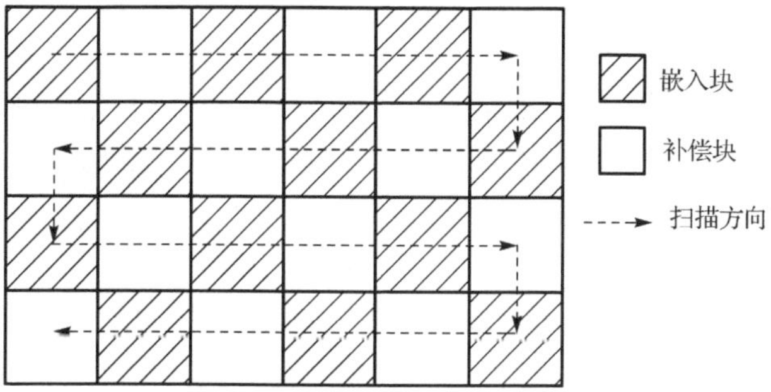

图 3.8　在行分块扫描线路上嵌入块与预留的分布补偿块相互间隔

在嵌入分块完成隐写后，以上直方图分别为 $H'_{\text{intra}}(a,b)$ 与 $H'_{\text{inter}}(a,b)$，之后，算法进行统计恢复操作。设在预留分块中的一个系数上进行修正，该系数对应 A 中元素 $A_{i,j}=N$，它的周边元素值为 $A_{i,j-1}=L$，$A_{i,j+1}=R$，$A_{i-1,j}=T$，$A_{i+1,j}=B$；为了获得隐蔽性，对 $A_{i,j}$ 的可能修改只能是 ±1，因此 $A_{i,j}$ 的数值范围是 $N'\in\{N-1,N,N+1\}$，它产生了以下 4 个方向上的二阶直方图变化量

$$D(N',1)=H_{\text{intra}}(L,N')-H'_{\text{intra}}(L,N') \tag{3.66}$$

$$D(N',2)=H_{\text{intra}}(N',R)-H'_{\text{intra}}(N',R) \tag{3.67}$$

$$D(N',3)=H_{\text{inter}}(T,N')-H'_{\text{inter}}(T,N') \tag{3.68}$$

$$D(N',4)=H_{\text{inter}}(N',B)-H'_{\text{inter}}(N',B) \tag{3.69}$$

为了确定 N' 的取值，构造以下失真函数用于评估不同取值对二阶直方图差造成的影响

$$J(N+\delta)=J(N')=\sum_{i=1}^{4}\{D(N,i)+1-I_{\delta,0}\}^2+\sum_{i=1}^{4}\{D(N-1,i)-I_{\delta,-1}\}^2$$
$$+\sum_{i=1}^{4}\{D(N+1,i)-I_{\delta,1}\}^2,\quad \delta\in\{-1,0,1\} \tag{3.70}$$

以上函数反映了当前直方图的差别程度，其中，当 $\delta=k$ 时，$I_{\delta,k}=1$，否则 $I_{\delta,k}=0$；当 $N'=N-1$ 或 $N+1$ 时，式(3.66)～式(3.69)的右侧第 2 项 $H'_{\text{intra}}(L,N')$、$H'_{\text{intra}}(N',R)$、$H'_{\text{inter}}(T,N')$ 与 $H'_{\text{inter}}(N',B)$ 会分别增加 1(差别减小 1)，直接影响式(3.70)右式的后两项；

同时，$H'_{\text{intra}}(L,N)$、$H'_{\text{intra}}(N,R)$、$H'_{\text{inter}}(T,N)$ 与 $H'_{\text{inter}}(N,B)$ 会分别减少 1(差别增加 1)，直接影响式(3.70)右式的第一项；当 $N'=N$ 时，分布差别不变，这就是以上设置 $I_{\delta,k}$ 与 1 作为参数的原因。这样，确定 N' 实际上是求得

$$N_{\text{opt}} = \underset{N'\in\{N-1,N,N+1\}}{\operatorname{argmin}} \ J(N') \tag{3.71}$$

显然，设置的 $A_{i,j}=N_{\text{opt}}$ 对应最小的 $J(N')$，这样同时压制了块内与块间直方图的差异。

扫描路径是按照行的，有很多相邻分块并未作为相邻分块使用，因此，以上方法只能在一定程度上恢复部分二阶统计分布特性，也说明了二阶统计特性恢复的困难。

3.4 基于统计模型的方法

以上基于预留区修正分布的方法较好地保持了隐密载体的一阶分布，但显著降低了嵌入效率，即较大地增加了修改次数。在保持一阶载体分布方面，也可以通过设定一个约束模型，使得隐写遵照这个约束在嵌入过程中满足相应的分布需求，这类方法在较好地保持隐密载体一阶分布的同时，也能够不降低嵌入效率。

3.4.1 HPDM 隐写

HPDM(histogram-preserving data mappings)是 Eggers 等[52]提出的一种一阶分布保持隐写，它以 QIM 为基本嵌入方法，在图像 8×8 分块的量化 DCT 系数上进行隐写嵌入与分布保持。HPDM 适用的载体图像是空域编码图像，如果采用 JPEG 图像，需要解压缩至空间域后输入，算法输出的是 JPEG 图像。嵌入操作先在图像 8×8 分块的实数 DCT 系数上进行，取 Zigzag 顺序的前 21 个频率分量(mode)形成 21 个子通道，不同频率分量上的量化步长是 QF 为 75 时的 JPEG 系数量化表中相应频率上的量化步长，这样先得到载体的正常量化系数用于建立下面的统计模型。需要指出，如果载体是 JPEG 图像，则也可以直接获得以上 21 个子通道中的 DCT 系数，此时的量化步长可以取自该图像 QF 下的量化表。在以上配置下，HPDM 根据以下方法保护一阶统计分布。

附录 A.2.4 简介了 Huffman 熵编码过程。其中，编码器的配置是未压缩码流的分布模型，编码器的输入是该分布下的码流，输出是压缩码流；解码器的输入是压缩码流，输出是解压缩后的码流，显然后者也是满足以上分布的码流。有一个事实是，压缩码流与密码都具有伪随机特性。分析与实验结果表明，如果将一个密文消息流输入解码器，也会得到一个基本满足以上编码分布模型的解码码流。Eggers 等在 HPDM 中首次采用以上预设的熵解码器来保持一阶分布特性。

为了利用 Huffman 解码器保持载体的一阶分布特征，需要先研究载体与含密载体在分布特性相等时的制约因素，并通过熵解码器的处理满足该约束。设对载体每个子通道上的全体量化系数值集合 $\mathcal{X}$ 进行划分，偶数系数集合为 $\mathcal{X}_0$，奇数系数集合为 $\mathcal{X}_1$；设 P_X、P_Y 分别表示载体 X 与含密载体 Y 的分布，b 为消息比特，如果隐写发生后一阶分布特性未发生变化，即 $P_X(z)=P_Y(z)$，需要满足

$$P_Y(z|b=i)=\begin{cases}\dfrac{P_X(z)}{P(b=i)}=\dfrac{P_X(z)}{P(z\in\mathcal{X}_i)}, & z\in\mathcal{X}_i \\ 0, & z\notin\mathcal{X}_i\end{cases}\quad i\in\{0,1\} \tag{3.72}$$

其中，$P(z\in\mathcal{X}_i)$ 是含密载体中 $\mathcal{X}_i$ 中元素出现的概率，在嵌入样点上它等于 $P(b=i)$，而如果一阶统计特性得到保持，$P(z\in\mathcal{X}_i)$ 也是载体中 $\mathcal{X}_i$ 中元素的出现概率。显然，对载体 $P(z\in\mathcal{X}_i)$ 是确定的，为了满足 $P(b=i)=P(z\in\mathcal{X}_i)$，只能通过可逆的方式转换消息序列 b 为 $\tilde{b}$，使得 $P(\tilde{b}=i)$ 满足该等式约束的模型。在 HPDM 隐写中，为了使加密消息的编码满足 $P(\tilde{b}=0)=P(z\in\mathcal{X}_0)$ 与 $P(\tilde{b}=1)=P(z\in\mathcal{X}_1)$ 的制约，将加密后的消息 b 输入熵解码器(图 3.9)，由于后者的码表是基于基础概率 $P(z\in\mathcal{X}_i)$ 构造的，解压缩后的输出 $\tilde{b}$ 满足以上制约。这样，在实数 DCT 系数子通道中用 QIM 嵌入以上 $\tilde{b}$ 即可，或者在子通道量化的 DCT 系数上直接用 LSBR 嵌入。

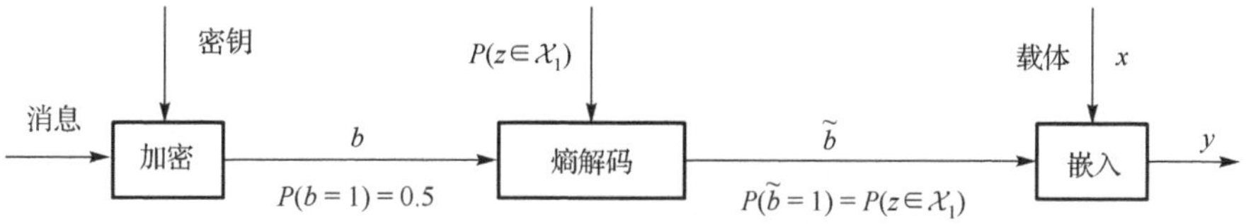

图 3.9　HPDM 利用熵解码器修整密文消息分布

为了使提取者能够提取信息，需要在第一个子通道中加密嵌入 $P(\tilde{b}=1)$ 的值作为边信息，其目的是使提取者能够重构对应的熵编码器，再对 QIM 提取的序列 $\tilde{b}$ 进行编码，还原得到消息序列 b。在 HPDM 中，加密后的负载率 α 等参数也可以在第一个子通道中用基本嵌入方式传递给接收者，使得算法更具有变化性。

3.4.2　MB 隐写

Sallee[53]也利用以上熵编码/解码器的特性设计了 MB(model based)隐写。MB 隐写对概率分布的处理结合了非 LSB 位平面的条件概率，对子通道的划分也更细，更有利于进行一阶分布特征保持，尤其是通过设计使得不需要传输边信息。

MB 隐写适合任何由整数样点组成的嵌入域。设载体样点为 X，其中不受嵌入影响的部分为 X_α(如非 LSB 位平面)，受影响的部分为 X_β(如 LSB)，设嵌入修改将 X_β 修改为 X'_β，可认为 X_β 与 X'_β 中一个表示 0，则另一个必表示 1。显然，

X 的分布 $P(X)$ 主要受 X_α 的影响，发送者和接收者都可以用 X_α 估计分布曲线，得到一个近似于 $P(X)$ 的分布 $\hat{P}(X)$（图 3.10）。一般情况下，$\hat{P}(X)$ 反映了 X 分布曲线的轮廓，嵌入操作应该尽量保持这个分布，即发送者希望 $X' = X_\alpha \| X'_\beta$ 满足（$\|$表示连接）

$$P(X') \approx \hat{P}(X) \tag{3.73}$$

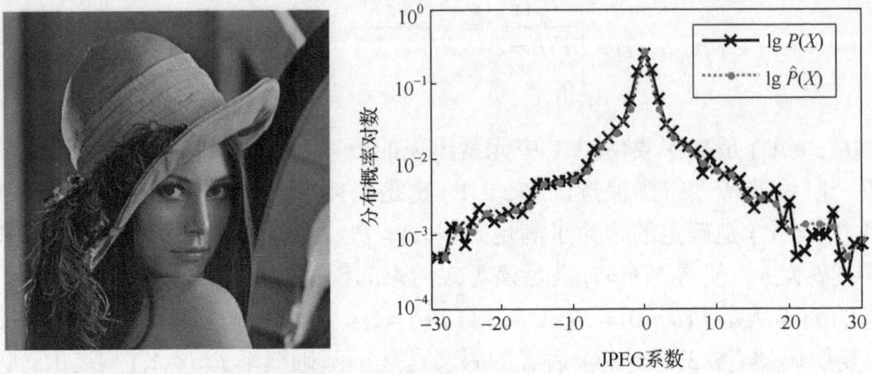

图 3.10　512×512 图像 Lena Y 分量模式 (2,2) 上 JPEG 系数归一化直方图估计 $P(X)$（分布概率）与 LSB 清 0 后对该分布的估计 $\hat{P}(X)$

所谓基于模型的隐写，就是要求隐写满足以上统计约束。$P(X') = P(X'_\beta | X_\alpha)P(X_\alpha)$，并且 $P(X_\alpha)$ 嵌入前后不会改变，因此，以上约束实际要求 $P(X'_\beta | X_\alpha)$ 满足

$$\begin{aligned} P(X'_\beta | X_\alpha) &= \frac{P(X')}{P(X_\alpha)} = \frac{P(X_\alpha \| X'_\beta)}{P(X_\alpha \| 0) + P(X_\alpha \| 1)} \approx \hat{P}(X'_\beta | X_\alpha) \\ &= \frac{\hat{P}(X_\alpha \| X'_\beta)}{\hat{P}(X_\alpha \| 0) + \hat{P}(X_\alpha \| 1)} \end{aligned} \tag{3.74}$$

其中，只有 $\hat{P}(\cdot)$ 是接收者能够估计的。以上约束也要求隐写的区域单元是一个子通道中的系数，它们包含相同的 X_α，这意味着需要对子通道进一步分组。

如果基本嵌入采用奇大偶小值对 LSBR（2.3.1 节的描述），则以上 X_β 可以认为是 LSB，X_α 是不变的非 LSB 位平面。如果采用奇小偶大值对 LSBR，虽然也改动了次 LSB 位平面，但是以上约束还是可以成立的，其中，X_α 可以认为是一个值对的标识信息，由于值对是封闭对流，值对作为统计单位，其上的分布不变，这样 $\hat{P}(X)$ 也可通过 X_α 估计（图 3.11），$\hat{P}(X'_\beta | X_\alpha)$ 可以由发送者与接收者通过 $\hat{P}(X)$ 计算得到。例如，在奇小偶大值对 LSBR 嵌入下，5 与 6 是一个值对，有约束

$$P(0|\text{样点为5或6}) \approx \frac{\hat{P}(\text{样点为5或6}\|0)}{\hat{P}(\text{样点为5或6}\|0) + \hat{P}(\text{样点为5或6}\|1)} \tag{3.75}$$

$$P(1|\text{样点为5或6}) \approx \frac{\hat{P}(\text{样点为5或6}\,\|\,1)}{\hat{P}(\text{样点为5或6}\,\|\,0)+\hat{P}(\text{样点为5或6}\,\|\,1)} \tag{3.76}$$

以上“‖”仅表示左边的样点传输了右边的比特值。在 Fridrich 的教材中[5]，为方便描述，采用了常用的奇大偶小值对 LSBR，因此在嵌入域的选择上，不采用 DC 系数以及 0 与 ±1 值 AC 系数，绝对值最小的值对是 2 与 3 以及−2 与−3。

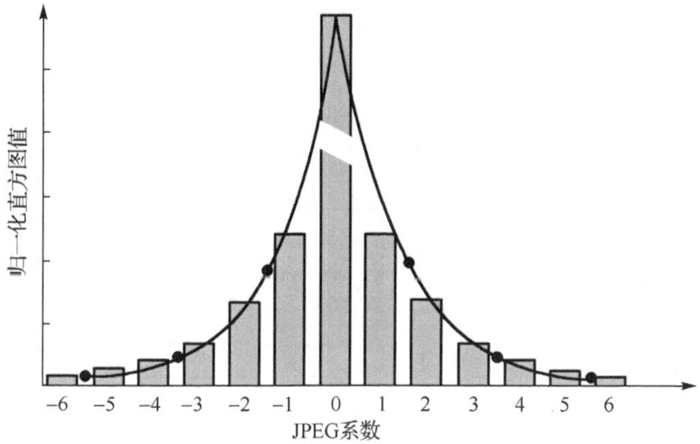

图 3.11　由 X_α 概率的一半(圆点)可估计 X 的概率(柱状)，取一半是因为前者横轴数值数量相对后者下降了一半

以下对 MB 隐写进行方法描述，这里首先介绍 $\hat{P}(X)$ 的估计方法。Sallee[53]基于 JPEG 分块系数为嵌入域提出 MB 算法，采用了奇小偶大值对 LSBR 的基本嵌入方法，仅仅不采用 DC 系数与 0 值 AC 系数，对每个频率模式上的 JPEG 系数均要估计一个 $\hat{P}(X)$，因此，对嵌入消息首先需要按照 JPEG 系数的模式进行一次分割。$\hat{P}(X)$ 的估计采用以下广义 Cauchy 分布参数模型

$$C(x)=\frac{p-1}{2s}\left(1+\frac{|x|}{s}\right)^{-p} \tag{3.77}$$

其中，p 与 s 是待估计参数。在分布估计中，X_α 的出现频率是 $X_\alpha\|1$ 与 $X_\alpha\|0$ 频率的和。记 $X_\alpha\|1$ 为 $2i-1$，并记 $X_\alpha\|0$ 为 $2i$(这里设 $i>0$，$i<0$ 的情况类似)，则 $P(2i-1)+P(2i)$ 可以通过统计 X_α 的概率得到，这个概率值的一半大约是原分布中 $(2i-1+2i)/2$ 上的概率值(图 3.11)，即有

$$C\left(\frac{2i-1+2i}{2}\right)\approx\frac{P(X_\alpha)}{2} \tag{3.78}$$

因此，可以基于以上离散点按照最大似然估计法拟合得到估计的分布 $C(x)$，将其作为 $\hat{P}(X)$。进一步可以得到

$$\hat{P}(X'_\beta = 0 \mid X_\alpha = 2i) = \frac{\hat{P}(2i-1)}{\hat{P}(2i-1)+\hat{P}(2i)} \tag{3.79}$$

$$\hat{P}(X'_\beta = 1 \mid X_\alpha = 2i) = \frac{\hat{P}(2i)}{\hat{P}(2i-1)+\hat{P}(2i)} \tag{3.80}$$

为了采用绝对值为 1 的系数嵌入，以上方法采用了奇小偶大值对 LSBR，此时的 $X_\alpha = 2i$ 仅具有标识意义，而不能直接理解为非 LSB 部分。

隐写者能够根据 X_α 估计 $\hat{P}(X)$ 并进一步得到 $\hat{P}(X'_\beta \mid X_\alpha)$，因此，可以结合 Huffman 解码的特性，在满足以上模型的基础上，基于算法 3.2 嵌入加密消息(图 3.12)。

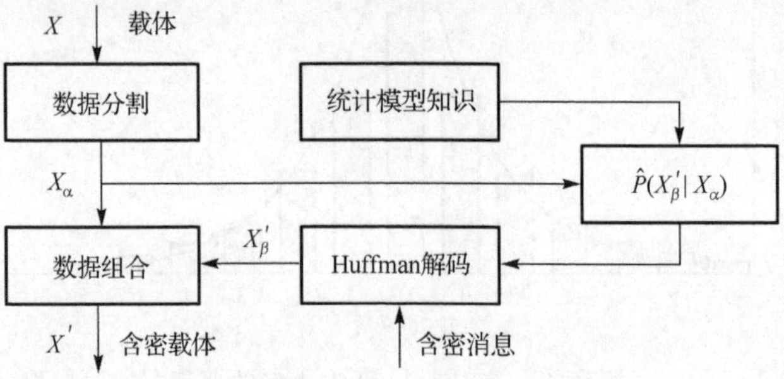

图 3.12　MB 隐写的消息嵌入过程

算法 3.2　MB 隐写嵌入

1. 确定嵌入区域和位置置乱。对 JPEG 载体图像进行熵编码解压，得到分块 JPEG 系数；在每个 JPEG 系数中，选择 AC 系数作为嵌入域，后者中数值为 0 的系数不用于嵌入，基本的嵌入方法是奇小偶大值对 LSBR；在嵌入前需要对全部可嵌入系数进行位置置乱。

2. 分布估计。针对不同频率模式的分块 AC 系数，按照前述方法基于 $\boldsymbol{x}_\alpha$ 信息估计 $\hat{P}(X)$。

3. 系数分组。用于嵌入的系数有两次分组，第一次基于不同的频率模式分为大组，第二次在每个大组中基于不同 $\boldsymbol{x}_\alpha$ 数值分为小组，消息将以最后得到的小组为单元嵌入。因此，以下步骤(4)与步骤(5)针对每个 $\boldsymbol{x}_\alpha$ 执行一次。

4. 概率计算。根据 $\hat{P}(X)$ 与前述方法计算 $\hat{P}(X'_\beta \mid X_\alpha = \boldsymbol{x}_\alpha)$，其中，$X'_\beta$ 取决于当前嵌入的消息比特。

5. 密文嵌入。将 $\hat{P}(X'_\beta \mid X_\alpha = \boldsymbol{x}_\alpha)$ 作为构造 Huffman 解码器的基础概率，构造相应的解码器；将待隐藏的密文流输入 Huffman 解码器，将其输出采用奇小偶大值对 LSBR 的方式嵌入载体样点。

6. 反置乱与压缩编码。将以上在位置上置乱的 JPEG 系数反置乱，再进行熵编码，得到隐密的 JPEG 图像。

隐写的接收者能够根据不变的 X_α 估计 $\hat{P}(X)$ 与 $\hat{P}(X'_\beta|X_\alpha)$，因此，可以利用 Huffman 编码的特性，基于以下算法提取以上隐写嵌入的加密消息(图 3.13)。

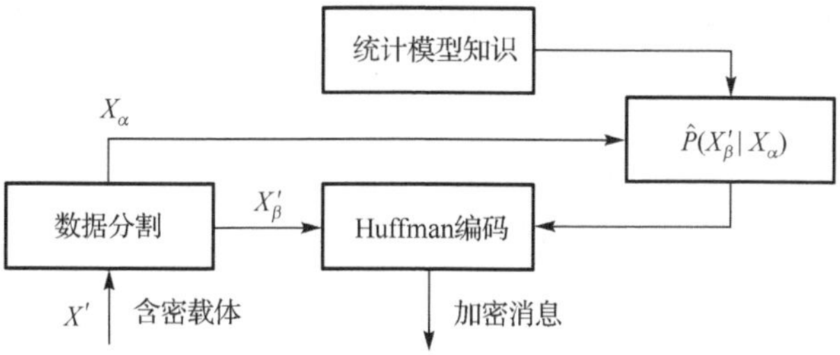

图 3.13 MB 隐写的消息提取过程

算法 3.3 MB 隐写提取

1. 类似地执行算法 3.2 的步骤 1～步骤 4。

2. 密文提取。提取 LSBR 嵌入的二进制序列，将 $\hat{P}(X'_\beta|X_\alpha=\boldsymbol{x}_\alpha)$ 作为构造 Huffman 编码器的基础概率，构造相应的编码器，输入以上提取序列，将输出的 Huffman 编码流作为提取的密文。

以下分析 MB 算法的嵌入效率。由于经过了压缩编/解码器的处理，信息流的尺寸发生了改变，需要借助信息论原理分析嵌入效率。记 $s=P(X'_\beta=0|X_\alpha)$，则在一个可嵌入系数上传输的信息量是以下熵值

$$H(s)=-s\log_2 s-(1-s)\log_2(1-s) \tag{3.81}$$

对全部分组的可嵌入系数，隐藏 0 的概率相等，假设为 s，隐藏 1 的概率也相等，假设为$1-s$，因此，修改的概率(平均每样点上的修改次数，仅统计 0 到 1 与 1 到 0 两种情况)为 $s(1-s)+(1-s)s=2s(1-s)$，因此，嵌入效率为

$$e=\frac{-s\log_2 s-(1-s)\log_2(1-s)}{2s(1-s)} \tag{3.82}$$

从数值分析结果来看，这个值除了当 $s=0.5$ 时均大于 2。MB 保持了原始的分布特性，因此 s 更可能与 0.5 有偏离，嵌入效率相比 LSBR 有一定提高。

MB 算法独立地对每个分块嵌入密文，使得隐密 JPEG 图像的分块效应增加。为了加强 MB 算法抵抗分块效应分析的能力，Sallee[54]提出了 MB2 算法，它最多只在一半的可嵌入区中嵌入消息，通过调节另一半可嵌入系数的值减小分块效应，但是这样也降低了修改效率。在 MB2 被提出后，之前的 MB 隐写被普遍称为 MB1。

3.5 小　结

本章介绍了隐写在分布保持方面的基本方法，主要分为基于调整修改方式、基

于预留区以及基于统计模型三类方法。读者可以发现，这些方法大多仅能在一定程度上保持一阶分布特性，保持二阶分布特性的方法还不够完备，说明理想的分布特性保持是非常困难的问题，这已经在理论上得到了证明。当前，基于分布保持的隐写设计已经很难发展下去，但是，以上介绍的相关技术对设计和优化隐写的基本操作仍有很大的益处。

由于认识到解决分布特性保持问题非常困难，研究人员逐渐采用其他技术路线改进隐写算法，包括本书后面将介绍的隐写码与自适应隐写等技术。

思考与实践

(1) 为什么 χ^2 统计量能够检测 LSBR 的值对数量接近现象？

(2) F4 隐写解决了 F3 隐写的什么问题？它还遗留了什么问题？

(3) OutGuess 的分布补偿区大小有什么要求？请画出算法 3.1 的流程图，并对主要步骤进行标注解释。

(4) HM-JPEG 隐写与 QIM-JPEG 隐写如何确定“死区”的大小？

(5) 在针对 JPEG 图像的 MB 隐写中，如何利用与不利用值为 1 的 AC 系数？它们在方法上有什么区别？

第 4 章 矩 阵 编 码

从第 3 章的论述可知，要实现各类统计特征的保持是非常困难的，当前能够保持的特征非常有限。研究人员自然想到，在一定的负载率下，尽量减轻对特征的扰动也能够起到抵御隐写分析的作用，为此，Fridrich 与 Filler[55]研究了最小嵌入影响(亦称最优嵌入)隐写的性质，通过运用信息论与最优化方法，在假设隐写所包含操作不相互影响的加性模型下得到了这类隐写的嵌入信号分布，给出了最小嵌入影响隐写信号的模拟方法，为以后的算法设计设立了比较的标准，本书将在第 10 章介绍该理论。但需要强调，以上工作并没有给出构造最小嵌入影响隐写的实际方法。

矩阵编码(matrix embedding/encoding)是研究人员在减小嵌入影响上的重要成果。基本的矩阵编码假设嵌入影响主要体现在嵌入修改次数上，在一定信息传输率下，通过编码方法尽量减少每个载体分组所需的样点修改次数。借助纠错码的相关理论，矩阵编码能够得到较为系统的论述；F5 隐写[46]是基于汉明纠错码实现的一个典型矩阵编码实例，MME(modified matrix encoding)[56]隐写使得矩阵编码能够利用 JPEG 图像压缩的边信息。

矩阵编码的出现促进了隐写码(steganographic codes)的发展。隐写码是指在基本嵌入的基础上，为了减小隐写嵌入失真(distortion)(亦称代价)而进行的编码，其中，失真可以根据安全需要由隐写设计者自定义，包括嵌入修改次数、信号扰动幅度或能量、被检测风险指标等。基本的矩阵编码采用的失真是嵌入修改次数，MME 采用的是隐写信号扰动幅度。隐写码的特点是，其优化方法具有普遍意义，不局限于具体的嵌入域、失真定义等因素上。但是，本章将要介绍的矩阵编码只实现了分组优化，即依次对每个载体分组减小所需的嵌入失真，而并没有实现全部载体范围的整体优化。

4.1 线性分组纠错码的启发

本节介绍在二元有限域 GF(2) 上线性分组纠错码(以下简称分组码)的设计原理，在其他域上的原理基本相同。推荐读者阅读文献[57]获得更多相关知识，附录 A.2.5 也简单列出了部分基础知识。

一个 GF(2) 上 (n,k) 线性分组码的码长为 n，其中包含的信息元长度为 k。(n,k) 线性分组码是 GF(2) 上 n 维线性空间中一个 k 维子空间 $V_{n,k}$，子空间内的元素为许用码字，而之外的为禁用码字(表 4.1)。相邻的许用码字有一定距离，一般称为码距，而禁用码字散布其间，通信中噪声起到的作用一般是将一个许用码字转换为其临近的禁用码字。

表 4.1 许用码字与禁用码字组成的译码表(最右列为校验子)

许用码字	$\boldsymbol{c}_1+\boldsymbol{e}_1=\boldsymbol{0}+\boldsymbol{0}$	$\boldsymbol{c}_2$	…	$\boldsymbol{c}_i$	…	$\boldsymbol{c}_{2^k}$	$\boldsymbol{s}_1=\boldsymbol{0}$
禁用码字	$\boldsymbol{e}_2$	$\boldsymbol{c}_2+\boldsymbol{e}_2$	…	$\boldsymbol{c}_i+\boldsymbol{e}_2$	…	$\boldsymbol{c}_{2^k}+\boldsymbol{e}_2$	$\boldsymbol{s}_2$
	$\boldsymbol{e}_3$	$\boldsymbol{c}_2+\boldsymbol{e}_3$	…	$\boldsymbol{c}_i+\boldsymbol{e}_3$	…	$\boldsymbol{c}_{2^k}+\boldsymbol{e}_3$	$\boldsymbol{s}_3$
	⋮	⋮		⋮		⋮	⋮
	$\boldsymbol{e}_{2^{n-k}}$	$\boldsymbol{c}_2+\boldsymbol{e}_{2^{n-k}}$	…	$\boldsymbol{c}_i+\boldsymbol{e}_{2^{n-k}}$	…	$\boldsymbol{c}_{2^k}+\boldsymbol{e}_{2^{n-k}}$	$\boldsymbol{s}_{2^{n-k}}$

以上情况要求纠错解码至少能够区分许用码字与禁用码字，在此基础上再寻求纠错的可能，这需要在编码中进行这样的准备：设分组码的生成矩阵为 $G_{n\times k}$，校验矩阵为 $H_{(n-k)\times n}$，它们相互正交，即有 $HG=\boldsymbol{0}_{(n-k)\times k}$。对信息元组 $\boldsymbol{m}=(m_1\cdots m_k)^{\mathrm{T}}$，编码产生的码字可表达为

$$\boldsymbol{c}=(c_1\cdots c_n)^{\mathrm{T}}=G\boldsymbol{m},\quad H\boldsymbol{c}=\boldsymbol{0}_{(n-k)\times 1} \tag{4.1}$$

对接收的码字 $\boldsymbol{r}=\boldsymbol{c}+\boldsymbol{e}$，其中 $\boldsymbol{e}$ 为可能出现的信道噪声，解码器可以通过计算校验子(syndrome) $\boldsymbol{s}=H\boldsymbol{r}$ 验证有效码字或者进行纠错。在表 4.1 的译码表最右侧以外，每个不同的校验子值 $\boldsymbol{s}_i$ 对应其左侧的一行码字，这行码字的校验子值都等于 $\boldsymbol{s}_i=H\boldsymbol{e}_i$，只有 $\boldsymbol{s}_1=\boldsymbol{0}$ 对应的第一行码字为许用码字，即只有 $\boldsymbol{s}=\boldsymbol{0}$ 解码器才认为没有错误；否则需要在相应校验子值对应的行上找到接收的码字并进行纠错：译码表中的一列码字的空间分布是，以最上面的许用码字 $\boldsymbol{c}_i$ 为中心，下面的禁用码字分布于其周边，分布范围不会超过覆盖半径(covering radius) R，因此，一般以禁用码字 $\boldsymbol{r}_i$ 上方的 $\boldsymbol{c}_i$ 为其纠错后的形式。

线性分组码的分布也可以用代数中子集与陪集(coset，也称傍集)的概念阐述。显然，许用码字与禁用码字组成了一个加法群 E，许用码字组成了它的子集 $E_1=V$，从 $E_2=E_1+\boldsymbol{e}_2$ 到 $E_{2^{n-k}}=E_1+\boldsymbol{e}_{2^{n-k}}$ 依次为 E_1 在 E 中的陪集。由于 $E_1=E_1+\boldsymbol{0}$，E_1 也是它自己的陪集。因此，所有陪集构成 E 的一个划分，每个陪集中元素的校验子值相同，一个陪集中全部元素构成表 4.1 中的一行；每个陪集中，重量最轻的元素称为陪集首(coset leader)。

以上码字空间结构为提供一类隐写方法提供了可能。试想，如果用校验子表示 $n-k$ 比特的消息段 $\boldsymbol{m}$，则对任何一个承载它的 n 比特载体数据分组 $\boldsymbol{x}$，即一个码字，总可以在修改 R 比特的限度内使得 $\boldsymbol{x}$ 进入校验子为 $\boldsymbol{m}$ 的傍集(当然希望有一定的优化方法使得修改次数尽可能少)，此时记 $\boldsymbol{x}$ 为 $\boldsymbol{y}$，这样消息接收者可以通过计算 $\boldsymbol{m}=H\boldsymbol{y}$ 提取消息。以下将介绍的矩阵编码具体实现了该想法。

4.2　矩阵编码的一般描述

矩阵编码是按照载体分组实现最小嵌入影响原则的一类具体方法。一个巧合是，虽然目的完全不同，但矩阵编码与纠错码在技术上有相同之处，我们也将发现，本质上这两项技术都是基于线性变换性质的，也就是说，矩阵编码并不是理论上必须基于线性分组纠错码而存在。以下例子展现了线性变换的基本作用。

例 4.1　在 LSB 分组 $x_1,x_2,x_3 \in GF(2)$ 上以更高嵌入效率隐藏消息比特 m_1 和 m_2。分以下 4 种情况分别修改：

$$m_1 = x_1 \oplus x_3,\quad m_2 = x_2 \oplus x_3,\quad \text{不修改}$$

$$m_1 \neq x_1 \oplus x_3,\quad m_2 = x_2 \oplus x_3,\quad \text{修改}x_1$$

$$m_1 = x_1 \oplus x_3,\quad m_2 \neq x_2 \oplus x_3,\quad \text{修改}x_2$$

$$m_1 \neq x_1 \oplus x_3,\quad m_2 \neq x_2 \oplus x_3,\quad \text{修改}x_3$$

嵌入效率分析：在 3 个 LSB 中最多改动一次(平均修改 0.75 次)嵌入 2bit 信息，在负载率固定为 2/3 时，减少了修改次数，提高了嵌入效率，即从 LSBR 的 2bit/次提高到 2bit/0.75 次=2.67bit/次。

线性变换等价表示：嵌入操作可以表达为 $\boldsymbol{y}_{3\times1} = \boldsymbol{x} + \boldsymbol{e}$，提取操作可以表示为 $\boldsymbol{m}_{2\times1} = H_{2\times3}\boldsymbol{y}_{3\times1} = H(\boldsymbol{x}+\boldsymbol{e})$，其中

$$H = \begin{pmatrix} 1 & 0 & 1 \\ 0 & 1 & 1 \end{pmatrix},\quad \boldsymbol{x} = \begin{pmatrix} x_1 \\ x_2 \\ x_3 \end{pmatrix}$$

显然，每次 $\boldsymbol{e}$ 的选择与 H 相关，其重量不大于 1。

以下将一般化地阐述和分析以上方法的构造手段。

4.2.1　矩阵编码嵌入与提取

前述分析说明，设计线性分组纠错码的方法与设计分组隐写码的方法有内在联系，对这一性质的发现与利用经过了研究人员的一系列努力。Crandall[58]最早发现了以上性质，并将其公布在有关隐写技术的邮件列表(mailing list)中，随后 Bierbrauer[59]进一步进行了研究和确认；以上性质也由 van Dijk 与 Willems[60]以及 Galand 与 Kabatiansky[61]独立提出。Westfeld[46]根据以上原理，基于汉明线性分组码设计了一个具体的矩阵编码算法——F5，并实现了 F5 隐写软件工具，使得前面的工作开始受到关注；Fridrich 与 Soukal[62]进一步完善了矩阵编码的性质分析。

这里给出矩阵编码隐写的嵌入与提取过程。以下主要基于 GF(2) 上的矩阵编码阐述其设计原理，但是读者应注意到在其他域上也可进行类似的设计。设一个 GF(2)

上 (n,k) 线性分组码的校验矩阵为 $H_{(n-k)\times n}$，译码表的形式如表 4.1 所示，则可以给出以下矩阵编码隐写方案。

算法 4.1　矩阵编码隐写与提取

输入/输出要求：在载体可嵌入部分的一个分组 $\boldsymbol{x}=(x_1\cdots x_n)^{\mathrm{T}}$（典型地由 LSB 组成）中嵌入消息 $\boldsymbol{m}=(m_1\cdots m_{n-k})^{\mathrm{T}}$，要求尽可能少改动 $\boldsymbol{x}$，得到隐写后的含密分组 $\boldsymbol{y}$。

嵌入：计算校验子 $\boldsymbol{s}=\boldsymbol{m}-H\boldsymbol{x}$，在译码表中找到对应陪集中的陪集首 $\boldsymbol{e}$，它满足 $H\boldsymbol{e}=\boldsymbol{s}=\boldsymbol{m}-H\boldsymbol{x}$；计算 $\boldsymbol{y}=\boldsymbol{x}+\boldsymbol{e}$，得到嵌入后的分组 $\boldsymbol{y}$。

提取：$H\boldsymbol{y}=H(\boldsymbol{x}+\boldsymbol{e})=H\boldsymbol{x}+H\boldsymbol{e}=\boldsymbol{m}-\boldsymbol{s}+\boldsymbol{s}=H\boldsymbol{x}+\boldsymbol{m}-H\boldsymbol{x}=\boldsymbol{m}$。

以上编码设计在 GF(2) 上，但是具体修改方式与选定的基本嵌入有关。例如，在基本嵌入为 LSBR 时，$\boldsymbol{x}+\boldsymbol{e}$ 表示 $\boldsymbol{x}$ 与 $\boldsymbol{e}$ 中相应位置上元素在 GF(2) 上做加法，在基本嵌入为 LSBM 时，$\boldsymbol{x}+\boldsymbol{e}$ 表示通过随机 ±1 翻转 $\boldsymbol{x}$ 中对应 $\boldsymbol{e}$ 中非零元位置上的元素，在基本嵌入为 QIM 时，$\boldsymbol{x}+\boldsymbol{e}$ 表示通过采用不同的量化格改变 $\boldsymbol{x}$ 中对应 $\boldsymbol{e}$ 中非零元位置上的元素奇偶性。

由算法 4.1 可见，在 $\boldsymbol{x}$ 上叠加 $\boldsymbol{e}$，能使得 $\boldsymbol{y}=\boldsymbol{x}+\boldsymbol{e}$ 进入校验子为 $\boldsymbol{m}$ 的陪集。从提取过程可以看到，必须要求 $\boldsymbol{e}$ 的校验子为 $\boldsymbol{m}-H\boldsymbol{x}$，这里选择叠加陪集首 $\boldsymbol{e}$ 使得 $H\boldsymbol{e}=\boldsymbol{m}-H\boldsymbol{x}$ 的优化效果在于，它是满足以上要求向量中重量最轻的；显然，陪集首的重量最轻为 0，最重也不超过覆盖半径 R。基于以上分析，有以下定理。

定理 4.1　根据覆盖半径为 R 的 (n,k) 线性分组码构造的隐写码，可在 n 个载体样点中通过最多修改 R 比特隐藏 $n-k$ 比特的消息。

证明　前面的描述与算法已经构造性地证明了该结论。□

需要注意，陪集首是一个陪集中重量最轻的元素，但它不一定是表 4.1 每行的首元素。因此，算法的主要代价是搜索陪集首，可以认为，每个陪集有 2^k 个元素，每个元素有 n 比特，因此，在每个分组上算法的计算复杂度是 $O(n2^k)$，这说明，在一般情况下，分组长度不能取得很大。

4.2.2　矩阵编码的一些性质

以下先给出矩阵编码的几个一般性质[62]，再给出根据汉明分组码构造矩阵编码的具体实例。这里的一般性质是指在不限定具体构造方法情况下的性质。

这里先考察每个分组的平均修改次数。令 F_2^n 表示长度为 n 比特分组的集合。由于在前面的 $\boldsymbol{m}-H\boldsymbol{x}\in F_2^{n-k}$ 中，一般消息 $\boldsymbol{m}$ 是密文，这样可认为 $\boldsymbol{m}$ 与 $\boldsymbol{m}-H\boldsymbol{x}$ 都是伪随机的，在 F_2^{n-k} 中均匀分布，这样，每个分组的平均修改次数就是全部陪集首的平均重量，为

$$\frac{1}{2^{n-k}}\sum_{s\in F_2^{n-k}} w(e_L(s)) \tag{4.2}$$

其中，$e_L(\boldsymbol{s})$ 表示校验子 $\boldsymbol{s}$ 对应陪集的陪集首；$w(e_L(\boldsymbol{s}))$ 表示其重量。

以下考察矩阵编码的嵌入效率。按照定理 4.1，由于对一个分组的修改不超过 R 次，存在 $\sum_{i=0}^{R}\binom{n}{i}$ 种不同的修改可能。令 $\mathcal{M}$ 表示消息分组集合，$V(n,R)$ 是 F_2^n 中覆盖半径为 R 的球大小，它以球包含的码字数量衡量，每个码字对应一个分组向量，因此球的大小也是通过不修改与修改载体分组可具有的状态数，则有

$$h=\log_2|\mathcal{M}|\leqslant\log_2\sum_{i=0}^{R}\binom{n}{i}=\log_2 V(n,R)\leqslant nH\left(\frac{R}{n}\right) \tag{4.3}$$

其中，h 表示消息分组长度；$H(x)=-x\log_2 x-(1-x)\log_2(1-x)$，$0\leqslant x\leqslant 0.5$，第一个 $\leqslant$ 号表示消息空间必须小于等于编码空间，第二个 $\leqslant$ 号表示编码空间不大于长度为 n 分组中每个位置上的最大熵（每个位置最大修改概率是 R/n）之和，因为不会比 LSB 差，有 $0\leqslant R/n\leqslant 1/2$。由于 $\underline{e}=h/R$ 是嵌入效率的一种最坏估计（假设每个分组修改了最大次数 R），因此称 $\underline{e}$ 为底嵌入效率（lower embeding efficiency）；针对负载率 $\alpha=h/n$，基于式(4.3)有 $H^{-1}(\alpha)\leqslant R/n$，可以得到 $\underline{e}$ 的上限

$$\underline{e}=\frac{h}{R}=\alpha\cdot\frac{n}{R}\leqslant\frac{\alpha}{H^{-1}(\alpha)} \tag{4.4}$$

请注意，在本书中，$H(\cdot)$ 的括号中可以是随机变量或者其分布概率，二者表达等价。

以下针对校验矩阵取自 $[n,n(1-\alpha)]$ 线性分组码的情况讨论嵌入效率 e 的上限。不妨假设 $n(1-\alpha)$ 为整数，并设此时的分组平均修改次数是 R_α，而最大修改次数是 $R_n\leqslant R$，由于消息空间为 $2^{\alpha n}$，需要编码空间在一个参数 $0\leqslant\xi_n<1$ 下满足

$$\binom{n}{0}+\binom{n}{1}+\cdots+\binom{n}{R_n-1}+\xi_n\binom{n}{R_n}=2^{\alpha n} \tag{4.5}$$

参数 ξ_n 乘在最后一项是因为，算法优选修改次数少的情况；由于 $i\times\binom{n}{i}/2^{\alpha n}$ 表示嵌入消息中需要修改 i 次的平均出现概率，则有

$$R_\alpha\geqslant\frac{\sum_{i=1}^{R_n-1}i\binom{n}{i}+R_n\xi_n\binom{n}{R_n}}{2^{\alpha n}} \tag{4.6}$$

其中，左式不小于右式的依据是，后者是一种优化的安排，它尽量采用了低次修改表达信息，因此最后得到了嵌入效率 e 的上限

$$e=\frac{\alpha n}{R_\alpha}\leqslant\frac{\alpha n 2^{\alpha n}}{\sum_{i=1}^{R_n-1}i\binom{n}{i}+R_n\xi_n\binom{n}{R_n}} \tag{4.7}$$

下面给出矩阵编码与嵌入效率计算的具体实例。

例 4.2　载体 LSB 分组 $\boldsymbol{x}=(1001011)^{\mathrm{T}}$，消息分组 $\boldsymbol{m}=(110)^{\mathrm{T}}$，使用(7,4)汉明码校验矩阵 H 进行分组隐写和消息提取，并分析嵌入效率。

计算校验子

$$\boldsymbol{s}=\boldsymbol{m}-H\boldsymbol{x}=(110)^{\mathrm{T}}-\begin{bmatrix}0&0&0&1&1&1&1\\0&1&1&0&0&1&1\\1&0&1&0&1&0&1\end{bmatrix}(1001011)^{\mathrm{T}}=(110)^{\mathrm{T}}-(100)^{\mathrm{T}}=(010)^{\mathrm{T}}=2$$

搜索陪集首

$$\boldsymbol{e}=(0100000)^{\mathrm{T}}$$

嵌入

$$\boldsymbol{y}=\boldsymbol{x}+\boldsymbol{e}=(1101011)^{\mathrm{T}}$$

提取

$$H\boldsymbol{y}=\begin{bmatrix}0&0&0&1&1&1&1\\0&1&1&0&0&1&1\\1&0&1&0&1&0&1\end{bmatrix}(1101011)^{\mathrm{T}}=(110)^{\mathrm{T}}=\boldsymbol{m}$$

嵌入效率分析：负载率$=\dfrac{n-k}{n}=3/7$，平均每载体比特被修改次数$=\dfrac{0}{n}\cdot\dfrac{1}{n+1}+\dfrac{1}{n}\cdot\dfrac{n}{n+1}=\dfrac{1}{n+1}$，嵌入效率$=3\Big/\left(\dfrac{n}{n+1}\right)=24/7=3.43\,\text{bit/次}$，这显著高于 LSBR 与 LSBM 的 2bit/次。

4.3　典型的矩阵编码隐写

4.3.1　F5 隐写

基于一个线性分组纠错码，可以构造一个矩阵编码方案。Westfeld[46]基于汉明码设计了 F5 隐写并编制了软件工具，使矩阵编码方法受到了广泛关注。汉明码是 $(n=2^r-1,r)$ 线性分组码，F5 隐写实现了基于汉明码的矩阵编码隐写，在一个分组上最多修改 $R=1$ 次以嵌入 2^r-1-r 比特，采用的基本嵌入方法是基于 F4 隐写的。

实际上，例 4.2 已经给出了 F5 中隐写编码的一个具体实例。由于 Westfeld[46]在文献中采用了不同的表达方法，希望读者能够区分其每一步与以上一般步骤之间的对应关系，这里不再赘述。但是，F5 作为一个隐写系统还有一系列方案措施与辅助处理，因此仍然有必要给出 F5 的嵌入步骤。

(1) 获得嵌入域。若输入的是位图，则进行 JPEG 编码得到 JPEG 系数；若输入的是 JPEG 图像，则进行熵编码的解码得到 JPEG 系数。

(2) 位置置乱。根据口令生成的密钥得到一个伪随机数发生器，基于伪随机数发生器置乱 JPEG 系数的位置。

(3) 编码参数确定。为了提高嵌入效率，一般希望 n 尽可能大，因此，根据载体中可用系数的数量与消息的长度确定参数 r，并计算 $n=2^r-1$。

(4) 基于 $(n=2^r-1,r)$ 汉明分组码得到矩阵编码校验矩阵，开始嵌入消息：①按置乱后的顺序取下面 n 个非零系数，在其中的 LSB 序列中按照以上编码嵌入 $n-r$ 比特的消息(基本嵌入方法是 F4)；②如果未发生修改，并且还有需要嵌入的消息，则返回①继续嵌入下一分组；③如果进行了修改，则判断是不是有系数值收缩到 0，如果没有，并且还有需要嵌入的消息，则返回①继续嵌入下一分组，如果有，取出一个新的非零系数组成新的一组 n 个非零系数，在其中的 LSB 序列中按照以上编码重新嵌入以上 $n-r$ 比特的消息，直到没有修改或收缩，最后，如果还有需要嵌入的消息，则返回①继续嵌入下一分组。

(5) 位置逆置乱。恢复 DCT 系数原来的位置顺序。

(6) 熵编码。按照 JPEG 标准无损压缩 DCT 量化系数，得到 JPEG 文件。

可以参照 3.2 节分析 F4 性质的方法验证 F5 保持了 JPEG 系数分布函数的单调性与梯度递减性。设 $0\leqslant\alpha\leqslant1$ 为负载率，则有

$$P(Y=1)=\left(1-\frac{\alpha}{2}\right)P(X=1)+\frac{\alpha}{2}P(X=2) \tag{4.8}$$

$$P(Y=2)=\left(1-\frac{\alpha}{2}\right)P(X=2)+\frac{\alpha}{2}P(X=3) \tag{4.9}$$

$$P(Y=3)=\left(1-\frac{\alpha}{2}\right)P(X=3)+\frac{\alpha}{2}P(X=4) \tag{4.10}$$

因此有

$$\begin{aligned}&P(Y=1)-P(Y=2)\\&=\left(1-\frac{\alpha}{2}\right)(P(X=1)-P(X=2))+\frac{\alpha}{2}(P(X=2)-P(X=3))>0\end{aligned} \tag{4.11}$$

$$\begin{aligned}&P(Y=2)-P(Y=3)\\&=\left(1-\frac{\alpha}{2}\right)(P(X=2)-P(X=3))+\frac{\alpha}{2}(P(X=3)-P(X=4))>0\end{aligned} \tag{4.12}$$

根据 JPEG 系数的分布特性，进一步有

$$P(Y=1)>P(Y=2)>P(Y=3) \tag{4.13}$$

$$P(Y=1)-P(Y=2)>P(Y=2)-P(Y=3) \tag{4.14}$$

4.3.2 MME 隐写

在介绍 Kim 等[56]提出的 MME 之前，首先给出矩阵编码的一个性质。

定理 4.2 对基于(n,k)线性分组码构造的矩阵编码，若校验子$\boldsymbol{s}_i$可分解为其他两个校验子之和，即$\boldsymbol{s}_i=\boldsymbol{s}_u+\boldsymbol{s}_v$，则嵌入$\boldsymbol{e}_i$与嵌入$\boldsymbol{e}_u+\boldsymbol{e}_v$对有效提取消息$\boldsymbol{m}$是等价的。

证明 由于$\boldsymbol{s}_i=\boldsymbol{s}_u+\boldsymbol{s}_v$，有$H\boldsymbol{e}_i=H\boldsymbol{e}_u+H\boldsymbol{e}_v=H(\boldsymbol{e}_u+\boldsymbol{e}_v)$，参照 4.3.1 节的描述，可以进行以下操作。

(1) 嵌入：计算校验子$\boldsymbol{s}_i=\boldsymbol{m}-H\boldsymbol{x}$，得到其分解形式$\boldsymbol{s}_i=\boldsymbol{s}_u+\boldsymbol{s}_v$；在译码表中找到对应陪集中的陪集首$\boldsymbol{e}_i$、$\boldsymbol{e}_u$与$\boldsymbol{e}_v$，它们满足$H\boldsymbol{e}_i=H(\boldsymbol{e}_u+\boldsymbol{e}_v)=\boldsymbol{s}_i=\boldsymbol{m}-H\boldsymbol{x}$；计算$\boldsymbol{y}=\boldsymbol{x}+\boldsymbol{e}_u+\boldsymbol{e}_v$，得到嵌入后的分组$\boldsymbol{y}$。

(2) 提取：$H\boldsymbol{y}=H(\boldsymbol{x}+\boldsymbol{e}_u+\boldsymbol{e}_v)=H\boldsymbol{x}+H(\boldsymbol{e}_u+\boldsymbol{e}_v)=\boldsymbol{m}-\boldsymbol{s}_i+\boldsymbol{s}_i=H\boldsymbol{x}+\boldsymbol{m}-H\boldsymbol{x}=\boldsymbol{m}$。

因此，嵌入$\boldsymbol{e}_u+\boldsymbol{e}_v$与嵌入$\boldsymbol{e}_i$对提取消息$\boldsymbol{m}$等价。 □

推论 4.1 对基于(n,k)线性分组码构造的矩阵编码，若校验子$\boldsymbol{s}_i$可分解为其他S个校验子之和，即$\boldsymbol{s}_i=\boldsymbol{s}_{i_1}+\cdots+\boldsymbol{s}_{i_S}$，则嵌入$\boldsymbol{e}_i$与嵌入$\boldsymbol{e}_{i_1}+\cdots+\boldsymbol{e}_{i_S}$对有效提取消息是等价的。

证明 基于定理 4.2 显见。 □

因此，从等价消息提取的角度看，矩阵编码提供了很多种嵌入方法。如果用修改次数衡量隐蔽性，那么可以用嵌入效率作为指标，但是，如果从信号扰动的角度看，多次嵌入的扰动不一定比一次嵌入的扰动程度高。MME 的设计者[56]基于以上观察提供了一种在以上等价嵌入方式中进行优化选择的矩阵编码方法，它以信号扰动幅度为嵌入失真的评价指标，选择失真小的等价嵌入方式。

MME 的特点之一是它在 JPEG 编码中完成嵌入，这要求算法的输入是一个空间域编码的位图图像。以下先描述 MME 的修改策略。设$C'=(c_1',c_2',\cdots,c_n')$为量化取整前的 DCT 系数，$C''=\text{Round}(C')=(c_1'',c_2'',\cdots,c_n'')$为取整后的 JPEG 系数，则量化噪声为

$$R=C''-C'=(r_1,r_2,\cdots,r_n) \tag{4.15}$$

显见，如果$r_i\leqslant 0$，则 JPEG 量化是向下取整，否则是向上取整。在需要进行隐写修改的时候，必须尽可能使得隐写信号与编码噪声的方向相反，则 MME 的操作可以描述为

$$y_i=\begin{cases}-2, & r_i\leqslant 0,\quad c_i''=-1\\ \text{Round}(c_i')+1, & r_i\leqslant 0,\quad c_i''\neq -1\\ 2, & r_i>0,\quad c_i''=1\\ \text{Round}(c_i')-1, & r_i>0,\quad c_i''\neq 1\end{cases} \tag{4.16}$$

以上表示，为了使 JPEG 量化噪声与隐写噪声相互抵消，若 JPEG 编码是向下取整（$r_i\leqslant 0$），则通过 +1 向相反的方向修改，若 JPEG 编码是向上取整（$r_i>0$），则通过 −1

向相反的方向修改；存在两个特例：在系数为 ±1 时，若按照以上原则嵌入将产生 0，由于 0 不用于承载信息，则将数值分别改为 ±2 。

基于以上对基本修改的描述，可以分析 MME 的修改扰动。若载体分组中第 i 个位置被修改，则 JPEG 量化与隐写造成的幅度扰动可以表示为

$$d_i = |y_i - c_i'| \tag{4.17}$$

等价于

$$d_i = \begin{cases} 1+|r_i|, & c_i'' r_i > 0,\quad c_i'' = \pm 1 \\ 1-|r_i|, & \text{其他} \end{cases} \tag{4.18}$$

以上第 1 种情况包含式(4.16)第 1 种与第 3 种情况，第 2 种情况包含式(4.16)第 2 种与第 4 种情况；以上如果 $r_i = 0$，在任何情况下都有 $d_i = 1$，因此这类情况均归入式(4.18)的第 2 种情况。若仅考虑隐写引入的扰动幅度，应从上面减去 $|r_i|$，则扰动可描述为

$$e_i = \begin{cases} 1, & c_i'' r_i > 0,\quad c_i'' = \pm 1 \\ 1-2|r_i|, & \text{其他} \end{cases} \tag{4.19}$$

MME 采用的矩阵编码与 F5 相同，它对 F5 的提高在于，在一个分组的全部等价嵌入方法范围内选择使隐写扰动总幅度最小的方式。这样，MME 在一个分组范围内动态实现了嵌入失真优化，有自适应隐写的基本思想。若允许校验子分解为 S 个校验子的和，则此时的 MME 称为 MME_S。以下简介 MME_2 的嵌入步骤(提取与普通矩阵编码相同)。

(1) 获得嵌入域与失真评估基础数据。对输入的空域编码图像进行 JPEG 编码得到实数 DCT 系数与 DCT 量化系数，对每个分组，得到前述 $C' = (c_1', c_2', \cdots, c_n')$、$C'' = \text{Round}(C') = (c_1'', c_2'', \cdots, c_n'')$ 与 $R = C'' - C' = (r_1, r_2, \cdots, r_n)$；进行以下嵌入，直到消息嵌入完毕。

(2) 评估矩阵编码等价嵌入的扰动。计算矩阵编码的校验子 $\boldsymbol{s}$，根据式(4.19)计算正常的矩阵编码嵌入信号扰动幅度 e_0；再考虑允许两次修改的情况：对 $\boldsymbol{s} = \boldsymbol{\beta} + \boldsymbol{\gamma}$，存在 $(n-1)/2$ 种可能分解，因此，考察 $(\boldsymbol{\beta}_1, \boldsymbol{\gamma}_1), \cdots, (\boldsymbol{\beta}_{(n-1)/2}, \boldsymbol{\gamma}_{(n-1)/2})$ 的分解情况，评估其嵌入扰动幅度 $e_1', \cdots, e_{(n-1)/2}'$

$$e_i' = \begin{cases} 1+1=2, & c_{\beta_i}'' r_{\beta_i} > 0,\quad c_{\gamma_i}'' r_{\gamma_i} > 0,\quad c_{\beta_i}'' = \pm 1,\quad c_{\gamma_i}'' = \pm 1 \\ 1+1-2|r_{\gamma_i}| = 2-2|r_{\gamma_i}|, & c_{\beta_i}'' r_{\beta_i} > 0,\quad c_{\beta_i}'' = \pm 1,\quad c_{\gamma_i}'' \neq \pm 1 \\ 1+1-2|r_{\beta_i}| = 2-2|r_{\beta_i}|, & c_{\gamma_i}'' r_{\gamma_i} > 0,\quad c_{\gamma_i}'' = \pm 1,\quad c_{\beta_i}'' \neq \pm 1 \\ 1-2|r_{\beta_i}|+1-2|r_{\gamma_i}| = 2-2(|r_{\beta_i}|+|r_{\gamma_i}|), & \text{其他} \end{cases} \tag{4.20}$$

以上公式表达了各种两次嵌入情况的组合。

(3)分组最小扰动嵌入。在需要修改的情况下，选择扰动最小的嵌入方法(包括考虑不分解、仅修改 1 次的情况)进行分组嵌入。

(4)若没有嵌入全部消息，则返回步骤(2)进行下一个分组的嵌入，否则进行 JPEG 熵编码，得到 JPEG 文件。

MME 在提高安全性的同时需要输入空间域编码的图像，实际上也是需要 JPEG 编码的边信息，应用上有一定的制约，不利于采用大量存在的 JPEG 图像为载体。

4.4 小　结

本章介绍了矩阵编码的由来与一般性构造原理及方法，给出了 F5 与 MME 作为具体的编码方案实例。读者应该体会到，隐写算法在基本嵌入、基本统计保持技术上进一步引入了优化的处理，其目的是通过减小嵌入失真进一步提高隐写安全。其中，F5 将修改次数作为失真的度量，而 MME 将隐写噪声幅度作为失真的度量。

以上优化是依次针对每个载体分组进行的，这说明矩阵编码没有提供全局、总体的优化效果，这为本书后面将介绍的湿纸编码(wet paper code，WPC)与校验子格编码(syndrome-trellis code, STC)提供了发挥的空间。另外，失真的度量方法显然不应限于以上简单的两种。但是需要说明，矩阵编码的计算效率显著高于 WPC 与 STC，这使得矩阵编码在很多场合可能仍然是适用的隐写方法。

思考与实践

(1)设计一个矩阵编码方案，不要采取本书中的实例，给出编/解码计算实例以及有关嵌入效率的分析。

(2)提出 F5 的文献[46]中对 F5 有一套独特的描述，请针对每一步描述将其对应到本章描述的矩阵编码相应操作。

(3)F5 与 MME 的嵌入失真评价标准分别是什么？MME 的失真是怎么评估的？

(4)请研究或实验矩阵编码载体分组长度与嵌入效率的关系。

(5)完成附录 B.1 的实验。

第 5 章 专用隐写分析

专用(specific)隐写分析是指针对某一种或者某一类隐写有效的分析方法。例如，前面提到的 χ^2 隐写分析只对 LSBR 或同类隐写有效。专用隐写分析的原理是，在假设知道隐写算法或掌握隐写工具的前提下，通过对该隐写性质的分析或实验得到专门用于识别该隐写所生成隐密载体的专用特征，并基于该特征构造识别方法。目前，识别方法一般基于假设检验等统计推断方法构造。

相比后面将要介绍的通用(universal)隐写分析，专用隐写分析在实际使用中存在适用范围小的问题，但是，这类分析也具有特殊价值。由于通用隐写分析一般需要将隐写媒体作为训练样本实施监督学习，这等价于知道隐写者的算法，因此，专用隐写分析与主流的通用隐写分析并没有特别清晰的界限，主要区别是通用隐写分析的分析特征适用面更宽。专用隐写分析方法的一个优势是，有一些方法的虚警率很低，能够较为确切地反映隐写事实，例如，前面介绍的 χ^2 隐写分析方法，在针对连续 LSBR 的检测中准确率非常高。

本章将介绍更多典型的专用隐写分析方法，这些方法能够对前面介绍过的主要隐写形成有效的攻击。

5.1 对空域隐写的专用分析

5.1.1 RS 分析

空域编码是基本的图像编码方法，一些隐写通过对图像像素进行 LSBR 隐藏数据。针对这类隐写，当然可以用 χ^2 分析方法进行分析，但是，它只在嵌入率较高的情况下分析性能较好，因此，针对分析空域 LSBR 隐写仍然需要研究更多的方法。

邻域相关性是图像空域像素的基本特性，Fridrich 等[63,64]基于这一特性，针对空域 LSBR 隐写提出了 RS(regular-sigular)隐写分析方法，这里先给出一些概念。若用 $G=(x_1,\cdots,x_n)$ 表示一个图像子块的像素，则可以定义以下函数评价子块内像素的相关性

$$f(x_1,\cdots,x_n)=\sum_{i=1}^{n-1}\left|x_{i+1}-x_i\right| \tag{5.1}$$

以上函数值越大说明相关性越弱，反之则越强。当然，评价子块相关性还有很多方

法，但以上方法能与下面的翻转操作有效结合。设像素值域为[0,255]，则定义两种翻转操作

$$F_1: 0 \leftrightarrow 1, 2 \leftrightarrow 3, \cdots, 254 \leftrightarrow 255 \tag{5.2}$$

$$F_{-1}: -1 \leftrightarrow 0, 1 \leftrightarrow 2, 3 \leftrightarrow 4, \cdots, 255 \leftrightarrow 256 \tag{5.3}$$

以上 F_1 与 LSBR 的翻转效果相同，偶数加 1，奇数减 1，F_{-1} 则相反；F_{-1} 的部分输出在像素值域之外，但 F_{-1} 仅仅是为辅助评估相关性的。以上两类翻转有如下关系

$$F_{-1}(x) = F_1(x+1) - 1, \quad \forall x \tag{5.4}$$

为了方便描述，这里也定义不变翻转 $F_0(x) = x$。以上翻转显然有以下性质

$$F_M(F_M(x)) = x, \quad \forall x, M \in \{1, 0, -1\} \tag{5.5}$$

$$F_{-1}(F_1(x)) = \begin{cases} x+2, & x \bmod 2 = 0 \\ x-2, & x \bmod 2 \neq 0 \end{cases} \tag{5.6}$$

以上性质说明，两次相同翻转的效果抵消，但两次不同翻转的效果是使修改量扩大到 2。设用 $F(G)$ 表示对一个子块的翻转，它的操作是对子块像素分别实施翻转 $(F_{M(1)}(x_1), F_{M(2)}(x_2), \cdots, F_{M(n)}(x_n))$，$M(i) \in \{-1, 0, 1\}$；若 $\forall M(i) \leqslant 0$，则称 $F(G)$ 为负翻转，记为 $F_{-M}(G)$；若 $\forall M(i) \geqslant 0$，则称 $F(G)$ 为非负翻转，记为 $F_{+M}(G)$。可通过以下定义将子块按组别分为 3 类

$$G \in R(\text{Regular})\text{组}, \quad f(F(G)) > f(G) \tag{5.7}$$

$$G \in S(\text{Singular})\text{组}, \quad f(F(G)) < f(G) \tag{5.8}$$

$$G \in U(\text{Unusable})\text{组}, \quad f(F(G)) = f(G) \tag{5.9}$$

以上定义非常直观，$f(F(G)) > f(G)$ 表示经过翻转操作 F 的作用后，子块的不相关性增长了，这是一般情况，而其他两组不是一般情况，说明原子块的随机性已经较强。

RS 分析以 $F_{+M}(G)$ 与 $F_{-M}(G)$ 操作后不同类子块的总数量为分析特征。设嵌入率为 p，像素的翻转率为 α，则可以认为 $\alpha = p/2$；定义两个翻转操作 $F_{+M}(G)$ 与 $F_{-M}(G)$，记 R_{+M} 与 S_{+M} 分别为在 F_{+M} 下 R 组与 S 组数量占全部组的比例，记 R_{-M} 与 S_{-M} 分别为在 F_{-M} 下 R 组与 S 组数量的比例，由于两类翻转对相关性的影响类似，$\alpha = 0$ 时统计上有

$$R_{+M} \approx R_{-M}, \quad S_{+M} \approx S_{-M}, \quad \alpha = 0 \tag{5.10}$$

随着 α 的增长，像素存在未修改、一次修改与两次修改三种情况：设 $F_{+M}(G)$ 中，$M(i) > 0$ 的比例为 β，在 $F_{+M}(G)$ 操作后，没有被翻转的像素比例为 $(1-p/2)(1-\beta)$，被一次非负翻转的像素比例为 $(1-p/2)\beta + (p/2)(1-\beta)$，被两次非负翻转的像素比

例为 $p\beta/2$。由于最后这部分像素两次非负翻转的效果相互抵消，实际未被翻转的像素比例为

$$\left(1-\frac{p}{2}\right)(1-\beta)+\frac{p\beta}{2}=\left(1-\frac{p}{2}\right)-\beta(1-p) \tag{5.11}$$

为了模拟真实嵌入，一般 $\beta \leqslant 1/2$，因此，式(5.11)说明，在以上情况下统计 R_{+M} 与 S_{+M} 时，LSBR 嵌入后未翻转的比例由 $1-p/2=1-\alpha$ 下降为上式的右边部分，并且随着 p 的增长，未翻转的比例还会进一步下降，这使得翻转作用反而增加了相关性，使得 R_{+M} 减小，S_{+M} 增大，二者越来越接近(图 5.1)。显然，当满嵌时 $p=1$，式(5.11)的右部固定为 0.5，使得翻转对相关性的影响也是随机的，此时有

$$R_{+M}=S_{+M}, \quad \alpha=\frac{p}{2}=\frac{1}{2} \tag{5.12}$$

对 $F_{-M}(G)$，类似地也可推得被两次翻转的像素比例为 $p\beta/2$，但是，这里两次翻转的类型不同，根据式(5.6)，这将使得这些像素的值与原来值的差别绝对值由 1 扩大到 2，因此，翻转作用更加增加了不相关性，使得 R_{-M} 增大，S_{-M} 减小，随着翻转率的增加二者距离越来越大(图 5.1)。这样，实际上可以通过判断是否 $R_{-M}-S_{-M}$ 显著大于 $R_{+M}-S_{+M}$ 来判断 LSBR 空域图像隐写是否存在。

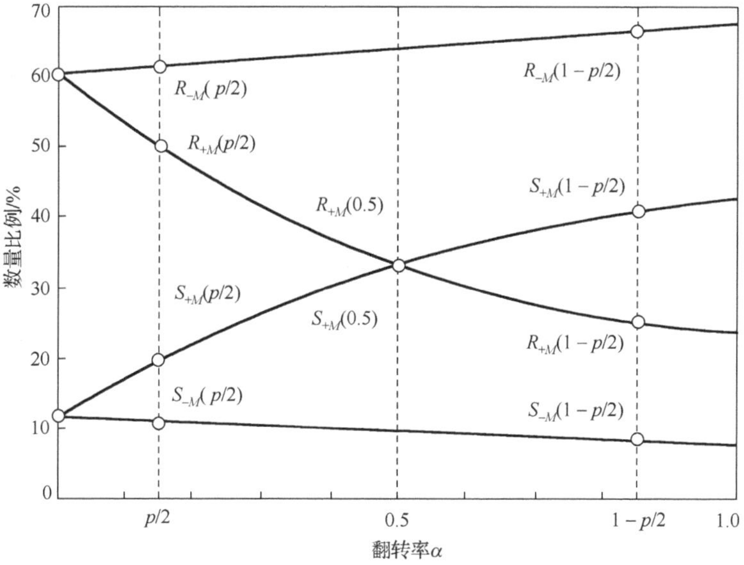

图 5.1　图像典型 RS 曲线：第 i 个像素子块为 $(x_{i1},\cdots,x_{i4})$，纵轴为全部子块负翻转 $(F_0(x_{i1}),F_{-1}(x_{i2}),F_{-1}(x_{i3}),F_0(x_{i4}))$ 与非负翻转 $(F_0(x_{i1}),F_1(x_{i2}),F_1(x_{i3}),F_0(x_{i4}))$ 下 R 组与 S 组占全部组的数量比例

虽然可以通过比较 $R_{-M}-S_{-M}$ 与 $R_{+M}-S_{+M}$ 的差别来构造隐写分析，Fridrich 等提出的 RS 隐写分析是以定量隐写分析的形式给出的，即它的直接目的是估计图像空域 LSBR 的嵌入率，这也起到了识别隐写的作用。设 $R_{-M}(\alpha)$、$S_{-M}(\alpha)$、$R_{+M}(\alpha)$、$S_{+M}(\alpha)$ 分别为各类分组数量在翻转率 α 上的分布曲线，实验表明 $R_{-M}(\alpha)$ 与 $S_{-M}(\alpha)$ 可以用直线拟合，$R_{+M}(\alpha)$、$S_{+M}(\alpha)$ 可以用二次曲线拟合；假设实验图像的嵌入率为 p，该分析方法首先可以计算 $R_{-M}(p/2)$、$S_{-M}(p/2)$、$R_{+M}(p/2)$、$S_{+M}(p/2)$；将图像的所有像素进行一次翻转，则可以计算得到 $R_{-M}(1-p/2)$、$S_{-M}(1-p/2)$、$R_{+M}(1-p/2)$、$S_{+M}(1-p/2)$；对图像满嵌，即使翻转率逼近 0.5，计算 $R_{+M}(0.5)$ 与 $S_{+M}(0.5)$。这样，以上两个直线方程各有两个已知点，两个二次曲线方程各有 3 个已知点，它们的系数可以通过求解方程组得到，因此，在以后的实际检测中，可以通过计算 R_{+M}、S_{+M}、R_{-M} 或 S_{-M} 并进行逆映射得到 $p/2$。

为了简化上述计算过程，Fridrich 等[63,64]提出的 RS 隐写分析采用了一种等价的简洁形式。该方法首先对以上翻转率 α 实施线性变换 $z=(\alpha-p/2)/(1-p)$，这使得原来 α 轴上的 $p/2$ 变为 0，$1-p/2$ 变为 1（图 5.2）；求解以下方程

$$2(d_1+d_0)z^2+(d_{-0}-d_{-1}-d_1-3d_0)z+d_0-d_{-0}=0 \tag{5.13}$$

其中，$d_0=R_{+M}(p/2)-S_{+M}(p/2)$；$d_1=R_{+M}(1-p/2)-S_{+M}(1-p/2)$；$d_{-0}=R_{-M}(p/2)-S_{-M}(p/2)$；$d_{-1}=R_{-M}(1-p/2)-S_{-M}(1-p/2)$；设 z 是两个根中绝对值较小的那个，则有

$$p=\frac{z}{z-\dfrac{1}{2}} \tag{5.14}$$

其中，方程的建立及求解利用了以上曲线的相交性质。

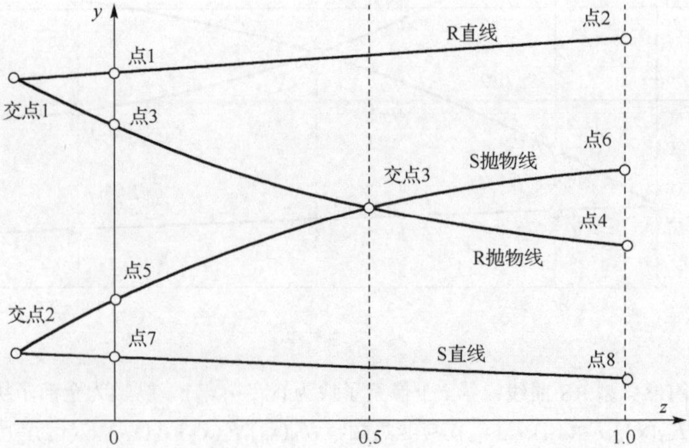

图 5.2　图像 RS 曲线在线性变换 $z=(\alpha-p/2)/(1-p)$ 后的形式

以下证明以上方程求解方法的正确性。图 5.2 给出了 RS 曲线在以上线性变换后的形式，各个标出的点和交点与图 5.1 含义相同，分别称为交点 1～3 与点 1～8，相关曲线称为 R 直线、S 抛物线、R 抛物线与 S 直线，坐标已经过上述转化。其中，点 1～8 的横坐标(0 或 1)及纵坐标($R_{-M}(p/2)$等的值)均已知，这里将纵坐标按序标记为 $y_1 \sim y_8$。显然，R 直线和 S 直线分别可由点 1、点 2 和点 7、点 8 确定，可求得函数表达式

$$y=(y_2-y_1)z+y_1$$
$$y=(y_8-y_7)z+y_7$$

在 R 直线和 S 直线上，由于交点 1 与交点 2 的横坐标相同(设其横坐标值为 z_0)，故交点 1 与交点 2 的欧氏距离为其纵坐标差值

$$d=(y_2-y_1)z_0+y_1-(y_8-y_7)z_0-y_7$$

对于 R 抛物线和 S 抛物线，设曲线函数表达式为

$$y=A_1z^2+B_1z+C_1$$
$$y=A_2z^2+B_2z+C_2$$

将曲线上的点 3、点 4 和点 5、点 6 分别代入，并由抛物线相交于交点 3(横坐标已知为 0.5)可得

$$C_1=y_3$$
$$C_2=y_5$$
$$A_1+B_1+y_3=y_4$$
$$A_2+B_2+y_5=y_6$$
$$A_1+2B_1+4y_3=A_2+2B_2+4y_5$$

进一步可得

$$C_1-C_2=y_3-y_5$$
$$A_1-A_2=2(y_4-y_6+y_3-y_5)$$
$$B_1-B_2=3(y_5-y_3)+y_6-y_4$$

在 R 抛物线和 S 抛物线上，交点 1 与交点 2 的欧氏距离为

$$d=(A_1-A_2)z_0^2+(B_1-B_2)z_0+C_1-C_2$$

因此，利用以上两个欧氏距离相等的性质可得到方程

$$(y_2-y_1)z_0+y_1-(y_8-y_7)z_0-y_7=(A_1-A_2)z_0^2+(B_1-B_2)z_0+C_1-C_2$$

将前面的结果代入方程得到

$$2(y_4-y_6+y_3-y_5)z_0^2+(3y_5-3y_3+y_6-y_4+y_8-y_2+y_1-y_7)z_0+y_3-y_5+y_7-y_1=0$$

将 $y_1 \sim y_8$ 分别替换为对应的 $R_{-M}(p/2)$、$R_{-M}(1-p/2)$、$R_{+M}(p/2)$、$R_{+M}(1-p/2)$、$S_{+M}(p/2)$、$S_{+M}(1-p/2)$、$S_{-M}(p/2)$、$S_{-M}(1-p/2)$ 在其横坐标上的映射值即得式(5.13)。如果求得方程的解 z_0，由于交点 1、交点 2 在坐标变换前的横坐标 α 值均为 0，故将其横坐标代入 $z_0=(\alpha-p/2)/(1-p)$ 即可得式(5.14)中 p 的最终解形式。

实验结果[63]表明，对空域 LSBR 隐写后的图像，在较低嵌入率下，RS 分析的精度仍然很高。典型地，在嵌入率为 0.2(翻转率为 0.1)的情况下，对翻转率的估计误差不到 1%。

5.1.2 对彩色图像的 RQP 分析

第 2 章曾介绍，在光栅格式的空域编码彩色图像中，每个像素一般用对应红、绿、蓝三色的向量 (R,G,B) 表示，其中每个分量又称为色彩通道。显然，(R,G,B) 也构成了较好的嵌入域，一些软件采用 LSBR 方法在其中嵌入秘密信息。

第 3 章介绍的 χ^2 隐写分析方法仅适合分析连续的 LSBR 嵌入，若是 LSBR 在彩色图像像素的 3 个通道上随机选择位置嵌入，χ^2 分析方法就不能有效检测。通过研究这类彩色图像 LSBR 的性质，Westfeld[65]与 Fridrich 等[66]发现，彩色图像被 LSBM 或 LSBR 嵌入后，由于存在大量加减 1 操作，接近色彩对(close color pairs)的数量 P 将有增长，其中，接近色彩对的定义是：如果 (R_i,G_i,B_i) 与 (R_j,G_j,B_j) 满足

$$\left|R_i-R_j\right|\leqslant 1,\quad \left|G_i-G_j\right|\leqslant 1,\quad \left|B_i-B_j\right|\leqslant 1 \tag{5.15}$$

或等价的

$$(R_i-R_j)^2+(G_i-G_j)^2+(B_i-B_j)^2\leqslant 3 \tag{5.16}$$

则它们为接近色彩对。设 U 表示图像中颜色的数量，则

$$R=\frac{P}{\binom{U}{2}} \tag{5.17}$$

为接近色彩对数量与全部可能颜色对之间的比例，以上现象直接使得该比例在存在隐写的情况下有提高。

基于以上观察，Westfeld 认为可以将接近颜色的数量作为检验统计量进行隐写分析，但是接近颜色数量的多少缺乏参照，容易受到原图像特性的干扰。为了更可靠地表征这个现象，Fridrich 等[66]提出了 RQP(raw quick pair)隐写分析，该方法没有直接采用 R 作为检验统计量，而是对图像主动进行隐写，计算得到更新的比例 R'，一个更容易区分的事实是，如果图像已经存在隐写，则 R' 变化较小，否则变化较大，因此，RQP 方法采用 R'/R 为检验统计量。设 T 为假设检验的阈值，以下给出 RQP 方法的基本操作步骤。

(1) 对待检测的 $M \times N$ 图像，计算 R。

(2) 生成待检测图像的副本，它有 $3MN$ 个色彩通道，在其中随机选择 s 比例的位置，用隐写方法嵌入 $3sMN$ 比特(下称 s 为测试性隐写负载率)。

(3) 重新计算 R'，得到统计量 R'/R。

(4) 如果 $R'/R < T$，则推断待检测图像存在隐写，否则没有。

下面简介以上阈值 T 的确定方法。经过测试，检验统计量 R'/R 基本符合正态分布，在没有隐写的情况下，一般均值和方差均较大(图 5.3)。这样，R'/R 在隐写与未隐写两种情况下的概率密度可以表示为

$$f_{\mu(\alpha),\sigma(\alpha)}(x) = \frac{1}{\sqrt{2\pi\sigma^2(\alpha)}} e^{-\frac{(x-\mu(\alpha))^2}{2\sigma^2(\alpha)}} \tag{5.18}$$

$$f_{\mu,\sigma}(x) = \frac{1}{\sqrt{2\pi\sigma^2}} e^{-\frac{(x-\mu)^2}{2\sigma^2}} \tag{5.19}$$

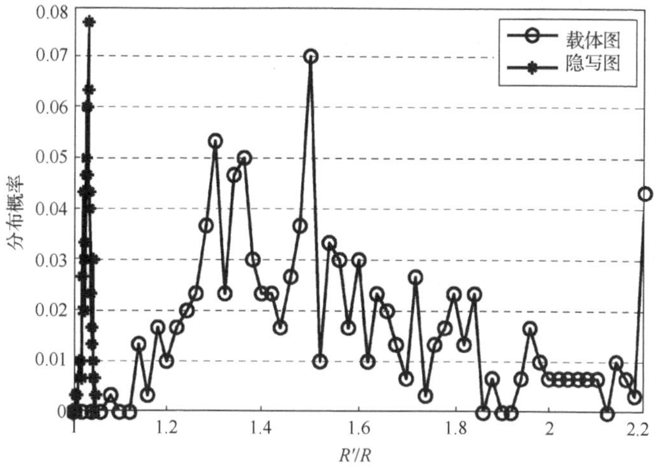

图 5.3　用 300 对 320×240 彩色 PNG 图像及其 LSBR 隐写样本得到的 R'/R 分布(隐写负载率 $\alpha = 2/3$ bpp，测试性隐写负载率 $s = 0.1$ bpp)

在以上分布下进行假设检验面临两类错误：I 型错误(虚警率)和 II 型错误(漏检率)。一般认为这两类错误地位相同并希望它们在同一水平

$$P(\mathrm{I}) = \int_{-\infty}^{T} \frac{1}{\sqrt{2\pi\sigma^2}} e^{-\frac{(x-\mu)^2}{2\sigma^2}} dx = \int_{T}^{\infty} \frac{1}{\sqrt{2\pi\sigma^2(\alpha)}} e^{-\frac{(x-\mu(\alpha))^2}{2\sigma^2(\alpha)}} dx = P(\mathrm{II}) \tag{5.20}$$

在式(5.20)中进行以下代换：$w = (x-\mu)/\sigma$，$w' = (x-\mu(\alpha))/\sigma(\alpha)$，则有

$$\int_{-\infty}^{(T-\mu)/\sigma} \frac{1}{\sqrt{2\pi}} e^{-\frac{w^2}{2}} dw = \int_{(T-\mu(\alpha))/\sigma(\alpha)}^{\infty} \frac{1}{\sqrt{2\pi}} e^{-\frac{w'^2}{2}} dw' \tag{5.21}$$

因此有

$$\frac{T-\mu(\alpha)}{\sigma(\alpha)}=-\frac{T-\mu}{\sigma} \tag{5.22}$$

和

$$T=\frac{\mu\sigma(\alpha)+\sigma\mu(\alpha)}{\sigma+\sigma(\alpha)} \tag{5.23}$$

实验结果[66]显示，在 $\alpha=0.2$，$s=0.2$ 与 $T=1.0736$ 时，RQP 分析方法的错误率仅有 0.82%。

5.1.3　SPA 分析

采用 LSBR 的隐写除了改变了前述一些隐写分析特征，对空间域相邻像素对的构成也会产生影响。为了有效分析各种码率下的空域图像 LSBR 隐写，Dumitrescu 等[67,68]提出了 SPA (sample pair analysis) 隐写分析方法，它根据水平相邻像素对的状态与构成变化估计隐写嵌入率，因此，该算法也是以定量隐写分析的形式给出的。

为了描述 SPA，这里先描述像素对的状态基本分类。设图像按照水平方向逐行划分为位置相邻的像素对，设 $\mathcal{P}$ 为全部像素对的集合，定义以下子集(图 5.4)。

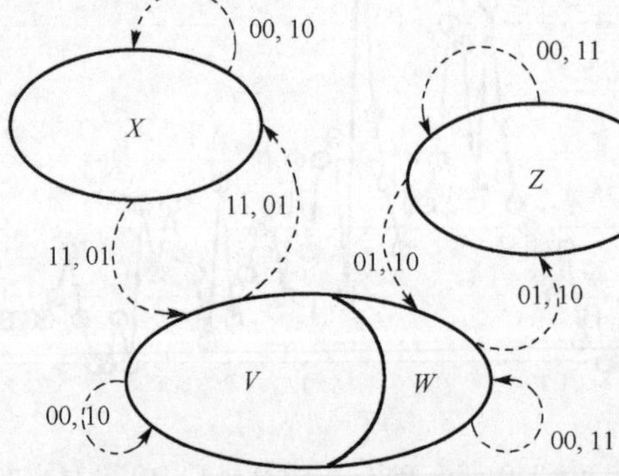

图 5.4　像素对集合子集间的状态转移图

(1) X 是包含像素对 $(u,v)\in\mathcal{P}$ 的子集，其中，如果 v 为偶数则 $u<v$，如果 v 为奇数则 $u>v$。

(2) Y 是包含像素对 $(u,v)\in\mathcal{P}$ 的子集，其中，如果 v 为偶数则 $u>v$，如果 v 为奇数则 $u<v$。

(3) Z 是包含像素对 $(u,v)\in\mathcal{P}$ 的子集，其中，$u=v$。

设 $|X|$ 与 $|Y|$ 表示以上两个子集的元素数量，Dumitrescu 等通过观察认为可以进行以下假设：$|X|=|Y|$。该假设基本合理的原因是，自然图像在各个方向上的梯度正负性一般是近似的。进一步可以将 Y 分解为 W 与 V，其中，W 中的元素都可以表示

为 $(2k,2k+1)$ 或 $(2k+1,2k)$ 的形式，$V=Y-W$，则有 $\mathcal{P}=X\cup W\cup V\cup Z$。

在经过 LSBR 后，像素对 (u,v) 的修改情况有 4 种：u 与 v 都未被修改；仅 u 被修改；仅 v 被修改；u 与 v 都被修改。分别记这 4 种修改为 00、10、01、11，可以画出 $\mathcal{P}$ 中子集的状态转移图(图 5.4)，每个有向边上标注的是引起状态转移的修改方式。对 $\pi\in\{00,10,01,11\}$，$A\subseteq\mathcal{P}$，记 $\rho(\pi,A)$ 为 A 中像素对被用方式 π 修改的可能性。由于可以假设隐写消息为伪随机密文，这样的修改方式在各个像素对子集上的分布是一致的，因此可以延伸进行以下假设：对 $\pi\in\{00,10,01,11\}$，$A\in\{X,W,V,Z\}$，有 $\rho(\pi,A)=\rho(\pi,\mathcal{P})$。设 p 为负载率，这样，每个像素被修改的概率是 $p/2$，则有

$$\rho(00,A)=\left(1-\frac{p}{2}\right)^2 \tag{5.24}$$

$$\rho(01,A)=\rho(10,A)=\frac{p}{2}\left(1-\frac{p}{2}\right) \tag{5.25}$$

$$\rho(11,A)=\left(\frac{p}{2}\right)^2 \tag{5.26}$$

注意到，状态转移图中每个箭头上都有两种修改方式，由以上 4 种情况，可通过求和得到任何两种修改方式的总概率；若经过 LSBR 操作后 A 变为 A'，则从状态转移图可得

$$|X'|=|X|\cdot\left(1-\frac{p}{2}\right)+|V|\cdot\frac{p}{2} \tag{5.27}$$

$$|V'|=|V|\cdot\left(1-\frac{p}{2}\right)+|X|\cdot\frac{p}{2} \tag{5.28}$$

$$|W'|=|W|\cdot\left(1-p+\frac{p^2}{2}\right)+|Z|\cdot p\left(1-\frac{p}{2}\right) \tag{5.29}$$

由式(5.27)和式(5.28)可得

$$|X'|-|V'|=(|X|-|V|)\cdot(1-p) \tag{5.30}$$

前面已经说明，在统计上有 $|X|=|Y|$，而 $|Y|=|V|+|W|$，这样式(5.30)变为

$$|X'|-|V'|=|W|\cdot(1-p) \tag{5.31}$$

从状态转移图可以看出，W 与 Z 包含的像素对总数量是不变的，因此，记 $\gamma=|W|+|Z|=|W'|+|Z'|$，则有 $|Z|=\gamma-|W|$，代入式(5.29)得到

$$|W'|=|W|\cdot(1-p)^2+\gamma\cdot p\left(1-\frac{p}{2}\right) \tag{5.32}$$

将式(5.32)代入式(5.31)可以消去其中的 $|W|$，得到

$$|W'| = (|X'| - |V'|) \cdot (1-p) + \gamma \cdot p\left(1 - \frac{p}{2}\right) \tag{5.33}$$

通过求解以上方程可以得到 p。根据 $|X'|+|V'|+|W'|+|Z'|=|X'|+|V'|+\gamma=|\mathcal{P}|$，以上方程可以等价地改写为

$$0.5\gamma p^2 + (2|X'| - |\mathcal{P}|)p + |Y'| - |X'| = 0 \tag{5.34}$$

求解以上方程后可以得到 p。这种估计嵌入率的方法类似于定量隐写分析，但一般也可以基于它和一个嵌入率阈值判断隐写存在与否。

实验结果[5]表明，SPA 分析方法非常准确，在 $p=0.5$ 时，对它的平均估计误差大约为 1.99%。研究人员也提出了一些 SPA 的提高算法[69-71]，有兴趣的读者可以深入研读。

5.1.4 直方图特征函数质心分析

隐写信号可以看作叠加在载体上的噪声，一些隐写分析方法[72-74]通过刻画隐写噪声对载体直方图的影响识别隐密载体。设 x_c 与 x_s 分别表示隐写前后的载体，记离散隐写噪声的分布为

$$f_\Delta[n] = p(x_s - x_c = n) \tag{5.35}$$

对噪声常用连续信号建模，再求其离散形式：如果记其概率密度为连续变量函数 $f_\Delta(x)$，可用以下方法得到相应的离散噪声分布

$$f_\Delta[n] = \int_{n-0.5}^{n+0.5} f_\Delta(x)\mathrm{d}x \tag{5.36}$$

根据概率论基本定律，当两个随机变量相互独立时，它们之和的概率分布是它们概率分布的卷积；同理，设 $h_c[n]$ 与 $h_s[n]$ 分别为 x_c 与 x_s 的直方图，由于直方图与概率分布仅差一个常数倍，因此有

$$h_s[n] = h_c[n] * f_\Delta[n] \tag{5.37}$$

其中，*表示卷积操作，它有平滑原载体直方图的作用，这种效应从离散傅里叶变换(discrete Fourier transform，DFT)域可以得到更好的反映。设 $h_c[n]$、$h_s[n]$ 与 $f_\Delta[n]$ 的 DFT 系数分别为 $H_c[k]$、$H_s[k]$ 与 $F_\Delta[k]$，根据傅里叶变换的性质，式(5.37)的 DFT 表示为

$$H_s[k] = H_c[k]F_\Delta[k] \tag{5.38}$$

在频域中，以上效应表现为 $H_s[k]$ 中低频系数能量大，高频系数能量小。直方图的傅里叶变换形式一般也称为直方图特征函数(histogram characteristic function，HCF)。

当负载率 $\alpha<1$ 时，也有以上类似的表达形式。此时用 $h_\alpha[n]$ 代表 $h_s[n]$，有

$$h_\alpha[n]=\alpha(h_c[n]*f_\Delta[n])+(1-\alpha)h_c[n]\stackrel{\text{def}}{=}h_c[n]*f_\Delta^\alpha[n] \tag{5.39}$$

其中，$f_\Delta^\alpha[n]=\alpha f_\Delta[n]+(1-\alpha)\delta[n]$，$\delta[n]$ 为单位脉冲，因此有

$$H_\alpha[k]=\alpha H_c[k]F_\Delta[k]+(1-\alpha)H_c[k]=H_c[k]F_\Delta^\alpha[k] \tag{5.40}$$

以上平滑效应能更好地用以下定义的 HCF 质心(center of mass，COM)来表达

$$C(H)=\frac{\sum_{k=0}^{N/2-1}k|H[k]|}{\sum_{k=0}^{N/2-1}|H[k]|} \tag{5.41}$$

其中，N 为像素的最大值，例如，对灰度图像像素一般有 $N=255$，由于 DFT 系数的模长关于 $N/2$ 对称，以上只针对前 $N/2$ 个系数求和。计算 COM 是一种加权评价频域能量分布的手段，显然高频的权值较大，这样，如果直方图变得平滑，$H[k]$ 高频能量下降，这种变化会被 COM 进一步放大。这样一般有

$$C(H_s)\leqslant C(H_c) \tag{5.42}$$

以上性质还可以基于切比雪夫不等式证明[72]，前提是 $|F_\Delta[k]|$ 非递减。Harmsen 等[72]认为可以通过评价 $C(H)$ 的数值大小进行灰度图像(或图像亮度域)的隐写分析。

显然对彩色图像也容易构造类似的方法，Harmsen 等[72]也给出了一种相应的 HCF COM 计算方法，Fridrich[5]对它进行了补充描述。该方法首先建立彩色图像的直方图 $h[\boldsymbol{n}]$，其中，$\boldsymbol{n}$ 是一个 RGB 三元组，因此彩色图像的 HCF 如下

$$H[\boldsymbol{k}]=\text{DFT}_3 h[\boldsymbol{n}]=\sum_{r,g,b}^{N-1}h[r,g,b]\mathrm{e}^{-\frac{2\pi(rk_1+gk_2+bk_3)}{N}\mathrm{i}} \tag{5.43}$$

其中，DFT_3 表示三维 DFT；$\boldsymbol{k}=(k_1,k_2,k_3)$ 为频率向量，可以先定义每一维度上的 HCF COM

$$C_m(H)=\frac{\sum_{k_1,k_2,k_3=0}^{N/2-1}k_m|H(\boldsymbol{k})|}{\sum_{k_1,k_2,k_3=0}^{N/2-1}|H(\boldsymbol{k})|},\quad m=1,2,3 \tag{5.44}$$

再得到 RGB 总体的 COM

$$C(H)=\frac{C_1(H)+C_2(H)+C_3(H)}{3} \tag{5.45}$$

在计算 HCF COM 时，需要根据隐写原理估计隐写噪声的分布。一般图像像素的 LSB 分布比较随机，因此，在应用中可以认为对嵌入率为 1 的 LSBR 有

$$f_\Delta[-1]=0.25,\quad f_\Delta[0]=0.5,\quad f_\Delta[1]=0.25 \tag{5.46}$$

显然，对 LSBM 及其他嵌入率也可进行类似的估计，因此，基于 HCF COM 的检测也适用于检测 LSBM[73,74]。Harmsen 等[72]假设 HCF COM 服从高斯分布，针对其构

造的彩色图像集，通过构建 Bayes 分类器(附录 A.3.2)进行了检测实验，在不假设知道隐写者采用三种实验隐写算法中的哪一种的前提下，对满嵌的 LSBR 达到了 100%检测率的水平，同时虚警率控制在 5.12%，但是，Harmsen 等并未给出针对灰度图像的实验结果。

Harmsen 等的以上方法需要构造 Bayes 分类器，在分类上容易受载体分布变化的干扰，并且提取的质心特征缺乏对图像细节内容的表达，Ker[73]发现该方法对灰度隐写图像 LSBM 的识别能力较低，并对算法进行了改造。在其隐写分析中，采用的校准(calibration)技术是一种去除载体内容本身特性、突出隐写分析特征的基本方法之一，本章后面还将介绍，Fridrich 等[75]基于校准有效分析了 F5 隐写。针对被检测对象，校准技术采用一些处理得到一个某些特性更靠近原载体的输出，用于在隐写分析中作为参照。记图像像素为 $I(i,j)$，Ker 提出的校准处理如下

$$I'(i,j)=\left\lfloor \sum_{u=0}^{1}\sum_{v=0}^{1}\frac{I(2i+u,2j+v)}{4}\right\rfloor \tag{5.47}$$

得到的图像 $I'(i,j)$ 是邻域均值下采样的结果，均值抵消了隐写随机 ±1 的效果，因此，对自然图像有 $C(H)\approx C(H')$，而对隐写图像有 $C(H)<C(H')$，因此，隐写的判别准则可为

$$C(H)/C(H')<1 \tag{5.48}$$

这种方法不需要构造分类器。为了增强质心对图像内容信息的表达能力，Ker[73]还提出用 2 维邻域像素直方图代替 1 维直方图，他采用水平与垂直两个方向的 2 维邻域像素进行统计，其中，水平方向的 2 维邻域像素直方图计算方法是

$$h^2(m,n)=\left|\{(i,j)\,|\,I(i,j)=m,I(i,j+1)=n\}\right| \tag{5.49}$$

基于以上直方图的邻域 HCF COM(adjacency HCF COM)为

$$C^2(H^2)=\frac{\sum_{m,n=0}^{N/2}(m+n)\left|H^2[m,n]\right|}{\sum_{m,n=0}^{N/2}\left|H^2[m,n]\right|} \tag{5.50}$$

对 LSBM 的实验结果[73]表明，采用校准结合以上邻域 HCF COM 的方法依次优于 Harmsen 等的方法、仅采用校准改进的方法及仅采用邻域 HCF COM 改进的方法，对空域编码的灰度位图在 LSBM 满嵌与虚警率为 5%的情况下，检测率约为 95%。

针对分析彩色图像的 LSBM，Ker[74]也提出了相应的提高方法。类似地，基于像素 RGB 计算得到的 $C(H)$ 也满足式(5.48)的性质，但是，以上校准有取整操作，这对隐写特征有破坏作用。Ker 认为一种更好的校准是

$$I'(i,j)=I(2i,j)+I(2i+1,j) \tag{5.51}$$

虽然这个图像没有什么内容意义，但是能够更好地满足不等式(5.48)；为了提高针对彩色图像计算 HCF COM 的计算效率，Ker 提出的方法将 R、G、B 三个分量加到一起进行以上校准，最后基于 $C(H)/C(H')<1$ 进行判决，这样计算 HCF COM 的时间是原来的约 1/3。针对彩色图像 LSBM 的实验结果[74]表明，在 0.2bpp 的嵌入率下，以上方法在 2%的虚警率下检测率达到 100%。

5.2 对 JPEG 隐写的专用分析

5.2.1 对 OutGuess 的块效应分析

由于 OutGuess 隐写保持了全部 JPEG 系数的一阶统计分布，从原理上看，基于提取一阶分布特征的分析方法都难以奏效。但是 Fridrich 等[76]发现，OutGuess 在相同负载率下需要修正直方图，因此嵌入次数较多，造成了分块之间的相关性下降。这个思想看似简单，但是考虑分块之间的相关性实际上已经等价于考察图像的二阶分布，这已经不是 OutGuess 隐写的防护范围了。对于 $M\times N$ 图像空间域像素 $g_{i,j}$，可定义块效应(blockiness)指标为

$$B=\sum_{i=1}^{\left\lfloor\frac{M-1}{8}\right\rfloor}\sum_{j=1}^{N}\left|g_{8i,j}-g_{8i+1,j}\right|+\sum_{j=1}^{\left\lfloor\frac{N-1}{8}\right\rfloor}\sum_{i=1}^{M}\left|g_{i,8j}-g_{i,8j+1}\right| \tag{5.52}$$

它基于计算 8×8 分块边界两侧像素的差值衡量块效应，对 JPEG 图像可以解压缩至空间域计算。Fridrich 等还发现，B 与嵌入消息引发的修改次数呈线性关系，他们根据以上观察提出了相应的隐写分析方法，该方法能够估计嵌入消息的长度占 OutGuess 最大可嵌入消息长度的比例，进而估算出消息长度，因此从形式上看，该方法也表现为定量隐写分析。

为了说明以上估算方法，需要推导修改次数的表达式。设 h_i 为 JPEG 系数的直方图，P 为可修改的系数数量，由于 OutGuess 不使用值为 0 和 1 的系数，有

$$P=\sum_{i\neq 0,i\neq 1}h_i \tag{5.53}$$

设一个值对的直方图值为 (h_{2i},h_{2i+1})，从统计上看，一般有 $h_{2i}>h_{2i+1}$，嵌入消息后发生如下变化

$$h_{2i}\to h_{2i}-\alpha(h_{2i}-h_{2i+1}) \tag{5.54}$$

$$h_{2i+1}\to h_{2i+1}+\alpha(h_{2i}-h_{2i+1}) \tag{5.55}$$

请注意，以上 α 为 OutGuess 全部所选嵌入系数上的修改率，则 2α 为此时的负载率。

OutGuess 保证在嵌入后，在值为 $2i+1$ 的系数中预留足够的位置恢复 h_{2i} 与 h_{2i+1}，对应式(3.43)，这里有 $(1-2\alpha_i)h_{2i+1} \geqslant \alpha_i(h_{2i}-h_{2i+1})$，即

$$\alpha_i \leqslant \overline{\alpha}_i \overset{\text{def}}{=\!=} \frac{h_{2i+1}}{h_{2i}+h_{2i+1}} \tag{5.56}$$

因此，总体的以上修改率应满足 $\alpha = \min_i \overline{\alpha}_i$，在满足该条件时，$2\alpha P$ 是 OutGuess 的最大消息可嵌入长度。OutGuess 随机跳跃选择嵌入位置，因此不会用上全部可嵌入样点，实际传输的消息长度为 $2p\alpha P$，p（$0 \leqslant p \leqslant 1$）为消息长度占最大可嵌入消息长度的比例。令 $\overline{h}_{2i} = \max(h_{2i}, h_{2i+1})$，$\underline{h}_{2i} = \min(h_{2i}, h_{2i+1})$，考虑直方图修正后，值对的两个值上修改次数均为 $p\alpha\overline{h}_{2i}$，因此，各个值对上的修改总次数为

$$T_p = 2p\alpha \sum_{i \neq 0} \overline{h}_{2i} = p\alpha P + p\alpha \sum_{i \neq 0} \left| \overline{h}_{2i} - \underline{h}_{2i} \right| \tag{5.57}$$

以上右式第一项是为嵌入消息做出的修改次数，第二项是为修正直方图做出的修改次数。

在 Fridrich 等[76]提出的分析方法中，使用了类似前面 RQP 方法中再次嵌入密文的检测方法，因此，这里推导两次嵌入密文后的修改次数。设有一个包含 n 个整数的集合，如果随机选择集合中 s 个整数组成的子集 S，对其中的整数修改 LSB，接着随机选择集合中由 r 个整数组成的子集 R，对其中的整数修改 LSB，则显然最后实际发生修改的次数为

$$s - s \cdot \frac{r}{n} + r - r \cdot \frac{s}{n} = s + r - \frac{2sr}{n} \tag{5.58}$$

类似地，对一幅已经由 OutGuess 嵌入了 $2p\alpha P$ 长度消息的图像，如果再次嵌入 $2q\alpha P$ 长度的消息，$0 \leqslant q \leqslant 1$，则在数值 $2i$ 与 $2i+1$ 上发生的修改次数分别为

$$p\alpha\overline{h}_{2i} + q\alpha\overline{h}_{2i} - \frac{2pq\alpha^2\overline{h}_{2i}^2}{\overline{h}_{2i}} = \alpha\,\overline{h}_{2i}(p+q-2pq\alpha) \tag{5.59}$$

$$p\alpha\overline{h}_{2i} + q\alpha\overline{h}_{2i} - \frac{2pq\alpha^2\overline{h}_{2i}^2}{\underline{h}_{2i+1}} = \alpha\overline{h}_{2i}\left(p+q-2pq\alpha\frac{\overline{h}_{2i}}{\underline{h}_{2i+1}}\right) \tag{5.60}$$

因此，两次用 OutGuess 嵌入后，修改次数总和是全部值对以上两个次数的和

$$T_{pq} = 2\alpha \sum_{i \neq 0} \overline{h}_{2i} \left(p + q - \alpha pq \left(1 + \frac{\overline{h}_{2i}}{\underline{h}_{2i+1}} \right) \right) \tag{5.61}$$

请注意，当 $q=0$ 时，式(5.61)退化为一次嵌入的情况，即 $T_{p0} = T_p$。

Fridrich 等[76]的分析与实验表明，块效应指标 B 与嵌入消息引发的修改次数呈线性关系，它们都与消息的长度有关，这可以描述为

$$B(p)=c+dT_p \tag{5.62}$$

其中，前面定义的 p 是表征消息长度的参数，因此，以下推导通过各种情况下计算的块效应指标估计 p 的方法。

(1) 对待检测的 JPEG 图像，解码至空间域并计算块效应指标 $B_{s(0)}$。

(2) 对待检测的 JPEG 图像，用 OutGuess 嵌入最大长度的消息，解码至空间域并计算块效应指标 $B_{s(1)}$。

(3) 对待检测的 JPEG 图像，在空间域裁剪掉边缘的 4 行 4 列，重新按照相同的质量因子压缩，再解码到空间域并计算块效应指标 $B_{(0)}$。需注意，裁剪图像的分块从原来分块的中点开始，较大限度地消除了原来的分块效应，可以将其看作原始图像在块效应性质上的近似，这也是一种典型的校准(calibration)方法。

(4) 对以上裁剪的图像，用 OutGuess 嵌入最大长度的消息，对新得到的 JPEG 图像，解码至空间域并计算块效应指标 $B_{(1)}$。

(5) 对以上步骤(4)得到的 JPEG 图像，用 OutGuess 再次嵌入最大长度的消息，解码至空间域并计算块效应指标 $B_{1(1)}$。

类似于 RQP 分析，以上计算块效应之前也有主动嵌入密文的情况。这样做的依据是，如果图像本来就嵌入了秘密消息，则再次嵌入后，块效应指标的变化相比图像是自然图像的情况更轻微。这种差别可以通过

$$S=B_{s(1)}-B_{s(0)},\quad S_0=B_{(1)}-B_{(0)},\quad S_1=B_{1(1)}-B_{(1)} \tag{5.63}$$

表示。根据式(5.61)与式(5.62)可得

$$\begin{aligned}
S_1&=B_{1(1)}-B_{(1)}=d(T_{11}-T_{10})=2\alpha d\left(\sum_{i\neq 0}\overline{h}_{2i}\left(2-\alpha\left(1+\frac{\overline{h}_{2i}}{\underline{h}_{2i+1}}\right)\right)-\sum_{i\neq 0}\overline{h}_{2i}\right)\\
&=2\alpha d\sum_{i\neq 0}\overline{h}_{2i}\left(1-\alpha\left(1+\frac{\overline{h}_{2i}}{\underline{h}_{2i+1}}\right)\right)\\
S_0&=B_{(1)}-B_{(0)}=d(T_{10}-T_{00})=2\alpha d\left(\sum_{i\neq 0}\overline{h}_{2i}(1+0)-0\right)=2\alpha d\sum_{i\neq 0}\overline{h}_{2i}\\
S&=B_{s(1)}-B_{s(0)}=d(T_{p1}-T_{p0})\\
&=2\alpha d\left(\sum_{i\neq 0}\overline{h}_{2i}\left(p+1-\alpha p\left(1+\frac{\overline{h}_{2i}}{\underline{h}_{2i+1}}\right)\right)-\sum_{i\neq 0}\overline{h}_{2i}(p+0)\right)\\
&=2\alpha d\left(\sum_{i\neq 0}\overline{h}_{2i}\left(1-\alpha p\left(1+\frac{\overline{h}_{2i}}{\underline{h}_{2i+1}}\right)\right)\right)
\end{aligned}$$

因此，巧妙地得到消息长度的估计

$$p = \frac{S_0 - S}{S_0 - S_1} \tag{5.64}$$

因此，对消息长度的估算可以基于以上步骤(1)～步骤(5)，通过计算 S_1、S_0 与 S 后得到，但是，需要指出一种特殊的情况。假设 OutGuess 软件的输入不是一个空域编码图像而是一个质量因子为 Q_c 的 JPEG 图像，则其会把它解码后，以固定的质量因子 Q_s 重新压缩后进行隐写，由于载体图像经过了两次 JPEG 压缩，以上方法校准的图像特性不能逼近这类载体图像的块效应性质，尤其当 $Q_c < Q_s$ 时，会造成较大的错误率。为了在一定程度上解决这个问题，可以估计出 Q_c，这样，在以上步骤(3)中，对解码的图像实施裁剪后，将图像先用 Q_c 压缩，接着解码后用 Q_s 压缩，之后解压缩并计算 $B_{(0)}$，这样，可认为 $B_{(0)}$ 是在近似的两次压缩载体图像空间域上计算的。

为了估计 Q_c，可以采取以下方法。设 $h_u(i,j)$ 为待检测 JPEG 图像中分块 DCT 系数频率分量为 (i,j) 且系数值为 u 的直方图值，被裁剪校准后尝试用质量因子 Q 压缩，解压并继而用 Q_s 压缩，记以上直方图值变为 $h_u(i,j,Q)$。由于裁剪校准后的图像在空间域逼近原载体图像，则可以认为若 $Q = Q_c$，则 $h_u(i,j,Q)$ 与 $h_u(i,j)$ 更加接近，因此

$$Q_c = \arg\min_Q \sum_{(i,j)} \sum_u \left| h_u(i,j) - h_u(i,j,Q) \right|^2 \tag{5.65}$$

在文献[76]中，(i,j) 仅限于 (1,2)、(2,1)、(2,2)。

在 Fridrich 等的实验[76]中，在估计了 p 之后，表达为相对修改次数(relative number of changes) $T_p / \alpha P = 2p \sum_{i \neq 0} \overline{h}_{2i} / P$ 的形式，其中，T_p 表示嵌入修改次数，αP 表示 OutGuess 嵌入最大消息长度($p=1$)时引入的修改次数，该分式中消除了 p，其他都由直方图数值组成，由于 OutGuess 恢复了直方图，这些数值可以获得；在实验中，对 70 张质量因子为 70～90 的 600×800 隐写图像进行了测试，相对修改次数的估计误差为 -0.0032 ± 0.0406，这反映了以上方法比较精确。

5.2.2　对 MB 的直方图分析

以 JPEG 系数为嵌入域的 MB 隐写保持了载体一阶统计分布的大致轮廓，这个轮廓由载体的不修改部分决定，MB 隐写的消息发送者与接收者都可以通过参数估计拟合 Cauchy 曲线确定这个轮廓。但是，Böhme 与 Westfeld[77]发现，隐写分析者也可以利用这个估计的分布轮廓，如果发现 JPEG 系数的分布过于接近这个轮廓，就可以认为存在人工操作痕迹，并判定这个图像是被 MB 隐写处理过的。

以上发现反映了 MB 隐写在设计上的失误，对正确建立隐写的设计原则有重要意义。显然，自然的统计分布一般不会平滑地接近一个拟合后的分布，如果隐写算法将统计分布曲线调整到一个人工估计的曲线上，就有显著的人工处理痕迹，可能被检测方法准确地发现。以下介绍基于以上观察对 MB 隐写的分析。

这里先回顾 MB 隐写对分布曲线的拟合与消息嵌入(3.4.2 节)。设基于 JPEG 系数不修改部分 X_α 得到的“粗糙”直方图记为 $b_k^{(i,j)}$，其中，$(i,j),1\leqslant i,j\leqslant 8$ 是频率模式，在 MB 隐写中，被用于嵌入的模式仅不包括 DC 系数，并采用了奇小偶大值对 LSBR，因此一共 63 个模式中的非零系数均用于嵌入，需分别估计 63 个分布曲线。设 $h_{2k}^{(i,j)}$ 表示载体图像分块 (i,j) 模式上值为 $2k$ 的 JPEG 系数数量(“精细”直方图值)，根据 LSBR 值对封闭对流的事实有

$$b_k^{(i,j)}=\begin{cases}h_{2k+1}^{(i,j)}+h_{2k}^{(i,j)}, & k<0\\ h_0^{(i,j)}, & k=0\\ h_{2k-1}^{(i,j)}+h_{2k}^{(i,j)}, & k>0\end{cases}\tag{5.66}$$

按照 3.4.2 节的描述，一个模式上非零 JPEG 系数的分布近似服从式(3.77)给出的广义 Cauchy 分布，并可基于 $b_k^{(i,j)}$ 估计该分布曲线的参数 p、s，因此可以得到拟合的分布曲线 $C(x,p,s)$，并在任何 $X_\alpha=2k$，$k>0$ ($k<0$ 的情况类似)的位置上有

$$p_k^{(i,j)}=P(X_\beta=1\,|\,X_\alpha=2k)=\frac{C(2k-1,p,s)}{C(2k-1,p,s)+C(2k,p,s)}\tag{5.67}$$

即对 $X_\alpha=2k$ 的 (i,j) 模式中的系数，嵌入操作按照概率 $p_k^{(i,j)}$ 嵌入 1，按照 $1-p_k^{(i,j)}$ 的概率嵌入 0；为了实现这种嵌入，将以上概率设为 Huffman 解码器的基础概率，将消息密文输入解码器“解码”后，对得到的输出采用奇小偶大值对 LSBR 嵌入满足 $X_\alpha=2k$ 条件的系数。

在以上嵌入操作下，隐写图像的系数分布过于拟合以上广义 Cauchy 分布曲线。这也可以基于这些分布对应的直方图进行说明(图 5.5)，即 MB 隐写后的系数直方图 $\hat{h}_k^{(i,j)}$ 相比载体系数直方图 $h_k^{(i,j)}$ 更加拟合期望的直方图 $\overline{h}_k^{(i,j)}$，后者对应前面的

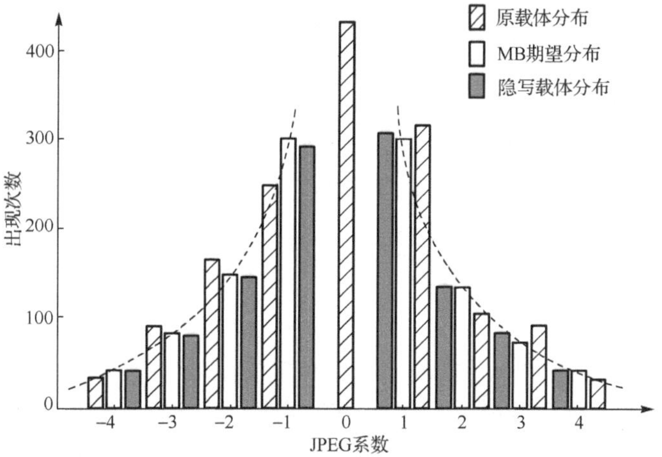

图 5.5　MB 隐写的期望直方图 $\overline{h}_k^{(i,j)}$ 及隐写前后的直方图 $h_k^{(i,j)}$ 与 $\hat{h}_k^{(i,j)}$ 对比示意

$C(x,p,s)$。显然，如果存在度量这种拟合程度的方法，实际就是一种检测 MB 隐写的方法，可以称为分布一致性分析方法。设 $\hat{h}_{2k}^{(i,j)}$ 表示隐写图像分块 (i,j) 模式中数值为 $2k$ 的 DCT 系数数量，则可认为 $\hat{h}_{2k-1}^{(i,j)}$ 与 $\hat{h}_{2k}^{(i,j)}$ 分别服从以下 $b_k^{(i,j)}$ 重 Bernoulli 分布

$$\hat{h}_{2k-1}^{(i,j)} \sim b(b_k^{(i,j)}, p_k^{(i,j)}), \quad \hat{h}_{2k}^{(i,j)} \sim b(b_k^{(i,j)}, 1-p_k^{(i,j)}) \tag{5.68}$$

它们的期望值分别是

$$\overline{h}_{2k-1}^{(i,j)} = b_k^{(i,j)} p_k^{(i,j)}, \quad \overline{h}_{2k}^{(i,j)} = b_k^{(i,j)}(1-p_k^{(i,j)}) \tag{5.69}$$

对一个图像，可以观察 $h_{2k}^{(i,j)}$ 与 $h_{2k-1}^{(i,j)}$ 的数值，推断其是否与 $\overline{h}_{2k}^{(i,j)}$、$\overline{h}_{2k-1}^{(i,j)}$ 较为符合(表 5.1)，如果符合到设定的程度则认为存在 MB 隐写。

表 5.1　对 MB 隐写分布一致性分析所比较的数据与观测次数

	嵌入 1 的频次	嵌入 0 的频次	观测总次数
观测频次	$h_{2k-1}^{(i,j)}$	$h_{2k}^{(i,j)}$	$b_k^{(i,j)}$
期望频次	$\overline{h}_{2k-1}^{(i,j)}$	$\overline{h}_{2k}^{(i,j)}$	$b_k^{(i,j)}$

从图 5.5 可以看出，当 $2k-1=1$ 与 $2k+1=-1$ 时，以上期望值与实际观测值的差别在隐写与未隐写图像之间达到最大。因此，Böhme 与 Westfeld 仅在值为 ±1 的两个系数上进行比较，这样，在 63 个频率分量下每个分量有两次比较，对每个图像首先进行 $63\times2=126$ 次比较，评估观测频次与期望频次之间的差异，采用的差异比较方法是自由度为 1 的 Pearsons χ^2 检测法。即每次计算

$$\chi^2 = \frac{(h_u^{(i,j)} - \overline{h}_u^{(i,j)})^2}{\overline{h}_u^{(i,j)}}, \quad u=-1,1 \tag{5.70}$$

并设置一个阈值，当以上计算值大于阈值时则认为不符合广义 Cauchy 分布，否则认为符合。这个阈值作为分位点对应一个 χ^2 分布的积分值 $p_{\lim}$，当积分值 $p<p_{\lim}$ 时可以认为分布符合。这样，在 126 次比较中分布符合的次数可以作为最终隐写判定的依据，对于正常图像一般这个值很小，只有 2 或者 3，说明这种方法检测效果很稳定。Böhme 与 Westfeld 的实验[77]结果表明，对质量因子为 80 的 800×600 JPEG 图像，在 MB 负载率为 1、0.5 与 0.3 bpnac 时，检测正确率分别为 100%、88.98%与 64.76%，因此，在以上攻击下，MB 的负载率一般不能高于 0.3bpnac。

5.2.3　对 F5 隐写的校准分析

在 5.2.1 节中，通过裁掉 4 行 4 列对图像校准，可以得到一个在分块效应特性上近似原载体的图像，基于与这个图像的比较分析，可以估计 OutGuess 嵌入的消息长度。Fridrich 等[75]类似地将这种方法用于分析 F5 隐写。在校准中，不但仍然采用在空间域裁剪 4 行 4 列的方法，紧接着还采用了一个 3×3 的滤波器进行平滑操作。如

果输入 F5 软件的是空域编码图像，软件会先对它进行 JPEG 压缩再嵌入消息；从图 5.6 看，隐写前与校准后的图像 JPEG 系数直方图非常接近。

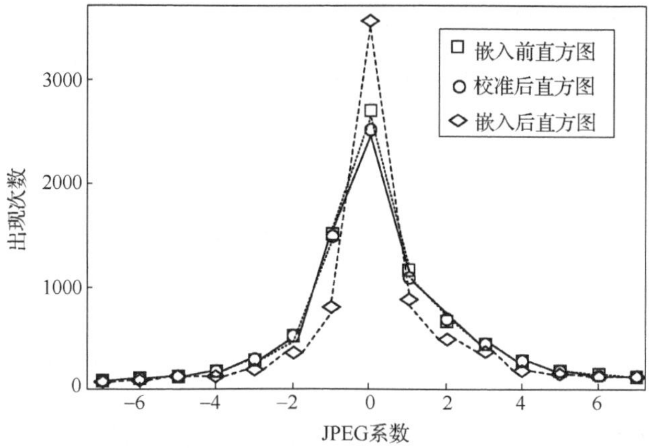

图 5.6　隐写图、校准图与原图 JPEG 系数在模式(2,1)上的典型直方图

令 β 表示一个非零 AC 系数被修改的可能性，它也被称为相对修改数(relative number of modifications)，Fridrich 等发现可以用最小二乘法得到它的一个估计量。这里设 $h_{kl}(d)$ 表示原载体图像分块 DCT 频率模式 (k,l) 上绝对值为 d 的系数直方图值，$1 \leqslant k,l \leqslant 8$，令 $H_{kl}(d)$ 为 F5 隐写后图像的相应直方图值，$\hat{h}_{kl}(d)$ 为校准图像的相应直方图值，n 为修改的总次数，$P = h(1) + h(2) + \cdots$ 为非零 AC 系数的总数，则有 $\beta = n / P$。由于 F5 通过置乱位置次序进行嵌入，实际上是随机选择嵌入系数，这样有

$$H_{kl}(d) = (1-\beta)h_{kl}(d) + \beta h_{kl}(d+1), \quad d > 0 \tag{5.71}$$

$$H_{kl}(0) = h_{kl}(0) + \beta h_{kl}(1) \tag{5.72}$$

在式(5.71)和式(5.72)的右侧，第一项表示未修改的 d 值位置，第二项是邻值修改后通过减小绝对值流入的。一般 JPEG 分块 DCT 量化系数在 0 与 1 上分布受隐写的扰动最大，因此，可以定义以下线性最小二乘问题(减数是对被减数的逼近)

$$\beta_{kl} = \arg\min_{\beta}([H_{kl}(0) - \hat{h}_{kl}(0) - \beta\hat{h}_{kl}(1)]^2 + [H_{kl}(1) - (1-\beta)\hat{h}_{kl}(1) - \beta\hat{h}_{kl}(2)]^2) \tag{5.73}$$

将式(5.73)对 β 求导并令结果为零，得到

$$\beta_{kl} = \frac{\hat{h}_{kl}(1)[H_{kl}(0) - \hat{h}_{kl}(0)] + [H_{kl}(1) - \hat{h}_{kl}(1)][\hat{h}_{kl}(2) - \hat{h}_{kl}(1)]}{\hat{h}_{kl}^2(1) + [\hat{h}_{kl}(2) - \hat{h}_{kl}(1)]^2} \tag{5.74}$$

最后，β 的估计值取 β_{12}、β_{21}、β_{22} 的平均值。

基于以上对 β 的估计，可以进一步估计嵌入密文消息的长度 M。将 n 分解为 $n = s + m$，其中，s 表示收缩的次数，即修改后为 0 而没有形成有效嵌入的次数，m

表示嵌入消息的修改次数，由于每次嵌入修改产生收缩的可能性为 $P_S = h(1)/P$，则有

$$m + nP_S = n \Rightarrow m = n(1 - P_S) \tag{5.75}$$

设 F5 采用 $(b = 2^k - 1, k)$ 汉明矩阵进行编码，仅考虑矩阵编码因素，负载率 $R(k) = k/b = k/(2^k - 1)$，平均每比特修改次数 $D(k) = \frac{1}{b+1}\cdot\frac{0}{b} + \frac{b}{b+1}\cdot\frac{1}{b} = \frac{1}{b+1} = \frac{1}{2^k}$，因此嵌入效率为

$$W(k) = \frac{R(k)}{D(k)} = \frac{2^k}{2^k - 1}k \tag{5.76}$$

则密文消息的长度可以估计为

$$M = W(k)m = \frac{2^k}{2^k-1}kn(1-P_S) = \frac{2^k}{2^k-1}k\beta P\left(1 - \frac{h(1)}{P}\right) = \frac{2^k}{2^k-1}k\beta(P - h(1)) \tag{5.77}$$

其中，$h(1)$ 按照 $\hat{h}(1)$ 估算；P 可以参照校准图的直方图估计

$$P = \sum_{d>0} h(d) \approx \sum_{d>0}\sum_{\substack{k,l=1 \\ k+l>2}}^{8} \hat{h}_{kl}(d) \tag{5.78}$$

其中，$k + l > 2$ 是要求不取 (1,1) 上的直流系数。另外，由于可以通过估计得到 $n = \beta P$，$P_S = \hat{h}(1)/P$ 与 $m = n(1 - P_S)$，通过 $D(k) = m/\hat{C} = 1/2^k$ 可进一步估计汉明矩阵编码参数 k，其中，$\hat{C}$ 是 F5 算法估计的不产生收缩的非零 AC 系数容量[75]，估算方法是

$$\hat{C} = \hat{h}_{\text{DCT}} - \frac{\hat{h}_{\text{DCT}}}{64} - \hat{h}(0) - 0.51\hat{h}(1) \tag{5.79}$$

其中，$\hat{h}_{\text{DCT}}$ 表示校准图像分块 JPEG 系数的总数；$\hat{h}_{\text{DCT}}/64$ 是其中 DC 系数的数量。最后，根据式(5.77)可以得到 M 的估计值。

Fridrich 等的实验结果[75]表明，对没有双压缩(F5 的输入为空域编码图像)的样本，对消息长度的估计非常有效。图 5.7 给出了在 $\beta = 0, 0.25, 0.50$ 的情况下对它的估计情况，估计结果呈正态分布，均值均分别接近 0、0.25、0.50；如果以阈值 0.125 进行隐写存在性检测，在 $\beta = 0.25, 0.50$ 时，虚警率约为 10^{-8}，漏检率分别约为 10^{-7} 与 10^{-32}。

以上分析方法也面临双压缩图像的干扰。当将 JPEG 图像输入 F5 软件时，软件会将图像解压，并按用户设定的质量因子再次压缩，之后嵌入消息。这样，消息是在二次(双)压缩以后的图像中嵌入的，由于这类图像的 JPEG 系数分布特殊(图 5.8)，校准图像的直方图与二次压缩原载体的直方图有很大差别。Fridrich 等的实验结果[75]表明，在输入图像质量因子为 55～95、F5 二次压缩质量因子为 75 的情况下，在 $\beta = 0, 0.25, 0.50$ 下对 β 进行估计，结果表明，当输入图像质量因子接近 75 时，估计效果逐渐变好，否则较差。

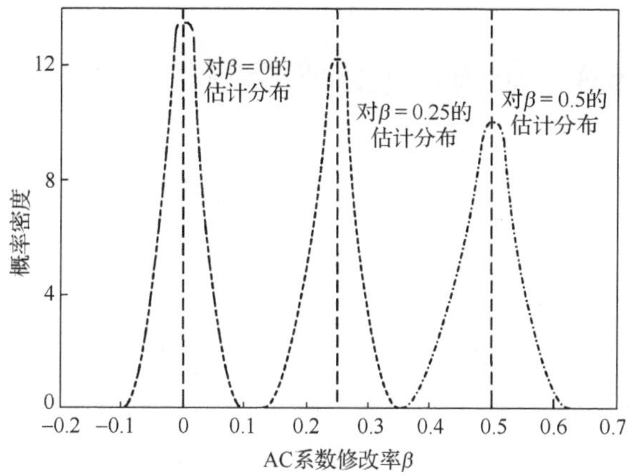

图 5.7　在 $\beta = 0, 0.25, 0.5$ 时对其估计值的分布

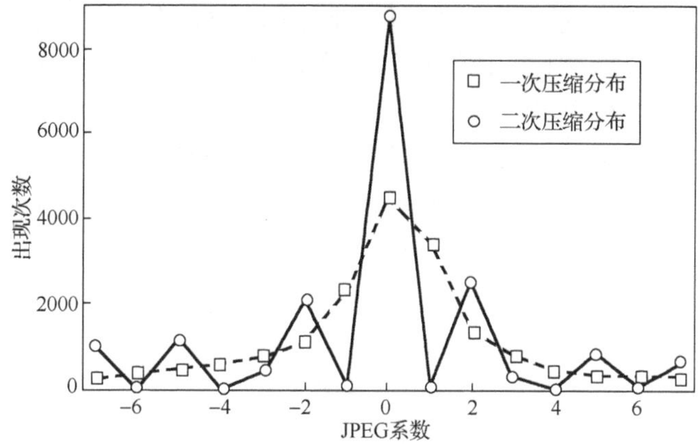

图 5.8　二次压缩后的频率(1,2)上 JPEG 系数直方图
与之前一次压缩图像典型情况比较

为了降低双压缩 JPEG 图像载体对分析造成的干扰，Fridrich 等[75]进行了以下处理。准备一组量化表 $\{Q_1, Q_2, \cdots, Q_r\}$，对应相应范围的质量因子；在运行前述分析方法中仅作以下改动：对裁剪与滤波后的校准图像，先采用 Q_i 压缩，解压后用待检图像质量因子的量化表 Q_s 再次压缩得到最后的校准版本，接着按前述方法估计相应校准图的直方图与 $\beta_i, i = 1, \cdots, r$，在每次估计中，对频率分量 (k,l) 计算

$$E_{kl}^{(i)} = [H_{kl}(0) - \hat{h}_{kl}(0) - \beta_i \hat{h}_{kl}(1)]^2 + \sum_j [H_{kl}(j) - (1-\beta_i)\hat{h}_{kl}(j) - \beta_i \hat{h}_{kl}(j+1)]^2 \tag{5.80}$$

如果 Q_i 接近原双压缩中第一次的量化因子，则以上 $\hat{h}_{kl}$ 对 H_{kl} 的逼近效果最好，$E_{kl}^{(i)}$ 较小。因此最后取 $\beta = \beta_t$，$t = \arg\min_i \sum_{kl} E_{kl}^{(i)}$。

5.3　对调色板图像隐写的专用分析

2.3.3 节已经简要介绍了针对 Gifshuffle、EzStego 等较简单调色板隐写的分析方法，本节主要介绍针对 OPA 与分量和隐写的分析方法。

5.3.1　奇异颜色分析

OPA 隐写实现了颜色距离意义上的基本嵌入影响最小化，也没有改动调色板，显著提高了调色板隐写的安全，但是，有些颜色及其与其他颜色的关系在隐写中呈现出了特殊性，Zhang 与 Wang[78]基于该观察提出了奇异颜色(abnormal color)隐写分析。

针对不同的分析目的，奇异颜色的定义可不同，但这些分析方法都是基于 OPA 形成的嵌入修改关系图的。在 OPA 隐写中，任何一个颜色 c_i 的索引值需要修改时，使用距离最近颜色 s_i 的索引值替换，但是存在以下多种情况：①有的颜色既可以被替换，也可以替换其他颜色，但这两者情况的数量不同；②有的颜色可以被其他颜色替换，但不能替换其他颜色。这种关系可以用有向图表示，如图 5.9 所示，任何颜色仅有一个有向线指向其他颜色，表示用最近距离颜色替换，但一个颜色可以被来自其他多个颜色的有向线所指向，表示该颜色是它们共同的最近距离颜色。

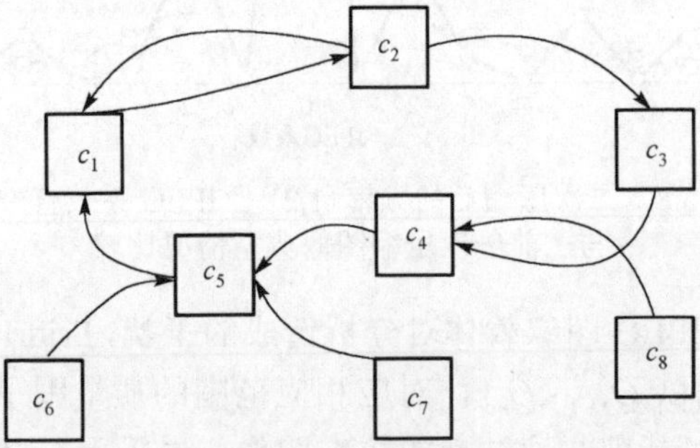

图 5.9　OPA 隐写颜色转换关系示意

用转移矩阵表示以上有向图有利于进一步分析。设颜色总数为 N，转移矩阵为 $A_{N\times N}$，$A(i,j)\in\{0,1\}$，$A(i,j)=1$ 表示如果颜色 c_i 需要修改则用 c_j 替换；另设 h_i 与 h_i' 分别表示 c_i 在隐写前后的分布直方图，α 为嵌入率，则有

$$E(h_i')=\left(1-\frac{\alpha}{2}\right)\cdot h_i+\sum_{k\neq i,1\leqslant k\leqslant N}\left(\frac{\alpha}{2}\cdot h_k\cdot A(k,i)\right)\tag{5.81}$$

也可表示为

$$\begin{pmatrix} E(h_1') \\ E(h_2') \\ \vdots \\ E(h_N') \end{pmatrix} = T(\alpha) \begin{pmatrix} h_1 \\ h_2 \\ \vdots \\ h_N \end{pmatrix} \tag{5.82}$$

其中，$T(\alpha) = I \cdot (1-\alpha/2) + A \cdot \alpha/2$，$I$ 为单位矩阵。

在以上观察基础上，可以定义奇异颜色为在有向图中只有线段输出而无输入的颜色，这类颜色的分布一般在隐写后有显著变化。通过观察发现，对于原始载体图像，奇异颜色与距离最近的颜色出现频次相对接近，根据式(5.81)，隐写后奇异颜色的期望分布数量变为 $E(h_i') = (1-\alpha/2) \cdot h_i$，而与之最近的颜色分布变化可以用式(5.81)的右式表示，这说明，隐写后奇异颜色与之距离最近的颜色出现频次差别增加，这为设计相应的奇异颜色隐写分析算法提供了可能，可以通过这种差异的程度进行 OPA 隐写存在的判别，并且该方法的原理适用于分析基于分量和的调色板隐写。

还有一种奇异颜色，通过观察它的分布变化可以估计嵌入率 α，实现相应的定量隐写分析。这种奇异颜色的定义是：①分布非常稀疏，若 c_i 为奇异颜色，则 $h_i \approx 0$；②可以被 c_i 替换的颜色总体分布密度较大，即对所有的 c_s，$A(i,s)=1$，$\sum_s h_s \gg h_i$。显然，这类奇异颜色在载体中很少，但是在隐写后显著增多，α 越大，对比度越大。由于以上 $T(\alpha)$ 分析者也可以推得，因此他可以估算原始载体的分布 h_i''

$$\begin{pmatrix} h_1'' \\ h_2'' \\ \vdots \\ h_N'' \end{pmatrix} = T^{-1}(\alpha) \begin{pmatrix} h_1' \\ h_2' \\ \vdots \\ h_N' \end{pmatrix} \tag{5.83}$$

由于分布直方图值不能是负数，分析者可以不断增加 α 的值，直到最小的 h_i'' 正好变为 0，将此时的 α 作为对负载率的估计值。如果图像是不存在隐写的，$h_i' = h_i$，则当 $\alpha = 0$ 的时候，以上性质就存在。Zhang 与 Wang 的实验结果[78]表明，以上负载率的估计方法对分量和隐写与 OPA 隐写均非常有效，对前者更准确一些。

为了对抗以上分析，OPA 隐写方法需要改变前述有向图，使得不存在奇异颜色。但是这样的改进只是针对以上分析的，会增加距离意义上的失真度，并且以下将介绍的颜色混乱度分析方法仍然能够有效识别这类隐写。

5.3.2　颜色混乱度分析

调色板图像的颜色数量较少，图像中更频繁出现连续的颜色，因此，将其像素奇偶性转化的二值图像(称为 P 值图像)也具有明显的内容轮廓(图 5.10)。在隐写后，由于奇偶性排列更随机化，混乱程度增加，内容轮廓消失或者更不清晰，可以直接通过视觉[40]或者通过定义混乱度指标并检测它[79]进行隐写分析。例如，可以通过对二值图像进行游程(run length)统计，用游程直方图特征评价P值图像的纹理混乱度，其中，游程定义为由相同元素值连续重复出现的次数。给定一幅P值图像，假设二值用0与1表示，可以统计水平方向和垂直方向的游程，记水平和垂直方向像素值为$v\in\{0,1\}$并且游程为d的个数分别为$L_{\rightarrow}(v,d)$和$L_{\downarrow}(v,d)$，则游程直方图定义为

$$h(d)=\sum_{v}[L_{\rightarrow}(v,d)+L_{\downarrow}(v,d)] \tag{5.84}$$

其中，游程$d=1,2,\cdots,D$，D为考察的游程最大值，如图5.11所示为600幅图像经0.3bpp的OPA隐写前后的相应游程长度直方图，$D=50$，可以看出隐写图像的长游程直方图值减小，短游程直方图值增大，因此，游程直方图及其统计特征都可以作为隐写分析特征。另外，文献[79]也基于二值图像的Walsh变换谱能量提取了有效分析特征，并基于以上两类特征结合SVM给出了有效的调色板图像隐写分析方法，它较普遍地适用于基于像素索引修改的调色板隐写，包括EzStego、分量和隐写与OPA隐写等，在0.15bpp的嵌入率下，效果优于奇异颜色分析法。

(a) 由载体图像生成

(b) 由0.3bpp OPA隐写图像生成

图5.10　载体GIF图像及相应隐写图像生成的P值图

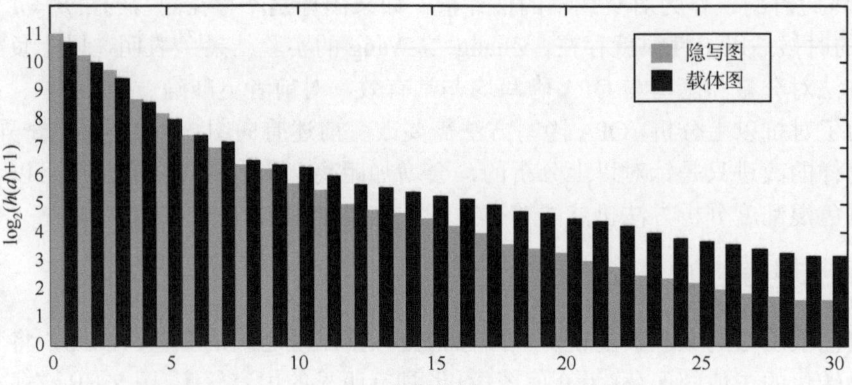

图5.11　载体及隐写图像的P值图游程长度直方图统计

针对抵御以上分析方法，Fridrich 与 Du[36]结合图像的局部特性提出了一种自适应的 OPA 隐写。这种方法将图像分为小的分块并计算每个分块的标准方差，选择方差大于阈值的分块作为嵌入区域；为了不使得自适应策略影响接收，如果嵌入后方差变得不大于阈值，则在下一分块重复嵌入。但是，如果分块的嵌入率仍然较高，对这类方法也能够用基于奇异颜色或者颜色混乱度的方法进行有效分析。另外，如果在将空域图像编码为调色板图像的过程中嵌入信息，可以使隐写噪声与编码噪声部分抵消[5]，这种技术称为抖动(perturbation)。

回顾调色板图像隐写与隐写分析的发展非常有助于隐写技术的初学者掌握相关概念，但是，相比其他格式的图像，由于调色板图像的颜色数量少，研究人员[5]一般认为这类格式相对不适合作为隐写信息的载体。这也是当前这类图像很少用于隐写以及文献普遍不与这类隐写进行比较的原因，因此，本书不再描述这类方法。

5.4　小　　结

本章介绍了针对三类主要格式图像的专用隐写分析方法，这些方法都非常典型，都利用了特定隐写的问题，发现了相应的隐写分析特征，实现了有效的隐写载体识别或者嵌入负载量的估计。专用隐写分析的论文很多，有兴趣的读者可以更广泛地研读。

专用隐写分析的特点是一般准确率都比较高，但是，所提取的特征只能对一类或者一种隐写形成有效的分析。这还造成了以下事实，专用隐写分析方法的构造技术各式各样，缺乏相对统一、一致的分析处理流程，不利于对新出现的隐写快速形成分析方法。本书后面将会描述，通用隐写分析等技术逐渐形成了相对一致的分析处理流程。

除了提取专用分析特征，校准与主动添加噪声的技术在专用隐写分析中也得到了成功应用。校准技术通过移位裁剪与滤波等手段，能够生成在某些特性上接近原载体的参考版本，有利于提取隐写分析特征，这项技术在后面介绍的隐写分析中将被继续使用；主动添加噪声的方法更具有专用分析的特色，后面介绍的隐写分析均没有采用。

专用隐写分析的效果会受到载体类型的干扰。从 5.2 节对双压缩 JPEG 文件的分析处理描述中，读者应该感受到了这种干扰的显著影响。不难想象，实际能够造成这种干扰的情况非常多，例如，在使用不同质量因子、分辨率、生成方式(拍摄、计算机合成、扫描等)、尺寸载体图像的情况下，分析中使用的合理参数可能都不会相同。因此，在不假设完全掌握隐写者所采用载体性质的情况下，专用隐写分析也面临着适配载体特性的问题。

思考与实践

(1) RS 分析、RQP 分析、对 OutGuess 的块效应分析与对 F5 的校准分析中，分析算法都主动对被检测图像进行了模拟隐写，请问一般来说这样做的好处是什么？具体体现在以上 4 种方法中都获得了什么效果？

(2) HCF COM 分析、对 OutGuess 的块效应分析与对 F5 的校准分析中使用了什么样的校准技术？它们的作用是什么？

(3) 基于一个 GIF 图像，在分量和隐写下给出其隐写颜色转换关系矩阵；在负载率为 0.5bpp 时，应用奇异颜色分析法估算负载率，给出计算步骤和结果。

(4) 完成附录 B.2 的实验。

第6章　湿纸编码

为了提高隐写安全，一般希望能够选择嵌入位置，在更加隐蔽区域的样点中嵌入信息，而在不够隐蔽的地方不嵌入或者少嵌入。如果存在这样的样点选择方法，不妨把可以隐写的样点称为干点(dry point)，把不准备隐写的样点称为湿点(wet point)。显然，如果每次仅在干点上嵌入信息，干点被修改后并不一定满足干点的性质，并且对干点的选择也是动态确定的，因此，若不作相应的设计，隐写的接收者将不能提取信息。

湿纸编码(wet paper code，WPC)是一类解决以上问题的方法。设长度为 n 的载体可修改数值序列为 $\boldsymbol{x}=(x_1,x_2,\cdots,x_n),x_i\in \mathrm{GF}(k)$，$\boldsymbol{m}=(m_1,m_2,\cdots,m_q),m_i\in \mathrm{GF}(k)$ 表示长度为 q 的加密消息序列，$\boldsymbol{y}=(y_1,y_2,\cdots,y_n),y_i\in \mathrm{GF}(k)$ 表示嵌入加密消息后的隐密数值序列；典型地，$k=2$，$\boldsymbol{x}$ 为载体的 LSB 序列，$\boldsymbol{y}$ 为隐密载体的 LSB 序列；湿纸编码通过以下方式传输 $\boldsymbol{m}$：仅修改 $\boldsymbol{x}$ 元素中在干点位置上的值使之变为 $\boldsymbol{y}$，并使得 $H\boldsymbol{y}=\boldsymbol{m}$，其中，矩阵 H 为收发双方共享，接收者只要计算 $H\boldsymbol{y}$ 即可提取消息。

湿纸编码是一种支持自适应隐写的编码。这种自适应体现在，选择嵌入消息的干点位置是基于载体评估的，对不同载体选择的嵌入位置是不同的，这有利于将消息隐藏在被检测风险较小的区域。这种自适应思想非常重要，在以后的章节中读者将发现，当前主流的校验子格编码(syndrome-trellis code，STC)具有湿纸编码的以上特性，并更有效地解决了总体失真指标最小化的问题。

6.1　湿点与干点

为了更好地理解湿纸编码，需要首先了解典型的湿点与干点。可以一般地认为，干点是更适合嵌入的载体样点，湿点是更不适合嵌入的载体样点。目前存在判别载体样点是否适合嵌入的多种评估标准，比较典型的评估方法结合载体的局部情况考察了隐写引入的隐写噪声或者被检测风险。

在 4.3.2 节介绍 MME 算法时描述了隐写对 JPEG 编码量化的利用：在矩阵编码的所有等价嵌入方式中，选择使分组上隐写噪声总幅度最小的嵌入方式。Fridrich 等[80]发现，如果类似 MME，隐写算法的输入是一个空域编码图像，输出是一个 JPEG 图像，则从降低隐写噪声的角度评价，更适合嵌入的位置是在量化取整前小数部分处于 0.5 附近的系数。令 d_i 表示分块 DCT 系数在 JPEG 编码量化取整前的数值(以下分析中不妨设它们大于 0)，如果 d_i 的小数部分在 0.5 附近，ε 是一个很小的正数，

则满足

$$d_i - \lfloor d_i \rfloor \in [0.5-\varepsilon, 0.5+\varepsilon] \tag{6.1}$$

的位置 i 更适合嵌入。设 $d_i - \lfloor d_i \rfloor = 0.5-\gamma$，$0 \leqslant \gamma \leqslant \varepsilon$，如果该点由于隐写需要被修改(向上取整，而不是保留原本 JPEG 编码的向下取整)，除去原本 JPEG 量化引入的噪声 $0.5-\gamma$，隐写噪声幅度为 $2\gamma = 1-(0.5-\gamma)-(0.5-\gamma)$，在均匀分布下，其平均幅度是

$$\int_0^{\varepsilon} 2\gamma \times \frac{1}{\varepsilon - 0} \mathrm{d}\gamma = \left.\frac{\gamma^2}{\varepsilon}\right|_0^{\varepsilon} = \varepsilon \tag{6.2}$$

这说明，ε 越小隐写平均噪声幅度越小。因此，可以在总共 n 个可用系数中选择以下系数位置集合作为干点

$$S = \{i \mid i \in \{1,\cdots,n\},\quad d_i - \lfloor d_i \rfloor \in [0.5-\varepsilon, 0.5+\varepsilon]\} \tag{6.3}$$

其他系数样点为湿点。在以上情况下，也可以称这些干点为低扰动点。

也可以依照空间域样点的邻域纹理复杂程度划分干点与湿点。从纹理复杂度较高区域提取的隐写分析特征更难被分类，因此，研究人员普遍认为这类区域中的样点更适合嵌入(图 6.1(a))。假设 $N(x_i)$ 表示样点 x_i 的邻域，而 $c(N(x_i))$ 表示该样点的邻域复杂度，设 C 是一个阈值，则可以在总共 n 个系数中选择以下系数位置集合作为干点

$$S = \{i \mid i \in \{1,\cdots,n\}, c[N(x_i)] > C\} \tag{6.4}$$

其他像素点为湿点。在以上情况下，也可以称这些干点为高纹理点。

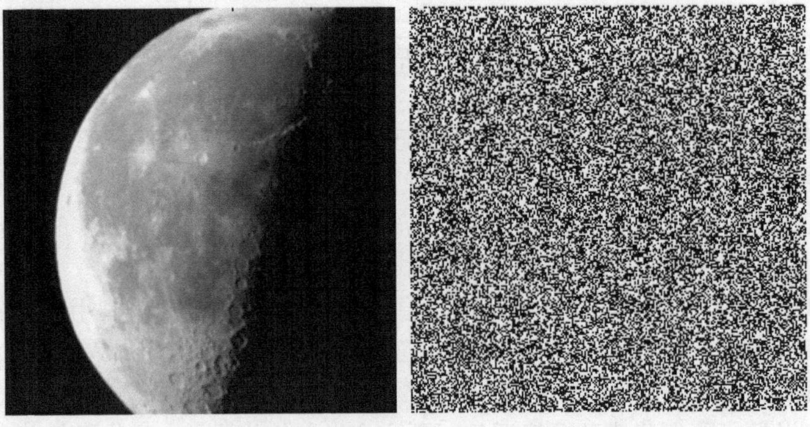

(a)　　(b)

图 6.1　空间域样点邻域纹理复杂度区别较大的图像及其置乱示例

当基本嵌入采用随机加减 1 修改的 LSBM 时，在嵌入完毕时，如果还要继续在次 LSB 层中嵌入消息，则 LSBM 已作修改的位置为干点，这个集合可以表示为

$$S=\{i\mid i\in\{1,\cdots,n\},|y_i-x_i|=1\} \tag{6.5}$$

其他位置为湿点，以上 y_i 与 x_i 分别表示含密载体与原载体样点。可以称这些干点为第二层可利用点，改动这些位置上的次 LSB 可通过控制 LSBM 是加 1 还是减 1 实现，因此，这样并没有增加修改操作。读者将在 6.3.3 节具体了解这类双层隐写。

一般对干点的利用是在置乱域（图 6.1（b））进行的，这样会使得每个区域的处理基本一致，也有利于保护嵌入数据的安全，但是对干点的选择是在置乱前完成的。

3.1.2 节简单描述了加性模型，即近似认为隐写的各个操作不相互影响，使研究与设计方法得到简化。以上干点的选择也是在加性模型下的，即认为隐写在各局部区域上的操作不相互影响，因此，起初选定的干点在隐写过程中还是干点。实际情况可能不是这样，例如，对上面的高纹理干点，有可能在隐写中变得不满足 $c(N(x_i))>C$ 了，但是，正如本书后面将论述的，非加性模型非常难于处理，而且加性模型也可以取得较好的效果。

6.2 湿纸编码算法

在隐写算法尽量在干点上嵌入信息的情况下，需要有一种方法确保消息接收者能够提取嵌入的信息，湿纸编码就是这样一类方法[80,81]。MME 隐写算法与湿纸编码隐写均体现了一定的自适应隐写思想，但是，MME 限于在一个分组中实现嵌入位置的优化选择，并且选择的嵌入位置必须先满足隐写码代数关系的制约，而湿纸编码能够实现更大范围的位置选择，对修改位置的选择空间也更大，尤其是，它对干点的选择先于对代数制约关系的满足。

6.2.1 编码原理

为了描述方便，这里首先回顾隐写编码的一般表示形式。给定原载体 $\boldsymbol{x}$ 和消息 $\boldsymbol{m}$，隐写编码的过程可表示为寻找满足如下条件的 $\boldsymbol{y}$

$$\min_{\boldsymbol{y}} D(\boldsymbol{x},\boldsymbol{y}),\quad f(\boldsymbol{y})=\boldsymbol{m} \tag{6.6}$$

其中，映射 $f(\cdot)$ 由消息嵌入者和接收者秘密共享；函数 $D(\cdot,\cdot)$ 衡量嵌入引入的总失真或者被检测代价，隐写编码在满足提取方程（extraction equation）$f(\boldsymbol{y})=\boldsymbol{m}$ 的所有可能 $\boldsymbol{y}$ 中，选择其中使 $D(\boldsymbol{x},\boldsymbol{y})$ 最小的 $\boldsymbol{y}$ 作为嵌入后的序列，即修改目标。例如，对于一般的矩阵编码，在分组上有 $f(\boldsymbol{y})=H\boldsymbol{y}$，$H$ 为校验矩阵，$D(\boldsymbol{x},\boldsymbol{y})$ 为嵌入过程中修改位置的数量；MME 也有 $f(\boldsymbol{y})=H\boldsymbol{y}$ 的形式，但 $D(\boldsymbol{x},\boldsymbol{y})$ 是嵌入造成的噪声总幅度值；

在以后的章节中将看到，STC 编码也可以用类似的矩阵形式表达，但是，$D(\boldsymbol{x},\boldsymbol{y})$ 是嵌入引起的局部失真总和。在上述框架下，授权的消息提取者无须关心隐写者每次修改的具体位置。

湿纸编码也可以用以上形式表示。它的具体特点是，在构造 $H\boldsymbol{y}=\boldsymbol{m}$ 的过程中，隐写算法仅修改了 $\boldsymbol{x}$ 的干点使之变为 $\boldsymbol{y}$，实际上是通过限定修改位置为干点降低 $D(\boldsymbol{x},\boldsymbol{y})$。假设在 $\boldsymbol{x}=\{x_1,x_2,\cdots,x_n\}$ 中，第 $p_1,p_2,\cdots,p_k$ 个位置为干点，其他为湿点，则嵌入修改后应满足

$$\begin{pmatrix} h_{11} & \cdots & h_{1p_1} & \cdots & h_{1p_k} & \cdots & h_{1n} \\ h_{21} & \cdots & h_{2p_1} & \cdots & h_{2p_k} & \cdots & h_{2n} \\ \vdots & & \vdots & & \vdots & & \vdots \\ h_{q1} & \cdots & h_{qp_1} & \cdots & h_{qp_k} & \cdots & h_{qn} \end{pmatrix} \begin{pmatrix} y_1 \\ \vdots \\ y_{p_1} \\ \vdots \\ y_{p_k} \\ \vdots \\ y_n \end{pmatrix} = \begin{pmatrix} m_1 \\ \vdots \\ m_q \end{pmatrix} \tag{6.7}$$

可以发现以上提取方程等价于

$$\begin{cases} h_{1p_1}y_{p_1}+\cdots+h_{1p_k}y_{p_k}=c_1 \\ \qquad\vdots \\ h_{qp_1}y_{p_1}+\cdots+h_{qp_k}y_{p_k}=c_q \end{cases} \tag{6.8}$$

以上 c_i 在给定 $\boldsymbol{x}$ 和 $\boldsymbol{m}$ 时是常数。显然，式(6.7)也可以等价地表示为

$$H\boldsymbol{v}=\boldsymbol{m}-H\boldsymbol{x} \tag{6.9}$$

其中，$\boldsymbol{v}=\boldsymbol{y}-\boldsymbol{x}$，由于不是干点的位置 $v_i=0$，式(6.9)也可以表示为

$$\bar{H}\bar{\boldsymbol{v}}=\boldsymbol{m}-H\boldsymbol{x} \tag{6.10}$$

其中，$\bar{H}$ 是 $q\times k$ 矩阵；$\bar{\boldsymbol{v}}$ 中仅保留了 $\boldsymbol{v}$ 中干点位置上的 k 个元素。显然，如果以上方程有解，则表示湿纸编码成功；当 $\bar{v}_i=0$ 时，相应位置上的干点不需要改变数值，否则需要，例如，当以上计算在常用的 GF(2) 上时，如果 $\bar{v}_i=1$，则需将 y_i 置反。

6.2.2　消息容量分析

针对以上湿纸编码隐写，一个令人感兴趣的问题是，基于 k 个湿点能够传输多大消息量。这等价于研究方程(6.10)如何才能得到满足的各类情况。

在 $\mathrm{rank}(\bar{H})=q$ 下方程(6.10)有解，因此，希望有一种方法能够尽可能地确保这个性质。设 $P_{q,k}(s)$ 是任一 $q\times k$ 矩阵的秩为 s 的概率，则根据文献[82]的推导有

$$P_{q,k}(s)=2^{s(q+k-s)-qk}\prod_{i=0}^{s-1}\frac{(1-2^{i-q})(1-2^{i-k})}{(1-2^{i-s})} \tag{6.11}$$

可以验证，对一个较大的 $k>q$，当减小 q 时，$P_{q,k}(q)$ 快速趋近 1。据此，在湿纸编码中可以通过减小消息长度来使得可以成功嵌入。

还有一些情况也可以使得式(6.11)得到满足，这也使得实际的可嵌入容量为 k。设 $p_{\geqslant k-r}$ 表示湿纸编码至少能够传输 $k-r$ 比特消息的可能，包括两类情况：$\bar{H}$ 的秩为 $k-r$，或者 $\bar{H}$ 的秩为 $k-r-i$，但是其中 i 个线性相关行乘以 $\bar{\boldsymbol{v}}$ 后正好与式(6.10)右侧相应位置上的 0 或 1 相等，这个概率是 2^{-i}。因此，结合两种情况并根据式(6.11)有

$$p_{\geqslant k-r}=\sum_{i=0}^{k-r}\frac{1}{2^{i}}P_{k-r,k}(k-r-i) \tag{6.12}$$

类似地，若至少能够传输 $k+r$ 比特消息，则包括两类情况：当 $\bar{H}$ 的秩为 k 时，r 个线性相关行乘以 $\bar{\boldsymbol{v}}$ 后正好与式(6.10)右侧相应位置上的 0 或 1 相等；或者当 $\bar{H}$ 的秩为 $k-i$ 时，$r+i$ 个线性相关行乘以 $\bar{\boldsymbol{v}}$ 后正好与式(6.10)右侧相应位置上的 0 或 1 相等。即有

$$p_{\geqslant k+r}=\sum_{i=0}^{k}\frac{1}{2^{r+i}}P_{k+r,k}(k-i) \tag{6.13}$$

基于式(6.12)和式(6.13)，可以得到基于 k 个干点，能够嵌入 i 比特消息的概率 $p_{=i}=p_{\geqslant i}-p_{\geqslant i+1}$。实验表明，以上分布 $p_{=i}$ 在 $i=k$ 处取最大值，并且以此处左右对称(图 6.2)，因此，基于 k 个干点能够嵌入的比特数平均为

$$q(k)=\sum_{i=0}^{\infty}ip_{=i}\approx k \tag{6.14}$$

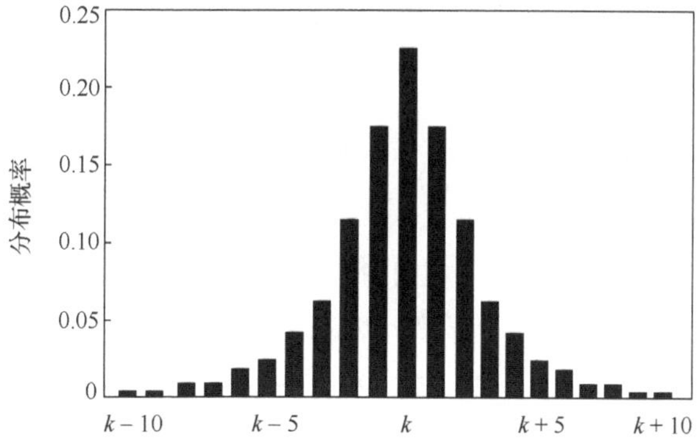

图 6.2　分布 $p_{=i}$ 在 $i=k$ 处取最大值并且以此处左右对称

6.2.3　一个基本算法

若不进行计算性能上的提高处理，则湿纸编码存在计算复杂度高的问题。湿纸编码隐写的嵌入方需要求解 k 个变元、q 个方程的方程组，一般 $q\approx k$，因此，其计

算复杂度为高斯消元法的$O(k^3)$。由于 k 与可嵌入的样点数量或者需要嵌入消息的比特数量是相当的，如$k>10^6$，将图像可嵌入点作为一个分块进行湿纸编码在计算上是困难的。因此，湿纸编码算法原则上需要将待嵌入的消息序列$\boldsymbol{m}$进行分段，这也意味着需要对置乱后的载体分段，但是这种分段尺寸一般远大于矩阵编码的分组长度，这说明湿纸编码的优化范围更大。

湿纸编码需要一些先验知识确定分段数β与相关算法参数。隐写方需要首先估算干点的比率$r=k/n$，它受载体尺寸以及干点数量等因素影响，简单起见，设隐写收发双方根据经验可知道该比率范围为$r_1\leqslant r\leqslant r_2$并确定选择$r=r_2$；当然，这个比率也可以由发送方单独确定并将其数值与消息一并发送。假设k_{avg}表示适合在一个分段中利用的干点数量，它也为收发双方共享，则分段数可以取$\beta=\lceil nr_2/k_{\text{avg}}\rceil$，这实际上是按照干点数量的估计值确定段数。以下记每个载体分段为$\boldsymbol{x}^{(i)}$，其样点数量为$n_i\in\{\lfloor n/\beta\rfloor,\lceil n/\beta\rceil\}$，干点数量为$k_i$，$n_1+n_2+\cdots+n_\beta=n$。需指出，由于载体数据在分段前需要位置置乱，可以认为干点数量较为均匀地分布在各个分段中，即k_i较接近，这也保证了编码处理在各个分段上基本相同。以下给出一个基本的湿纸编码算法[81]及其注释，算法分为编码与解码两部分(图 6.3)。

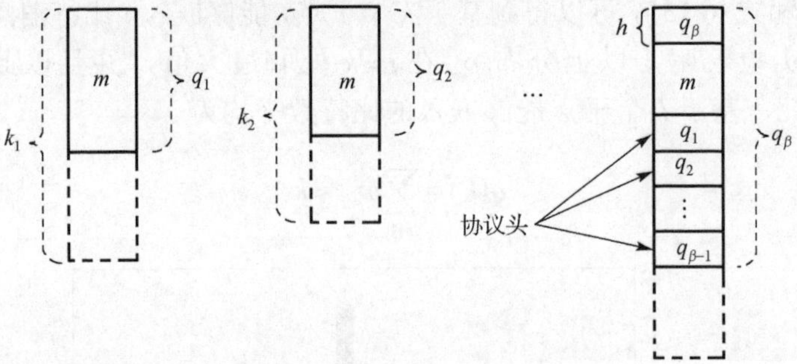

图 6.3　湿纸编码算法的消息与协议数据结构示意

算法 6.1　湿纸编码

1. 计算分块数$\beta=\lceil nr_2/k_{\text{avg}}\rceil$，利用 PRNG 生成 GF(2) 上的矩阵$H$，它有$n/\beta$列以及足够数量的行；　　　　　//$\beta$ 在一定范围均可

2. 估算每个分段的协议头尺寸$h=\lceil\log_2(nr_2/\beta)\rceil+1$,计算嵌入消息与协议头信息的总长度$q=|\boldsymbol{m}|+\beta h$；

/*分段的协议头用于存储每个分段嵌入的消息长，它约等于存储干点数量消息需要的尺寸，以上 h 有一定余量*/

3. $\boldsymbol{x}'\leftarrow\boldsymbol{x}$, $i\leftarrow 1$；

4. 估计当前分段可隐藏的消息量$q_i=\lceil k_i(q+10)/k\rceil$，$q_i=\min\{q_i,2^{h-1},|\boldsymbol{m}|\}$，得到需要在本分段隐藏的消息$\boldsymbol{m}^{(i)}\leftarrow\boldsymbol{m}$下面$q_i$比特；

/* q_i 先按照干点数估计，$q+10$ 是希望前面尽量多隐藏一些，确保最后一个分段一次性成功嵌入；2^{h-1} 近似为最大可容纳长度*/

5. 取 $H^{(i)} \leftarrow H$ 中的前 n_i 列 q_i 行，求解 $\bar{H}^{(i)}\bar{\boldsymbol{v}}^{(i)} = \boldsymbol{m}^{(i)} - H^{(i)}\boldsymbol{x}^{(i)}$，它有 q_i 个方程、k_i 个变元，$\bar{H}^{(i)}$ 是 $H^{(i)}$ 的 $q_i \times k_i$ 子矩阵，子矩阵由干点的分布确定；如果无解，则减小 q_i 继续尝试直到成功求解；//根据前面的分析，减小 q_i 能够迅速使得有解

6. 根据求得的 $\bar{\boldsymbol{v}}^{(i)}$ 修改 $\boldsymbol{x}^{(i)}$，得到 $\boldsymbol{y}^{(i)}$；

7. 将 q_i 用 h 比特的字段存储，追加到消息 $\boldsymbol{m}$ 的后部；

8. 从 $\boldsymbol{m}$ 中移除以上 q_i 比特；

9. $q \leftarrow q - q_i$，$k \leftarrow k - k_i$，$i \leftarrow i+1$；

10. IF $i < \beta$，GOTO 4；　　　　//判断分块是否处理完

11. IF $i = \beta$，$q_\beta \leftarrow q$；　　　　//处理最后一个分块

12. 将 q_β 用 h 比特的字段存储，提前追加到 $\boldsymbol{m}$ 前，得到新的 $\boldsymbol{m}$，确定最后一个分段需要隐藏的信息量 $\boldsymbol{m}^{(\beta)} = \boldsymbol{m}$；

/*最后分段需要将余下的信息全部嵌入，是最后一次嵌入，因此事前需要将协议头准备好；之前的分段尽量多嵌入，一般保证了这里的 q_β 较小，有利于求解成功*/

13. 取 $H^{(\beta)} \leftarrow H$ 中的前 n_β 列 q_β 行，求解 $\bar{H}^{(\beta)}\bar{\boldsymbol{v}}^{(\beta)} = \boldsymbol{m}^{(\beta)} - H^{(\beta)}\boldsymbol{x}^{(\beta)}$，它有 q_β 个方程、k_β 个变元，$\bar{H}^{(\beta)}$ 是 $H^{(\beta)}$ 的 $q_\beta \times k_\beta$ 子矩阵，子矩阵由干点的分布确定；如果无解，则嵌入过程失败，需要调整嵌入参数或者更换载体；

14. 根据求得的 $\bar{\boldsymbol{v}}^{(\beta)}$ 修改 $\boldsymbol{x}^{(\beta)}$，得到 $\boldsymbol{y}^{(\beta)}$。

算法 6.2　湿纸解码

1. 计算分块数 $\beta = \lceil nr_2 / k_{\text{avg}} \rceil$，利用 PRNG 生成 GF(2) 上的矩阵 H，它有 n/β 列以及足够数量的行；

2. 估算每个分段的协议头尺寸 $h = \lceil \log_2(nr_2/\beta) \rceil + 1$；

3. $i \leftarrow \beta$；　　　　//分段处理次序与编码相反

4. 取 $H^{(\beta)} \leftarrow H$ 中的前 n_β 列 h 行，求得 $q_\beta = H^{(\beta)}\boldsymbol{y}^{(\beta)}$；

/*求得湿纸编码算法步骤 12 中，在最后一段处理中前置于 $\boldsymbol{m}$ 的 q_β，它一共 h 比特*/

5. 取 $H^{(\beta)} \leftarrow H$ 中的前 n_β 列与第 h 行后 $q_\beta - h$ 行，求得 $\boldsymbol{m} = H^{(\beta)}\boldsymbol{y}^{(\beta)}$；

//$\boldsymbol{m}$ 含协议字段 q_i

6. $i \leftarrow i-1$；

7. 从当前 $\boldsymbol{m}$ 的最后 h 比特中取出 q_i，并将其从 $\boldsymbol{m}$ 中移除；

8. 取 $H^{(i)} \leftarrow H$ 中的前 n_i 列 q_i 行，将 $H^{(i)}\boldsymbol{y}^{(i)}$ 拼接于 $\boldsymbol{m}$ 前：$\boldsymbol{m} \leftarrow H^{(i)}\boldsymbol{y}^{(i)} \| \boldsymbol{m}$；

//拼在前面，后面是协议字段

9. IF $i>1$，GOTO 6；//判断分块是否处理完

10. ELSE $\boldsymbol{m}$ 即为提取的消息。

Fridrich 等[83]进一步提高了湿纸编码的计算效率，有兴趣的读者可以深入阅读。

6.3 典型的湿纸编码隐写

基于湿纸编码，结合一种对湿点与干点的划分方法就可以构造湿纸编码隐写方案。

6.3.1 量化扰动

最早的湿纸编码隐写是 Fridrich 等[80]提出的量化扰动(perturbed quantization，PQ)，它也是一种需要利用 JPEG 编码量化边信息的隐写。利用湿纸编码，使得隐写修改样点限定于前述低扰动点，即干点集合为 $S=\{i\,|\,i\in\{1,\cdots,n\},d_i-\lfloor d_i\rfloor\in[0.5-\varepsilon,0.5+\varepsilon]\}$ 中，这里，d_i 与 ε 的定义参见式(6.1)。在隐写修改中，如果湿纸编码隐写要修改一个 JPEG 系数的 LSB，则修改方法如下。

(1) 如果 d_i 小数部分 $d_i-\lfloor d_i\rfloor<0.5$，本来 JPEG 量化是向下取整，此时隐写向上取整。

(2) 如果 d_i 小数部分 $d_i-\lfloor d_i\rfloor\geqslant 0.5$，本来 JPEG 量化是向上取整，此时隐写向下取整。

与直接修改量化后的 JPEG 系数相比，以上嵌入方法降低了隐写引入的噪声幅度。式(6.2)已说明，隐写增加的平均噪声幅度仅为 ε。也可以认为，PQ 隐写将隐写噪声更好地混合在 JPEG 量化噪声中，从而提高了安全性。

以上 PQ 隐写仅适用于输入是空域编码图像的情况。Fridrich 等[84]也提出了基于纹理复杂度确定湿点与干点的两种 JPEG 自适应隐写——PQt 与 PQe。PQt 在空间域计算每一个 JPEG 分块的纹理复杂度，它将 8×8 分块变换到空间域并划分为 16 个 2×2 子块，对每个子块计算最大像素值与最小像素值的差，纹理复杂度指标是全部子块这种差值的和；最后，将分块按纹理复杂度排序，选择前面分块中的非零系数作为干点。PQe 在 JPEG 系数域评估分块纹理复杂度，方法是计算所有 JPEG 系数的平方和。

6.3.2 抗收缩 JPEG 隐写

F5 隐写首次采用了矩阵编码减少修改次数，有很重要的理论意义与应用价值，但是，它仍然存在分布上的“收缩”现象：当 −1 与 +1 被用于修改时将产生 0，消息接收者无法区分是原有的 0 系数还是修改后的，因此隐写者必须继续嵌入直到产生一个非零系数，而接收者要跳过全部 0 系数。由于 −1 与 +1 的数量一般在非零系数中是最多的，这样的后果是，一方面 0 增加较多，另一方面 F5 矩阵编码的实际嵌入效率有所下降。

为了避免 F5 造成的收缩现象，Fridrich 等[5,84]提出了抗收缩的 nsF5(no-shrinkage F5)，它用湿纸编码代替了矩阵编码。在将置乱后的 JPEG 系数进行分段以后，将 0 系数作为湿点，将非零系数作为干点进行湿纸编码，这样，接收者只需要用共享的

编码矩阵提取信息，而无须关心0的可能产生情况。实验结果显示[84]，nsF5的抗检测能力明显超过了F5。

6.3.3 双层隐写

基于湿纸码可以巧妙地用两个位平面实现双层嵌入，进一步提高嵌入效率。以下介绍 Zhang 等[85]提出的一种典型方法，目前一般称为$e+1$隐写。设$L(x_i)$表示载体样点x_i的LSB，$S(x_i)$表示其次LSB位平面；令F代表一个矩阵编码方案，它的消息嵌入率(负载率)为α，嵌入效率为e，每LSB比特平均修改D次，则载体$\boldsymbol{x}=(x_1,x_2,\cdots,x_n)$能够承载消息$\boldsymbol{m}=(m_1,m_2,\cdots,m_{q=\alpha n})$，不妨设$q=\alpha n$为整数，该方案可以表达为

$$(m_1,m_2,\cdots,m_{\alpha n})=F(L(x_1),L(x_2),\cdots,L(x_n)) \tag{6.15}$$

在嵌入中，平均需要修改Dn比特，但如果采用±1嵌入，在平均Dn个位置上都有加1或者减1两种选择，不同的选择对$S(x_i)$是0还是1影响不同，但对x_i的误差绝对值均是1。令这Dn个位置上的$S(x_i)$为干点，引入湿纸编码方案W，则可以通过操控平均Dn个位置上加1还是减1，使得湿纸编码方案承载额外的消息，这可以表示为

$$(m_{\alpha n+1},m_{\alpha n+2},\cdots,m_{(\alpha+D)n})=W(S(x_1),S(x_2),\cdots,S(x_n)) \tag{6.16}$$

负载率从α提高到$\alpha+D$，而每个原载体样点平均修改的次数仍然为D，因此，新的嵌入效率$e'=\dfrac{(\alpha+D)}{D}=\dfrac{\alpha}{D}+1=e+1$，即增加了1。

在样点的最大值、最小值处，如8比特像素的0值与255值处，以上第一层的修改不具备选择加1或者减1的条件，因此，在第二层嵌入中应该标记为湿点。

基于与湿纸编码类似的原理，Zhang 等[86]还提出了被称为 ZZW(Zhang-Zhang-Wang)的双层嵌入编码方案，有兴趣的读者可以深入阅读。

6.4 小结

本章介绍了湿纸编码的基本原理、方法与作用，特别强调了它的自适应性质。湿纸编码在一定程度上解决了动态选取更好嵌入位置的问题，与矩阵编码按照小的分组逐个优化不同，湿纸编码的自适应优化范围更大，选择嵌入点的约束也没有矩阵编码那么强。但是，湿纸编码仍然基于矩阵计算求解线性方程，一次处理优化的样点范围仍然有限，实际优化的效果仍然局限在分段的范围内；虽然这个分段的长度比矩阵编码的分组要显著变长，但是湿纸编码距离实现全局失真最小化的目标还有一定距离。另外，湿纸编码将全部干点一视同仁的做法，在自适应的程度上也显得不够。

读者在后续章节中会了解到，目前主流的STC隐写编码与湿纸编码有很多相似的地方，但前者有效地解决了湿纸编码存在的问题，因此，湿纸编码在隐写码从矩阵编码过渡到STC编码的过程中起到了重要的理论与方法纽带作用。另外，湿纸编码也给隐写设计者提供了新的方法，人们借助它已经有效解决了一系列具体问题，提高了一些隐写的安全性与安全容量，促进了双层隐写码的发展。

思考与实践

(1) 湿纸编码依载体的自适应性质体现在哪些方面？

(2) 请画出算法6.1与算法6.2的流程图，并对主要步骤进行标注解释。

(3) 了解求解线性方程组的计算复杂性，基于目前普通计算机的运算与存储能力，湿纸编码嵌入的一个分段应该为多大尺寸比较合适？针对一张4000×3000像素的图像要划分为大约多少个段？

(4) PQ与nsF5算法分别是如何结合湿纸编码提高安全性的？

(5) $e+1$隐写为什么能够将嵌入效率提高1？

第 7 章　基于 ±1 的分组隐写编码

顾名思义，基于 ±1 操作的隐写存在三种对载体样点的处理方式：不修改（+0）、+1 或 –1。由于 –1 在三元有限域 GF(3) 上对应 +2 运算，可以认为这种操作是三元隐写编码。从理论上看，在 GF(3) 上也可以设计矩阵编码，并且嵌入效率更高，但这样消息也要在 GF(3) 上进行三元编码；从操作上看，6.3.3 节介绍的 $e+1$ 双层隐写就是一种三元隐写编码，但它不是机械地将二元消息转化为三元消息再实施三元嵌入，而是利用湿纸编码获得了三元编码的嵌入效率，或者说获得了三元编码的安全容量。第 11 章将介绍 STC 编码，并说明在 GF(3) 上 STC 由于中间状态过多而造成计算更耗时，需要借助双层二元嵌入完成三元编码的功效。因此，如何让三元编码能够合理嵌入普遍存在的二元消息序列是隐写码设计中的一项重要技术。

本章介绍的 ±1 分组隐写编码是指，在隐写嵌入修改中，通过对载体分组样点值进行有控制的+1 或 –1 隐藏二元消息符号 0 或者 1 组成的序列。前面介绍的 LSBM 是最基本的 ±1 隐写编码，在需要修改载体 LSB 值的时候，它随机选择对样点值+1 或 –1。相比 LSBR，LSBM 的直接优势是避免了值对分布接近现象，但是，由于其没有控制+1 或 –1，LSBM 没有获得三元编码的嵌入效率优势。

本章将介绍基于 ±1 的分组隐写编码在构造上具有自身特色，在理论上也有重要意义。其中，Mielikainen[87]提出的 LSBM-R（LSB matching revisited）体现了人们早期对扩大三元编码安全容量（提高其嵌入效率）的努力；Li 等[88]提出的 GLSBM（generalized LSBM）还进一步说明，分组隐写码可以直接在代数系统上构造，其构造方法并不能归类为其他编码的方法分支。

理解本章内容需要具备近世代数的基本知识，相关概念可以查阅附录 A.1.1 与 A.1.2。

7.1　一个特例——LSBM-R

LSBM-R 是 Mielikainen[87]提出的一种基于 ±1 的分组隐写编码，通过对需要修改的载体样点值进行+1 或 –1 操作嵌入不同的消息符号，提高了 LSBM 的嵌入效率。该方法以一对载体样点值 $\boldsymbol{x}=(x_i,x_{i+1})$ 为嵌入分组，在其中嵌入 2bit 的消息 $\boldsymbol{m}=(m_i,m_{i+1})$，并使修改后的样点值 $\boldsymbol{y}=(y_i,y_{i+1})$ 满足

$$\mathrm{LSB}(y_i)=m_i \tag{7.1}$$

$$f(y_i, y_{i+1}) = \text{LSB}\left(\left\lfloor \frac{y_i}{2} \right\rfloor + y_{i+1}\right) = m_{i+1} \tag{7.2}$$

以上说明 m_{i+1} 是用 y_i、y_{i+1} 上的一个函数表达的，可以验证，这两个二元函数具有以下性质

$$f(x_i - 1, x_{i+1}) \neq f(x_i + 1, x_{i+1}) \in \{0,1\} \tag{7.3}$$

$$f(x_i, x_{i+1}) \neq f(x_i, x_{i+1} + 1) \in \{0,1\} \tag{7.4}$$

基于以上性质，LSBM-R 的消息嵌入算法描述如下。

算法 7.1　LSBM-R 的消息嵌入算法

对每个分组 $\boldsymbol{x} = (x_i, x_{i+1})$ 按照是不是已经有 $\text{LSB}(x_i) = m_i$ 分两种情况嵌入消息分组 $\boldsymbol{m} = (m_i, m_{i+1})$。

1. $\text{LSB}(x_i) = m_i$，x_i 不需改动。通过加 1 或减 1 调整 x_{i+1} 使式(7.2)能够满足：①若已经有 $f(x_i, x_{i+1}) = m_{i+1}$，结束；②若 $f(x_i, x_{i+1}) \neq m_{i+1}$，则令 $y_{i+1} = x_{i+1} + 1$ 或者 $y_{i+1} = x_{i+1} - 1$，根据式(7.4)，f 的值必发生变化，结束。

2. $\text{LSB}(x_i) \neq m_i$，x_i 需要改动。通过加 1 或减 1 调整 x_i 使式(7.2)能够满足：①若有 $f(x_i + 1, x_{i+1}) = m_{i+1}$，则通过+1 满足 $\text{LSB}(x_i) = m_i$，结束；②若有 $f(x_i - 1, x_{i+1}) = m_{i+1}$，则通过 −1 满足 $\text{LSB}(x_i) = m_i$，结束。根据式(7.3)，以上两种操作下 f 的值必不同，因此总能使式(7.2)得到满足。

以上方法不能选择样点的最大与最小值处嵌入，如 8 比特编码样点的 0 与 255 数值处，嵌入产生了这样的值应该继续嵌入。

根据以上嵌入方法，LSBM-R 的消息提取方法就是，对当前分组 $\boldsymbol{y} = (y_i, y_{i+1})$，按照式(7.1)与式(7.2)计算得到 $\boldsymbol{m} = (m_i, m_{i+1})$，但不在样点的最大值与最小值处提取消息。

例 7.1　列出 LSBM-R 在分组 $x_i = 127, x_{i+1} = 138$ 上分别嵌入 00、10、01、11（$\mathbb{Z}_4$ 中分别对应 0、1、2、3）的输出 y_i、y_{i+1}，验证其满足式(7.8)。

(1) 嵌入 00：x_i 需要改，由于 $y_i = x_i + 1 = 128$，$y_{i+1} = x_{i+1} = 138$ 满足式(7.2)，$y_i = 128$，$y_{i+1} = 138$；有 $y_i + 2y_{i+1} = 128 + 2 \times 138 = 404 = 0 \in \mathbb{Z}_4$ 满足式(7.8)。

(2) 嵌入 10：x_i 不需要改，由于 $y_i = x_i = 127$，$y_{i+1} = x_{i+1} - 1 = 137$ 满足式(7.2)，$y_i = 127$，$y_{i+1} = 137$；有 $y_i + 2y_{i+1} = 127 + 2 \times 137 = 401 = 1 \in \mathbb{Z}_4$ 满足式(7.8)；由于 $y_i = x_i = 127$，$y_{i+1} = x_{i+1} + 1 = 139$ 也满足式(7.2)，也可以输出 $y_i = 127$，$y_{i+1} = 139$；有 $y_i + 2y_{i+1} = 127 + 2 \times 139 = 405 = 1 \in \mathbb{Z}_4$ 满足式(7.8)。

(3) 嵌入 01：x_i 需要改，由于 $y_i = x_i - 1 = 126$，$y_{i+1} = x_{i+1} = 138$ 满足式(7.2)，因此 $y_i = 126$，$y_{i+1} = 138$；有 $y_i + 2y_{i+1} = 126 + 2 \times 138 = 402 = 2 \in \mathbb{Z}_4$ 满足式(7.8)。

(4) 嵌入 11：x_i 不需要改，由于 $y_i = x_i = 127$，$y_{i+1} = x_{i+1} = 138$ 满足式(7.2)，因此 $y_i = 127$，$y_{i+1} = 138$；有 $y_i + 2y_{i+1} = 127 + 2 \times 138 = 403 = 3 \in \mathbb{Z}_4$ 满足式(7.8)。

这里分析 LSBM-R 隐写的嵌入性能。设 $E(K)$ 表示嵌入过程中总修改次数的期

望值，LSBM-R 方法用 $n=2$ 个载体样点嵌入 $q=2$ 比特消息，负载率 $\alpha=1$；嵌入时平均每载体 LSB 被修改次数的期望值(expected number of modifications per pixel, ENMPP)为

$$d=\frac{E(K)}{n}=\frac{P(\mathrm{LSB}(x_i)\neq m_i)\times 1+P(\mathrm{LSB}(x_i)=m_i)P(f(x_i,x_{i+1})\neq m_{i+1})\times 1}{2}$$
$$=\frac{0.5+0.5\times 0.5}{2}=0.375\text{次}/\mathrm{bit} \tag{7.5}$$

因此，嵌入效率为

$$e=\frac{q}{E(K)}=\frac{2}{0.375\times 2}\approx 2.67\ \mathrm{bit}/\text{次} \tag{7.6}$$

显著超过了 LSBM 的 2.0bit/次；以上嵌入效率是在 $\alpha=1$ 时得到的，而矩阵编码在此情况下是得不到这么高的负载率的[62]，即后者更需要以降低负载率为代价提高嵌入效率。

显然，以上 LSBM-R 设计方法的一般规律耐人寻味。可以验证，式(7.1)与式(7.2)可改写为以下公式所表达的一般形式

$$f(y_i,y_{i+1})=(y_i+2y_{i+1})_{\bmod 4}=m_4 \tag{7.7}$$

对 y_i、y_{i+1} 进行 +1 或 −1 操作时会获得不同的映射值 $f(y)$。式(7.7)中的 m_4 表示将待嵌入的消息分组 $\boldsymbol{m}$ 转化为整数后模 4 的余数，即其在模 4 剩余类环 $\mathbb{Z}_4$ 上的形式。如果认为全部变元在 $\mathbb{Z}_4$ 上运算，则式(7.7)可简单地表示为

$$f(y_i,y_{i+1})=y_i+2y_{i+1}=m,\quad y_i,y_{i+1},m\in\mathbb{Z}_4 \tag{7.8}$$

下面读者将会看到 LSBM-R 的更一般的构造形式。

7.2　基于和差覆盖集的 GLSBM

Li 等[88]提出了一种称为 GLSBM 的隐写方法，将 LSBM-R 方法的思想推广到更一般的形式，使得 LSBM-R 方法仅为其在 $n=2$ 下的特例。

7.2.1　GLSBM 基本构造方法

Li 等发现式(7.8)中的映射 f 可以表示为一般的形式

$$f(\boldsymbol{y})=\left(\sum_{i=1}^{n}a_iy_i\right)_{\bmod 2^q}\overset{\text{def}}{=\!=}\boldsymbol{a}\boldsymbol{y}^{\mathrm{T}}=m\in\mathbb{Z}_{2^q} \tag{7.9}$$

其中，向量 $\boldsymbol{a}=(a_1,a_2,\cdots,a_n), a_i\in\mathbb{Z}_{2^q}$；$\boldsymbol{y}=(y_1,y_2,\cdots,y_n), y_i\in\mathbb{Z}_{2^q}$，$\mathbb{Z}_{2^q}$ 表示 2^q 阶的剩余类环。基于以上观察，他们提出了 GLSBM，以下将简要介绍。这里先说明，本节中一些乘法与加法的计算在环 $\mathbb{Z}_{2^q}$ 上进行。

在矩阵编码中，含密载体 $\boldsymbol{y}$ 与校验矩阵 H 相乘得到消息 $\boldsymbol{m}$，即它们满足提取方程 $H\boldsymbol{y}=\boldsymbol{m}$。类似地，如果式(7.9)也是一个提取方程，则其中的 $\boldsymbol{a}$ 也应该具有特殊的性质。在明确这个问题之前，以下先给出和差覆盖集(sum and difference covering set，SDCS)的定义。

定义 7.1　对于剩余类环 Z_{2^q} 上元素的一个集合 $\{a_1,a_2,\cdots,a_n\}$ 与该集合元素组成的向量 $\boldsymbol{a}=(a_1,a_2,\cdots,a_n)$，如果对于任意 $s\in Z_{2^q}$，都存在一个向量 $\boldsymbol{e}=(e_1,e_2,\cdots,e_n)$，$e_i\in\{0,\pm 1\}$，使得 $\boldsymbol{ae}^{\mathrm{T}}=\sum a_ie_i=s$ 成立，则称 $\{a_1,a_2,\cdots,a_n\}$ 为 Z_{2^q} 上的一个和差覆盖集。

根据定义 7.1，对一个 SDCS，其中元素以任何次序排列后得到的集合元素向量 $\boldsymbol{a}$ 均可以使得 $\boldsymbol{ae}^{\mathrm{T}}=s$ 成立。

定义 7.1 的意义在于，利用和差覆盖集可以构造优化的嵌入方法与相应的提取方法。假设将在载体分组 $\boldsymbol{x}=(x_1,\cdots,x_n), x_i\in Z_{2^q}$ 中嵌入消息分组 $m=(m_1,\cdots,m_q)\in Z_{2^q}$，其中，$m_i\in\{0,1\}$ 是 m 的二进制位表示。为通过尽可能少地改动 $\boldsymbol{x}$ 得到隐写后的分组 $\boldsymbol{y}$，可以设计嵌入和提取过程如下。

算法 7.2　GLSBM 的嵌入与提取

算法基于以上变量定义描述，其中，和差覆盖集元素向量 $\boldsymbol{a}$ 为隐写者与提取者共享。

1. 嵌入。计算 $s=m-\sum a_ix_i=m-\boldsymbol{ax}^{\mathrm{T}}$；求解 $\boldsymbol{ae}^{\mathrm{T}}=\sum a_ie_i=s$ 中含 1 和 −1 最少的 $\boldsymbol{e}=(e_1,e_2,\cdots,e_n)$；$\boldsymbol{y}=\boldsymbol{x}+\boldsymbol{e}$。

2. 提取。计算 $\boldsymbol{ay}^{\mathrm{T}}=\sum a_iy_i=\sum a_i(x_i+e_i)=\sum a_ix_i+\sum a_ie_i=m-s+s=m$。

以上过程本身证明了嵌入和提取的有效性。其中，由于 $\boldsymbol{a}$ 为 SDCS 元素向量，基于 $\boldsymbol{ae}^{\mathrm{T}}=\sum a_ie_i=s$ 必能求解得到修改向量 $\boldsymbol{e}=(e_1,e_2,\cdots,e_n)$，$e_i\in\{0,\pm 1\}$。

从以上过程不难得到 GLSBM 负载率与嵌入效率的计算方法。显然有，负载率 $=q/n$，嵌入效率= q/平均每组载体值被修改的次数，其中，平均每组载体值被修改的次数就是 $\boldsymbol{e}$ 中非零元的个数。

例 7.2　基于 $\mathbb{Z}_{2^3}$ 上 SDCS 元素向量 $\boldsymbol{a}=(1,2,3,4)$，在载体样点分组 $\boldsymbol{x}=(41,248,245,124)$ 上嵌入消息分组 $m=5=(101)_2$，给出嵌入和提取过程。

嵌入过程为

$$s=m-\boldsymbol{xa}^{\mathrm{T}}=(5-(41\times1+248\times2+245\times3+124\times4))_{\bmod 2^3}=(5-1768)_{\bmod 8}=5$$

求解方程 $\boldsymbol{ae}^{\mathrm{T}}=s\in\mathbb{Z}_{2^3}$，在解集合 $\{(1,0,0,1),(0,0,-1,0),\cdots\}$ 中寻找非零元素个数 K 最少的解 $(0,0,-1,0)$ (表 7.1)；通过 $\boldsymbol{y}=\boldsymbol{x}+(0,0,-1,0)=(41,248,244,124)$ 完成嵌入过程。

提取过程为

$$\boldsymbol{ya}^{\mathrm{T}}=(41,248,244,124)(1,2,3,4)^{\mathrm{T}}=5\in\mathbb{Z}_{2^3}=(101)_2=m$$

表 7.1　$\mathbb{Z}_{2^3}$ 上 SDCS 元素向量 $\boldsymbol{a}=(1,2,3,4)$ 对应的修改向量表

s	e_1	e_2	e_3	e_4	修改次数
0	0	0	0	0	0
1	1	0	0	0	1
2	0	1	0	0	1
3	0	0	1	0	1
4	0	0	0	1	1
5	0	0	–1	0	1
6	0	–1	0	0	1
7	–1	0	0	0	1

在例 7.2 中，负载率 $\alpha=3/4$；根据表 7.1，平均修改次数 $E(K)=7/8$，因此嵌入效率为 $q/E(K)=3/(7/8)=3.43$ bit/次。此时隐写的嵌入效率等于使用基于(7,4)汉明码的矩阵编码(例 4.2)，但是当嵌入效率也是 3.43bit/次时，GLSBM 的负载率达到了 3/4，而例 4.2 中负载率只有 3/7。

通过上述分析可以看出，向量 $\boldsymbol{a}$ 是影响隐写负载率和嵌入效率的关键因素。例如，$\boldsymbol{a}=(1,2,3)$ 是 $\mathbb{Z}_{2^3}$ 的一个 SDCS 元素向量，其相应的修改向量列表如表 7.2 所示；$\boldsymbol{a}$ 包含 3 个元素，因此嵌入负载率 $\alpha=3/3=1$；借助表 7.2 容易计算其修改次数期望值 $E(K)=(1\times0+6\times1+1\times2)/8=1$，因此嵌入效率 $e=3/1=3$ bit/次。以上两个例子说明，GLSBM 能够更好地支持高负载率：随着负载率的提高，嵌入效率下降较慢。

表 7.2　$\mathbb{Z}_{2^3}$ 上 SDCS 元素向量 $\boldsymbol{a}=(1,2,3)$ 对应的修改向量表

s	e_1	e_2	e_3	修改次数
0	0	0	0	0
1	1	0	0	1
2	0	1	0	1
3	0	0	1	1
4	1	0	1	2
5	0	0	–1	1
6	0	–1	0	1
7	–1	0	0	1

实验结果[89]表明(图 7.1)，GLSBM 在负载率较低时，没有超过汉明矩阵编码的嵌入效率，但在负载率较高时，相比汉明矩阵编码有更好的嵌入效率。尤其是，其负载率允许超过 1.0bpp(参见例 7.3 的描述)。需指出，以上两种编码受代数性质制约，多数情况下不能产生连续或者完全相同的负载率进行比较。

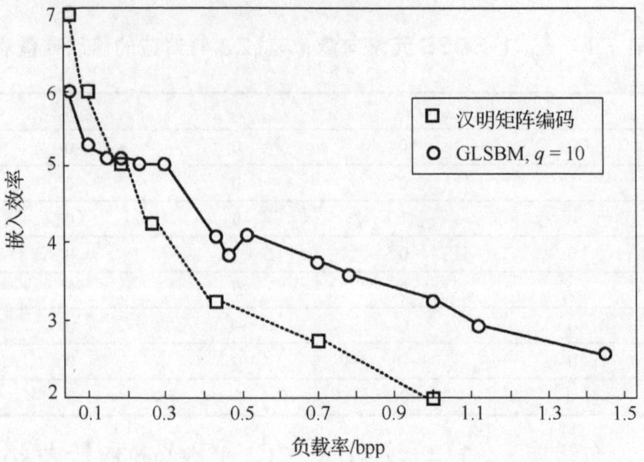

图 7.1　$\mathbb{Z}_{2^{10}}$ 上 GLSBM 与汉明矩阵编码的负载率与嵌入效率

7.2.2　和差覆盖集的生成

以下简要介绍一种获得 SDCS 的方法[89]。根据定义 7.1，$\mathbb{Z}_{2^q}$ 环上任何一个子集元素组成的向量 $\boldsymbol{a}$，只要它与任何由 0、1 与–1 组成的等长向量 $\boldsymbol{e}$ 进行点乘后，$\boldsymbol{ae}^{\mathrm{T}}$ 能表示任意一个 $\mathbb{Z}_{2^q}$ 上的元素，则该子集就是一个 SDCS，这就是以下算法的设计原则。

算法 7.3　SDCS 的约简生成

输入：$\mathbb{Z}_{2^q}$，将其作为初始的 SDCS 的 $\boldsymbol{a}_0=\{0,1,2,\cdots,2^q-1\}$；基本元素数量参数 p

输出：最终生成的全部 SDCS

第一次约简：丢弃高半部（消除加法逆元）和 0，得到 $\boldsymbol{a}_1=\{1,2,\cdots,2^{q-1}\}$。

第二次约简：在 $\boldsymbol{a}_1$ 中保持 p 个元素 $\{1,\cdots,p\}$ 不变，后面每 $2p+1$ 个元素作为一个分组，得到 $\boldsymbol{a}_1=\{1,\cdots,p,\{\cdots\},\cdots,\{\cdots\}\}$ 的形式，取出 K 个分组中心元素得到

$$\boldsymbol{a}_2=\{1,\cdots,p,2p+1,2(2p+1),3(2p+1),\cdots,K(2p+1)\}$$

第三次及以后的约简：可以对 a_2 中的 $\{2p+1,2(2p+1),3(2p+1),\cdots,K(2p+1)\}$ 提出公因子，得到 $(2p+1)\{1,2,3,\cdots,K\}$，对 $\{1,2,3,\cdots,K\}$ 序列可以再次进行以上约简。这个过程可以继续，得到最后不能再这样约简的 $\boldsymbol{a}_N$。显然，以上约简使得基于左侧基本元素 $1,\cdots,p$ 与分组中心点元素组成的子向量能够通过与某个由 0、1 与–1 组成的等长向量进行点乘后，得到任何一个被删除的元素。

最终，生成的全部 SDCS 为：$\boldsymbol{a}_N$ 加上任何一个或多个前面被删除的元素，均构成一个 SDCS。

通过改变算法 7.3 中 q 与 p 的取值，也可获得不同的 SDCS 集合 $\{\boldsymbol{a}_i\}$。通过选取合适的 $\boldsymbol{a}_i$ 可以实现不同负载率和嵌入效率的 GLSBM 编码隐写。以下例示一个 SDCS 生成过程。

例 7.3　生成 $\mathbb{Z}_{2^{10}}$ 的 SDCS 集合，基本元素数量参数 $p=2$

(1) 将 $\mathbb{Z}_{2^{10}}$ 的全部元素作为 $\boldsymbol{a}_0=\{0,1,2,\cdots,1023\}$。

(2) 从 $\mathbb{Z}_{2^{10}}$ 中去除元素 0 以及后半部分元素(前半部分元素的加法逆元)，得到 $\boldsymbol{a}_1=\{1,2,3,\cdots,512\}$。

(3) 保留 $\boldsymbol{a}_1$ 中的前 p 个元素不变，将剩余元素划分为每组包含 $2p+1$ 个元素的集合。当 $p=2$ 时，$\boldsymbol{a}_1$ 可划分为

$$\boldsymbol{a}_1=\{1,2,\{3,4,5,6,7\},\{8,9,10,11,12\},\cdots,\{508,509,510,511,512\}\}$$

(4) 保留每组中心元素，去掉其他元素得到

$$\boldsymbol{a}_2=\{1,2,5,10,15,\cdots,510\}=\{1,2,5\{1,2,3,\cdots,102\}\}$$

现对以上内括号中的 $\{1,2,3,\cdots,102\}$ 进一步约简，由于

$$\boldsymbol{a}_2=\{1,2,5\{1,2,\{3,4,5,6,7\},\cdots,\{98,99,100,101,102\}\}\}$$

有

$$\boldsymbol{a}_3=\{1,2,5\{1,2,5,10,\cdots,100\}\}=\{1,2,5,10,25,50,75,\cdots,500\}$$

又因为

$$\begin{aligned}\boldsymbol{a}_3&=\{1,2,5\{1,2,5,10,\cdots,100\}\}=\{1,2,5\{1,2,5\{1,2,3,\cdots,20\}\}\}\\&=\{1,2,5\{1,2,5\{1,2,\{3,4,5,6,7\},\cdots,\{13,14,15,16,17\},\{18,19,20\}\}\}\}\end{aligned}$$

所以有

$$\boldsymbol{a}_4=\{1,2,5\{1,2,5\{1,2,5,10,15,20\}\}\}=\{1,2,5,10,25,50,125,250,375,500\}$$

需指出，在 $\boldsymbol{a}_3$ 中最大的 3 个元素中，可以任选一个留在 $\boldsymbol{a}_4$ 中(以上 $\boldsymbol{a}_4$ 留的是 500)，显然被删除的另外两个都可以被前述点乘恢复。由于

$$\boldsymbol{a}_4=\{1,2,5\{1,2,5\{1,2,5\{1,2,\{3,4\}\}\}\}\}$$

最内层括号中的 1、2 能够生成 3，有

$$\boldsymbol{a}_5=\{1,2,5\{1,2,5\{1,2,5\{1,2,4\}\}\}\}=\{1,2,5,10,25,50,125,250,500\}$$

由于 $|\boldsymbol{a}_5|<10$，说明若基于 $\boldsymbol{a}_5$ 为 SDCS，则 GLSBM 的负载率 $q/|\boldsymbol{a}_5|$ 能够大于 1。

(5) 最后生成的全部 SDCS 为：$\boldsymbol{a}_4$ 加上任何一个或多个前面被删除的元素，均构成一个 $\mathbb{Z}_{2^{10}}$ 上的 SDCS。

7.3　小　　结

本章介绍了基于±1 的分组隐写码，包括 LSBM-R 与 GLSBM，其中后者是前者的一般形式。可以看出，对比典型的矩阵编码分组隐写码，这类基于三元编码的分

组隐写码在负载率与嵌入效率的关系上有自身特色，主要表现为，随着负载率的提高，其嵌入效率下降较慢，在负载率较大时，嵌入效率普遍高于矩阵编码。也可以发现，为了获得不同的负载率，GLSBM 只需要确定采用的剩余类环并调整 SDCS 中元素的个数，因此应用上比较方便。

GLSBM 在理论上说明，分组隐写码可以直接在代数系统上构造，不一定必须基于纠错码，这是一个很有意义的结论。尤其是，SDCS 这种代数结构也是数学上前期没有或极少提及的，这说明隐写学也反过来推动了数学的完善并具有自身的理论特色。但是，不同 SDCS 对隐写的影响、SDCS 的完备生成与计数、GLSBM 与矩阵编码的理论关系等问题尚没有得到系统的研究，欢迎有兴趣的读者深入探索。

思考与实践

(1) 请按照算法 7.3 给出 $\mathbb{Z}_{2^8}$ 上 SDCS 的集合，统计 SDCS 的可能数量。

(2) 在 $\mathbb{Z}_{2^8}$ 上设计一个 GLSBM 编码隐写方案，给出一个分组嵌入的数值计算实例，计算负载率与嵌入效率。

第 8 章　通用隐写分析

与第 5 章介绍的专用隐写分析相比，通用隐写分析(universal steganalysis)中使用的分类特征适用于识别多个或者多类隐写。由于这类方法的普适性更强，逐渐得到了更多的研究与进展。本章将介绍它们的基本方法，后面的章节将会介绍它们的更高级形式。通用隐写分析主要分为针对空域隐写与压缩编码域隐写的两类方法，在特征提取中，充分考虑了隐写对载体分布与邻域相关性等造成的影响，计算得到高维分类特征，并基于支持向量机、线性分类器等分类手段进行隐写样本识别。

以上分类手段需要基于已标注样本进行监督学习(supervised learning)，因此，正如本书前面提到的，一般通用隐写分析与专用隐写分析方法类似，也需要知道被分析算法、参数以及媒体的规格类型(包括编码格式与参数、生成方式、分辨率或画面尺寸等)。虽然这类先验知识在实际中不易获得，但是，假设分析者知道更多的算法与载体情况有利于设计出更安全的隐写算法，在这种情况下，基于监督学习的通用隐写分析有很好的安全验证作用；也可以认为，由于隐写软件可能被截获或者缴获，这类隐写分析在实际中对应以下情况：分析者获得了隐写者采用的软件工具并且隐写者每次采用的算法、参数、媒体规格类型没有变化或变化不大。本书称在摆脱以上假设前提下构造的通用隐写分析为通用盲(blind)隐写分析，它主要在缺乏先验知识的情况下识别隐密载体。

经过适当改造，通用隐写分析的设计方法也可以用于构造通用定量隐写分析(universal quantitative steganalysis)，后者适用于对更多的隐写进行定量隐写分析，本章也将简介相关概念与方法。

随着通用隐写分析的发展，特征的维度越来越高。近年来，单个通用分析方法已经采用了 3 万余维特征进行分析，为了有效使用上万维的特征，分析方法普遍采用了线性集成分类器，这些内容将在后面介绍，本章主要介绍通用隐写分析的基本方法与经典方法。

8.1　通用隐写分析基本过程

类似于监督学习过程，通用隐写分析大概可以分为设计、训练与检测三个阶段(图 8.1)。

(1) 设计阶段。主要通过理论分析或者实验确定需要提取的分析特征，以及确定或设计能够通过分析这类特征识别隐密载体的分类或识别算法。分类系统比较通用，因此，设计阶段的主要任务是确定或设计分析特征。可以基于普遍适用的原理确定这类特征，典型地，隐写都不同程度地破坏了自然媒体的分布特性与邻域相关性，因此这两类特征具有普遍适用性；也可以采用实验的方法确定这类特征，例如，可以基于基准媒体库得到对应的隐写媒体库，通过特征优选算法对各种已有特征的有效性进行评测排序[90]，从而确定可用的通用特征；还可以直接包括或者融合各种特征，增加特征对不同隐写扰动的表达能力，例如，以下将介绍的 Pev-274 特征组[91] 就包括了多类 JPEG 隐写分析特征。

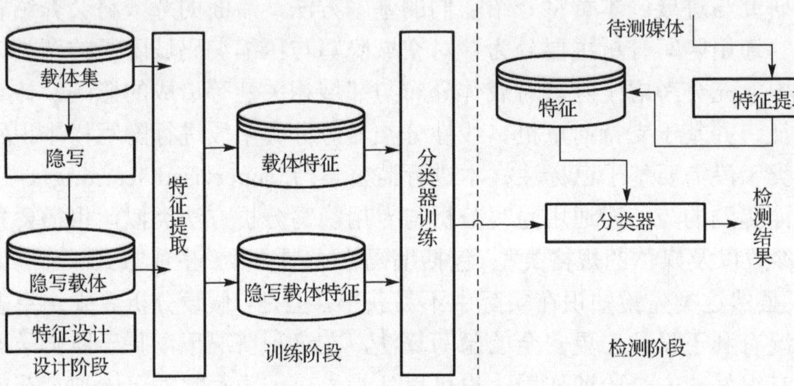

图 8.1　通用隐写分析的基本过程

(2) 训练阶段。基于确定的分析特征与识别方法建立原载体样本集以及隐写样本集，后者基于待分析的隐写制作；将以上两个标注样本集用于训练分类或识别算法。

(3) 检测阶段。基于训练后的分类或识别算法，针对实际样本进行检测，确定其是否为隐写样本。

在以上框架下，实际假设隐写分析者知道隐写者采用的算法及参数，因此，这样的隐写分析是基于隐写算法或软件被敌手掌握这一非常不利情况的，也可以称为“捕获软件”模型。这种模型是有实际意义的，但是，很多情况下难以获得隐写者采用的软件或者这类软件在每次操作中存在较大的变化，因此，以上“捕获软件”模型一般是一种对隐写安全的高要求验证模型。本章主要基于图像介绍这类通用隐写分析的原理，同时将适当提及在此模型外的一些概念与方法。

8.2　通用空域隐写分析

空域隐写分析是指隐写分析的对象主要是在载体空域嵌入消息的隐写，提取的特征主要反映隐写对载体空域像素修改造成的影响，称为空域隐写分析特征。但是，其他域中的隐写也可能会扰动这些特征，因此，一些空域隐写分析也适用于分析其他域的隐写。

8.2.1　小波高阶统计特征分析

Lyu 与 Farid[92]提出的小波高阶统计特征(wavelet high-order statistics，WHOS)分析方法是较早的通用图像空域隐写分析方法之一，其设计思想对后期有显著影响。

WHOS 分析方法在提取特征前要将彩色图像的每像素彩色分量转换为灰度值，因此，以下可以仅将图像作为灰度图像处理。WHOS 特征组主要由小波系数高阶统计特征与系数预测误差高阶统计特征组成。

(1) 小波系数高阶统计特征。它们主要反映隐写对系数分布的影响，分别用 $V_i(x,y)$、$H_i(x,y)$ 与 $D_i(x,y)$ 表示小波分解(附录 A.4.3)的 HL、LH 与 HH 子带系数，其中，分解的级数用 $i=1,\cdots,n$ 表示，则小波系数高阶统计特征由 $V_i(x,y)$、$H_i(x,y)$ 与 $D_i(x,y)$ 上的均值、方差、斜度(skewness)、峰度(kurtosis)组成，其中，$i=1,\cdots,n-1$，这样形成 $4\times3(n-1)$ 维特征。需指出，第 n 级分解系数仅用于下面部分预测误差的计算。

(2) 小波系数预测误差高阶统计特征。它们主要反映小波系数之间相关性受到隐写的影响程度。参照文献[93]，Lyu 与 Farid 给出了小波系数预测的一种方法

$$\begin{aligned}V_i(x,y)&=w_1V_i(x-1,y)+w_2V_i(x+1,y)+w_3V_i(x,y-1)+w_4V_i(x,y+1)\\&\quad+w_5V_{i+1}(x/2,y/2)+w_6D_i(x,y)+w_7D_{i+1}(x/2,y/2)\overset{\text{def}}{=}\sum_{v=1}^{7}w_vq_v\end{aligned}\tag{8.1}$$

其中，w_v 为回归系数，需要通过多元线性回归方法(附录 A.1.3)求得。请注意，由于存在下采样，$V_{i+1}(x/2,y/2)$、$D_{i+1}(x/2,y/2)$ 与 $V_i(x,y)$ 实际对应图像的相同位置。在基于最小二乘估计的多元线性回归中，要对以上 $V_i(x,y)$ 与 q_v 进行 U 次观察，得到

$$V_{iu}(x,y)=\sum_{v=1}^{7}w_vq_{vu}, \quad u=1,\cdots,U\tag{8.2}$$

以上 U 个观测式可以用矩阵表示为

$$\boldsymbol{V}_{U\times1}=Q_{U\times7}\boldsymbol{w}_{7\times1}\tag{8.3}$$

则平方误差函数

$$S(\boldsymbol{w})=\sum_{u=1}^{U}\varepsilon_u^2=\boldsymbol{\varepsilon}^{\mathrm{T}}\boldsymbol{\varepsilon}=(\boldsymbol{V}-Q\boldsymbol{w})^{\mathrm{T}}(\boldsymbol{V}-Q\boldsymbol{w})=(\boldsymbol{V}-Q\boldsymbol{w})^2\tag{8.4}$$

为最小化平方误差，其中，$\varepsilon_u=V_u-\sum_{v=1}^{7}w_vq_{vu}$；对式(8.4)关于 $\boldsymbol{w}$ 求导

$$\frac{\mathrm{d}S(\boldsymbol{w})}{\mathrm{d}\boldsymbol{w}}=-2Q^{\mathrm{T}}(\boldsymbol{V}-Q\boldsymbol{w})\tag{8.5}$$

令式(8.5)为 0 得到

$$\boldsymbol{w}=(Q^{\mathrm{T}}Q)^{-1}Q^{\mathrm{T}}\boldsymbol{V}\tag{8.6}$$

对于每一个分解级数 $i=1,\cdots,n-1$，对 V_i 分别进行一次估计，对预测误差

$$S=\log_2 \boldsymbol{V}-\log_2|Q\boldsymbol{w}| \tag{8.7}$$

求均值、方差、斜度、峰度作为分析特征；对 H_i 与 D_i 也作同样的估计和特征提取，最后形成 $4\times 3(n-1)$ 维特征。

基于以上 $24(n-1)$ 维特征，Lyu 与 Farid[92]在设计 WHOS 特征的分类方法中，比较了线性与非线性支持向量机（support vector machine，SVM）（附录 A.3）的效果。在实验中，$n=4$，所以特征总维数是 72；为了降低噪声的影响，仅在幅度大于 1 的系数上进行误差估计。实验检测的隐写包括 JSteg JPEG 隐写以及基于 TIFF 图像的空间域 LSBR 隐写，选用的图像集分辨率为 640×480，其中 JPEG 图像质量因子为 75；实验结果表明，非线性 SVM 的分析效果显著好于线性 SVM，例如，在虚警率为 1.0%时，线性 SVM 对用 JSteg 嵌入 256×256 bit 消息的图像检测率为 92.8%，对用 LSBR 嵌入 194×194 bit 消息的图像检测率为 42.7%，而同等条件下，非线性 SVM 的检测率分别为 99.0%与 78.0%。

Lyu 与 Farid 的实验[92]也检测了 F5，但是与以上特征提取方法不同，他们改由在 JPEG 图像空间域 R、G、B 三个分量上各计算以上特征组一次，因此获得了 3×72 维特征。在采用 640×480 JPEG 图像样本与非线性 SVM 的情况下，当控制虚警率为 0.0%时，对嵌入 160×160 bit 与 128×128 bit 消息的 F5 检测率分别为 90.2%与 83.1%。

Lyu 与 Farid[94]进一步改进了以上隐写分析方法，改进之处主要体现在，引入了 LAHD（local angular harmonic decomposition）域中的相位统计特征，采用了各个彩色分量中的小波高阶特征而不是仅在转换的灰度域中分析，这些处理丰富了特征对彩色图像隐写扰动的表达能力，提高了分析正确率。

8.2.2 SPAM 特征分析

针对自然拍摄的数字图像，图像的邻域像素具有明显的相关性。记 $m\times n$ 图像的像素为 $\{I_{i,j}\mid I_{i,j}\in\{0,1,\cdots,255\}, i\in\{1,\cdots,m\}, j\in\{1,\cdots,n\}\}$，以上相关性部分表现为，对图像水平与垂直相邻像素联合分布 $\Pr(I_{i,j}=x, I_{i,j+1}=y)$ 与 $\Pr(I_{i,j}=x, I_{i+1,j}=y)$，当 x、y 接近的时候均较大（图 8.2）；由于隐写主要改变了载体信号的噪声分布，这种现象也可以通过相邻像素的差值分布反映，考察水平方向差的条件概率 $\Pr(I_{i,j}-I_{i,j+1}\mid I_{i,j})$，可以发现 $\Pr(0\mid I_{i,j})$ 达到峰值（图 8.3）。请注意，在图 8.3 中有

$$I_{i,j}-I_{i,j+1}\in[-8,8] \tag{8.8}$$

其中，截断区间 $[-8,8]$ 的作用是将考察范围限制在一定值的范围内，8 称为截断长度，以下将看到，很多分析技术都利用该方法降低了所要提取特征的维度。

基于以上像素相关性的观察，Pevny 等[95]提出了基于 SPAM（subtractive pixel adjacency matrix）特征的空间域通用隐写分析方法，主要面向检测图像空间域隐写。

SPAM 分析方法的基本原理是，针对隐写对相邻像素相关性的破坏，计算像素不同方向上的差值并进行统计分布特征的提取，通过非线性 SVM 进行隐写图像的识别。

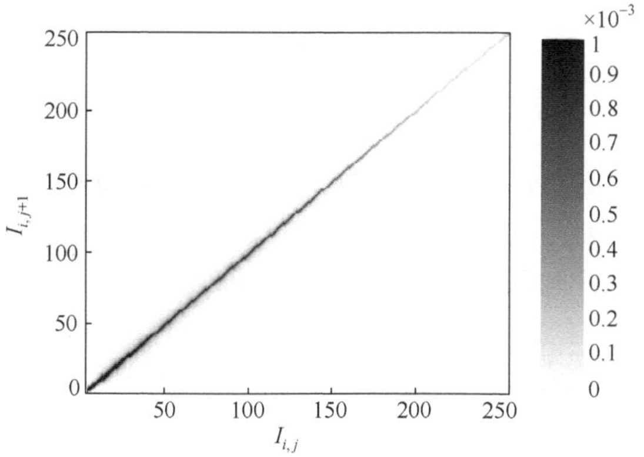

图 8.2　BOSSbase v.1.01 图像库 10000 幅 512×512 灰度图像水平相邻像素联合分布 $\Pr(I_{i,j},I_{i,j+1})$

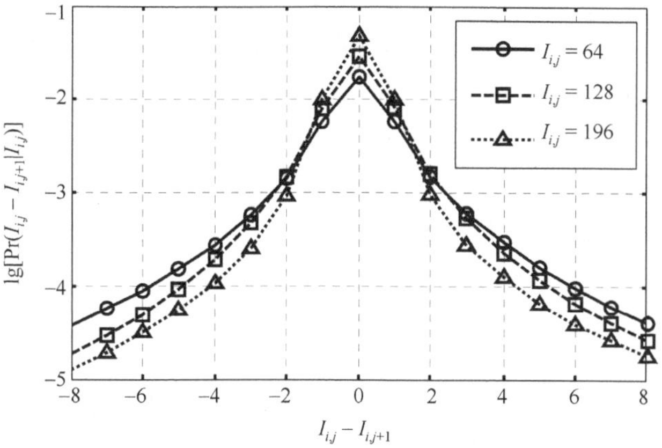

图 8.3　BOSSbase v.1.01 图像库 10000 幅 512×512 灰度图像水平相邻像素差值的条件概率分布 $\Pr(I_{i,j}-I_{i,j+1}\,|\,I_{i,j})$

首先介绍 SPAM 一阶特征的提取。记 $\{\leftarrow,\rightarrow,\downarrow,\uparrow,\nwarrow,\searrow,\swarrow,\nearrow\}$ 为像素的 8 个方向，它们用于标记相邻像素在这些方向上的差值，如

$$D_{i,j}^{\rightarrow}=I_{i,j}-I_{i,j+1} \tag{8.9}$$

为从左向右水平方向的相邻像素差值。统计 8 个方向相邻像素差值的一阶转移概率，例如，在从左向右水平方向统计

$$M_{u,v}^{\rightarrow}=\Pr(D_{i,j+1}^{\rightarrow}=u\,|\,D_{i,j}^{\rightarrow}=v) \tag{8.10}$$

统计范围由 $u,v\in[-T,T]$ 限定的截断区间确定，T 为截断长度；如果 $\Pr(D_{i,j}^{\rightarrow}=v)=0$，

则 $M_{u,v}^{\rightarrow}=0$。类似地得到 $M_{u,v}^{\leftarrow}$、$M_{u,v}^{\downarrow}$、$M_{u,v}^{\uparrow}$、$M_{u,v}^{\searrow}$、$M_{u,v}^{\nwarrow}$、$M_{u,v}^{\swarrow}$、$M_{u,v}^{\nearrow}$。为了降低总特征维度并增加特征的稳健性，对相同一对 $u,v\in[-T,\cdots,T]$ 进行以下合并

$$F_{u,v}^{+}=\frac{1}{4}(M_{u,v}^{\rightarrow}+M_{u,v}^{\leftarrow}+M_{u,v}^{\downarrow}+M_{u,v}^{\uparrow}) \tag{8.11}$$

$$F_{u,v}^{\times}=\frac{1}{4}(M_{u,v}^{\searrow}+M_{u,v}^{\nwarrow}+M_{u,v}^{\swarrow}+M_{u,v}^{\nearrow}) \tag{8.12}$$

显然，以上两类特征分别有 k 个，$k=(2T+1)^2$，这 $2k$ 维特征为一阶 SPAM 特征，记为 $\boldsymbol{F}^{\text{1st}}$。

其次介绍 SPAM 二阶特征的提取。对以上 8 个方向统计相邻像素差值二阶转移概率，例如，在从左向右水平方向统计

$$M_{u,v,w}^{\rightarrow}=\Pr(D_{i,j+2}^{\rightarrow}=u\mid D_{i,j+1}^{\rightarrow}=v,D_{i,j}^{\rightarrow}=w) \tag{8.13}$$

统计范围由 $u,v,w\in[-T,T]$ 限定的截断区间确定；如果 $\Pr(D_{i,j+1}^{\rightarrow}=v,D_{i,j}^{\rightarrow}=w)=0$，则 $M_{u,v,w}^{\rightarrow}=0$。类似地得到 $M_{u,v,w}^{\leftarrow}$、$M_{u,v,w}^{\downarrow}$、$M_{u,v,w}^{\uparrow}$、$M_{u,v,w}^{\searrow}$、$M_{u,v,w}^{\nwarrow}$、$M_{u,v,w}^{\swarrow}$、$M_{u,v,w}^{\nearrow}$。对相同一组 $u,v,w\in[-T,T]$ 进行与式(8.12)类似的合并，得到的 $2k$ 维特征为二阶 SPAM 特征，记为 $\boldsymbol{F}^{\text{2nd}}$，注意这里 $k=(2T+1)^3$。

在 Pevny 等的实验[95]中，对一阶特征 $T=4$ 或 $T=8$，这样 $\boldsymbol{F}^{\text{1st}}$ 的维度是 $2k=162$ 或 578，对二阶特征 $T=3$，因此 $\boldsymbol{F}^{\text{2nd}}$ 的维度是 $2k=686$。实验采用的分类器是具有非线性高斯核 $K(\boldsymbol{x},\boldsymbol{z})=\exp(-\gamma\|\boldsymbol{x}-\boldsymbol{z}\|^2)$ 的 SVM，分别采用以上三组特征构建了 3 个分类器。为了获得好的效果，对 SVM 惩罚参数 C 与核参数 γ（附录 A.3.4），每个实验按照以下二维参数组成的“网格”进行搜索

$$C\in\{0.001,0.01,\cdots,10000\} \tag{8.14}$$

$$\gamma\in\{2^i\mid i\in\{-d-3,\cdots,-d+3\}\} \tag{8.15}$$

其中，d 为对特征维数求对数 $\log_2$ 的结果。实验结果[95]表明，SPAM 可以对 LSBM 等空间域隐写取得非常好的分析效果，典型地，在 LSBM 嵌入率为 0.25 bpp 时，基于约 10000 对训练样本，以上三个分类器在 BOWS2 图像库[96]上的错误率仅分别为 9.8%、12.3%与 5.5%。另外，由于 JPEG 隐写扰动了空间域，SPAM 分析方法也对这些隐写有效，在 Pevny 等的实验中，相比当时最好的融合校准特征分析方法(8.3.2 节)，多数情况下基于二阶 SPAM 特征的方法对分析 F5、MB、MME、PQ 等 JPEG 隐写的性能仅稍差，而对负载率较低的 PQt 有超出，例如，在 PQt 负载率为 0.1bpnac 时，SPAM 方法的错误率约为 19%，而融合校准方法大约是 24%。

8.3　通用 JPEG 隐写分析

由于 JPEG 图像是当前最广泛使用的图像格式，通用 JPEG 隐写分析得到了相

关研究人员的重视，出现了大量方法。本节介绍在高维特征分析出现之前的两种典型方法，第 9 章将介绍基于高维特征与集成分类的通用隐写分析。

8.3.1　Markov 特征分析

基于 JPEG 图像的隐写往往在 JPEG 编码域中进行，JPEG 系数有比较强的相关性，因此，可以通过建立相应的 Markov 模型考察这种相关性的变化，借此判定隐写的存在。基于以上考虑，Shi 等[97]提出了基于 Markov 特征的 JPEG 图像隐写分析方法。

为了描述基于 Markov 过程模型的 JPEG 图像隐写分析方法，首先回顾 JPEG 的量化系数存储结构。JPEG 编码的处理单元是图像的空间域 8×8 分块，因此，DCT 是基于分块的，整个 DCT 量化系数(JPEG 系数)按照分块为单位在空间域顺序排列(图 8.4)。以下用 S_u 和 S_v 分别表示全部二维分块 JPEG 系数矩阵的水平与垂直尺寸，$F(u,v), u\in[0,S_u-1], v\in[0,S_v-1]$ 表示矩阵中的系数。

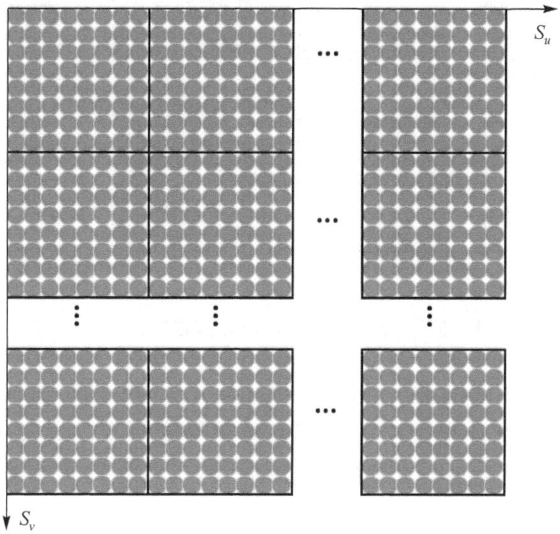

图 8.4　JPEG 图像的分块 DCT 量化系数(JPEG 系数)阵列

Shi 等观察到，以下定义的相邻系数差值矩阵在统计上能够较好地表达相邻 JPEG 系数的相关性

$$F_h(u,v)=F(u,v)-F(u+1,v) \tag{8.16}$$

$$F_v(u,v)=F(u,v)-F(u,v+1) \tag{8.17}$$

$$F_d(u,v)=F(u,v)-F(u+1,v+1) \tag{8.18}$$

$$F_m(u,v)=F(u+1,v)-F(u,v+1) \tag{8.19}$$

其中，$F_h(u,v)$、$F_v(u,v)$、$F_d(u,v)$、$F_m(u,v)$分别表示水平、垂直、主对角线、副对角线方向上的相邻系数差值矩阵（图 8.5），注意此时$u \in [0, S_u - 2]$，$v \in [0, S_v - 2]$。

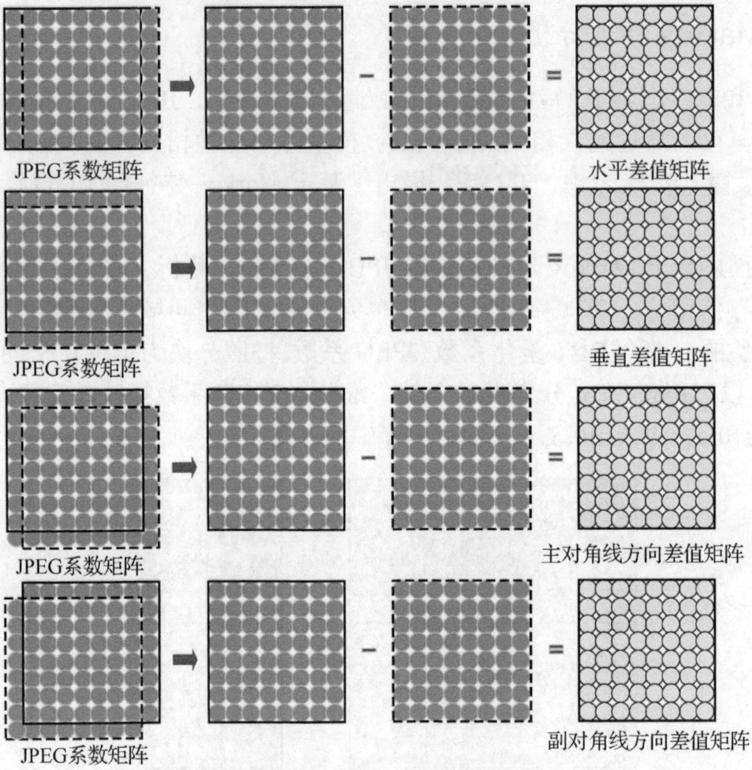

图 8.5　四个方向上相邻系数差值矩阵的计算示意

可以通过统计相邻系数差值矩阵元素的分布反映相邻系数值具有的相关性。图 8.6 是对 7000 余幅图像的统计结果，由于差值分布最密在 0 附近及主要分布在[−4,4]区间，可以认为[97]，基于 Markov 过程模型建立的以下转移概率能够刻画相邻系数差值的以上性质

$$M_h(a,b) = \Pr(F_h(u+1,v) = b \mid F_h(u,v) = a) = \frac{\sum_{u,v} \delta(F_h(u,v) = a, F_h(u+1,v) = b)}{\sum_{u,v} \delta(F_h(u,v) = a)} \tag{8.20}$$

$$M_v(a,b) = \Pr(F_v(u,v+1) = b \mid F_v(u,v) = a) = \frac{\sum_{u,v} \delta(F_v(u,v) = a, F_v(u,v+1) = b)}{\sum_{u,v} \delta(F_v(u,v) = a)} \tag{8.21}$$

$$M_d(a,b)=\Pr(F_d(u+1,v+1)=b\,|\,F_d(u,v)=a)=\frac{\sum_{u,v}\delta(F_d(u,v)=a,F_d(u+1,v+1)=b)}{\sum_{u,v}\delta(F_d(u,v)=a)} \tag{8.22}$$

$$M_m(a,b)=\Pr(F_m(u,v+1)=b\,|\,F_m(u+1,v)=a)=\frac{\sum_{u,v}\delta(F_m(u+1,v)=a,F_m(u,v+1)=b)}{\sum_{u,v}\delta(F_m(u+1,v)=a)} \tag{8.23}$$

其中，$u,v\in[-T,T]$，T 为截断区间截断长度，$u\in[0,S_u-2]$，$v\in[0,S_v-2]$；δ 为计数函数，若输入的条件成立则输出 1，否则输出 0。

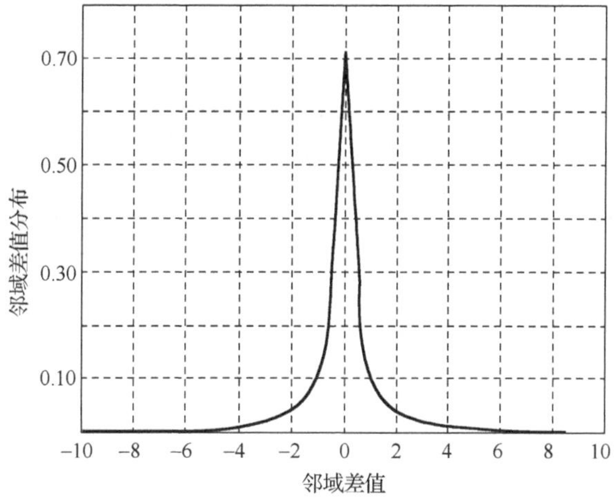

图 8.6　相邻系数差值矩阵元素相关性的验证

基于 Markov 过程模型的 JPEG 图像隐写分析将以上转移概率作为分类特征。每个方向转移概率有 $(2T+1)^2$ 个，因此特征总维数为 $4\times(2T+1)^2$，在 Shi 等[97]的实验中，$T=4$，因此这种方法实际使用了 $4\times(2\times4+1)^2=324$ 维特征。在分类器构造中，该方法采用了基于线性核的 SVM，对 OutGuess、F5、MB 等 JPEG 隐写取得了较高的准确率，典型地，当采用 3000 余对图像样本进行训练时，在 0.2 bpnac 的嵌入率下，对以上 3 种隐写的检测准确率分别达到 95.5%、87.0%与 97.3%。

8.3.2　融合校准特征分析

在通用隐写分析方法发展初期，各个维度上的分析特征主要基于一组原理近似的提取方法获得，例如，本章前面介绍了基于小波高阶统计量的 WHOS 特征、基于空间域相邻像素相关性的 SPAM 特征与基于相邻 JPEG 系数相关性的 Markov 特征。Pevny 等[91]提出的融合校准特征(merged calibrated features)是通用隐写分析发展中出现的一组重要特征，它的特征提取过程体现了融合各类互补分析特征的思想，也体现了隐写分析特征需要通过校准等技术抑制载体内容干扰的思想，在二分类与多分类隐写分析中取得了当时最好的效果。在富模型(rich model)等高维特征组出现以前，基于融合校准特征的分析方法对各类 JPEG 隐写的平均准确率最高。文献[5]对融合校准特征分析作了补充描述。

融合校准特征分为扩展的 DCT 特征与 Markov 特征两组，这里先介绍第一组。以下用 J_1 代表待检测的图像，J_2 代表其校准后的版本(一般是在空间域去掉 4 行 4 列后得到的 JPEG 文件)，前面已经多次说明，校准版本的很多统计特性接近原始载体，因此，两个版本的特征差值 $F(J_1)-F(J_2)$ 往往能更好地刻画隐写；另记亮度分量上的 JPEG 系数为 $d_{ij}(k), i,j=1,\cdots,8, k=1,\cdots,n_B$，其中 n_B 为块数。第一组特征分为以下 6 部分，一共 193 维。

(1)总直方图校准差。记

$$H_l=\frac{1}{64n_B}\sum_{i,j=1}^{8}\sum_{k=1}^{n_B}\delta(l,d_{ij}(k)) \tag{8.24}$$

为所有分块中 JPEG 系数上 l 值系数的归一化直方图值，记函数 $\delta(x,y)=1$ 仅当 $x=y$，否则 $\delta(x,y)=0$，则取以下 11 个特征进入特征向量

$$H_l(J_1)-H_l(J_2),\quad l\in[-5,5] \tag{8.25}$$

(2)AC 系数直方图校准差。记 $L=\{(i,j)\}=\{(1,2),(2,1),(3,1),(2,2),(1,3)\}$，对 $(i,j)\in L$，$l\in[-5,5]$，记

$$h_l^{ij}=\frac{1}{n_B}\sum_{k=1}^{n_B}\delta(l,d_{ij}(k)) \tag{8.26}$$

为分块 JPEG 系数 (i,j) 频率模式上 l 值系数的归一化直方图值，将以下 5×11 个特征纳入特征向量

$$h_l^{ij}(J_1)-h_l^{ij}(J_2),\quad l\in[-5,5],\ (i,j)\in L \tag{8.27}$$

(3)AC 系数对偶直方图校准差。记

$$L=\{(i,j)\}=\{(2,1),(3,1),(4,1),(1,2),(2,2),(3,2),(1,3),(2,3),(1,4)\}$$

对 $(i,j)\in L,\quad l\in[-5,5]$，记

$$g_{ij}^{l}=\frac{1}{n_B(l)}\sum_{k=1}^{n_B}\delta(l,d_{ij}(k)) \tag{8.28}$$

为 l 值 JPEG 系数上频率模式 (i,j) 出现频次的归一化直方图值，其中

$$n_B(l)=\sum_{i,j}\sum_{k=1}^{n_B}\delta(l,d_{ij}(k)) \tag{8.29}$$

将以下11×9个特征纳入特征向量

$$g_{ij}^{d}(J_1)-g_{ij}^{d}(J_2),\quad d\in[-5,5],\quad (i,j)\in L \tag{8.30}$$

由于频率模式标号之间的关系，这类特征也称为对偶直方图(dual histogram)特征。

(4)相邻块 JPEG 系数平均变化程度。记

$$V=\frac{\sum_{i,j=1}^{8}\sum_{k=1}^{|I_r|-1}\left|d_{ij}(I_r(k))-d_{ij}(I_r(k+1))\right|+\sum_{i,j=1}^{8}\sum_{k=1}^{|I_c|-1}\left|d_{ij}(I_c(k))-d_{ij}(I_c(k+1))\right|}{|I_r|+|I_c|} \tag{8.31}$$

其中，I_r与I_c分别表示按行序与列序的分块标号集合，$I_r(k)$是其中第 k 个分块，$|I_r|+|I_c|$表示行块与列块的数量和，这样，V实际表示相邻块 JPEG 系数平均变化程度，维度为 1。

(5)块效应特征。块效应反映分块之间的不相关性，定义为

$$B_\alpha=\frac{\sum_{i=1}^{\lfloor(M-1)/8\rfloor}\sum_{j=1}^{N}\left|c_{8i,j}-c_{8i+1,j}\right|^\alpha+\sum_{j=1}^{\lfloor(N-1)/8\rfloor}\sum_{i=1}^{M}\left|c_{i,8j}-c_{i,8j+1}\right|^\alpha}{N\lfloor(M-1)/8\rfloor+M\lfloor(N-1)/8\rfloor} \tag{8.32}$$

其中，M、N是图像的行列尺寸；$c_{i,j}$是图像空间域8×8分块像素的灰度分量；由于$\alpha=1,2$，这部分贡献的特征是 2 维；B_α反映了空间域分块界限两侧相邻数据的平均变化程度，从原理上看，隐写将增加分块之间的不相关性，因而会增加块效应。

(6)邻块 JPEG 系数共生矩阵特征。定义以下表达块间系数联合分布的形式

$$C_{st}=\frac{\sum_{i,j=1}^{8}\sum_{k=1}^{|I_r|-1}\delta(s,d_{ij}(I_r(k)))\delta(t,d_{ij}(I_r(k+1)))+\sum_{i,j=1}^{8}\sum_{k=1}^{|I_c|-1}\delta(s,d_{ij}(I_c(k)))\delta(t,d_{ij}(I_c(k+1)))}{|I_r|+|I_c|} \tag{8.33}$$

一般称C_{st}为共生矩阵(co-occurrence matrix)。计算以下 25 维特征并加入特征向量

$$C_{st}(J_1)-C_{st}(J_2),\quad (s,t)\in[-2,2]\times[-2,2] \tag{8.34}$$

融合校准特征中包含的第二组特征来自 8.3.1 节介绍的 JPEG 系数 Markov 特征。Markov 特征在融合校准特征中是经过校准的，即$M^{(c)}=M(J_1)-M(J_2)$，并且对其 4 个方向上的特征组进行了合并：$\bar{M}=(M_h^{(c)}+M_v^{(c)}+M_d^{(c)}+M_m^{(c)})/4$，因此，特征维度由原来的 324 维下降为$324/4=81$维。

合并以上两组特征，得到融合校准特征的维度为$193+81=274$维，所以特征也被称为 Pev-274 特征。Pevny 等[91]的融合校准特征分析方法采用了高斯核 SVM，实现了二分类与多分类两个版本。二分类器构造和训练方法与之前介绍的 SPAM 分析方法类似，多分类器采用构造C_M^2个二分类器进行两两分类的方法(附录 A.3.1)，其中C_M^2表示在M个元素中取 2 个的组合数。在 Pevny 等的实验中，基于以上特征向

量的二分类器由 3400 对样本训练，采用 2500 个图像进行测试，QF 为 75，典型地，对嵌入率为 0.25bpnac 的 F5、MB1 与 OutGuess，融合校准分析的检测率分别为 98.36%、99.72%与 99.48%，而此时 Markov 特征分析的检测率分别为 86.94%、99.72%与 97.84%；融合校准分析的虚警率也更低。融合校准特征分析能够对不同负载率下的 F5、JP Hide&Seek、MB1、MB2、OutGuess、Steghide 等 JPEG 隐写进行有效的多分类识别，典型地，在 0.0、0.25、0.3、0.5 与 1.0bpnac 的负载率下，对基于以上隐写得到的混合样本进行检测，其中，原始载体被准确识别的比例是 99.16%，0.25bpnac 的 F5 被准确识别的比例是 97.12%，0.5bpnac 的 MB1 被准确识别的比例是 97.04%。

值得注意的是，采用 Pev-274 特征的 SVM 的学习速度很快。图 8.7 是作者基于稍大图像得到的实验结果。在 SVM 仅采用 60 对样本训练的情况下，对 QF=90、3000×2000 与 0.1bpnac 的 MME3，Pev-274 分析方法已经能够形成非常准确的检测。

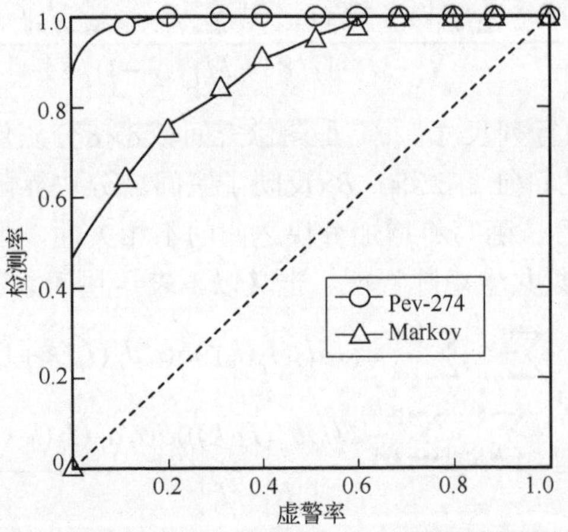

图 8.7　Pev-274 与 Markov 特征对 MME3（QF=90，3000×2000，0.1bpnac）检测的 ROC 曲线，SVM 仅采用 60 对样本训练

由于检测准确性能较优，Pev-274 特征对以后的 JPEG 隐写分析特征设计的影响很大，是后续一系列特征组设计的基础。

8.4　通用盲隐写分析简介

前述通用隐写分析都采用了监督学习的技术路线，它们基于标注的隐写与自然媒体样本集，通过训练分类器获得隐写媒体的识别能力，这隐含对应以下实际场景：分析者了解隐写者的隐写算法或者捕获了相应隐写工具，了解隐写者使用的载体类型，包括媒体类型和规格参数，如编码格式、编码参数、生成方式、媒体分辨率或画面大小等，甚至知道隐写者每次使用的负载率。例如，在最常用的二分类 JPEG 隐写分析中，阳性训练样本由一个隐写算法在固定的嵌入率下生成，阳性检测样本也是在这个算法与嵌入率下生成的，并且训练样本的图像分辨率(尺寸)、质量因子、生成方式等均相同。

显然还有一类普遍的需求是，在不具备这些前提条件的情况下检测隐写媒体，这类检测也称为缺乏先验知识下的隐写分析，或者称为盲隐写分析。盲隐写分析一般也可以包括专用隐写分析，例如，正常情况下出现某些专用特征异常或者隐写软件遗留在媒体上的特殊处理痕迹(称为特征码或指纹码)的概率非常低，因此，这类分析也可以用于在没有先验知识的情况下检测特定的隐写。但是，随着隐写的发展，扰动专用特征的程度越来越低，对新出现隐写的盲隐写分析目前主要通过改造通用隐写分析完成，本书称这类分析为通用盲(universal blind)隐写分析。需指出，一些文献将“通用隐写分析”与“盲隐写分析”作为同义词使用，本书不是这样，而是认为它们的含义差别非常大。

8.4.1 隐写分析的多种工作模式

在隐写与隐写分析对抗中，隐写算法经常体现出一定的变化性，使得隐写分析者不能完全基于监督学习获得确定的检测方法。首先，分析者可能无法得到隐写者采用的方法、软件或参数；其次，隐写者不一定每次使用相同的隐写算法、参数与载体类型。以上情况使得实际的隐写分析工作在不同的条件下具有多种工作模型。

在技术可能性一定的情况下，隐写分析者具备的先验知识一般决定了隐写分析的工作模式。Zhao 等[90]将隐写分析的工作模式按照其具有的先验知识进行了分类，他们提出将算法知识点 S_i，$i=1,\cdots,N$ 的组合与载体知识点 C_i，$i=1,\cdots,M$ 的组合作为两个维度(表 8.1)，按照不同知识组合 ($U\subset\{S_i\}_1^N, V\subset\{C_i\}_1^M$) 确定隐写分析的工作模式。表 8.1 的 4 个对角顶点元素分别对应以下 4 个极端模式。

表 8.1 按照先验知识组合对隐写分析工作模式的分类

载体知识维度 / 算法知识维度	$\varnothing$	…	$V\subset\{C_j\}_{j=1}^M$	…	$\{C_j\}_{j=1}^M$
$\varnothing$	$\varnothing,\varnothing$ (NSNC)	…	$\varnothing,V$	…	$\varnothing,\{C_j\}_{j=1}^M$ (ASNC)
⋮	⋮	⋮	⋮	⋮	⋮
$U\subset\{S_i\}_{i=1}^N$	$U,\varnothing$	…	U,V	…	$U,\{C_j\}_{j=1}^M$
⋮	⋮	⋮	⋮	⋮	⋮
$\{S_i\}_{i=1}^N$	$\{S_i\}_{i=1}^N,\varnothing$ (NSAC)	…	$\{S_i\}_{i=1}^N,V$	…	$\{S_i\}_{i=1}^N,\{C_j\}_{j=1}^M$ (ASAC)

(1) ASAC(all-knowledge of steganographic-algorithm and all-knowledge of cover)

分析模式。隐写分析者掌握隐写者的隐写方法，有全部隐写算法知识 $\{S_i\}_1^N$ 与全部载体知识 $\{C_i\}_1^M$，并且这些知识是确定性的，隐写者不采用动态策略；这样，隐写分析者可以使用尽可能多的标注样本训练系统，之后该系统所检测的隐写媒体也正是基于以上算法(包含相应参数)与载体产生的。当前，大部分论文提出的隐写分析工作在 ASAC 模式下，这包括本章前面介绍的多数方法，造成这种情况的原因已经在本章前面进行了阐述。

(2) ASNC (all-knowledge of steganographic-algorithm and no-knowledge of cover) 分析模式。隐写分析者掌握隐写者的全部算法知识 $\{S_i\}_1^N$，但是没有任何载体知识；此时以上构造的隐写分析系统面临“载体失配”(cover mismatch) 问题：当检测样本的类型与属性等因素不同于训练样本时，分析系统出现性能下降的情况。因此，这类隐写分析系统需要进行载体“去失配”(de-mismatch) 处理。

(3) NSAC (no-knowledge of steganographic-algorithm and all-knowledge of cover) 分析模式。隐写分析者掌握隐写者的全部载体知识 $\{C_i\}_1^M$，但是没有任何算法知识；此时以上构造的隐写分析系统面临“算法失配”(algorithm mismatch) 问题：当检测的隐写样本生成算法不同于训练样本时，分析系统出现性能下降的情况。因此，这类隐写分析系统需要进行算法“去失配”处理。

(4) NSNC (no-knowledge of steganographic-algorithm and no-knowledge of cover) 分析模式。隐写分析者不掌握隐写者任何隐写算法知识与载体知识，此时以上构造的隐写分析系统同时面临“算法失配”与“载体失配”问题，需要同时进行算法与载体“去失配”处理。

以上所谓“不掌握知识”，是说隐写分析者不能确定监测范围内下一次隐写来自什么算法以及使用何种载体。显然，现实情况的隐写分析工作模式大多处于以上 4 类模式之间，算法与载体“去失配”的方法需要根据具体的模式构造或者动态调整，这说明实用的盲隐写分析系统规模非常庞大，复杂性与构建代价也非常高。以下简介基本的算法去失配与载体去失配方法。

8.4.2　算法去失配

算法去失配 (algorithm de-mismatch) 指的是，通过技术手段使得隐写分析方法能够同时适合检测多种隐写算法与(或)不同参数(如嵌入率)下产生的隐密载体。

算法去失配的技术可能性在于，一方面，各类隐写算法扰动的特征集一般不完全相同，但是，一般存在一个较大的分析特征交集；另一方面，模式分类的理论与实践说明，将不同特征进行组合或者融合后能够有效增强分类系统的泛化能力，因此，当前的算法去失配主要基于以下方法。

(1) 进一步加强特征的通用性。针对检测的隐写算法范围，提取共同有效的隐写分析特征作为盲分析的分类特征，增加隐写分析特征的种类，例如，Pev-274

特征相比 Markov 特征更能体现各类 JPEG 隐写造成的影响，从而在更多场合被用于盲检测。

(2)混合样本训练。在确定通用盲隐写分析特征的基础上，还需要基于检测的隐写算法范围制作训练样本，形成由不同参数配置、不同隐写算法生成的混合训练样本集合；显然，基于同一原理设计的未知隐写也可能被以上方法所检测。例如，在嵌入率为 0.15～0.50 bpnac 范围内，Fridrich[5]基于 F5、MB、JP Hide & Seek、OutGuess、Steghide 等 JPEG 隐写生成混合训练样本，基于 Pev-274 特征训练后的非线性 SVM 不但能够有效识别以上隐写，还能够以 99.2%的检测率识别不在训练集中的 MME2 隐写图像，同时将虚警率控制在 1.04%的水平。

以上混合训练的对象一般是二分类器或者多分类器。一些研究人员也采用了其他分类器进行盲隐写分析。Pevny 与 Fridrich[98]提出，可以基于构造单类近邻机(one-class neighbor machine，OC-NM)实现一个单分类器，它仅识别一个载体是不是自然载体，若否则判定载体为隐写载体；为了避免针对各类隐写样本进行监督学习，Ker 与 Pevny[99,100]提出可以基于聚类方法识别批量媒体中的隐写媒体，从而有可能推断出隐写者。但是，以上两类方法并没有成为目前盲隐写分析方法的主流。

8.4.3 载体去失配

载体去失配(cover de-mismatch)指的是，通过技术手段使得隐写分析方法能够同时适合检测多种不同规格与类型的隐写载体。这里，规格一般指媒体编码方式，包括编码方法、参数、分辨率、二次编码(亦称为双压缩或者重压缩)等因素的影响，典型地，对 JPEG 图像存在 QF 与图像尺寸等的规格属性；类型一般指媒体的生成方式、基本内容等属性，例如，计算机生成图像与自然拍摄图像、不同纹理程度图像、不同类别相机或者手机拍摄的图像都可能具有非常不同的特性，对隐写分析有不同的影响。需指出，由于 Ker 等[101]提出了著名的平方根定理，证明与验证了载体尺寸与隐写安全的内在关系，这要求对尺寸差别大的媒体不宜采用同一分析方法，因此，在确定以上规格属性中，一般均包括载体的尺寸或分辨率。

研究人员基于一定的预分析手段，在一定程度上克服了载体失配造成的干扰。Pevny 与 Fridrich[102]通过提出一种 JPEG 二次压缩图像的识别方法，能够对该类图像实施自动的专门分析；Barni 等[103]提出了取证辅助(forensic-aided)隐写分析，取证用于区分计算机生成图像和自然拍摄图像，目的是后续进行专门的分类分析；类似地，Amirkhani 与 Rahmati[104]提出的分析方法能够对图像内容进行分类和分别分析，Hou 等[105]提出的方法对不同 QF 图像进行相应的分析，Kodovsky 等[106]提出的方法对不同相机拍摄的图像先进行识别后再予以专门分析。显然，采用以上预分析技术需要在盲隐写分析系统中准备好大量的不同分类器或者配置参数供动态选择使用，分类器的种类数量与可能出现的大致载体属性情况组合数量近似，构造工作量巨大。

这样的系统也称为混合专家系统(mixture of experts)[107]，当前，如何降低这类系统的复杂度是重要的研究问题。

另外，在前述隐写分析中大量采用的校准技术与后面章节介绍的残差(residual)计算技术也有益于载体去失配，它们在一定程度上削弱了载体内容差异对隐写分析造成的影响。

综上所述，一个通用盲隐写分析系统的流程框架可以包括以下步骤(图 8.8)。

(1)将载体按规格与类型进行分类，确保每种分类后的媒体在隐写后仍然属于同一分类，并且这种分类能够通过算法进行识别。

(2)在每一种载体分类下，基于一组通用性强的特征，针对检测范围内的隐写制作隐写混合样本，基于混合样本和原始载体进行训练，得到相应于该分类下的检测器。

(3)在实际检测中，首先对检测样本的规格与类型进行取证与分类，确定或近似估计载体规格与类型，再选择或配置与该类型对应的检测器进行隐写分析[108]。

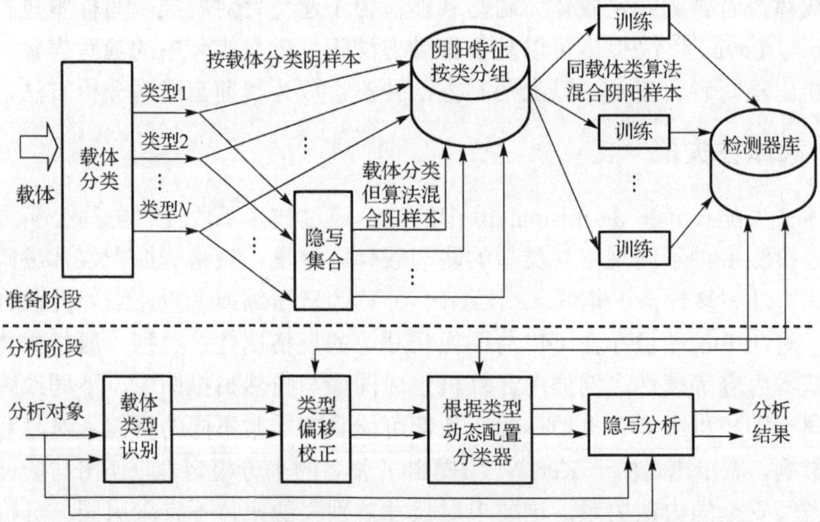

图 8.8 一种通用盲隐写分析的构造

8.5 通用定量隐写分析简介

嵌入率(负载率)是隐写的重要参数，本书前面已经多次提到，定量隐写分析主要用于估计被检测载体的嵌入率。因此，可将定量隐写分析视为对隐写方法的一种参数估计。一些传统专用隐写分析的直接目标是估算嵌入消息长度或负载率，因此也可视为定量隐写分析方法，这包括第 5 章介绍的 RS 分析、SPA 分析、对 OutGuess 的块效应分析以及对 F5 隐写的校准分析等，它们利用特定隐写的性质建立嵌入率与某些统计量之间的关系模型，但是仅能分析少数特定的隐写，并且方法之间差别较大，缺乏一致的设计方法。

针对以上情况，一个自然的想法是需要研制更具有通用性的定量隐写分析，对更广泛的隐写算法进行定量隐写分析。因此，通用定量(universal quantitative)隐写分析是指适用于估计多种或者多类隐写嵌入率的方法。通用定量隐写分析与前面介绍的通用分析有一些相似性，其基本方法是：基于从被检测载体中提取的通用分析特征，通过一定的关系模型估计隐写嵌入率，这些特征与模型适用于分析多种或多类隐写。

一般认为，通用定量隐写分析的原理基础是，载体在被隐写后，其特征被扰动的程度随嵌入率的不同而不同。与通用隐写分析面临的问题类似，隐写对特征的扰动方式随着隐写的不同而不同，难以使用特定的形式表示。因此，定量隐写分析也需要使用学习方法构建分析模型，将特征映射至对嵌入率的预测值。通用隐写分析和通用定量隐写分析均需要提取分析特征，但前者使用分类方法将特征映射至集合$\{0,1\}$，可描述为$c:\mathbb{R}^d \to \{0,1\}$，这里 0 表示正常载体，1 表示隐密载体，$\mathbb{R}^d$表示 d 维实空间，d 为特征维度；通用定量隐写分析一般使用回归方法将特征映射至$[0,1]$表示嵌入率的实数，可描述为$r:\mathbb{R}^d \to [0,1]$。

基于以上思想，Pevny 等[109]提出了基于支持向量回归(support vector regression，SVR)[110]的典型通用定量隐写分析。令$\mathcal{X}=\{(\boldsymbol{x}_i, y_i) \mid i\in\{1,\cdots,l\}\}$为训练样本，其中$\boldsymbol{x}_i \in \mathbb{R}^d$是从第 i 个训练样本提取的特征，嵌入率$y_i \in [0,1]$为标注值，则通用定量隐写分析问题可以描述为，找到一个估计函数$\hat{\psi}:\mathbb{R}^d \to [0,1]$，满足

$$\hat{\psi} = \arg\min_{\psi\in\mathcal{F}} \frac{1}{l}\sum_{i=1}^{l} e(\psi(\boldsymbol{x}_i), y_i) = \arg\min_{\psi\in\mathcal{F}} \frac{1}{l}\sum_{i=1}^{l} e(\hat{y}_i, y_i) \tag{8.35}$$

其中，$e:\mathbb{R}\times\mathbb{R}\to\mathbb{R}_0^+$为误差函数；$\mathcal{F}$是某类估计函数$\psi:\mathbb{R}^d \to [0,1]$的集合。先考虑线性估计函数$\psi(\boldsymbol{x}_i)=\langle \boldsymbol{a},\boldsymbol{x}_i\rangle + b$的情况，其中 $\boldsymbol{a}$ 为不同维度上特征权值组成的向量，$\langle \boldsymbol{a},\boldsymbol{x}_i\rangle$表示求内积。显然，基于最小二乘估计的多元线性回归(附录 A.1.3)可以求得 $\boldsymbol{a}$ 与 b，此时$e(\hat{y}_i, y_i)=(\hat{y}_i - y_i)^2$，但是，这个过程对不同训练样本的影响缺乏控制，并且当训练样本数 l 较大时计算开销大，因此，Pevny 等采用了以下 SVR 方法，其中，SVR 方法是指通过对样本集的学习获得支持向量，最终确定误差最小的估计函数 ψ，其误差函数的一般形式为

$$e(\hat{y}_i, y_i)=\begin{cases}\dfrac{1}{2}\|\boldsymbol{a}\|^2 + C(|\hat{y}_i - y_i| - \varepsilon), & |\hat{y}_i - y_i| > \varepsilon \\ \dfrac{1}{2}\|\boldsymbol{a}\|^2, & |\hat{y}_i - y_i| \leqslant \varepsilon\end{cases} \tag{8.36}$$

其中，$\|\boldsymbol{a}\|^2/2$为第一个误差项的原因是一般希望权值小，这样有利于避免过配

(overfitting) 现象，即过度依靠部分高权值向量；第二个误差项表示希望估计偏移小；C 为两个误差项的平衡参数；ε 为可容忍的误差范围，即在此范围内的偏移不计入误差，这样做的效果是，对应容忍范围外偏移的训练样本不会成为主要的支持向量。Pevny 等采用的估计函数是基于非线性高斯核 $k(\boldsymbol{u},\boldsymbol{v}) = \exp(-\gamma \| \boldsymbol{u}-\boldsymbol{v} \|_2^2)$ 构造的，实际是将原来的线性内积计算替换为将向量映射至核空间后再进行内积计算。在采用线性与非线性核的情况下，SVR 问题均可解，具体读者可参阅文献[110]。此外，Pevny 等[109]提出的方法采用了 8.3.2 节介绍的 Pev-274 特征，对参数 C、ε、γ 进行了搜索优化。他们的实验测试了 JSteg、nsF5、MB、MME、PQ、OutGuess、LSBM、LSBR 等隐写，嵌入率估计的绝对误差大多在 10^{-3} 量级，少数在 10^{-2} 量级。

第 9 章将介绍普通通用隐写分析有向着使用更多子分类器融合判决的集成分类以及向着采用更高维度特征的方向发展，在定量隐写分析方面也有类似的发展。Li 等[111]提出了一种使用集成 SVR 的定量图像隐写分析，它采用 Pev-274 特征的改进版——CC-Pev-548 特征 (9.2.2 节) 构造，用 SVR 回归训练得到多个预测器，将它们输出预测值的均值作为定量隐写分析结果；在 Kodovsky 等[112]提出的图像量化隐写分析中，使用第 9 章将介绍的空域与 JPEG 域富模型特征，使特征维度上升到了 1 万～2 万余维的量级。定量隐写分析的论文非常多，建议感兴趣的读者进一步研读相关文献。

8.6 小　结

本章基于图像载体介绍了通用隐写分析的基本原理和方法，主要包括通用空域隐写分析与通用 JPEG 隐写分析，也介绍了盲隐写分析的基本知识。通用隐写分析方法出现后，隐写分析的设计方法越来越一致化，基本分为特征提取设计、分类器训练与验证三个阶段，整个过程与监督学习基本类似。但是，相比其他分类问题，隐写分析特征的设计与提取有鲜明的特色，主要体现在，与大多数模式识别专注于理解内容本身不同，隐写分析专注于理解轻微的噪声或特征变化，并且需要压制不同内容的影响。例如，Pev-274 特征的提取采用了大量校准技术，减去校准样本的特征，目的是降低不同内容对隐写分析的干扰。

在已知隐写算法与载体类型等先验知识的条件下，以上基于监督学习的通用隐写分析非常成功。但是，由于算法种类与载体类型极其丰富，在不完全具备先验知识情况下的盲隐写分析难度依然很大，算法失配与载体失配的情况比较严重。前期，有一些相关的去失配研究，但由于实际情况非常复杂，相关技术存在实用效果不理想的问题。2013 年，在缺乏载体等先验知识条件下的盲隐写分析被列为隐写领域的公开问题之一[107]。

通用隐写分析的另一个特点是分析特征的维度显著增高，显然，使用这么多的特征有没有必要是一个令人感兴趣的研究问题。当前，特征合并[91]、主成分分析[113]、重采样[114]等一些特征融合方法有助于降低通用分析特征组的特征维度，但除了特征合并因有助于加强特征的稳健性而被较多采用外，其他降维方法并没有成为主流，主要原因是，当前的分类系统与计算装置处理适当多维度的特征组并不困难，尤其是，逐渐普及的 GPU（graphics processing unit）等并行计算装置能够有效支撑超高维特征的计算。另外，本书后面将介绍的集成分类器也使得隐写分析能够有效利用高维特征。因此，从目前的技术现状看，一些隐写分析特征融合降维技术形成的优势并不显著，因此本书未展开介绍。

思考与实践

（1）通用隐写分析与专用隐写分析的不同与相同之处分别是什么？

（2）SPAM 特征分析利用了图像什么性质？它提取的特征是如何表征这一性质的？

（3）融合校准特征分析利用了图像什么性质？简要分类说明它提取的特征是如何表征这些性质的。

（4）盲隐写分析面临解决什么难题？大致如何解决？

（5）通用定量隐写分析和普通通用隐写分析有什么异同？前者能否代替后者？

（6）完成附录 B.3 的实验。

第9章 高维特征通用隐写分析

为了提高隐写分析的准确性，人们自然会想到利用尽可能多的特征。尤其是，第 11 章与第 12 章将介绍的自适应隐写显著提高了隐写隐蔽性，前述隐写分析难以有效检测它们，这使研究人员开始更积极地用高维特征来进行隐写分析。前面描述的隐写分析特征普遍在数百维的量级，在本章中，高维特征是指维数上万的特征向量。从模式识别的角度看，直接用这么高维度的特征进行训练与分类是困难的，但是，随着 Fisher 线性判别(Fisher’s linear discriminant，FLD)集成分类器(ensemble classifier)[115]的出现，形成了一套利用高维度特征进行隐写媒体分类的方法。

BOSS(break our steganographic system)竞赛[116]的举行促进了高维特征隐写分析的发展。面对新出现的图像空间域自适应隐写 HUGO(highly undetectable stego)[117](12.1.2 节)，Fridrich 团队凭借一组 24993 维特征[118]夺得第一；随后，他们进一步提出了 33963 维的 HOLMES(hider-order local model estimators of steganogrphic changes)特征[119]。在此基础上，Fridrich 等[120]提出了重要的图像空域高维隐写分析特征——34671 维的空域富模型(spatial rich model，SRM)特征，它基于多种子模型提取得到，增加了隐写分析特征的多样性，显著提升了检测效果。以上多种子模型基于不同原理定义了不同的特征提取方式，富模型的称呼由此而来。此后，Goljan 等[121]专门针对空间域编码彩色图像提出了相应的富模型分析方法。

类似地，针对检测 JPEG 图像的高维特征隐写分析也获得了很大的进展。通过进一步提高与丰富第 8 章介绍的融合校准特征，Kodovsky 等[122]提出了 11255 维的 JRM(JPEG rich model)特征与 22510 维的 CC-JRM(cartesian-calibrated JRM)特征，利用多种块内和块间的 JPEG 系数相关性，使 JPEG 隐写分析特征更加多样化。随后，基于随机投影[123]与相位感知(phase aware)[124-127]的 JPEG 高维特征隐写分析也获得了较大的发展，它们较好地利用了多种投影产生的特征与 JPEG 编码的相位特征，在检测性能上超过了 JRM 方法，其中部分方法用于检测空域图像隐写时也超过了 SRM。

本章首先介绍 FLD 集成分类器的构造，之后介绍两种典型的高维特征隐写分析方法，即 SRM 与 JRM 特征分析方法，最后介绍当前性能领先的一类高维特征隐写分析——基于随机投影与相位感知的隐写分析。

9.1 FLD 集成分类器

集成分类器是解决高维特征利用问题的一种手段，它将不同特征分组并分配到多个基础分类器(子分类器)进行训练与判决，通过全部基础分类器的投票确定判决结果。当基础分类器为线性分类器时，集成分类器称为线性集成分类器。在高维特征隐写分析中，以 FLD 为基础分类器的集成分类器得到了成功应用，本节以后介绍的高维特征分析均采用 FLD 集成分类器。

9.1.1　基本构造

通用隐写分析依赖于分类器对特征的检测，分类器是这类隐写分析的重要组成部分。传统的通用隐写分析大多采用非线性 SVM 作为分类器，随着特征维度的增长，会出现一些难以处理的问题。典型地，如果特征维度过高，原则上要求训练样本大量增加，这样 SVM 的支持向量(附录 A.3.4)数也大幅度增加，计算开销显著增大，实时性进一步下降；而如果缩减训练样本规模，则会产生分析过配(analytic overfitting)现象(亦称过学习)，即检测能力过度拟合数量有限的训练样本，而对其他检测样本缺乏有效的检测能力。

为利用好高维隐写分析特征，当前通用隐写分析一般采用 FLD 集成分类器[115]。它采用 FLD 作为基础分类器，多个基础分类器分别判决后，对结果进行投票融合得到最终的判决结果(图 9.1)。由于将不同维度上的特征进行随机抽取，并分配给不同的基础分类器处理，基础分类器负责检测的特征维度大幅度下降，因此，避免了以上提到的计算负担与过学习的问题；每个基础分类器对随机抽取的部分特征进行训练和检测，使得每个投票的权值大体相当，因此，当前决策融合普遍采用简单的择多原则获得最终结果，即选择投票最多的类别作为最终结果。实验结果普遍表明，通过多个基础分类器投票进行决策融合增加了高维特征的可分性与分类精度。

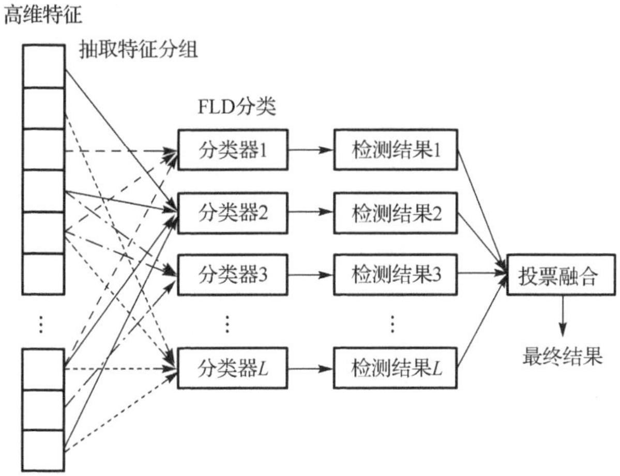

图 9.1　FLD 集成分类器原理示意图

FLD 是一种较为经典的线性分类器构造方法。对二分类来说，其基本思想是，找到一个最优的投影方向，将两类样本特征组成的向量进行投影后，使得两类样本投影在类间距离增加的同时，尽可能地减小类内距离。附录 A.3.3 介绍了 FLD 分类器的基本构造原理。

9.1.2 参数设置

集成分类器有两个主要参数，即基础分类器所使用的特征子集维度 d_{sub} 和基础分类器的个数 L。需要指出，在总特征维度 d 一定的情况下，每个基础分类器负责处理的特征是从总特征中随机选取的，每维特征均不相同，而不同基础分类器之间是放回抽样关系，即它们不同维度上的特征可能重合，也正因为如此，d_{sub} 与 L 的取值可以相对独立地调整。

d_{sub} 与 L 的取值一般由搜索得到，搜索的依据主要是训练样本的错误率，最终采用训练样本错误率最小时的设置。d_{sub} 的最优值随特征不同而不同，一般而言，它在隐写分析系统中的取值范围为 600～1200。在搜索中，对当前取值的 d_{sub}，当 L 增大到一定程度时分类器精度指标趋向于稳定，可选取此时的 L 作为当前 d_{sub} 取值下的最优 L 参数，随后继续搜索不同 d_{sub} 取值下的 L 参数，最后选取错误率最小情况下的 d_{sub} 和 L 取值。一般用 OOB(out-of-bag) 错误率指标来评估检测误差

$$E_{\text{OOB}}^{(n)} = \frac{1}{2N^{\text{trn}}} \sum_{m=1}^{N^{\text{trn}}} (B^{(n)}(x_m) + 1 - B^{(n)}(\bar{x}_m)) \tag{9.1}$$

其中，n 表示基础分类器的个数；N^{trn} 为总样本对数；$B^{(n)}(x) \in \{0,1\}$ 为对样本的检测结果；x_m 为阴性(无隐写)样本，若检测正确 $B^{(n)}(x_m) = 0$，$\bar{x}_m$ 为阳性(有隐写)样本，检测正确时 $1 - B^{(n)}(\bar{x}_m) = 0$。在训练和检测过程中，每个基础分类器都非放回地随机选取总体样本中的一部分作为训练样本(一般约为 63%的样本)，剩下的部分作为测试样本，而不同基础分类器训练样本之间是放回抽样的关系，这样可以让每个样本都被近似数量的基础分类器采用；在以上全部基础分类器的验证检测中，一般平均每个样本一共被检测了 $0.37n$ 次，可以通过统计投票得到检测结果 $B^{(n)}(x)$，最后可以计算以上 $E_{\text{OOB}}^{(n)}$。

对采用集成分类器的隐写分析，本书后面提到的错误率一般指的都是 OOB 错误率指标，一般简记为 E_{OOB}。

Kodovsky 等[115]提出了一种 d_{sub} 和 L 的具体计算方法，以下进行简要介绍。

(1) 特定 d_{sub} 下最优 L 的计算方法。集成分类器的分类正确率随 L 的增加迅速收敛，因此，可以通过观察 E_{OOB} 值来动态决定 L。设 n 表示当前基础分类器个数，它在初始值上每次加 1；计算当前的 E_{OOB}，一旦 E_{OOB} 的值趋于平稳，选择当前的 n 作为最优 L 值，否则持续迭代。以上“趋于平稳”的判断方法是，对每个 n 计算最近 μ 个 E_{OOB} 值的均值，观察本次与前 K 次的均值，如果它们满足式(9.2)右式中的

不等式，即最大与最小均值的差别在限定范围内，则认为分类正确率已收敛，并将当前 n 作为 L 值

$$L = \arg\min_{n}\left\{n;\left|\min_{i\in P_K(n)} M_\mu(i) - \max_{i\in P_K(n)} M_\mu(i)\right| < \epsilon\right\} \tag{9.2}$$

其中，$M_\mu(i) = \left(\sum_{j=i-\mu+1}^{i} E_{\text{OOB}}^{(j)}\right)\Big/\mu$；$P_K(n) = \{n-K,\cdots,n\}$；参数 $\{K,\mu,\epsilon\}$ 由用户预定义，用来权衡计算复杂度和获得的检测性能。实验结果表明[115]，在不同特征总维度、嵌入率与隐写算法的情况下，$\{K = 50, \mu = 5, \epsilon = 0.005\}$ 这组参数一般都有较好的效果。

(2) d_{sub} 的计算方法。前面提到，可以在一个范围内搜索最优的 d_{sub} 值，但人们显然希望能够尽快结束这样的搜索，这里给出一种方法。一般情况下，分类正确率对接近最优值的 d_{sub} 很敏感，当 d_{sub} 超过了最优值后正确率开始下降，基于这种现象，对于 d_{sub} 可以采用如下计算方式：d_{sub} 从一个初值开始不断增加，对当前 d_{sub} 值得到最优 L 值，如果当前 $E_{\text{OOB}}(d_{\text{sub}})$ 继续下降，则将 d_{sub} 加上一个预定义的步长 Δ_d；一旦 $E_{\text{OOB}}(d_{\text{sub}})$ 经过最小值开始增加，将 d_{sub} 取回到 E_{OOB} 最小值处的情况，并将量化步长 Δ_d 减半，重新开始搜索。当相邻的三个 E_{OOB} 值趋于平稳或者量化步长 Δ_d 足够小的时候，停止搜索，将当前 d_{sub} 值作为其最优值，其中，E_{OOB} 值趋于平稳用如下表达式衡量

$$1 \geqslant \frac{2E_{\text{OOB}}(d_{\text{sub}})}{E_{\text{OOB}}(d_{\text{sub}} - \Delta_d) + E_{\text{OOB}}(d_{\text{sub}} + \Delta_d)} > 1 - \tau \tag{9.3}$$

考虑权衡训练时间和分类正确率，Kodovsky 等在实验中一般取 $\tau = 0.02$，$\Delta_d = 200$。

9.2　富模型高维特征隐写分析

本节介绍两种典型的高维特征隐写分析，它们的特点是，基于一系列不同模型提取隐写分析特征并进行融合与组合使用。其中，SRM 仍是目前图像空域中主要的高维隐写分析特征之一，JRM 仍是 JPEG 图像隐写分析研究中常比较的特征之一；在特征提取上，它们借鉴了前期的有效方法，也对后期的特征提取方法产生了重要影响。

9.2.1　空域富模型特征分析

基于空域富模型特征的隐写分析由 Fridrich 等[120]提出，主要用于空域编码图像的隐写分析。SRM 采用了多个子模型(sub-model)以提取更多类型的特征，使得能够更好地表征隐写对邻域像素多种相关性的破坏。所谓“子模型”，主要是说图像

需要经过特定的滤波后再提取相应特征，由于邻域相关性可以通过局部像素之间的预测误差表示，这里滤波一般指输出这种预测误差的操作，而这类误差一般称为残差(residuals)，残差也泛指隐写分析中的滤波输出。这样，设 $X=(X_{i,j})\in\{0,\cdots,255\}^{n_1\times n_2}$ 表示灰度图像像素或彩色图像亮度域像素，SRM 特征的提取一般分为以下几个步骤。

(1)计算残差。通过以下形式计算残差 $R=(R_{i,j})\in\mathbb{R}^{n_1\times n_2}$

$$R_{i,j}=\hat{X}_{i,j}(\mathcal{N}_{i,j})-cX_{i,j} \tag{9.4}$$

其中，$\mathcal{N}_{i,j}$ 为 $X_{i,j}$ 的若干邻域像素，$\hat{X}_{i,j}(\mathcal{N}_{i,j})$ 通过该邻域预测 $cX_{i,j}$，由于一般 $\mathcal{N}_{i,j}$ 中像素的数量等于 c，$c\in\mathbb{N}$ 被称为残差阶(residual order)。以上计算残差的滤波按照水平和垂直两个方向分别计算。

(2)量化与截断。将以上实数残差 $R_{i,j}$ 进行以下量化与截断

$$R_{i,j}\leftarrow \mathrm{trunc}_T\left(\mathrm{round}\left(\frac{R_{i,j}}{q}\right)\right) \tag{9.5}$$

其中，q 为量化步长。对 $x\in\mathbb{R}$，截断函数 trunc_T 的定义是

$$\mathrm{trunc}_T(x)=\begin{cases}x, & x\in[-T,T]\\ T\mathrm{sign}(x), & x\notin[-T,T]\end{cases} \tag{9.6}$$

截断操作的意义是，一方面，隐写分析对相关性较强、残差较小的区域更感兴趣；另一方面，将残差截断有利于降低最后提取特征的维度。

(3)统计共生矩阵(co-occurrence matrix)。SRM 特征最终表现为在每个子模型下以上截断残差的 4 阶联合分布形式，即残差水平或者垂直方向上 4 个连续样点 $\boldsymbol{d}=(d_1,d_2,d_3,d_4)\in\mathcal{T}_4\triangleq\{-T,\cdots,T\}^4$ 的联合分布概率估计，其中，水平方向的估计为

$$C_{\boldsymbol{d}}^{(\mathrm{h})}=\frac{1}{Z}\left|\{(R_{i,j},R_{i,j+1},R_{i,j+2},R_{i,j+3})|R_{i,j+k-1}=d_k,k=1,\cdots,4\}\right| \tag{9.7}$$

其中，Z 是全部出现情况的总数量，它作为归一化的参数使得

$$\sum_{\boldsymbol{d}\in\mathcal{T}_4}C_{\boldsymbol{d}}^{(\mathrm{h})}=1 \tag{9.8}$$

以上 $C_d^{(\mathrm{h})}$ 构成的 4 阶矩阵被称为 4 阶共生矩阵，垂直方向的共生矩阵 $C_d^{(\mathrm{v})}$ 的计算过程类似，它们对应在一个子模型下提取的特征。一个 4 阶共生矩阵一共有 $(2T+1)^4$ 个元素，一般取 $T=2$，则有 625 个元素。

以上介绍了 SRM 特征的基本提取过程。需要指出，SRM 特征丰富性的主要保障是，在多类子模型下产生不同类型的残差，基于不同类型残差提取反映不同相关性的共生矩阵特征。以下进一步介绍其采用的核心技术，它们主要解决如何滤波、如何融合同类特征、如何确定量化参数等问题。

1) 各种类型的残差计算

残差主要包括一阶、二阶、三阶、SQUARE、EDGE 3×3 与 EDGE 5×5 六类，每类残差中又分为线性滤波残差与非线性滤波残差。图 9.2 分类描绘了部分残差的计算方法。先介绍线性残差：一阶线性残差是用一个相邻像素预测当前像素的误差，图 9.2(1a) 描述的残差是 $R_{i,j}=X_{i,j+1}-X_{i,j}$，类似地，二阶线性残差(图 9.2(2a)) 是 $R_{i,j}=X_{i,j-1}+X_{i,j+1}-2X_{i,j}$；同理，三阶线性残差是 $R_{i,j}=-X_{i,j+2}+3X_{i,j+1}+X_{i,j-1}-3X_{i,j}$，它们均在一个方向上预测；不难发现，SQUARE、EDGE 3×3 与 EDGE 5×5 线性残差只是在计算中使用了更多方向的邻域像素，其中，3×3 与 5×5 的 SQUARE 核分别为

$$\begin{bmatrix}-1 & 2 & -1\\ 2 & -4 & 2\\ -1 & 2 & -1\end{bmatrix},\quad \begin{bmatrix}-1 & 2 & -2 & 2 & -1\\ 2 & -6 & 8 & -6 & 2\\ -2 & 8 & -12 & 8 & -2\\ 2 & -6 & 8 & -6 & 2\\ -1 & 2 & -2 & 2 & -1\end{bmatrix}$$

EDGE 3×3 与 EDGE 5×5 分别为

$$\begin{bmatrix}2 & -1\\ -4 & 2\\ 2 & -1\end{bmatrix},\quad \begin{bmatrix}-2 & 2 & -1\\ 8 & -6 & 2\\ -12 & 8 & -2\\ 8 & -6 & 2\\ -2 & 2 & -1\end{bmatrix}$$

在每一大类残差中，非线性残差是通过求取两个或更多线性滤波残差(包括图 9.2 中其在各个水平、垂直或对角线方向计算的残差) 的最大值或最小值得到的，“子类型名标识”中的滤波器数就是指求极值前使用的线性滤波器数量，对应除黑圆点外不同形状点的数量。例如，图 9.2(1g) 描述的最小残差是

$$R_{i,j}=\min\{X_{i-1,j-1}-X_{i,j},X_{i-1,j}-X_{i,j},X_{i-1,j+1}-X_{i,j},X_{i,j+1}-X_{i,j}\}$$

图 9.2(2b) 描述的最小残差是

$$R_{i,j}=\min\{X_{i,j-1}+X_{i,j+1}-2X_{i,j},X_{i-1,j}+X_{i+1,j}-2X_{i,j}\}$$

注意，图 9.2(1g) 与图 9.2(2b) 也包含相应的最大残差。

2) 残差的方向性与对称性

如果将图像旋转 90°后，残差未发生变化，则认为其无方向性，否则认为有方向性。如图 9.2(1a)、图 9.2(1b)、图 9.2(2a)、图 9.2(2e) 与图 9.2(E3c) 有方向性，而图 9.2(1e)、图 9.2(2b)、图 9.2(2c)、图 9.2(S3a) 与图 9.2(E3d) 没有，这是由残差滤波核的对称性决定的。如果图像旋转 90°后共生矩阵不变，则称相应残差水平与垂直对称，显然，无方向性残差有这种对称性。另外，由于图像水平与垂直方向

的统计特性基本相同，一些有方向性的残差也有这种统计对称性，如图 9.2(1c)、图 9.2(1h)、图 9.2(2e)与图 9.2(E3b)所示，它们的特点是，残差的计算同时涉及按对角线对称的水平与垂直方向；但是图 9.2(1a)、图 9.2(1g)、图 9.2(2a)、图 9.2(2d)与图 9.2(E3c)等没有水平与垂直对称性，这样的残差名称标识中有 h、v，表示每类残差进一步按照水平与垂直方向统计共生矩阵，例如，对图 9.2(1a)的统计方法是，第一次不旋转图像，以下连续三次旋转图像 90°，对这 4 种情况分别合并统计水平与垂直两类残差共生矩阵，以上统计出的共生矩阵数量或残差类型有待于下面进一步合并。

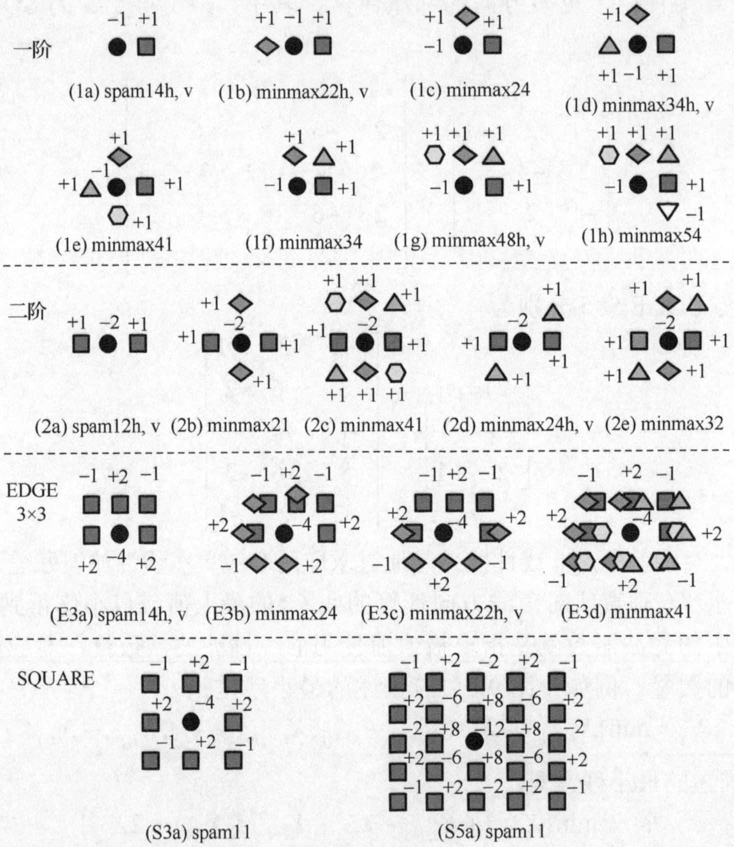

图 9.2　SRM 残差滤波核示意：黑圆点为被预测点，其他用于预测，不同形状点代表不同预测方法，最大与最小值在不同预测值之间选择；3 阶残差(3a)～(3h)未给出，但不难基于公式 $R_{i,j}=-X_{i,j+2}+3X_{i,j+1}+X_{i,j-1}-3X_{i,j}$ 绘制；(E5a)～(E5d)未给出，但与(E3a)～(E3d)类似，仅需将各个边长扩大为 5；子类型名标识格式参见式(9.9)

3) 子类型残差命名与共生矩阵计数

这里给出残差的子类型命名格式

$$\text{name} = \{\text{type}\}\{f\}\{\sigma\}\{\text{scan}\} \tag{9.9}$$

其中，type 为前面六大类残差下的子类型名，只有 spam 与 minmax 两种(可认为 minmax 下又分为 min 与 max)，前者取名 spam 是由于线性滤波类似于提取 SPAM 特征[95]的处理；f 表示使用的线性滤波器数，即图 9.2 中单个子模型中除黑圆点外其他记号的数量，对 minmax 来说这些滤波仅仅是预处理；σ 表示对称指数(symmetry index)，它指通过旋转图像能带来的不同种类残差数，如对图 9.2(2c)、图 9.2(1b)、图 9.2(1c)与图 9.2(1g)，σ 分别为 1、2、4 与 8；scan 表示残差计算方向，即以上 h、v，含义参见前面的解释，如果没有这项，则说明各个方向的残差有统计对称性并需要合并处理。

这样，一阶残差有 22 个共生矩阵，每个对应一个类型的残差或子模型，其中图 9.2(1a)、图 9.2(1c)、图 9.2(1e)、图 9.2(1f)与图 9.2(1h)各 2 个，图 9.2(1b)、图 9.2(1d)与图 9.2(1g)各有 4 个；同理，三阶残差也有 22 个共生矩阵；二阶残差有 12 个共生矩阵，其中图 9.2(2a)、图 9.2(2b)、图 9.2(2c)与图 9.2(2e)各两个，图 9.2(2d)有 4 个；SQUARE 有 2 个共生矩阵，对应图 9.2(S3a)与图 9.2(S5a)；EDGE 3×3 与 EDGE 5×5 均有 10 个共生矩阵，其中，图 9.2(E3a)、图 9.2(E3b)(对角线对称)与图 9.2(E3d)各 2 个，图 9.2(E3c)有 4 个，因此，共有 22+12+22+2+10+10=78 个共生矩阵。

4) 共生矩阵对称性的利用

一般认为，负残差图像(按照均值轴线向符号相反方向对称映射)的统计特性基本不变，即正负符号对称；图像信号在相反扫描方向上统计特性基本一致，即有扫描方向对称。因此，对 spam 子类型的 4 阶共生矩阵可以进行以下合并(相应的残差可合并统计)

$$\bar{C}_{\boldsymbol{d}} \leftarrow C_{\boldsymbol{d}} + C_{-\boldsymbol{d}} \tag{9.10}$$

$$\bar{\bar{C}}_{\boldsymbol{d}} \leftarrow \bar{C}_{\boldsymbol{d}} + \bar{C}_{\bar{\boldsymbol{d}}} \tag{9.11}$$

其中，$-\boldsymbol{d}=(-d_1,-d_2,-d_3,-d_4)$；$\bar{\boldsymbol{d}}=(d_4,d_3,d_2,d_1)$。当 $T=2$ 时，以上合并使 spam 残差共生矩阵元素的数量从 625 下降为 169。显然 minmax 子类型的共生矩阵也满足扫描方向对称。另外，由于对任意实数集合 $\mathcal{X}\subset\mathbb{R}$，有 $\min(\mathcal{X})=-\max(-\mathcal{X})$，因此对 minmax 类型可以进行以下合并

$$\bar{C}_{\boldsymbol{d}} \leftarrow C_{\boldsymbol{d}}^{(\min)} + C_{-\boldsymbol{d}}^{(\max)} \tag{9.12}$$

$$\bar{\bar{C}}_{\boldsymbol{d}} \leftarrow \bar{C}_{\boldsymbol{d}} + \bar{C}_{\bar{\boldsymbol{d}}} \tag{9.13}$$

其中，$C_{\boldsymbol{d}}^{(\min)}$ 与 $C_{-\boldsymbol{d}}^{(\max)}$ 是类型相同残差的共生矩阵，这意味着 min 与 max 残差共生矩阵可以合并。当 $T=2$ 时，以上合并将每类 min 与 max 残差共生矩阵元素的数量从 2×625 下降为 1×325。

由于 min 与 max 残差共生矩阵进行了合并，矩阵的数量从 78 个下降为 45 个。最后总体看，有 12 个 spam 类矩阵，33 个 minmax 类矩阵。例如，一阶残差矩阵有 12 个，其中包含 2 个 spam 类和 10 个 minmax 类矩阵。这样，残差共生矩阵总的元素数量(特征维度)为 $12\times169+33\times325=12753$ 个。

5) 量化步长确定

残差的阶 c 是被预测像素值的倍数，因此，量化步长 q 的选择与它相关。在文献[120]中，考虑到用多个量化步长进一步丰富特征的表达能力，因此取 $q\in[c,2c]$ 并满足

$$q\in\begin{cases}\{c,1.5c,2c\}, & c>1\\ \{1,2\}, & c=1\end{cases} \tag{9.14}$$

因此，对一阶残差有两个量化步长，对其他大类残差有 3 个，这样，当 $T=2$ 时，共生矩阵的特征总维数是 $2\times(2\times169+10\times325)+3\times(10\times169+23\times325)=34671$。如果将 spam 的水平与垂直共生矩阵算在一个模型下，则有 $2\times169=338$ 维特征，数量接近 minmax 的 325，有利于比较和选择，这样，spam 的模型数量变为 $2\times1+3\times5=17$ 个，minmax 的为 $2\times10+3\times23=89$ 个，因此总模型数为 106 个，不考虑量化为 $1+5+10+23=39$ 个。在实际中，由于存在性能饱和现象，往往用其中一部分模型特征即可，其中模型减少的原因也包括量化步长个数的减少因素，例如，Q1 与 BEST-q-CLASS 是两种常用模型选择策略，前者在 39 个模型中均取 $q=1c$，即任何模型均只有一个量化步长，得到 $338\times(1+5)+325\times(10+23)=12753$ 维特征，也称为 SRMQ1 特征，而根据式(9.14)分别采用两个量化步长的版本称为 SRMQ2 或 SRMq2 特征；BEST-q-CLASS 是每轮在每个大类残差的子模型中选取一个优化的量化步长，将这个子模型移除后进行下一轮选择，最终结果也是每个子模型仅有一个量化步长，特征维度也是 12753 维。

SRM 特征分析方法采用了前述 FLD 集成分类器，一般优化确定的基础分类器有数十个。

Fridrich 等[120]在 BOSSbase 图像库[128]上进行了实验，验证了 SRM 特征分析的优势。实验检测的隐写是 LSBM、HUGO 等算法，用于对比的分析方法是融合了 SPAM 与融合校准特征 Pev-274 的 1234 维 CDF(cross-domain feature)特征分析方法[129]，后者采用的分类器是具有高斯核的 SVM(G-SVM)。实验结果表明，当在 BEST-q-CLASS 策略下取一部分子模型组成 12753 维特征时，性能已经非常接近 34671 维的情况，在前者情况下，对 0.30bpp 负载率的 LSBM 与 HUGO，SRM 分析方法的检测错误率分别为 9.68%与 19.15%，而 CDF 分析方法的错误率分别为 14.90%与 34.35%；实验结果还表明，如果让 G-SVM 采用 3300 维的特征进行训练和检测，时间开销是以上 12753 维特征 SRM 分析方法的 30～90 倍，前者需要运行数天，后者仅运行数小时。

以上主要针对图像的单个色彩分量或者亮度分量(灰度图像)进行隐写分析，并没有专门针对彩色图像进行设计。Goljan 等[121]专门针对空间域编码彩色图像提出了相应的富模型分析方法，称为 CRM(color rich model)分析方法，采用的特征来自不同的两种类型。

(1)第一部分是 (R,G,B) 三个色彩分量上 SRMQ1 特征的和，也是 12753 维。

(2)第二部分特征的提取方法是，在提取 SRMQ1 特征的子模型中选取其中的 31 个，分别针对 (R,G,B) 上的三维残差 $(R_{i,j}^R,R_{i,j}^G,R_{i,j}^B)$ 建立三维共生矩阵。通过符号合并、方向合并并取 $T=3$ 后，这些特征的维度是 5404，并被称为 CRMQ1 特征。

因此，以上特征的总维度是 $12753+5404=18157$，被称为 SCRMQ1(spatial CRMQ1)特征。Goljan 等[121]在 BOSSbase 图像库上的实验结果表明，在采用 FLD 集成分类器的情况下，对空域编码彩色图像，SCRMQ1 与 SRMQ1 相比具有显著优势。典型地，对 0.2bpp 的 LSBM 隐写，在不同分组样本上采用 SCRMQ1 特征能够降低错误率 3%～12%。

9.2.2 JPEG 富模型特征分析

当前，大多数图像文件均采用 JPEG 格式存储。JPEG 是一种图像有损压缩编码标准，其存储的数据为量化后的分块 DCT 系数，即 JPEG 系数，与 BMP、PNG 等空域编码图像有较大的不同。JPEG 隐写主要在 JPEG 系数上进行修改，因此，针对 JPEG 图像的隐写分析需要设计相应的特征。前面已经介绍了 Markov 特征、融合校准特征等通用 JPEG 隐写分析特征，但这些特征的维度较低，包含子特征类型的丰富程度有限，因此，对隐写嵌入扰动的表达能力不够强，从以上 SRM 的成功经验看，这些 JPEG 通用隐写分析有待于新的提高。

借鉴富模型的思想，针对检测 JPEG 隐写，Kodovsky 等[122]提出了 JRM 隐写分析特征与相应的分析方法。JRM 特征也包含多个子模型，每个子模型是根据一类分块 JPEG 系数的统计相关性构造的。因此，JRM 特征考虑了多种 JPEG 系数块内和块间的相关性，尽可能从多个方面检测隐写对系数相关性的扰动，从而提高了 JPEG 图像隐写的检测正确率。在 JPEG 图像中，每个 8×8 块内的 64 个 JPEG 系数之间有一定相关性，称作块内相关性；不同块对应位置上的 JPEG 系数也有一定相关性，称作块间相关性。以下介绍 JRM 的特征提取方法。

1)用于提取特征的系数和差值

前面介绍的 SRM 特征由不同类滤波残差的 4 阶共生矩阵组成，而 JRM 特征主要由分块 JPEG 系数及其之间差值的 2 阶共生矩阵组成，这里首先介绍这些系数和差值的构成。令 $\boldsymbol{D}\in\mathbb{Z}^{M\times N}$ 表示 $M\times N$ 的 JPEG 图像，用 $\boldsymbol{D}_{xy}^{(i,j)}$ 表示第 (i,j) 个分块中 (x,y) 模式上的 JPEG 系数，其中，$(x,y)\in\{0,\cdots,7\}^2$，$i=1,\cdots,\lceil M/8\rceil$，$j=1,\cdots,\lceil N/8\rceil$；

而用 $\boldsymbol{D}_{xy}$ 表示整个图像分块组成的大矩阵中第 (x,y) 个系数，$i=1,\cdots,M$，$j=1,\cdots,N$。定义如下矩阵

$$\boldsymbol{A}_{i,j}^{\times}=\left|\boldsymbol{D}_{ij}\right|, \quad i=1,\cdots,M, \quad j=1,\cdots,N \tag{9.15}$$

$$\boldsymbol{A}_{i,j}^{\rightarrow}=\left|\boldsymbol{D}_{ij}\right|-\left|\boldsymbol{D}_{i,j+1}\right|, \quad i=1,\cdots,M, \quad j=1,\cdots,N-1 \tag{9.16}$$

$$\boldsymbol{A}_{i,j}^{\downarrow}=\left|\boldsymbol{D}_{ij}\right|-\left|\boldsymbol{D}_{i+1,j}\right|, \quad i=1,\cdots,M-1, \quad j=1,\cdots,N \tag{9.17}$$

$$\boldsymbol{A}_{i,j}^{\searrow}=\left|\boldsymbol{D}_{ij}\right|-\left|\boldsymbol{D}_{i+1,j+1}\right|, \quad i=1,\cdots,M-1, \quad j=1,\cdots,N-1 \tag{9.18}$$

$$\boldsymbol{A}_{i,j}^{\rightrightarrows}=\left|\boldsymbol{D}_{ij}\right|-\left|\boldsymbol{D}_{i,j+8}\right|, \quad i=1,\cdots,M, \quad j=1,\cdots,N-8 \tag{9.19}$$

$$\boldsymbol{A}_{i,j}^{\downdownarrows}=\left|\boldsymbol{D}_{ij}\right|-\left|\boldsymbol{D}_{i+8,j}\right|, \quad i=1,\cdots,M-8, \quad j=1,\cdots,N \tag{9.20}$$

以上矩阵 $\boldsymbol{A}^{\times}$ 由 JPEG 系数的绝对值组成，矩阵 $\boldsymbol{A}^{\rightarrow}$、$\boldsymbol{A}^{\downarrow}$、$\boldsymbol{A}^{\searrow}$ 表示块内 JPEG 系数绝对值的差；$\boldsymbol{A}^{\rightrightarrows}$、$\boldsymbol{A}^{\downdownarrows}$ 表示块间相同模式上 JPEG 系数绝对值的差。

2) 基本共生矩阵的计算方法

在矩阵 $\boldsymbol{A}^{\star}$ 中，$\star\in\{\times,\rightarrow,\downarrow,\searrow,\rightrightarrows,\downdownarrows\}$，由 (x,y) 和 $(x+\Delta x,y+\Delta y)$ 模式上的元素构造 2 阶共生矩阵 $C_T^{\star}(x,y,\Delta x,\Delta y)$，形成 JRM 中单个子模型，其中，$(x,y)$ 也是分块内坐标，但 Δx 与 Δy 是固定的位置偏移，其偏移范围可以至其他分块。$\boldsymbol{C}_T^{\star}$ 中的元素可由下式计算

$$c_{kl}^{\star}\left(x,y,\Delta x,\Delta y\right)=\frac{1}{Z}\sum_{i,j}\left|\left\{\boldsymbol{T}_{xy}^{(i,j)} \mid \boldsymbol{T}=\mathrm{trunc}_T(\boldsymbol{A}^{\star});\boldsymbol{T}_{xy}^{(i,j)}=k;\boldsymbol{T}_{x+\Delta x,y+\Delta y}^{(i,j)}=l\right\}\right| \tag{9.21}$$

其中，总情况数 Z 是归一化常数，用于确保 $\sum_{k,l}c_{kl}^{\star}=1$；$\mathrm{trunc}_T(\cdot)$ 表示以下截断操作

$$\mathrm{trunc}_T(x)=\begin{cases} T\cdot\mathrm{sign}(x), & |x|>T \\ x, & \text{其他} \end{cases} \tag{9.22}$$

由于 DCT 变换矩阵关于分块对角线具有对称性以及图像内容各向分布接近，一般自然图像分块的 JPEG 系数沿主对角线镜像后，其统计特征基本不发生变化，因此，可以通过以下方向合并得到稳健性更强的共生矩阵

$$\overline{\boldsymbol{C}}_T^{\times}(x,y,\Delta x,\Delta y)\overset{\text{def}}{=\!=}\frac{1}{2}(\boldsymbol{C}_T^{\times}(x,y,\Delta x,\Delta y)+\boldsymbol{C}_T^{\times}(y,x,\Delta y,\Delta x)) \tag{9.23}$$

$$\overline{\boldsymbol{C}}_T^{\rightarrow}(x,y,\Delta x,\Delta y)\overset{\text{def}}{=\!=}\frac{1}{2}(\boldsymbol{C}_T^{\rightarrow}(x,y,\Delta x,\Delta y)+\boldsymbol{C}_T^{\downarrow}(y,x,\Delta y,\Delta x)) \tag{9.24}$$

$$\overline{\boldsymbol{C}}_T^{\rightrightarrows}(x,y,\Delta x,\Delta y)\overset{\text{def}}{=\!=}\frac{1}{2}(\boldsymbol{C}_T^{\rightrightarrows}(x,y,\Delta x,\Delta y)+\boldsymbol{C}_T^{\downdownarrows}(y,x,\Delta y,\Delta x)) \tag{9.25}$$

$$\overline{\boldsymbol{C}}_T^{\searrow}(x,y,\Delta x,\Delta y) \overset{\text{def}}{=} \frac{1}{2}(\boldsymbol{C}_T^{\searrow}(x,y,\Delta x,\Delta y)+\boldsymbol{C}_T^{\searrow}(y,x,\Delta y,\Delta x)) \tag{9.26}$$

因为 $\boldsymbol{A}_{i,j}^{\times}$ 中元素是非负的，对应的 2 维系数共生矩阵 $\overline{\boldsymbol{C}}_T^{\times}$ 的维度为 $(T+1)^2$；而对差分矩阵 $\boldsymbol{A}_{i,j}^{\star},\star\in\{\rightarrow,\downarrow,\searrow,\rightrightarrows,\downdownarrows\}$，其中的元素有正有负，由于 JPEG 系数分布在正值与负值上基本关于原点对称，对相应的差分共生矩阵 $\overline{\boldsymbol{C}}_T^{\star},\star\in\{\rightarrow,\rightrightarrows,\searrow\}$，可以进一步利用符号对称性 $c_{kl}^{\star}\approx c_{-k,-l}^{\star}$ 得到 $\hat{\boldsymbol{C}}_T^{\star}$，其中的元素可通过下式计算

$$\hat{c}_{kl}^{\star}=\frac{1}{2}(\overline{c}_{kl}^{\star}+\overline{c}_{-k,-l}^{\star}) \tag{9.27}$$

因此，对得到的 $\hat{\boldsymbol{C}}_T^{\star}(x,y,\Delta x,\Delta y),\star\in\{\rightarrow,\rightrightarrows,\searrow\}$，其中每个矩阵的特征维度为 $(2T+1)^2/2+1/2$，后面加上 1/2 的原因是 $\overline{c}_{00}^{\star}$ 没有合并，因此，其个数在第一项中被除以 2 后，误差的 1/2 需要补加回来。最后得到 $\overline{\boldsymbol{C}}_T^{\times}$、$\hat{\boldsymbol{C}}_T^{\rightarrow}$、$\hat{\boldsymbol{C}}_T^{\searrow}$ 与 $\hat{\boldsymbol{C}}_T^{\rightrightarrows}$。

3) JRM 特征的第一部分——DCT 模式专有部分

最终的 JRM 特征由 DCT 模式专有部分(specific components)与累加部分(integral components)组成。这里先介绍第一部分特征的提取方法。

以上基于分块 JPEG 系数及其块内、块间的差值构造了 4 个经过对称合并的共生矩阵 $\overline{\boldsymbol{C}}_T^{\times}$ 与 $\hat{\boldsymbol{C}}_T^{\star}$，$\star\in\{\rightarrow,\searrow,\rightrightarrows\}$。对任意 $\boldsymbol{C}\in\{\overline{\boldsymbol{C}}_T^{\times},\hat{\boldsymbol{C}}_T^{\rightarrow},\hat{\boldsymbol{C}}_T^{\searrow},\hat{\boldsymbol{C}}_T^{\rightrightarrows}\}$，DCT 模式专有部分的特征来自于以下 10 组共生矩阵，它们分别对应 10 类子模型(表 9.1)

(1) $\mathcal{G}_{\mathrm{h}}(\boldsymbol{C})=\{\boldsymbol{C}(x,y,0,1)\,|\,0\leqslant x;0\leqslant y;x+y\leqslant 5\}$

(2) $\mathcal{G}_{\mathrm{d}}(\boldsymbol{C})=\{\boldsymbol{C}(x,y,1,1)\,|\,0\leqslant x\leqslant y;x+y\leqslant 5\}\cup\{\boldsymbol{C}(x,y,1,-1)\,|\,0\leqslant x<y;x+y\leqslant 5\}$

(3) $\mathcal{G}_{\mathrm{oh}}(\boldsymbol{C})=\{\boldsymbol{C}(x,y,0,2)\,|\,0\leqslant x;0\leqslant y;x+y\leqslant 4\}$

(4) $\mathcal{G}_{\mathrm{x}}(\boldsymbol{C})=\{\boldsymbol{C}(x,y,y-x,x-y)\,|\,0\leqslant x<y;x+y\leqslant 5\}$

(5) $\mathcal{G}_{\mathrm{od}}(\boldsymbol{C})=\{\boldsymbol{C}(x,y,2,2)\,|\,0\leqslant x\leqslant y;x+y\leqslant 4\}\cup\{\boldsymbol{C}(x,y,2,-2)\,|\,0\leqslant x<y;x+y\leqslant 5\}$

(6) $\mathcal{G}_{\mathrm{km}}(\boldsymbol{C})=\{\boldsymbol{C}(x,y,-1,2)\,|\,1\leqslant x;0\leqslant y;x+y\leqslant 5\}$

(7) $\mathcal{G}_{\mathrm{ih}}(\boldsymbol{C})=\{\boldsymbol{C}(x,y,0,8)\,|\,0\leqslant x;0\leqslant y;x+y\leqslant 5\}$

(8) $\mathcal{G}_{\mathrm{id}}(\boldsymbol{C})=\{\boldsymbol{C}(x,y,8,8)\,|\,0\leqslant x\leqslant y;x+y\leqslant 5\}$

(9) $\mathcal{G}_{\mathrm{im}}(\boldsymbol{C})=\{\boldsymbol{C}(x,y,-8,8)\,|\,0\leqslant x\leqslant y;x+y\leqslant 5\}$

(10) $\mathcal{G}_{\mathrm{ix}}(\boldsymbol{C})=\{\boldsymbol{C}(x,y,y-x,x-y+8)\,|\,0\leqslant x;0\leqslant y;x+y\leqslant 5\}$

以上子模型的作用是，通过选择模式位置与位置偏移，具体确定提取前述 2 阶共生矩阵特征的方法。其中，前 6 类子模型考虑了系数域块内相关性，在 4 类输入($\overline{\boldsymbol{C}}_T^{\times},\hat{\boldsymbol{C}}_T^{\rightarrow},\hat{\boldsymbol{C}}_T^{\searrow},\hat{\boldsymbol{C}}_T^{\rightrightarrows}$)下分别总称为 $\mathcal{G}_{\mathrm{f}}^{\times}$ 或 $\mathcal{G}_{\mathrm{f}}^{\star},\star\in\{\rightarrow,\searrow,\rightrightarrows\}$，后 4 类子模型由于考察了相邻块同频率系数的相关性，在 4 类输入下分别总称为 $\mathcal{G}_{\mathrm{s}}^{\times}$ 或 $\mathcal{G}_{\mathrm{s}}^{\star},\star\in\{\rightarrow,\searrow,\rightrightarrows\}$，这样一共 40 个子模型。对每个子模型中的一对位置 (x,y) 和 $(x+\Delta x,y+\Delta y)$，针对 $\overline{\boldsymbol{C}}_T^{\times}$，取截断长度 T 为 3，因此单个共生矩阵维度是 $(T+1)^2=16$；针对基于差分的共生矩

阵 $\boldsymbol{C}\in\{\hat{\boldsymbol{C}}_2^{\rightarrow},\hat{\boldsymbol{C}}_2^{\searrow},\hat{\boldsymbol{C}}_2^{\rightrightarrows}\}$，取截断长度 T 为 2，因此单个共生矩阵的维度是 $(2T+1)^2/2+1/2=13$。这些子模型位置的特征维度乘以其位置总数就是子模型的特征维度，它们的和为 DCT 模式专有部分特征的总维度，为 8635(表 9.1)。

表 9.1　JRM 中 DCT 模式专有子模型及其特征维度

块内子模型			左侧拼接	块间子模型		左侧拼接	前两次拼接再拼接	左侧拼接
320 $\mathcal{G}_{\rm h}(\bar{\boldsymbol{C}}_3^{\times})$	320 $\mathcal{G}_{\rm d}(\bar{\boldsymbol{C}}_3^{\times})$	224 $\mathcal{G}_{\rm oh}(\bar{\boldsymbol{C}}_3^{\times})$	1520 $\mathcal{G}_{\rm f}^{\times}$	320 $\mathcal{G}_{\rm ih}(\bar{\boldsymbol{C}}_3^{\times})$	176 $\mathcal{G}_{\rm id}(\bar{\boldsymbol{C}}_3^{\times})$	992 $\mathcal{G}_{\rm s}^{\times}$	2512 $\mathcal{G}^{\times}=\mathcal{G}_{\rm f}^{\times}\cup\mathcal{G}_{\rm s}^{\times}$	8635 $\mathcal{G}$
144 $\mathcal{G}_{\rm x}(\bar{\boldsymbol{C}}_3^{\times})$	272 $\mathcal{G}_{\rm od}(\bar{\boldsymbol{C}}_3^{\times})$	240 $\mathcal{G}_{\rm km}(\bar{\boldsymbol{C}}_3^{\times})$		176 $\mathcal{G}_{\rm im}(\bar{\boldsymbol{C}}_3^{\times})$	320 $\mathcal{G}_{\rm ix}(\bar{\boldsymbol{C}}_3^{\times})$			
260 $\mathcal{G}_{\rm h}(\hat{\boldsymbol{C}}_2^{\rightarrow})$	260 $\mathcal{G}_{\rm d}(\hat{\boldsymbol{C}}_2^{\rightarrow})$	182 $\mathcal{G}_{\rm oh}(\hat{\boldsymbol{C}}_2^{\rightarrow})$	1235 $\mathcal{G}_{\rm f}^{\rightarrow}$	260 $\mathcal{G}_{\rm ih}(\hat{\boldsymbol{C}}_2^{\rightarrow})$	143 $\mathcal{G}_{\rm id}(\hat{\boldsymbol{C}}_2^{\rightarrow})$	806 $\mathcal{G}_{\rm s}^{\rightarrow}$	2041 $\mathcal{G}^{\rightarrow}=\mathcal{G}_{\rm f}^{\rightarrow}\cup\mathcal{G}_{\rm s}^{\rightarrow}$	
117 $\mathcal{G}_{\rm x}(\hat{\boldsymbol{C}}_2^{\rightarrow})$	221 $\mathcal{G}_{\rm od}(\hat{\boldsymbol{C}}_2^{\rightarrow})$	195 $\mathcal{G}_{\rm km}(\hat{\boldsymbol{C}}_2^{\rightarrow})$		143 $\mathcal{G}_{\rm im}(\hat{\boldsymbol{C}}_2^{\rightarrow})$	260 $\mathcal{G}_{\rm ix}(\hat{\boldsymbol{C}}_2^{\rightarrow})$			
260 $\mathcal{G}_{\rm h}(\hat{\boldsymbol{C}}_2^{\searrow})$	260 $\mathcal{G}_{\rm d}(\hat{\boldsymbol{C}}_2^{\searrow})$	182 $\mathcal{G}_{\rm oh}(\hat{\boldsymbol{C}}_2^{\searrow})$	1235 $\mathcal{G}_{\rm f}^{\searrow}$	260 $\mathcal{G}_{\rm ih}(\hat{\boldsymbol{C}}_2^{\searrow})$	143 $\mathcal{G}_{\rm id}(\hat{\boldsymbol{C}}_2^{\searrow})$	806 $\mathcal{G}_{\rm s}^{\searrow}$	2041 $\mathcal{G}^{\searrow}=\mathcal{G}_{\rm f}^{\searrow}\cup\mathcal{G}_{\rm s}^{\searrow}$	
117 $\mathcal{G}_{\rm x}(\hat{\boldsymbol{C}}_2^{\searrow})$	221 $\mathcal{G}_{\rm od}(\hat{\boldsymbol{C}}_2^{\searrow})$	195 $\mathcal{G}_{\rm km}(\hat{\boldsymbol{C}}_2^{\searrow})$		143 $\mathcal{G}_{\rm im}(\hat{\boldsymbol{C}}_2^{\searrow})$	260 $\mathcal{G}_{\rm ix}(\hat{\boldsymbol{C}}_2^{\searrow})$			
260 $\mathcal{G}_{\rm h}(\hat{\boldsymbol{C}}_2^{\rightrightarrows})$	260 $\mathcal{G}_{\rm d}(\hat{\boldsymbol{C}}_2^{\rightrightarrows})$	182 $\mathcal{G}_{\rm oh}(\hat{\boldsymbol{C}}_2^{\rightrightarrows})$	1235 $\mathcal{G}_{\rm s}^{\rightrightarrows}$	260 $\mathcal{G}_{\rm ih}(\hat{\boldsymbol{C}}_2^{\rightrightarrows})$	143 $\mathcal{G}_{\rm id}(\hat{\boldsymbol{C}}_2^{\rightrightarrows})$	806 $\mathcal{G}_{\rm s}^{\rightrightarrows}$	2041 $\mathcal{G}^{\rightrightarrows}=\mathcal{G}_{\rm f}^{\rightrightarrows}\cup\mathcal{G}_{\rm s}^{\rightrightarrows}$	
117 $\mathcal{G}_{\rm x}(\hat{\boldsymbol{C}}_2^{\rightrightarrows})$	221 $\mathcal{G}_{\rm od}(\hat{\boldsymbol{C}}_2^{\rightrightarrows})$	195 $\mathcal{G}_{\rm km}(\hat{\boldsymbol{C}}_2^{\rightrightarrows})$		143 $\mathcal{G}_{\rm im}(\hat{\boldsymbol{C}}_2^{\rightrightarrows})$	260 $\mathcal{G}_{\rm ix}(\hat{\boldsymbol{C}}_2^{\rightrightarrows})$			

4) JRM 特征的第二部分——累加部分

以上子模型每次只考察一对相对位置上 JPEG 系数或差值的分布，为了同时考察更多位置上的分布，JRM 分析方法也设置了基于多个共生矩阵不同偏移位置上元素值累加的子模型。针对这类子模型，由于要进行数值累加，统计上稳健性更好。在提取这类特征中，截断长度 T 设置为 5，并且计算 $\hat{\boldsymbol{C}}_5^{\star}$ 中只进行前述对角线镜像合并与符号对称合并，而不进行方向合并，即在类似式(9.23)～式(9.26)的计算中，右式中各项方向相同，因此，相应的累加特征可以描述为

$$\mathcal{I}^{\times}=\left\{\sum_{x,y}\bar{\boldsymbol{C}}_5^{\times}(x,y,\Delta x,\Delta y)\,|\,[\Delta x,\Delta y]\in\{(0,1),(1,1),(1,-1),(0,8),(8,8)\}\right\}$$

$$\mathcal{I}_f^{\star}=\left\{\sum_{x,y}\hat{\boldsymbol{C}}_5^{\star}(x,y,\Delta x,\Delta y)\,|\,[\Delta x,\Delta y]\in\{(0,1),(1,0),(1,1),(1,-1)\}\right\},\quad \star\in\{\rightarrow,\downarrow,\searrow,\rightrightarrows,\downdownarrows\}$$

$$\mathcal{I}_s^{\star}=\left\{\sum_{x,y}\hat{\boldsymbol{C}}_5^{\star}(x,y,\Delta x,\Delta y)\,|\,[\Delta x,\Delta y]\in\{(0,8),(8,0),(8,8),(8,-8)\}\right\},\quad \star\in\{\rightarrow,\downarrow,\searrow,\rightrightarrows,\downdownarrows\}$$

以上 $\mathcal{I}^{\times}$ 包含特征的维度是 $5\times(T+1)^2=180$，$\mathcal{I}_f^{\star}$ 或 $\mathcal{I}_s^{\star}$ 中的特征维度是 $4\times[(2T+1)^2/2+1/2]=244$，因此，汇合部分总特征维度是 $180+10\times 244=2620$（表 9.2）。

表 9.2　JRM 中累加子模型及其特征维度

累加子模型					左侧拼接	左侧拼接
180，$\mathcal{I}^{\times}$					180，$\mathcal{I}^{\times}$	2620，$\mathcal{I}$
224，$\mathcal{I}_{\mathrm{f}}^{\rightarrow}$	224，$\mathcal{I}_{\mathrm{f}}^{\downarrow}$	224，$\mathcal{I}_{\mathrm{f}}^{\searrow}$	224，$\mathcal{I}_{\mathrm{f}}^{\rightrightarrows}$	224，$\mathcal{I}_{\mathrm{f}}^{\downdownarrows}$	1220，$\mathcal{I}_{\mathrm{f}}$	
224，$\mathcal{I}_{\mathrm{s}}^{\rightarrow}$	224，$\mathcal{I}_{\mathrm{s}}^{\downarrow}$	224，$\mathcal{I}_{\mathrm{s}}^{\searrow}$	224，$\mathcal{I}_{\mathrm{s}}^{\rightrightarrows}$	224，$\mathcal{I}_{\mathrm{s}}^{\downdownarrows}$	1220，$\mathcal{I}_{\mathrm{s}}$	

这样，JRM 特征的总维度是 $8635+2620=11255$，相关的子模型及其下特征维度均已在表 9.1 与表 9.2 中列出。

Kodovsky 等[122]还通过一些改造进一步提升了 JRM 特征的分析效果。他们通过笛卡儿校准(Cartesian calibration，CC)[130]使得特征维度翻倍为 22510，得到了 CC-JRM 特征，这里简要介绍 CC。Kodovsky 等[130]发现，由于很多特征已经是样点间的差值，如果像提取 Pev-274 特征那样获得校准特征，即将待检测样本的特征减去校准后参考图像的特征，会丢失一些有利于检测的细节，因此，通过一系列尝试，他们在公开的代码中将获得校准特征的方式改为：将待检测图像变换至空间域后取整，裁剪 4 行 4 列后，按照原质量因子进行 JPEG 压缩，得到参考图像；对原待检测图像与参考图像均提取一次特征，拼接两组特征得到最后的 CC 特征。因此，CC 特征一般是原特征维数的两倍，例如，CC-Pev-548 就是改造后的 Pev-274 特征。此外，Kodovsky 等也将 JRM 与 SRM 的特征组合起来得到 J+SRM 特征(也称为 JSRM)，其中，SRM 是包含 12753 维特征的 SRMQ1，因此总特征维度为 $12753+22510=35263$。

Kodovsky 等[122]将 BOSSbase 图像库中的图像转化成 JPEG 图像，针对 nsF5 与 MME 等主要隐写，对结合 FLD 集成分类器的 JRM 与 CC-JRM 特征进行了实验。实验比较的隐写分析主要包括 CC-Pev-548、1234 维 CDF(cross-domain feuture)特征等的分析方法，其中，CDF 特征[129]融合了 SPAM 与 Pev-274 特征，都是当时非常有效和典型的通用 JPEG 隐写分析特征组。实验结果如表 9.3 所示，可以发现，相比 CC-Pev-548、CDF 等分析方法，J+SRM 特征均取得了最好的检测效果，其次是 CC-JRM 特征与 JRM 特征，例如，对负载率为 0.10 bpnac 的 MME 隐写，J+SRM、CC-JRM、JRM、CDF 与 CC-Pev-548 的错误率分别为 18.91%、20.91%、22.86%、25.01%与 26.13%，对负载率为 0.15 bpnac 的 nsF5 隐写，它们的错误率分别为 4.68%、6.63%、7.93%、9.06%与 11.71%。值得注意的是，对 0.20 bpnac 的 MME 与 nsF5，CC-JRM 方法的错误率已分别低至 0.8%与 2.55%，说明前期基于矩阵编码与湿纸编码的隐写已不够安全，这也是后期自适应隐写(详见第 10～12 章)得到迅猛发展的原因之一。

表 9.3　JRM 与 CC-JRM 等分析的检测错误率比较[122]

隐写算法	负载率 /bpnac	CC-Pev 548 D	CDF 1234 D	JRM 11255 D	CC-JRM 22510 D	J+SRM 35263 D
nsF5	0.05	0.3690	0.3594	0.3407	0.3298	0.3146
	0.10	0.2239	0.2020	0.1782	0.1616	0.1375
	0.15	0.1171	0.0906	0.0793	0.0663	0.0468
	0.20	0.0549	0.0360	0.0338	0.0255	0.0150
MME	0.05	0.4492	0.4340	0.4424	0.4307	0.4194
	0.10	0.2613	0.2501	0.2286	0.2091	0.1891
	0.15	0.1721	0.1586	0.1404	0.1221	0.1027
	0.20	0.0127	0.0124	0.0112	0.0080	0.0059

9.3　随机投影与相位感知分析

以上富模型方法提取的特征主要是残差邻域共生矩阵，从增强隐写分析性能的角度看，一般希望增加共生矩阵的阶数，但是特征的维数与阶数是指数关系，过高维度的特征不但计算负担重，而且使很多维度上的统计样本数量不稳定，影响了分类效果，因此前面考察的残差邻域都比较小。以上情况影响了前述高维特征分析的准确性，例如，CC-JRM 高维特征虽然能够有效检测传统的 JPEG 隐写，但是对第 12 章将介绍的 JPEG 自适应隐写效果并不好。

为了解决上述问题，Holub 与 Fridrich[123]提出了随机投影特征分析方法，将空域残差随机投影到特征空间，虽然最后用于分析的特征是投影数据(亦称残差)的一阶分布特征，但任何一个投影值都是基于一个空域样点邻域与投影核进行卷积得到的；后来提出的一系列算法也采用了类似的处理架构，其中，从 JPEG 图像投影数据提取特征的过程普遍利用了分块DCT的8×8相位特性，称为相位感知(phase aware)技术。

9.3.1　随机投影特征分析

Holub 与 Fridrich[123]提出的随机投影特征分析是基于 SRM 残差构造的，因此一般称为 PSRM(projection SRM)。其主要设计思想是，用 SRM 滤波核对图像进行卷积操作，对卷积输出的残差不进行量化，而是进行不同的随机投影，将投影数据的直方图作为隐写分析特征。以上设计的好处在于，首先，对残差不进行量化更有利于保持载体特性；投影变换核的尺寸普遍大于前述共生矩阵的阶，因此，虽然最后在投影空间中仅采用了一阶分布特征，但能够刻画更大邻域范围的特征变化；最后，不同的随机投影丰富了特征的类型。PSRM 也适合分析 JPEG 隐写，做法是先在 JPEG 图像的实数空间域求以上残差，之后再投影与提取特征。

这里简介 PSRM 分析中的随机投影。顾名思义，随机投影就是进行随机线性变换，PSRM 分析首先生成一批随机变换矩阵(核)，将它们分别与实数残差进行卷积得到不同类型的随机投影。设 R 表示未量化的 SRM 残差，$\Pi \in \mathbb{R}^{k \times l}$ 表示一个随机变换矩阵，则变换表示为

$$P(\Pi, R) = R * \Pi \tag{9.28}$$

以上 $k, l \leqslant s$ 是任意选定的两个正整数，s 称为邻域尺寸，Π 满足范数条件 $\|\Pi\|^2 = 1$，其中元素 $\pi_{ij} \sim N(0,1)$。与 SRM 特征提取类似，为增加提取特征的稳健性，PSRM 的特征提取也利用了图像在不同方向上统计特性接近的性质，具体的做法是，针对非方向性的 SRM 残差，对随机变换 Π，它与以下一组变换得到的投影数据可以合并提取特征

$$\overleftrightarrow{\Pi} = \begin{pmatrix} \pi_{12} & \pi_{11} \\ \pi_{22} & \pi_{21} \end{pmatrix} \tag{9.29}$$

$$\Pi^{\updownarrow} = \begin{pmatrix} \pi_{21} & \pi_{22} \\ \pi_{11} & \pi_{12} \end{pmatrix} \tag{9.30}$$

$$\Pi^{\circlearrowright} = \begin{pmatrix} \pi_{22} & \pi_{21} \\ \pi_{12} & \pi_{11} \end{pmatrix} \tag{9.31}$$

$$\Pi^{\mathrm{T}} = \begin{pmatrix} \pi_{11} & \pi_{21} \\ \pi_{12} & \pi_{22} \end{pmatrix} \tag{9.32}$$

它们分别表示对 Π 的换列、换行、旋转与转置，这样，Π、$\overleftrightarrow{\Pi}$、$\Pi^{\updownarrow}$ 与 $\Pi^{\circlearrowright}$ 以及它们的转置一共有 8 个不同的同类变换，它们变换后的数据可以合并进行特征提取；对于 SRM 方向性残差，Π、$\overleftrightarrow{\Pi}$、$\Pi^{\updownarrow}$ 与 $\Pi^{\circlearrowright}$ 对水平预测残差的输出可以与它们的转置对垂直预测残差的输出合并进行特征提取，这是由于这些变换对水平方向残差的处理与其转置对垂直方向残差的处理是一样的。需指出，以上投影也可看作滤波，又由于投影变换是小区域上的变换，也可以认为这类变换是时频变换(time-frequency transform)或短时变换(short-time transform)。

PSRM 分析方法提取的特征是以上合并后投影数据的直方图，也可以等价地认为是直方图的合并。由于计算残差的线性滤波一般是高通滤波或输出值的均值接近零，随机投影后这个特性基本得到保持，PSRM 方法对这类残差的投影值取绝对值量化后进行直方图统计。设 q 是直方图的柱宽，即量化步长，T 是截断长度，则量化表是

$$Q_{T,q} = \{q/2, 3q/2, \cdots, (2T+1)q/2\} \tag{9.33}$$

这类量化表由 $T+1$ 个量化点组成。记投影值为 P，统计直方图的方法可以表示为

$$h(l;Q_{T,q},P)=\sum_{p\in P}[Q_{Q_{T,q}}(|p|)=l],\quad l\in Q_{T,q} \tag{9.34}$$

其中，$Q_Q(\cdot)$ 表示用量化表 Q 量化；若 S 为逻辑式，$[S]=1$ 仅当 S 为真，否则 $[S]=0$。虽然以上直方图有 $T+1$ 个值(柱子)，但是，由于最后一个值对概率分布来说是冗余的，PSRM 不采用，这样针对一类残差共有 T 维特征，但 PSRM 将同类线性残差的水平与垂直方向直方图拼接起来，作为一个子模型下的 $2T$ 维特征。对通过求最大与最小值得到的 SRM 残差 $R^{(\max)}$ 与 $R^{(\min)}$，显然其均值不会接近零，即正负值分布不对称，因此，在量化 $P^{(\max)}$ 与 $P^{(\min)}$ 时不针对绝对值进行，而是按照以下量化表量化

$$Q_{T,q}^{*}=Q_{T,q}\cup -Q_{T,q} \tag{9.35}$$

由于 $P^{(\max)}$ 与 $P^{(\min)}$ 的直方图分布关于 y 轴对称，PSRM 分析方法按照以下公式将它们合并统计为一个直方图

$$\begin{aligned}&h(l;Q_{T,q}^{*},P^{(\min)},P^{(\max)})\\&=\sum_{p\in P^{(\min)}}[Q_{Q_{T,q}^{*}}(p)=l]+\sum_{p\in P^{(\max)}}[Q_{Q_{T,q}^{*}}(-p)=-l],\quad l\in Q_{T,q}\end{aligned} \tag{9.36}$$

请注意以上统计方法与统计绝对值的不同，前者数据基于 y 轴旋转，而后者是折叠。由于仍保留了正负符号并且去除了冗余项，以上直方图特征的维度是 $2T$。设 v 表示投影 Π 的数量，前面提到在 SRM 中有 78 个子模型，如果按照以上处理将 max 与 min 残差直方图进行合并，将同类型 spam 残差水平与垂直方向的直方图拼接为 $2T$ 维特征，则模型的数量从 78 个下降为 39 个，其中包括 6 个 spam 类模型，33 个 minmax 类模型，因此，PSRM 提取的特征总维度是

$$d=39\times 2T\times v \tag{9.37}$$

PSRM 与 22510 维的 CC-JRM 特征也可以合并使用，此时的特征被称为 JPSRM(JRM PSRM)特征。

Holub 与 Fridrich[123]基于 BOSSbase 图像库的实验结果表明：在采用 FLD 集成分类器的情况下，PSRM 各种参数较好的取值是 $T=3$，$v=55$，$s=8$，因此特征总维度是 12870 维(此时 JPSRM 特征的维度是 $12870+22510=35380$)；对分析空域隐写取 $q=1$，对分析 JPEG 隐写取 $q=3$，两者情况下 PSRM 分别称为 PSRMQ1 与 PSRMQ3。分析第 12 章将介绍的空域自适应隐写，PSRMQ1 在全部实验嵌入率下的错误率均低于 SRMQ1 与 SRM(表 9.4)；分析第 12 章将介绍的 JPEG 域自适应隐写，PSRMQ3 或者 JPSRM 在大多数实验嵌入率下的错误率均低于 SRMQ1、JRM 与 JSRM(表 9.5)，其中 JSRM 只在 QF 较高时对检测 0.2 bpnac 的 UED 与 J-UNIWARD 有一定优势，但是，总体来看这些方法在检测较低嵌入率下的自适应隐写时错误率仍然较高。

表 9.4　PSRM 等分析检测空域自适应隐写的错误率比较

隐写算法	负载率/bpp	PSRMQ1 12870D	SRMQ1 12753D	SRM 34671D
HUGO	0.1	0.3564	0.3757	0.3651
	0.2	0.2397	0.2701	0.2542
	0.3	0.1172	0.1383	0.1278
WOW	0.1	0.3859	0.4419	0.3958
	0.2	0.2950	0.3302	0.3117
	0.3	0.1767	0.2170	0.1991
S-UNIWARD	0.1	0.3977	0.4182	0.4139
	0.2	0.3025	0.3358	0.3159
	0.3	0.1803	0.2162	0.2010

表 9.5　PSRM 等分析检测 JPEG 域自适应隐写的错误率比较

隐写算法	质量因子	负载率/bpnac	PSRMQ3 12870D	SRMQ1 12753D	JRM 22510D	JPSRM 35380D	JSRM 35263D
UED	75	0.1	0.3369	0.3621	0.3968	0.3393	0.3468
		0.2	0.1856	0.2180	0.2680	0.1770	0.1934
		0.4	0.0390	0.0612	0.0488	0.0202	0.0250
	95	0.1	0.4785	0.4753	0.4750	0.4727	0.4786
		0.2	0.4370	0.4331	0.4336	0.4113	0.4077
		0.4	0.2759	0.2897	0.2604	0.2180	0.2205
J-UNIWARD	75	0.1	0.4319	0.4578	0.4632	0.4350	0.4503
		0.2	0.3244	0.3779	0.3990	0.3289	0.3564
		0.4	0.1294	0.1933	0.2376	0.1228	0.1583
	95	0.1	0.4943	0.4965	0.4923	0.4920	0.4940
		0.2	0.4659	0.4752	0.4763	0.4622	0.4674
		0.4	0.3256	0.3786	0.3951	0.3246	0.3576

9.3.2　相位感知特征分析

JPEG 编码以 8×8 分块为操作单元，块间与块内系数有较强的相关性。例如，以下将论述，在 JPEG 图像空域或其时频变换域位置上隔 8 采样与模 8 采样得到的数据有类似的性质或更显著的相关性，这种特性称为相位特性。相位感知隐写分析通过对 JPEG 图像空域时频变换的输出进行相应位置上的直方图统计与合并，较好地刻画了相位特性的变化，在分析自适应 JPEG 隐写方面相比之前的方法有显著提高。当前，这类分析方法主要包括 DCTR(discrete cosine transform residual)[124]与 GFR(Gabor filter residual)[125,126]两类。

1. DCTR 特征分析

由于 JPEG 图像的相位性质并不能通过前述残差随机投影得到清晰的刻画，

Holub 与 Fridrich[124]提出的 DCTR 分析方法直接对实数 JPEG 空域数据进行一系列 8×8 DCT 基时频变换，针对每一变换的输出进行相应位置上直方图的统计与合并，最后也是基于 FLD 集成分类器进行训练与识别。

以下先描述 DCTR 特征提取的两个准备步骤(图 9.3)。

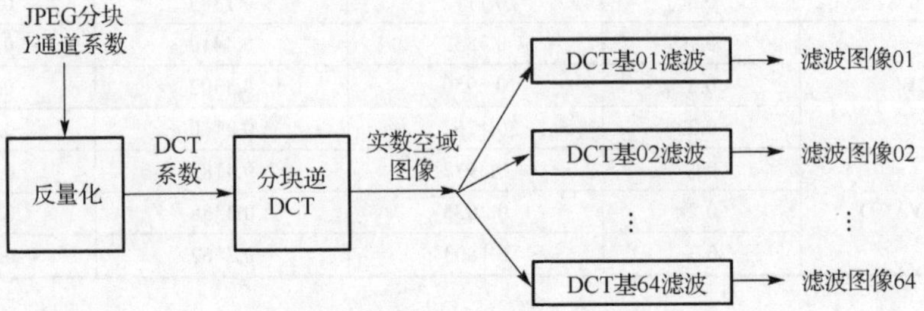

图 9.3　用 64 个 DCT 基对图像进行滤波(时频变换)得到 64 个滤波图像

(1)计算 JPEG 图像实数空域数据。根据 JPEG 图像编码的量化表，将待检测 JPEG 图像 Y 通道每个 8×8 分块中的 JPEG 系数进行反量化，然后用 DCT 逆转换为空域像素。与普通的 JPEG 图像解压缩过程不同，这里对得到的像素灰度值不取整，而是保持为实数。以下记变换到实数空域的 JPEG 图像为 $\boldsymbol{X}\in\mathbb{R}^{M\times N}$ 。

(2)用 8×8 DCT 基滤波实数空域数据。生成 64 个二维 8×8 DCT 变换基(核) $\boldsymbol{B}^{(i,j)}$ ，$0\leqslant i,j\leqslant 7$ ，对特定的模式 (i,j) ，变换基可表示为 $\boldsymbol{B}^{(i,j)}=(B_{mn}^{(i,j)})$ ，$0\leqslant m,n\leqslant 7$ ，其中

$$B_{mn}^{(i,j)}=\frac{w_i w_j}{4}\cos\frac{\pi k(2m+1)}{16}\cos\frac{\pi l(2n+1)}{16} \tag{9.38}$$

其中，$w_0=1/\sqrt{2}$ ，$w_i=w_j=1$ ，$i,j>0$ 。使用 DCT 基对实数空域图像进行卷积操作，即进行滤波，分别得到 64 幅卷积后的滤波图像 $\boldsymbol{U}^{(i,j)}=\boldsymbol{X}\star\boldsymbol{B}^{(i,j)}$ ，其中符号“$\star$”表示无填充卷积， $\boldsymbol{U}^{(i,j)}\in\mathbb{R}^{(M-7)\times(N-7)}$ 表示卷积后的滤波图像(亦称残差图像)，由于进行无填充 8×8 卷积，滤波图像的尺寸从 $M\times N$ 下降为 $(M-7)\times(N-7)$ 。

在进一步描述 DCTR 特征的提取方法前有必要研究以上滤波图像的相位性质。首先，参照图 9.4 可以发现，在圆圈标出的纵向与横向均隔 8 的网格(grid)点上，卷积核 $\boldsymbol{B}^{(i,j)}$ 与 JPEG 图像空域 8×8 分块正好重合，因此这些位置上的滤波输出值等于相应分块上的反量化 DCT 系数，对其中标出的 4 个邻块上的格点 A、B、C、D，记相应的滤波输出值或反量化 DCT 系数为 A_{ij} 、B_{ij} 、C_{ij} 与 D_{ij} 。其次，对 8×8 DCT 块 (k,l) 模式的 JPEG 系数加 1 或者减 1，会引起图像空域相应 8×8 范围像素值的变化，进而引起滤波图像 $\boldsymbol{U}^{(i,j)}$ 中 15×15 个相邻样点的变化，对应的单位响应可表示为

$$\boldsymbol{R}^{(i,j)(k,l)}=\boldsymbol{B}^{(i,j)}\otimes\boldsymbol{B}^{(k,l)} \tag{9.39}$$

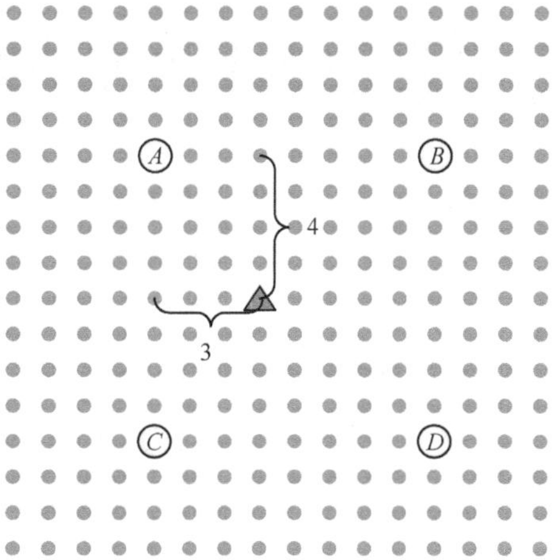

图 9.4　滤波图像 $\boldsymbol{U}^{(i,j)}$ 样点(圆点)及其隔 8 网格点(圆圈)示意：相邻网格点对应相邻分块相同模式 (i,j) 上的反量化 DCT 系数，对任一个 $\boldsymbol{U}^{(i,j)}$ 上的样点(三角)，它们也提供了模 8 相对坐标系的原点

其中，“$\otimes$”表示交叉相关运算(cross-correlation)，它的简单定义是 $f(x)\otimes g(x)=f^{*}(-x)\star g(x)$，$f^{*}$ 表示 f 的共轭复数，但这里均是实数因而没有实际意义；需注意的是，对于 $\boldsymbol{R}^{(i,j)(k,l)}$，其绝对值满足左右(轴)对称和上下(轴)对称，即

$$\left|R_{a,b}^{(i,j)(k,l)}\right|=\left|R_{-a,b}^{(i,j)(k,l)}\right|,\quad \left|R_{a,b}^{(i,j)(k,l)}\right|=\left|R_{a,-b}^{(i,j)(k,l)}\right|$$

这可以直接从图 9.5(b)中的数据情况得到示例，而图 9.5(a)取绝对值后的情况类似，其中 $0\leqslant a,b\leqslant 7$，$\boldsymbol{R}$ 的坐标 (a,b) 为 $\{-7,\cdots,-1,0,1,\cdots,7\}\times\{-7,\cdots,-1,0,1,\cdots,7\}$，如果把每 8 个同方向样点作为一个单元模 8 重复标注方向坐标 $(0,1,\cdots,7)$，图 9.4 中的圆圈坐标均为 $(0,0)$，任何一个模式 (k,l) 上 JPEG 系数的改动都是以相应 $(0,0)$ 为中心扩散的。基于以上分析，可以将滤波图像中任一样点 $u_{a,b}\in\boldsymbol{U}^{(i,j)}$ 基于 4 个邻块 JPEG 系数表示为

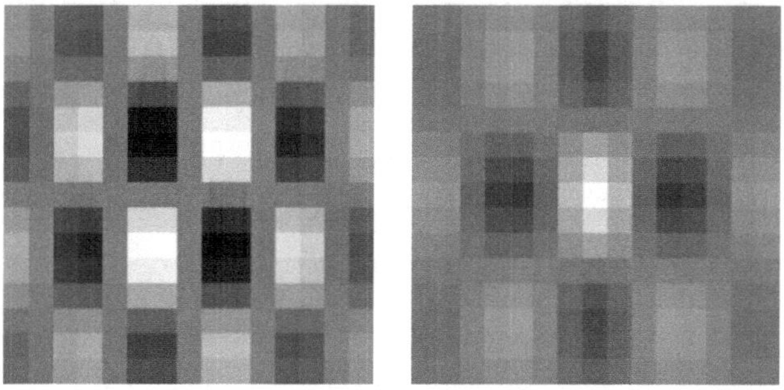

(a)　　(b)

图 9.5　单位响应 $\boldsymbol{R}^{(1,3)(2,2)}$ 与 $\boldsymbol{R}^{(1,2)(1,2)}$

$$u_{a,b}=\sum_{k=0}^{7}\sum_{l=0}^{7}Q_{kl}\left[A_{kl}R_{a,b}^{(i,j)(k,l)}+B_{kl}R_{a,b-8}^{(i,j)(k,l)}+C_{kl}R_{a-8,b}^{(i,j)(k,l)}+D_{kl}R_{a-8,b-8}^{(i,j)(k,l)}\right] \tag{9.40}$$

其中，坐标 (a,b) 是模 8 标注的，参见图 9.4 中三角形标出的点；A_{kl}、B_{kl}、C_{kl}、D_{kl} 是 4 个邻块 (k,l) 模式上的 JPEG 系数；Q_{kl} 是相应模式上的 JPEG 量化步长。基于式 (9.40)，滤波图像样点 $u_{a,b}$ 可以表示成 4 个相邻图像块 256 个反量化 DCT 系数在向量 $\boldsymbol{P}_{a,b}^{(i,j)}$ 上的投影

$$u_{a,b}=\begin{pmatrix} Q_{00}A_{00}\\ \vdots\\ Q_{77}A_{77}\\ Q_{00}B_{00}\\ \vdots\\ Q_{77}B_{77}\\ Q_{00}C_{00}\\ \vdots\\ Q_{77}C_{77}\\ Q_{00}D_{00}\\ \vdots\\ Q_{77}D_{77}\end{pmatrix}^{\mathrm{T}}\cdot\underbrace{\begin{pmatrix} R_{a,b}^{(i,j)(0,0)}\\ \vdots\\ R_{a,b}^{(i,j)(7,7)}\\ R_{a,b-8}^{(i,j)(0,0)}\\ \vdots\\ R_{a,b-8}^{(i,j)(7,7)}\\ R_{a-8,b}^{(i,j)(0,0)}\\ \vdots\\ R_{a-8,b}^{(i,j)(7,7)}\\ R_{a-8,b-8}^{(i,j)(0,0)}\\ \vdots\\ R_{a-8,b-8}^{(i,j)(7,7)}\end{pmatrix}}_{\boldsymbol{P}_{a,b}^{(i,j)}} \tag{9.41}$$

可以证明[124]，以上投影向量满足

$$\left|\boldsymbol{P}_{a,b}^{(i,j)}\right|=\left|\boldsymbol{P}_{a,b-8}^{(i,j)}\right|=\left|\boldsymbol{P}_{a-8,b}^{(i,j)}\right|=\left|\boldsymbol{P}_{a-8,b-8}^{(i,j)}\right| \tag{9.42}$$

$$\left|\boldsymbol{P}_{a,b}^{(i,j)}\right|=\left|\boldsymbol{P}_{a,8-b}^{(i,j)}\right|=\left|\boldsymbol{P}_{8-a,b}^{(i,j)}\right|=\left|\boldsymbol{P}_{8-a,8-b}^{(i,j)}\right| \tag{9.43}$$

因此可以进一步认为，投影方式在 8×8 块间表现为隔 8 相同，在块内表现为模 8 相同，对于后者，图 9.6 分类描绘了相同投影方式的位置，对不同类型的描述请参见以下步骤(5)。

基于上述预处理与性质分析，以下继续描述 DCTR 特征的提取方法。

(3)量化与截断滤波图像样点。对 64 个滤波图像的样点绝对值进行量化与截断，对任一样点 u，可表示为 $Q_T(|u|/q)$，其中 q 为量化步长，一般按照 JPEG 图像的质量因子 K 计算

$$q=8\times\left(2-\frac{K}{50}\right) \tag{9.44}$$

截断量化函数 Q_T 的计算方法是

$$Q_T(x)=\begin{cases}x, & x<T\\ T, & x\geqslant T\end{cases} \tag{9.45}$$

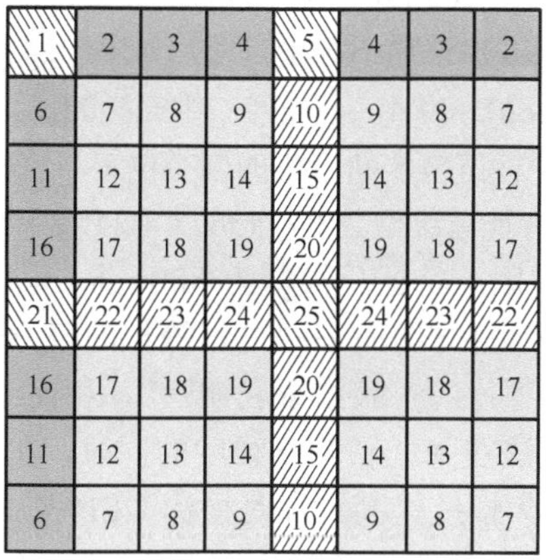

图 9.6　块内模 8 同类投影及其分类：编号相同合并，同类位置颜色背景相同

在提取 DCTR 特征时，一般取 $T=4$，这样滤波图像样点在上述处理后取值范围为 $[0,T]$。

(4)隔 8 直方图统计。针对每一个滤波图像 $\boldsymbol{U}^{(i,j)}$，对量化与截断后的样点隔 8 统计直方图(图 9.7)，即在其每个子块的相同模 8 位置 (a,b) 上统计一个直方图，这可以表示为

$$\boldsymbol{h}_{a,b}^{(i,j)}(r)=\frac{1}{\left|\boldsymbol{U}_{a,b}^{(i,j)}\right|}\sum_{u\in\boldsymbol{U}_{a,b}^{(i,j)}}[Q_T(|u|/q)=r] \tag{9.46}$$

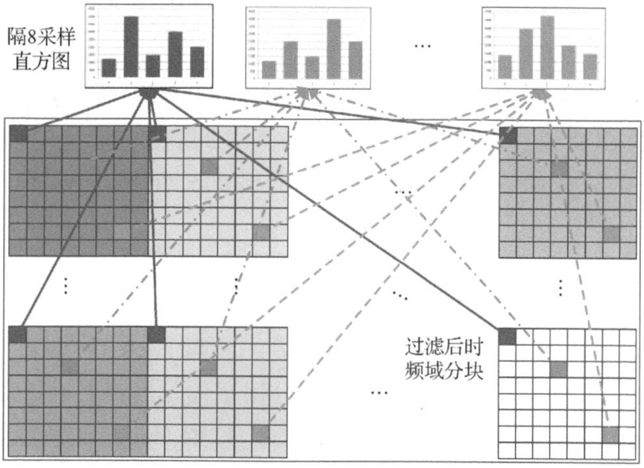

图 9.7　对量化与截断后的滤波图像样点隔 8 统计直方图

(5) 直方图合并。对在每个滤波图像上得到的 64 个直方图 $\boldsymbol{h}_{a,b}^{(i,j)}(r)$，若 $(a,b)\in\{1,2,3,5,6,7\}^2$，这些下标的模 8 加法逆 $-a$ 或 $-b$ 不等于自己，一共有 36 个直方图，因此可以按照模 8 对称原则(图 9.6)将相应每 4 个直方图合并；若 (a,b) 中有一个属于 $\{0,4\}^2$，则这些下标中只有一个的模 8 加法逆不等于自己，一共有 24 个直方图，因此可以将相应每两个直方图合并；如果 $(a,b)\in\{0,4\}^2$，任何一维坐标的模 8 加法逆都等于自己，一共有 4 个直方图，这里没有坐标值模 8 新产生的同类位置。这样，如果将每个直方图的一个值作为一维特征，那么特征总维数为 $64\times(36/4+24/2+4)\times(T+1)=1600\times(T+1)$，前面提到，一般取 $T=4$，因此特征总维数为 8000 维。以上步骤(4)与步骤(5)可合并，即在合并的数据上提取直方图而不是进行等价的直方图合并。

在 BOSSbase 图像库进行的实验结果表明[124]，相比 JRM、PSRMQ3、SRMQ1 与 J+SRM，DCTR 分析方法在降低了特征维度的同时，在多数情况下均降低了错误率，尤其是计算速度得到大幅度提高。针对检测 UED 与 J-UNIWARD 隐写，DCTR 仅在分析较高嵌入率的 UED 时错误率略高于 J+SRM，如在检测 0.3bpnac 与 QF 为 75 的 UED 时，前者错误率约为 11%，后者约为 9%；而在其他情况下，DCTR 比以上比较的分析方法错误率都要低，典型地，对检测 0.3bpnac 与 QF 为 75 的 J-UNIWARD，DCTR、PSRMQ3、J+SRM、SRMQ1 与 JRM 的错误率分别约为 23.5%、23.4%、26.7%、29.2%与 33.5%。值得注意的是，虽然部分情况下 PSRMQ3 的错误率与 DCTR 非常接近，但 DCTR 的计算效率大幅度提升，典型地，针对 512×512 的 JPEG 图像，在采用 Intel i5 2.4GHz CPU 的工作站上，提取 DCTR 特征的时间是 0.5～1s，这个速度大约是提取 JRM 特征的 2 倍、提取 SRMQ1 特征的 10 余倍以及提取 PSRMQ3 特征的 200 倍。

2. GFR 特征分析

借鉴 DCTR 分析方法的框架，Song 等[125]提出了基于二维 Gabor 滤波的 GFR 特征。GFR 特征分析采用的分类器仍然是 FLD 集成分类器，但与 DCTR 最大的不同是采用 Gabor 滤波(变换)核代替了 DCT 滤波核。Gabor 变换是一种更接近小波变换的短时变换，它的滤波函数是对余弦信号加上高斯窗函数，以实现对信号的局部时频分析，可以表示为

$$g_{\lambda,\theta,\phi}(x,y)=\mathrm{e}^{-[(\hat{x}^2+\gamma^2\hat{y}^2)/2\sigma^2]}\cos\left(\frac{2\pi\hat{x}}{\lambda}+\phi\right) \tag{9.47}$$

其中，$\hat{x}=x\cos\theta+y\sin\theta$，$\hat{y}=-x\sin\theta+y\cos\theta$；参数 $\gamma=0.5$ 控制高斯窗函数的纵横比；λ 控制余弦信号波长，它直接影响控制分辨率的尺度参数 $\sigma=0.56\lambda$；ϕ 为相位偏移，一般设为 0 与 $\pi/2$；θ 为滤波方向参数。二维 Gabor 滤波能从不同尺度和方向反映图像的时频特性，因此，相比 DCTR 特征，基于二维 Gabor 滤波器提取的 GFR 特征能够更丰富地表达隐写对图像统计特征的扰动。提取 GFR 特征的总体框

架如图 9.8 所示，值得注意的是，这个框架也基本是提取 DCTR 与 PSRM 特征的框架，是这类隐写分析的共性技术路线。以下基于该框架描述 GFR 特征的提取过程。

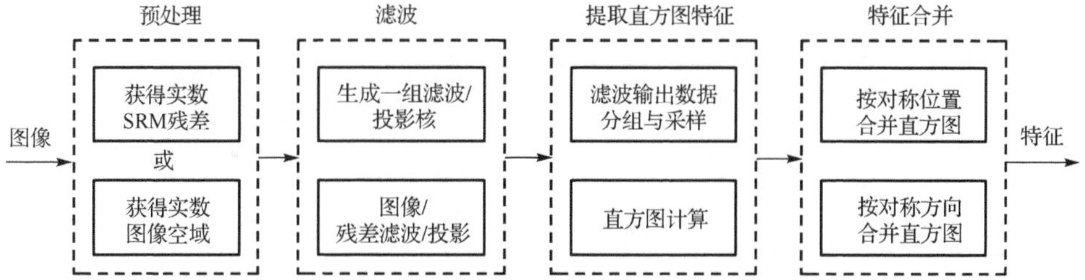

图 9.8　提取 GFR、DCTR 与 PSRM 特征的基本框架

(1) 计算 JPEG 图像实数空域数据。这个过程与提取 DCTR 特征的第一步相同，这里将变换到实数空域的 JPEG 图像记作 $\boldsymbol{X}\in\mathbb{R}^{M\times N}$。

(2) 用 8×8 二维 Gabor 滤波核滤波实数空域数据。为增加分析特征的多样性和有效性，不同参数设置的二维 Gabor 滤波核被用于滤波图像实数空域数据，具体地，采用 4 个尺度 $\sigma\in\{0.5,0.75,1,1.25\}$，32 个方向 $\theta\in\{0,\pi/32,\cdots,31\pi/32\}$，2 个相位 $\phi\in\{0,\pi/2\}$，因此，一共产生 $256=4\times32\times2$ 个 Gabor 滤波核 $\boldsymbol{G}^{(\phi,\sigma,\theta)}$。利用 8×8 的二维 Gabor 核对空域图像进行卷积滤波，分别得到 256 幅滤波后的图像 $\boldsymbol{U}^{(\phi,\sigma,\theta)}=\boldsymbol{X}\star\boldsymbol{G}^{(\phi,\sigma,\theta)}$，其中 $\boldsymbol{U}^{(\phi,\sigma,\theta)}\in\mathbb{R}^{(M-7)\times(N-7)}$，符号“$\star$”表示无填充卷积操作，由于进行无填充 8×8 卷积，滤波图像的尺寸从 $M\times N$ 下降为 $(M-7)\times(N-7)$。

(3) 量化与截断滤波图像样点。对 256 幅滤波图像的样点绝对值进行量化与截断，过程与提取 DCTR 特征的对应环节类似，这里仍以 $[0,T]$ 表示以上处理后的整数范围，在提出 GFR 方法的文献[125]中取 $T=4$。

(4) 隔 8 位置直方图统计。针对每一个滤波图像 $\boldsymbol{U}^{(\phi,\sigma,\theta)}$，对量化与截断后的样点隔 8 位置统计直方图(图 9.7)，即在其每个子块的相同位置 (a,b) 上统计一个直方图，这样实际每个滤波图像被划分为 64 个子图像，每个统计一个直方图。

(5) 分两步合并直方图。首先，对同一滤波图像中 64 个子图像的直方图，根据对称位置进行直方图合并，这与 DCTR 的相应处理类似，这样 64 个子图像数量降低为 25 个。其次，对由对称方向二维 Gabor 滤波得到的滤波图像直方图进行合并(图 9.9)：在生成 Gabor 滤波核 $\boldsymbol{G}^{(\phi,\sigma,\theta)}$ 时，对相同的尺度参数 σ 和相位参数 ϕ，方向参数 θ 在 $[0,\pi)$ 均匀选择，因此存在对称的方向，例如，对 $\theta\in\{0,\pi/32,2\pi/32,\cdots,31\pi/32\}$，$\pi/32$ 与 $31\pi/32$ 以及 $2\pi/32$ 与 $30\pi/32$ 是两对对称方向，一共有 15 对对称方向，相应滤波图像的直方图可以合并，但是 0 与 $16\pi/32$ 没有对称方向，因此单独统计，这样对相同的尺度和相位参数一共有 $17=15+2$ 种方向情况，合并每种情况下的全部直方图。最后，可以计算 GFR 特征的总维数为 $|\phi|\times|\sigma|\times25\times17\times(T+1)=2\times4\times25\times17\times(4+1)=17000$。

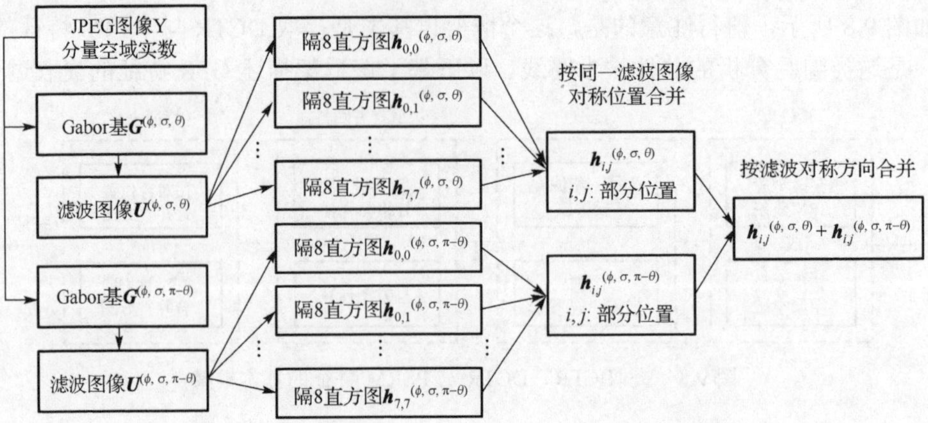

图 9.9　依据方向对称原则进一步合并 GFR 特征原理示意

实验结果[125]表明，同样在采用 FLD 集成分类器的情况下，针对检测性能较领先的 JPEG 图像自适应隐写 J-UNIWARD(12.2 节)，相比于 8000 维的 DCTR 特征与 22510 维的 CC-JRM 特征，GFR 特征分析方法在各种嵌入率下均取得了更好的检测效果。图 9.10 是复现文献[125]实验得到的检测错误率，其中具有代表性的结果是，在常比较的 0.3bpnac 嵌入率上，当 QF 为 75 时，GFR、DCTR 与 CC-JRM 的错误率分别为 17.5%、23.9%与 33.8%；当 QF 为 95 时，GFR、DCTR 与 CC-JRM 的错误率分别为 36.7%、40.1%与 45.8%。

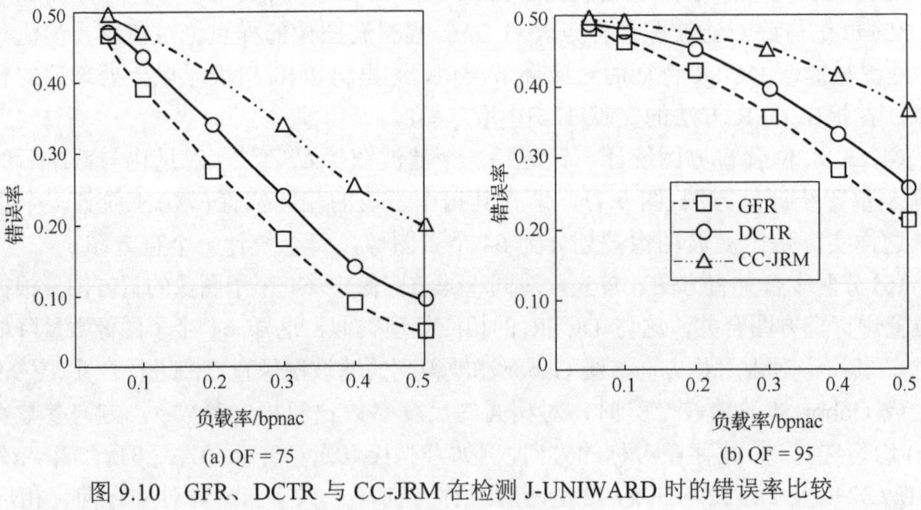

图 9.10　GFR、DCTR 与 CC-JRM 在检测 J-UNIWARD 时的错误率比较

3. GFR-GSM 与 GFR-GW 特征分析

在以上 GFR 直方图合并的第(1)步中，64 个子图合并是按 DCTR 的模 8 对称性进行的(图 9.9)，但以下将说明这样做不完全正确。GFR 的主要提高版本称为

GFR-GW(GFR-Gabor symmetric merging and weighted histograms)[126]，它主要改进了 GFR 的特征合并与直方图统计方法。对 GFR-GW 的设计来说，更改直方图统计方法并不直接针对仅提高 GFR，而是前期基于取整量化后的统计方法，显然丢失了“靠得量化点多近”这样的细节信息；如果不采用这样的优化直方图计算方法，仅利用 GFR-GW 对 GFR 特征合并的改进，相关方法被称为 GFR-GSM(GFR-Gabor symmetric merging)[126]。

除了前面提到的方向对称性利用(将 32 个方向降低为 17 种情况)，这里分析对 GFR 合适的其他直方图合并原则，分析方法类似于分析 DCTR 特征的对称合并原则，仍然从对 JPEG 系数的单位改变响应开始。在 JPEG 图像 8×8 分块的 (k,l) 模式上，对 JPEG 系数加 1 或者减 1 会引起空域相应 8×8 像素值的变化，进而会引起滤波图像 $\boldsymbol{U}^{(\phi,\sigma,\theta)}$ 中 15×15 个相邻样点的变化，对应的单位响应为

$$\boldsymbol{R}^{(\phi,\sigma,\theta)(k,l)}=\boldsymbol{G}^{(\phi,\sigma,\theta)}\otimes\boldsymbol{B}^{(k,l)} \tag{9.48}$$

其中，$\boldsymbol{B}^{(k,l)}$表示 DCT 核；符号“⊗”仍表示交叉相关运算(cross-correlation)。经过分析可知[126]，对于 $\boldsymbol{R}^{(\phi,\sigma,\theta)(k,l)}$，当 $\theta=0,\pi/2$ 时(包括以上 17 种情况的 2 种)，其绝对值满足与 DCTR 类似的左右、上下与中心对称(图 9.11(a))，即

$$\left|R_{a,b}^{(\phi,\sigma,\theta)(k,l)}\right|=\left|R_{-a,b}^{(\phi,\sigma,\theta)(k,l)}\right|=\left|R_{a,-b}^{(\phi,\sigma,\theta)(k,l)}\right|=\left|R_{-a,-b}^{(\phi,\sigma,\theta)(k,l)}\right| \tag{9.49}$$

当 $\theta\neq 0,\pi/2$ 时(包括以上 17 种情况的 15 种)，其绝对值满足以下中心对称(图 9.11(b))

$$\left|R_{a,b}^{(\phi,\sigma,\theta)(k,l)}\right|=\left|R_{-a,-b}^{(\phi,\sigma,\theta)(k,l)}\right|=\left|R_{-a,b}^{(\phi,\sigma,\pi-\theta)(k,l)}\right|=\left|R_{a,-b}^{(\phi,\sigma,\pi-\theta)(k,l)}\right| \tag{9.50}$$

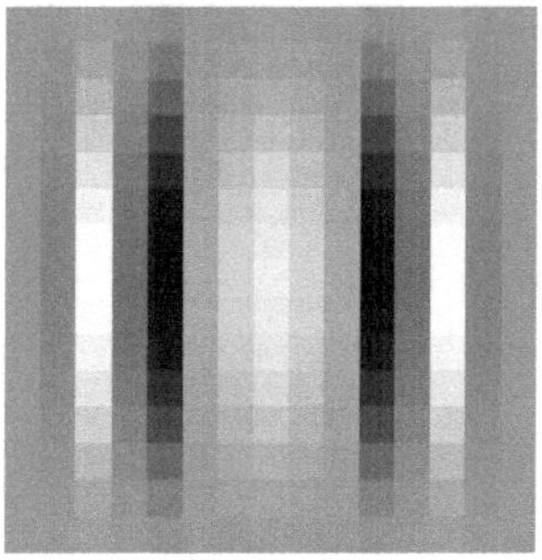

(a)

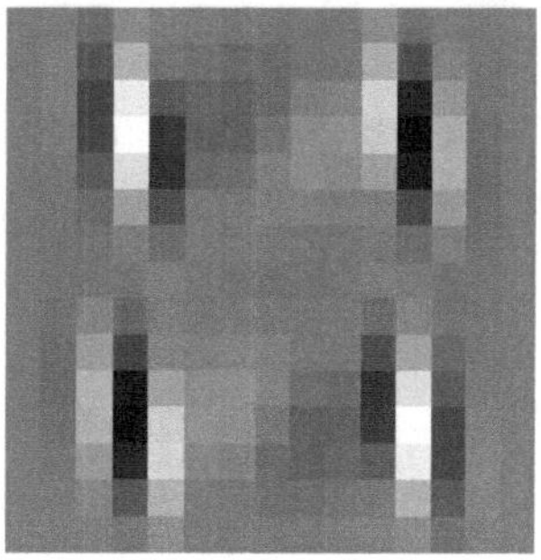

(b)

图 9.11　GFR 单位响应 $\boldsymbol{R}^{(0,1,0)(0,2)}$ 与 $\boldsymbol{R}^{(0,1,\pi/16)(0,2)}$

其中，$0\leqslant a,b\leqslant 7$，$\boldsymbol{R}$ 的坐标 $(a,b)\in\{-7,\cdots,-1,0,1,\cdots,7\}\times\{-7,\cdots,-1,0,1,\cdots,7\}$。下面仍然基于图 9.4 分析滤波图像中样点 $u\in\boldsymbol{U}^{(\phi,\sigma,\theta)}$ 是如何计算的。首先，将滤波图像 $\boldsymbol{U}^{(\phi,\sigma,\theta)}$ 分成 8×8 的图像块，类似地，把每 8 个同方向样点作为一个单元模 8 重复标

注坐标 $(0,1,\cdots,7)$，图 9.4 中的圆圈坐标为 $(0,0)$，任何一个模式 (k,l) 上 JPEG 系数的改动都是以相应 $(0,0)$ 为中心扩散的，这样可以将滤波图像中任一样点 $u_{a,b} \in \boldsymbol{U}^{(\phi,\sigma,\theta)}$ 基于 4 个邻块 JPEG 系数表示为

$$u_{a,b} = \sum_{k=0}^{7}\sum_{l=0}^{7} Q_{kl}[A_{kl}R_{a,b}^{(\phi,\sigma,\theta)(k,l)} + B_{kl}R_{a,b-8}^{(\phi,\sigma,\theta)(k,l)} + C_{kl}R_{a-8,b}^{(\phi,\sigma,\theta)(k,l)} + D_{kl}R_{a-8,b-8}^{(\phi,\sigma,\theta)(k,l)}] \tag{9.51}$$

其中，A_{kl}、B_{kl}、C_{kl}、D_{kl} 是 4 个邻块 (k,l) 模式上的 JPEG 系数；Q_{kl} 是相应模式的 JPEG 量化步长。类似地，滤波图像样点 $u_{a,b}$ 可以表示成 4 个相邻图像块对应的 256 个反量化 DCT 系数在向量 $\boldsymbol{P}_{a,b}^{(\phi,\sigma,\theta)}$ 上的投影

$$u_{a,b} = \begin{Bmatrix} Q_{00}A_{00} \\ \vdots \\ Q_{77}A_{77} \\ Q_{00}B_{00} \\ \vdots \\ Q_{77}B_{77} \\ Q_{00}C_{00} \\ \vdots \\ Q_{77}C_{77} \\ Q_{00}D_{00} \\ \vdots \\ Q_{77}D_{77} \end{Bmatrix}^{\mathrm{T}} \cdot \underbrace{\begin{Bmatrix} R_{a,b}^{(\phi,\sigma,\theta)(0,0)} \\ \vdots \\ R_{a,b}^{(\phi,\sigma,\theta)(7,7)} \\ R_{a,b-8}^{(\phi,\sigma,\theta)(0,0)} \\ \vdots \\ R_{a,b-8}^{(\phi,\sigma,\theta)(7,7)} \\ R_{a-8,b}^{(\phi,\sigma,\theta)(0,0)} \\ \vdots \\ R_{a-8,b}^{(\phi,\sigma,\theta)(7,7)} \\ R_{a-8,b-8}^{(\phi,\sigma,\theta)(0,0)} \\ \vdots \\ R_{a-8,b-8}^{(\phi,\sigma,\theta)(7,7)} \end{Bmatrix}}_{\boldsymbol{P}_{a,b}^{(\phi,\sigma,\theta)}}$$

基于以上分析可以推得 GFR 的直方图合并原则。首先，根据式(9.49)可以证明[126]，与 DCTR 的投影类似，以上投影向量满足

$$\left|\boldsymbol{P}_{a,b}^{(\phi,\sigma,\theta)}\right| = \left|\boldsymbol{P}_{a,b-8}^{(\phi,\sigma,\theta)}\right| = \left|\boldsymbol{P}_{a-8,b}^{(\phi,\sigma,\theta)}\right| = \left|\boldsymbol{P}_{a-8,b-8}^{(\phi,\sigma,\theta)}\right|$$

这说明投影方式在 8×8 块间表现为隔 8 相同，这也是隔 8 的基本依据；其次，当 $\theta = 0, \pi/2$ 时，以上投影向量满足

$$\left|\boldsymbol{P}_{a,b}^{(\phi,\sigma,\theta)}\right| = \left|\boldsymbol{P}_{a,8-b}^{(\phi,\sigma,\theta)}\right| = \left|\boldsymbol{P}_{8-a,b}^{(\phi,\sigma,\theta)}\right| = \left|\boldsymbol{P}_{8-a,8-b}^{(\phi,\sigma,\theta)}\right| \tag{9.52}$$

以上关系类似式(9.43)，因此，在 $\boldsymbol{U}^{(\phi,\sigma,\theta)}, \theta = 0, \pi/2$ 两个方向上统计的直方图可以按照提取 DCTR 特征中类似的方法合并，即

$$\boldsymbol{h}_{a,b}^{(\phi,\sigma,\theta)} \leftarrow \boldsymbol{h}_{a,b}^{(\phi,\sigma,\theta)} + \boldsymbol{h}_{a,8-b}^{(\phi,\sigma,\theta)} + \boldsymbol{h}_{8-a,b}^{(\phi,\sigma,\theta)} + \boldsymbol{h}_{8-a,8-b}^{(\phi,\sigma,\theta)}$$

将此类 64 个子图直方图递减为 25 个；根据式(9.50)，当 $\theta \neq 0, \pi/2$ 时有

$$\left|\boldsymbol{P}_{a,b}^{(\phi,\sigma,\theta)}\right| = \left|\boldsymbol{P}_{8-a,8-b}^{(\phi,\sigma,\theta)}\right| = \left|\boldsymbol{P}_{a,8-b}^{(\phi,\sigma,\pi-\theta)}\right| = \left|\boldsymbol{P}_{8-a,b}^{(\phi,\sigma,\pi-\theta)}\right| \tag{9.53}$$

因此，在 $\boldsymbol{U}^{(\phi,\sigma,\theta)}, 0<\theta<\pi/2$ 上及其对称方向滤波图像 $\boldsymbol{U}^{(\phi,\sigma,\pi-\theta)}$ 上统计的直方图，可以按照中心对称原则合并，将此方向对上滤波合并的 64 个子图直方图按照以上对称位置关系进一步合并为 34 个(图 9.12)，即

$$\boldsymbol{h}_{a,b}^{(\phi,\sigma,\theta)} \leftarrow \boldsymbol{h}_{a,b}^{(\phi,\sigma,\theta)} + \boldsymbol{h}_{8-a,8-b}^{(\phi,\sigma,\theta)} + \boldsymbol{h}_{8-a,8}^{(\phi,\sigma,\pi-\theta)} + \boldsymbol{h}_{a,8-b}^{(\phi,\sigma,\pi-\theta)}$$

最后，可以发现对 $\boldsymbol{G}^{(\phi,\sigma,\theta)}, 0\leqslant\theta\leqslant\pi/2$，有

$$\boldsymbol{G}^{(\phi,\sigma,\theta)} = \left(\boldsymbol{G}^{\left(\phi,\sigma,\frac{\pi}{2}-\theta\right)}\right)^{\mathrm{T}} \tag{9.54}$$

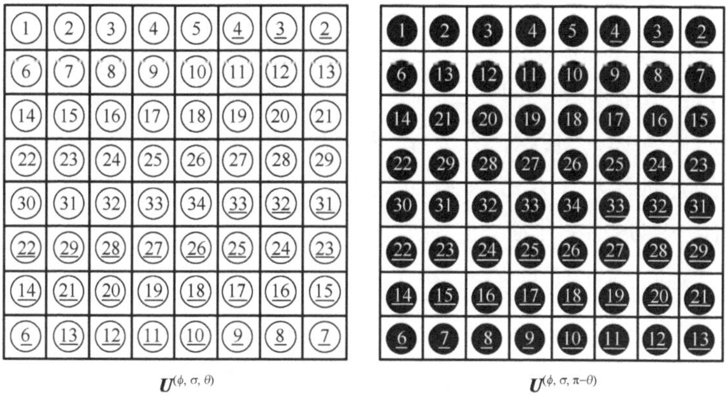

图 9.12　根据中心对称原则合并直方图示意：同编号位置上合并

因此，对方向 θ 与 $\pi/2-\theta$ 上的直方图，可以在转置位置上两两进行合并，即 $\boldsymbol{h}_{a,b}^{(\phi,\sigma,\theta)} \leftarrow \boldsymbol{h}_{a,b}^{(\phi,\sigma,\theta)} + \boldsymbol{h}_{b,a}^{(\phi,\sigma,\pi/2-\theta)}$，这样，前面剩下的 $17=2+15$ 个方向中，0、$\pi/2$ 两个方向可以合并，其他 15 个方向合并为 8 个方向。图 9.13 给出了 GFR-GSM 特征提取中直方图的合并流程与计数方法，最后，特征的总维数是 $594L\times(T+1)$。例如，对 GFR-GSM4 与 GFR-GW4，尺度数 $L=4$，一般取 $T=4$，这样特征维数是 11880；类似地，GFR-GW6 的特征维数是 17820。

GFR-GW 在 GFR-GSM 基础上改进了直方图的统计方法。传统直方图基于量化结果统计，两个相邻量化点的值相差一个步长 q，这样量化前样点在步长之间的具体位置信息被忽略。为了在直方图中反映这个细微信息，GFR-GW 采用了权重直方图(weighted histogram)的计算方法，对每一个当前被统计的样点 $u_{a,b}$ 不直接量化，而是对高斯函数

$$G_{u_{a,b},\sigma_H^2}(x) = \frac{1}{\sqrt{2\pi}\sigma_H}\exp\left(-\frac{x-u_{a,b}}{2\sigma_H^2}\right)$$

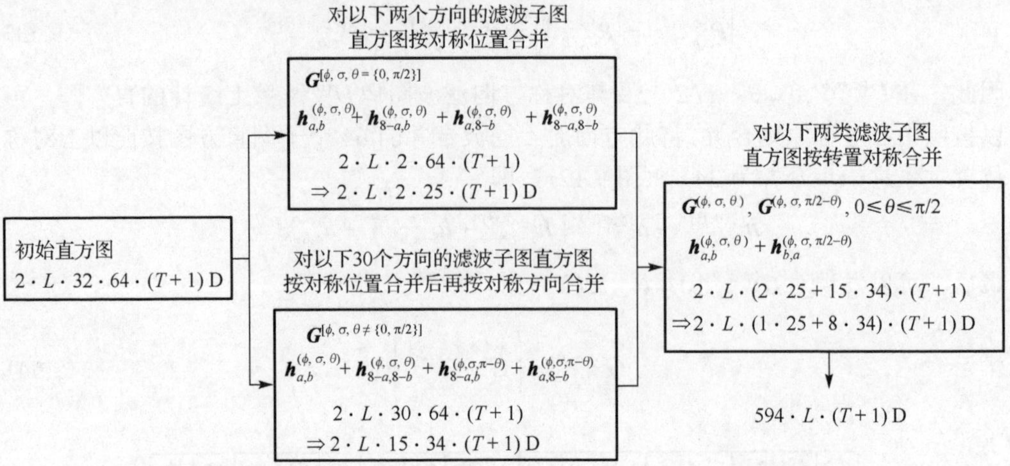

图 9.13　GFR-GSM 特征提取中直方图的合并流程与维度计数(2 为相位数，L 为尺度数，32 为方向数，64 为子图像数，T 为截断长度)

进行分段积分(图 9.14)，其中，方差 σ_H^2 需通过实验确定，分段积分区间一般为一个量化点向左右延伸各半个步长，在两侧则延伸至 ∞ 或 $-\infty$，如量化表为 $\{-Tq,\cdots,-q,0,q,\cdots,Tq\}$，则分段区间为

$$I_i=\begin{cases}\left(-\infty,\left(-T+\dfrac{1}{2}\right)q\right], & i=-T\\ \left(\left(i-\dfrac{1}{2}\right)q,\left(i+\dfrac{1}{2}\right)q\right], & i=\{-T+1,\cdots,-1\}\\ \left(-\dfrac{1}{2}q,\dfrac{1}{2}q\right), & i=0\\ \left[\left(i-\dfrac{1}{2}\right)q,\left(i+\dfrac{1}{2}\right)q\right), & i=\{1,\cdots,T-1\}\\ \left[\left(T-\dfrac{1}{2}\right)q,+\infty\right), & i=T\end{cases}$$

在以上区间 I_i 上对以上高斯函数积分得到权重 P_i，它显然在 $u_{a,b}$ 所在的区间最大，向两侧逐渐减小。考虑到直方图在样点绝对值上统计，因此有

$$P_i\leftarrow\begin{cases}P_i+P_{-i}, & i=1,2,\cdots,T\\ P_0, & i=0\end{cases}\tag{9.55}$$

全部 P_i 就是一个样点 $u_{a,b}$ 产生的直方图数值增量，它们被分别累加在横轴值为 i 的直方图值当前计数上，由于这些增量是实数，这类直方图也被称为“软直方图”。这样，当统计完全部样点时，最后直方图中任一数值可表示为

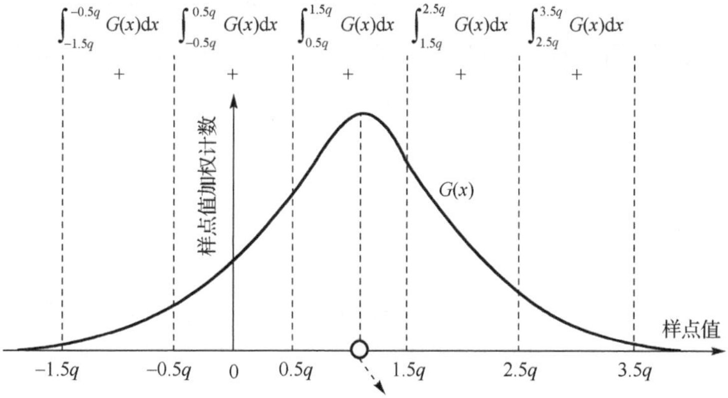

图 9.14　GFR-GW 对一个样点值的权重直方图计算示意

$$h_W(i)=\sum_{a,b}\int_{I_i\cup I_{-i}} G_{u_{a,b},\sigma_H^2}(x)\mathrm{d}x\,,\quad i=0,1,\cdots,T \tag{9.56}$$

实验结果[126]表明，GFR-GW 与 GFR-GSM 的检测性能普遍超过了 GFR 以及后面将介绍的 PHARM。典型地，对载体 QF 为 75、嵌入率为 0.3bpnac 的 J-UNIWARD，PHARM、GFR、GFR-GSM4、GFR-GW4 与 GFR-GW6 的检测错误率分别为 0.2099、0.1786、0.1743、0.1651 与 0.1628，具体实验配置参见文献[126]。

9.3.3　相位感知随机投影特征分析

前面介绍的 PSRM 随机投影特征分析通过随机投影增加特征的丰富性，DCTR 与 GFR 等相位感知特征分析在时频变换域利用 JPEG 相位特性提高特征表达的精准性，而 Holub 与 Fridrich[127]提出的 PHARM（phase aware projection model）特征分析综合了以上两种方法。

与 PSRM 分析类似，PHARM 分析也对 SRM 的残差进行随机投影，但是仅使用 7 类线性残差以保持相位特性。如果分析 JPEG 图像，图像首先需要用反量化与分块 DCT 逆变换转换到空域，但也不进行取整操作。对应的 7 类线性残差滤波核为

$$(-1\quad 1),\ \begin{pmatrix}-1\\1\end{pmatrix},\ (1\quad -3\quad 3\quad -1),\ \begin{pmatrix}1\\-3\\3\\-1\end{pmatrix},\ \begin{pmatrix}1 & 1\\-1 & -1\end{pmatrix},\ \begin{pmatrix}-1 & 1\\-1 & 1\end{pmatrix},\ \begin{pmatrix}1 & -1\\-1 & 1\end{pmatrix}$$

它们是通过实验选择出来的。在得到以上 SRM 残差后，生成 v 个随机投影 $\Pi^{(i)},i\in\{1,\cdots,v\}$，生成方式与 PSRM 中基本相同，但为了保持相位特性，尺寸必须

在 8×8 以内。记 R 表示一类残差，则其第 i 种投影为 $P^{(i)}=R*\Pi^{(i)}$，在计算直方图前，需要对投影进行取绝对值、量化与截断，仍记量化步长为 q，截断长度为 T，这样投影样点在上述处理后取值范围为 $[0,T]$。文献[127]通过实验推荐设置为 $T=2$，当 JPEG QF 为 75 时，$q=5$，当 QF 为 95 时，$q=2$，一般情况下可以按照以下公式确定 q

$$q=\frac{65}{4}-\frac{3}{20}\mathrm{QF} \tag{9.57}$$

在 PHARM 分析中，直方图基于任选的相位坐标计算。这里，相位坐标实际上就是 8×8 分块内的一个相对坐标 (u,v)，$u,v\in\{0,\cdots,7\}$。对于每个 $P^{(i)}$，PHARM 随机选择一个 (u,v)，之后仅在 $P^{(i)}$ 每个分块的 (u,v) 上统计直方图，即统计的对象是 $P^{(i)}$ 的抽样 $P^{(i;u,v)}=(p_{u+8k,v+8l}^{(i)})$，$1\leqslant k\leqslant n_1/8-1$，$1\leqslant l\leqslant n_2/8-1$，$n_1\times n_2$ 为投影图像尺寸。为了增加直方图统计的稳健性，根据分块 DCT 变换基的相位对称特性，PHARM 分析方法将坐标 (u,v) 扩展为在 8×8 分块内相互对称的 4 个坐标，但需要旋转相应的投影核 $\Pi^{(i)}$，图 9.15 给出了旋转方式。

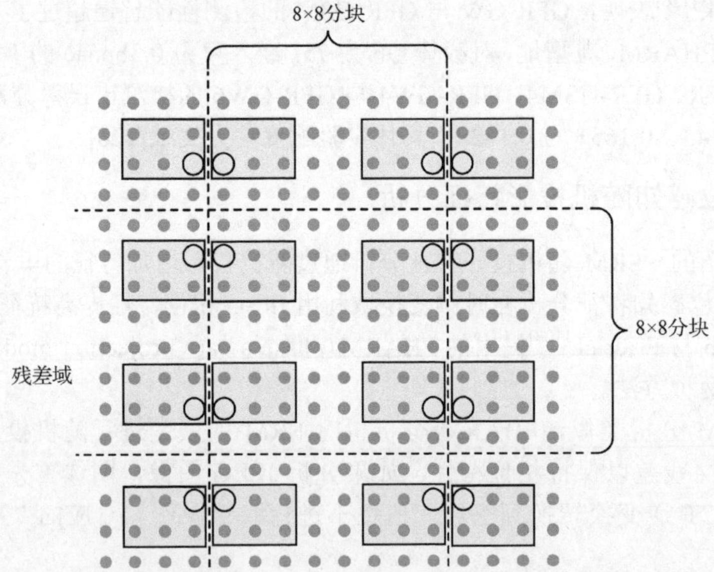

图 9.15　PHARM 旋转与翻转投影矩阵得到对称样点上的同类投影并合并其直方图
（大圆圈为投影矩阵的左上元素，从其位置可见旋转与翻转方法）

在以上处理下，PHARM 特征的维度为 $7\times T\times v$。相比 PSRM，由于 PHARM 特征仅使用了 7 类线性残差，使得可以将 v 扩大到 900，因此，文献[127]推荐的维度为 $7\times2\times900=12600$。在上述参数设置下，基于 BOSSbase 图像库进行的实验[127]表明，针对检测自适应 JPEG 图像隐写（12.1.3 节），在 QF=75 与 95 两种情况下，PHARM 相比 DCTR、JRM、SRMQ1 与 JSRM 均体现出了相对的优势。典型地，当 J-UNIWARD 嵌入率为 0.3bpnac 与 QF=75 时，PHARM、DCTR、JSRM、SRMQ1 与 JRM 的检测错误率分别约为 20.0%、23.9%、27.3%、29.1% 与 33.1%；当 J-UNIWARD 嵌入率为 0.3bpnac 与 QF=95 时，它们的检测错误率分别约为 37.8%、40.6%、42.7%、44.8%与 44.9%。另外，PHARM 比 PSRMQ3 的错误率也有显著降低。

9.4　小　　结

本章介绍了图像高维特征隐写分析的基本原理。首先，简介了 FLD 集成分类，指出了其利用高维特征的方法，读者可以发现，之后介绍的高维特征隐写分析的分类模块均是 FLD 集成分类器；尤其是，集成分类的思想后来也影响了基于神经网络等技术的隐写分析，成为一种提高分析性能的策略。其次，本章重点介绍了面向检测空域编码图像的 SRM 特征分析与面向检测 JPEG 图像的 JRM 特征分析，它们相比前期的方法，能够更全面地捕获样点之间的相关性，增加了特征的多样性，这是通过定义不同子模型下的滤波及其特征提取操作保证的；这两种方法也体现了典型的隐写分析特征提取技术，包括残差计算、量化与截断、校准、共生矩阵统计、对称特征确定与合并等。最后，本章介绍了随机投影与相位感知分析方法，主要包括 PSRM、DCTR、GFR、PHARM 及其变化或提高版本，它们均对空域数据进行一系列投影或时频变换，在得到的不同残差中提取与合并直方图特征，性能一般超过了以上 SRM 与 JRM 等富模型方法，成为目前高维特征分析的主流。值得注意的是，这类分析的设计需要准确把握投影数据的相位与对称特性，以便通过合并、组合获得更稳健、有效的特征，这尤其体现在分析与确定 JPEG 隐写的上述特性上。Fridrich 团队整理并公开了本章与第 8 章隐写分析的主要实验代码[131]，为相关研究提供了便利。

当前，高维特征隐写分析仍然存在一些热点研究问题，包括进一步优化设计与组合本章介绍的各类滤波、投影等方法，在保持分析特征检测精度的同时减少其维度，通过等价分解各类计算设计并行的快速高维特征分析算法等。第 14 章将介绍基于深度学习神经网络的隐写分析，这些分析在小图上指标已经略超过以上分析方法，这样，当前存在这两个技术路线的比较与选择问题。目前大致的情况是，神经网络隐写分析需要学习大量的参数，受制于 GPU 内存等计算条件，在能够处理的图像尺寸上较长时间没有得到提高，训练样本数量需求也较大，而高维特征隐写分析没有这些问题，也出现了一批基于 GPU 架构的并行算法[132-134]。但这两个技术路线的比较与选择问题还将继续存在。

思考与实践

(1) 为什么集成分类器能够利用高维特征进行分类？它是怎样训练的？错误率是如何计算的？

(2) 本章提到的高维特征提取均需要按照所谓的对称性进行合并，请简要描述 SRM 与 JRM 特征提取中进行的特征合并方法与原理。

(3) 为什么 SRM 的最大特征维数是 34671，SRMQ1 特征的维数是 12753？为什么 JRM 特征的总维度是 11255，CC-JRM 的是 22510？

(4) DCTR、GFR 是如何合并特征的？这样合并后特征维度分别下降了多少？

(5) GFR-GSM 与 GFR-GW 在哪些方面提高了 GFR？

第 10 章　最优嵌入理论

研究人员一直在寻求尽可能安全的隐写方法，其中，最优嵌入(optimal embedding)是指在一个风险评价方法下的最安全隐写，其中，风险评价指标普遍用总嵌入失真(embedding distortion)或代价(cost)表示，因此最优嵌入也称为最小失真嵌入。当前，研究人员逐步建立了最优嵌入理论，它一般研究在不同约束条件下有关最优嵌入信号的性质与获得方法等问题，典型的问题包括：①在满足消息传输量的要求下获得总体失真最小的嵌入方式；②在满足一定的失真下使得消息传输量最大。最优嵌入理论[55]出现在当前很多主要隐写算法产生前，对提高隐写的安全性与讨论、比较各种方法起到了积极的作用。

一般情况下，由于隐写在各个位置上的修改对失真的影响不是独立的，最优嵌入问题的求解非常困难，在此情况下人们只得到了一些基本性质。但是，如果假设隐写在各个位置上的修改对失真的作用是独立的，即满足所谓的加性模型(additive model)，则总失真可以用各个位置上的失真和表示，在这种情况下，可以得到在一个失真计算方法下的最优嵌入信号分布。在实际的隐写设计中，根据这个分布可以模拟得到加性模型下的最优嵌入样本，通过检测这些样本得到的隐写分析性能，可以作为加性模型下隐写安全性的上界使用，更靠近上界性能的隐写一般被认为是更安全的。

本章介绍最优嵌入理论的基本内容，需要提前指出，第 11 章介绍的 STC 隐写能够逼近加性模型下最优嵌入的安全性质，因此，在基于 STC 框架的隐写设计中，往往用该理论得到的性质近似表示 STC 隐写的相关性质。

10.1　一 般 情 况

Fridrich 等[55,135]建立的最优嵌入理论论述的主要问题是，假设存在失真计算方法，无论这个方法是什么，当负载率一定要求总体嵌入失真最小时，或者当总失真一定要求嵌入最大消息量时，嵌入信号及其性质分别是什么？以下先介绍在以上两类约束下描述问题的基本模型。

10.1.1　PLS 与 DLS 问题

为建立最优嵌入问题的数学模型，这里先给出隐写的一般性描述。设载体样本为 $\boldsymbol{x}=(x_1,\cdots,x_n)\in\mathcal{X}\overset{\text{def}}{=}\mathcal{I}^n$，典型地，$\mathcal{I}=\{0,1,\cdots,255\}$；$\boldsymbol{y}=(y_1,\cdots,y_n)\in\mathcal{Y}\subset\mathcal{X}$ 是相应

的含密载体，$\pi(\boldsymbol{y}) \triangleq P(\boldsymbol{y}|\boldsymbol{x})$ 表示其修改转移分布(亦称为修改分布)，不同分布实际对应不同的嵌入处理；可以记 $\mathcal{Y}=\mathcal{I}_1\times\mathcal{I}_2\times\cdots\times\mathcal{I}_n$，$\mathcal{I}_i\subset\mathcal{I}$。例如，对二元嵌入有 $\mathcal{I}_i=\{x_i,\bar{x}_i\}$，这里 $\bar{x}_i$ 仅表示置反 x_i 的奇偶性；对三元嵌入有 $\mathcal{I}_i=\{x_i-1,x_i,x_i+1\}$，$x_i\notin\{0,255\}$。显然，对应一个 $\boldsymbol{x}$，不同的 $\boldsymbol{y}$ 代表不同的嵌入失真，可以用 $D(\boldsymbol{y})\overset{\text{def}}{=\!=}D(\boldsymbol{x},\boldsymbol{y})$ 表示该修改方式下的总体失真，或者称为总体代价。需指出，由于存在样点相互作用，$D(\boldsymbol{y})$ 不简单地是每个样点上失真的加性总和。一般情况下，根据信息论理论，隐写的信息传输量(消息量)为分布函数 $\pi(\boldsymbol{y})$ 的熵

$$H(\pi)=-\sum_{\boldsymbol{y}\in\mathcal{Y}}\pi(\boldsymbol{y})\log_2\pi(\boldsymbol{y}) \tag{10.1}$$

期望失真为

$$E_\pi(D)=\sum_{\boldsymbol{y}\in\mathcal{Y}}D(\boldsymbol{y})\pi(\boldsymbol{y}) \tag{10.2}$$

以上信息量以比特为单位，但也可以通过将对数换底用其他单位表示，后面得到的结论是类似的。各信息量单位之间的转换关系参见附录 A.2.1。

基于以上描述，结合不同的约束条件可以将最优嵌入问题分为两类。设要隐藏的消息量 m 是确定的，此时最优嵌入要最小化期望失真，可以归结为求解以下限负载发送(payload limited sender，PLS)问题

$$\min_{\pi(\boldsymbol{y})}E_\pi(D)=\sum_{\boldsymbol{y}\in\mathcal{Y}}D(\boldsymbol{y})\pi(\boldsymbol{y}) \tag{10.3}$$

$$\text{s.t.}\quad H(\pi)=-\sum_{\boldsymbol{y}\in\mathcal{Y}}\pi(\boldsymbol{y})\log_2\pi(\boldsymbol{y})=m,\quad \sum_{\boldsymbol{y}\in\mathcal{Y}}\pi(\boldsymbol{y})=1 \tag{10.4}$$

与以上 PLS 问题对偶，限失真发送(distortion limited sender，DLS)问题可以描述为

$$\max_{\pi(\boldsymbol{y})}H(\pi)=-\sum_{\boldsymbol{y}\in\mathcal{Y}}\pi(\boldsymbol{y})\log_2\pi(\boldsymbol{y}) \tag{10.5}$$

$$\text{s.t.}\quad E_\pi(D)=\sum_{\boldsymbol{y}\in\mathcal{Y}}D(\boldsymbol{y})\pi(\boldsymbol{y})=D_\epsilon,\quad \sum_{\boldsymbol{y}\in\mathcal{Y}}\pi(\boldsymbol{y})=1 \tag{10.6}$$

即将失真限定为 D_ϵ 下最大化可嵌入的消息量。

需要说明：首先，以上模型主要用于描述问题，真正的求解需要落实在 $\pi(\boldsymbol{y})$ 分布下有效传输消息的具体修改方式；其次，以上问题及其解的最优性都是建立在一个失真计算方法 $D(\boldsymbol{y})$ 上的，第 12 章将介绍一系列具体的失真计算方法。

10.1.2　最优修改分布的性质

求解 PLS 与 DLS 问题需要确定最优修改分布 $\pi(\boldsymbol{y})$，这里介绍其重要性质。

定理 10.1　PLS 下平均最小失真隐写的修改分布 $\pi(\boldsymbol{y})$ 为指数分布。

证明　可以基于 Lagrange 乘子法求解分析以上 PLS 问题。构造

$$F(\pi(\boldsymbol{y})) = \sum_{\boldsymbol{y}\in\mathcal{Y}} D(\boldsymbol{y})\pi(\boldsymbol{y}) + \mu_1\left(m - \sum_{\boldsymbol{y}\in\mathcal{Y}} \pi(\boldsymbol{y})\log_2 \pi(\boldsymbol{y})\right) + \mu_2\left(\sum_{\boldsymbol{y}\in\mathcal{Y}} \pi(\boldsymbol{y}) - 1\right) \tag{10.7}$$

以上 μ_1 与 μ_2 的数值待定。为求 F 的极值，推导以下导数并令其为零

$$\frac{\mathrm{d}F}{\mathrm{d}\pi(\boldsymbol{y})} = D(\boldsymbol{y}) - \mu_1\left(\log_2 \pi(\boldsymbol{y}) + 1/\ln 2\right) + \mu_2 = 0 \tag{10.8}$$

在计算以上导数的过程中，$\pi(\boldsymbol{y})$ 作为直接变元，其变化范围是 $\pi(\mathcal{Y})$，另外利用了 $(\log_a x)' = 1/(x\ln a)$ 等性质。基于式(10.8)得到

$$\log_2 \pi(\boldsymbol{y}) = \frac{\ln \pi(\boldsymbol{y})}{\ln 2} = \frac{D(\boldsymbol{y})}{\mu_1} + \frac{\mu_2}{\mu_1} - \frac{1}{\ln 2} \tag{10.9}$$

令 $\lambda = -\ln 2/\mu_1$ 与 $A = \mathrm{e}^{-\lambda\mu_2 - 1}$，有

$$\pi(\boldsymbol{y}) = \mathrm{e}^{-\lambda D(\boldsymbol{y}) - \lambda\mu_2 - 1} = A\mathrm{e}^{-\lambda D(\boldsymbol{y})} \tag{10.10}$$

这说明平均最小失真下 $\pi(\boldsymbol{y})$ 服从指数分布，其中，基于式(10.4)，λ 与 A 的选择应满足

$$A = \frac{1}{\sum_{\boldsymbol{y}\in\mathcal{Y}} \mathrm{e}^{-\lambda D(\boldsymbol{y})}} \stackrel{\text{def}}{=} \frac{1}{Z(\lambda)} \tag{10.11}$$

$$-\sum_{\boldsymbol{y}\in\mathcal{Y}} A\mathrm{e}^{-\lambda D(\boldsymbol{y})} \log_2(A\mathrm{e}^{-\lambda D(\boldsymbol{y})}) = m \tag{10.12}$$

这说明 A 与 $\pi(\boldsymbol{y})$ 的参数均为 λ。　□

式(10.10)中 $\pi(\boldsymbol{y})$ 的参数为 λ，因此也常常记修改分布为 $\pi_\lambda(\boldsymbol{y})$，其中 λ 称为最优嵌入参数(optimal embedding parameter)。如果将 $\lambda D(\boldsymbol{y})$ 视为反映能量的函数，这类分布在统计物理学中也被称为 Gibbs 分布[136]，因此，有关隐写的文献中也将这类分布称为 Gibbs 分布。类似地，对 DLS 有以下推论。

推论 10.1　DLS 下最大化消息量的修改转移概率分布 $\pi(\boldsymbol{y})$ 也为指数分布，但是具体参数不同。

证明　可以基于形式类似的 Lagrange 乘子法求解分析以上 DLS 问题。构造

$$F'(\pi(\boldsymbol{y})) = \sum_{\boldsymbol{y}\in\mathcal{Y}} D(\boldsymbol{y})\pi(\boldsymbol{y}) - D_\epsilon + \mu_1\left(-\sum_{\boldsymbol{y}\in\mathcal{Y}} \pi(\boldsymbol{y})\log_2 \pi(\boldsymbol{y})\right) + \mu_2\left(\sum_{\boldsymbol{y}\in\mathcal{Y}} \pi(\boldsymbol{y}) - 1\right) \tag{10.13}$$

为求 F' 的极值，求 $\pi(\boldsymbol{y})$ 的导数并令其为零，也将类似地得到式(10.8)～式(10.11)，这已经说明 DLS 下最大化消息量的 $\pi(\boldsymbol{y})$ 也服从指数分布，其中要求最优嵌入参数 λ 与 A 满足

$$\sum_{\boldsymbol{y}\in\mathcal{Y}} D(\boldsymbol{y}) A \mathrm{e}^{-\lambda D(\boldsymbol{y})} = D_{\epsilon} \tag{10.14}$$

由于约束条件不同，以上参数不同于对 PLS 问题的求解。 □

以上理论说明，在求解 PLS 与 DLS 问题的过程中，通过求解式(10.12)与式(10.14)可以得到相应的修改分布 $\pi_\lambda(\boldsymbol{y})$ 与相应的最优嵌入参数 λ。由于这两个方程维度很高并且每次计算需要考虑全部 $\boldsymbol{y}\in\mathcal{Y}$ 的情况，在一般情况下求解是困难的，但是，如果相关计算可以得到简化(如在 10.2 节的加性模型下)，可以基于以下两个定理通过搜索 λ 的值进行求解。

定理 10.2　最优嵌入参数 λ 与 $E_{\pi_\lambda}(D)$ 呈单调递减关系。

证明　对 $E_{\pi_\lambda}(D)$ 求变元 λ 的导数并证明其小于零

$$\begin{aligned}
\frac{\partial E_{\pi_\lambda}(D)}{\partial\lambda} &= \sum_{\boldsymbol{y}\in\mathcal{Y}}\left(D(\boldsymbol{y})\cdot\frac{\partial\pi_\lambda(\boldsymbol{y})}{\partial\lambda} - \frac{\partial D(\boldsymbol{y})}{\partial\lambda}\cdot\pi_\lambda(\boldsymbol{y})\right) = \sum_{\boldsymbol{y}\in\mathcal{Y}} D(\boldsymbol{y})\cdot\frac{\partial(A\mathrm{e}^{-\lambda D(\boldsymbol{y})})}{\partial\lambda} \\
&= \sum_{\boldsymbol{y}\in\mathcal{Y}} D(\boldsymbol{y})\cdot\frac{\partial(\mathrm{e}^{-\lambda D(\boldsymbol{y})}/Z(\lambda))}{\partial\lambda} \\
&= \sum_{\boldsymbol{y}\in\mathcal{Y}} D(\boldsymbol{y})\cdot\frac{-D(\boldsymbol{y})\mathrm{e}^{-\lambda D(\boldsymbol{y})}Z(\lambda) - \mathrm{e}^{-\lambda D(\boldsymbol{y})}\sum_{\boldsymbol{y}\in\mathcal{Y}} -D(\boldsymbol{y})\mathrm{e}^{-\lambda D(\boldsymbol{y})}}{Z^2(\lambda)} \\
&= \sum_{\boldsymbol{y}\in\mathcal{Y}}\left(\frac{-D^2(\boldsymbol{y})\mathrm{e}^{-\lambda D(\boldsymbol{y})}}{Z(\lambda)} + \frac{D(\boldsymbol{y})\mathrm{e}^{-\lambda D(\boldsymbol{y})}\sum_{\boldsymbol{y}\in\mathcal{Y}} D(\boldsymbol{y})\mathrm{e}^{-\lambda D(\boldsymbol{y})}}{Z^2(\lambda)}\right) \\
&= \sum_{\boldsymbol{y}\in\mathcal{Y}}\left(\frac{-D^2(\boldsymbol{y})\mathrm{e}^{-\lambda D(\boldsymbol{y})}}{Z(\lambda)}\right) + \sum_{\boldsymbol{y}\in\mathcal{Y}}\left(\frac{D(\boldsymbol{y})\mathrm{e}^{-\lambda D(\boldsymbol{y})}}{Z(\lambda)}\sum_{\boldsymbol{y}\in\mathcal{Y}}\left(\frac{D(\boldsymbol{y})\mathrm{e}^{-\lambda D(\boldsymbol{y})}}{Z(\lambda)}\right)\right) \\
&= \sum_{\boldsymbol{y}\in\mathcal{Y}} -D^2(\boldsymbol{y})\pi_\lambda(\boldsymbol{y}) + \sum_{\boldsymbol{y}\in\mathcal{Y}}\left(D(\boldsymbol{y})\pi_\lambda(\boldsymbol{y})\sum_{\boldsymbol{y}\in\mathcal{Y}} D(\boldsymbol{y})\pi_\lambda(\boldsymbol{y})\right) \\
&= -E_{\pi_\lambda}(D^2) + (E_{\pi_\lambda}(E))^2 = -\mathrm{Var}_{\pi_\lambda}(D) < 0
\end{aligned} \tag{10.15}$$

□

定理 10.3　最优嵌入参数 λ 与 $H(\pi_\lambda)$ 呈单调递减关系。

证明　为对 $H(\pi_\lambda)$ 求变元 λ 的导数并证明其小于零，先基于最优修改分布形式表达它

$$\begin{aligned}
H(\pi_\lambda) &= -\sum_{\boldsymbol{y}\in\mathcal{Y}}\pi_\lambda(\boldsymbol{y})\log_2\pi_\lambda(\boldsymbol{y}) = -\sum_{\boldsymbol{y}\in\mathcal{Y}}\frac{\mathrm{e}^{-\lambda D(\boldsymbol{y})}}{Z(\lambda)}\log_2\frac{\mathrm{e}^{-\lambda D(\boldsymbol{y})}}{Z(\lambda)} \\
&= -\sum_{\boldsymbol{y}\in\mathcal{Y}}\frac{\mathrm{e}^{-\lambda D(\boldsymbol{y})}}{Z(\lambda)}(-\lambda D(\boldsymbol{y})\log_2\mathrm{e} - \log_2 Z(\lambda)) = \log_2 Z(\lambda) + \frac{\lambda E_{\pi_\lambda}(D)}{\ln 2}
\end{aligned} \tag{10.16}$$

注意到 $(\log_a x)' = 1/(x\ln a)$，并基于定理 10.2，有

$$\begin{aligned}
\frac{\partial H(\pi_\lambda)}{\partial \lambda} &= \frac{1}{Z(\lambda)\ln 2}\cdot\frac{\partial Z(\lambda)}{\partial \lambda} + \frac{E_{\pi_\lambda}(D)}{\ln 2} - \frac{\lambda}{\ln 2}\cdot\frac{\partial E_{\pi_\lambda}(D)}{\partial \lambda} \\
&= \frac{1}{\ln 2}\left(\frac{1}{Z(\lambda)}\cdot\frac{\partial Z(\lambda)}{\partial \lambda} + E_{\pi_\lambda}(D) - \lambda \mathrm{Var}_{\pi_\lambda}(D)\right) \\
&= \frac{1}{\ln 2}\left(-\sum_{y\in\mathcal{Y}}\frac{D(\boldsymbol{y})\mathrm{e}^{-\lambda D(\boldsymbol{y})}}{Z(\lambda)} + E_{\pi_\lambda}(D) - \lambda \mathrm{Var}_{\pi_\lambda}(D)\right) \\
&= \frac{-\lambda \mathrm{Var}_{\pi_\lambda}(D)}{\ln 2} < 0
\end{aligned} \tag{10.17}$$

□

假设 PLS 与 DLS 问题可解，其结果给出了实际隐写性能的最高界限。一般地，针对解决 PLS 与 DLS 问题，隐写的主要性能可以分别通过嵌入效率

$$e(\alpha) = \frac{\alpha n}{E(D)} \leqslant \frac{\alpha n}{E_\pi(D)} \tag{10.18}$$

与编码损失(coding loss)

$$l(D) = \frac{m_{\max} - m}{m_{\max}} \geqslant 0 \tag{10.19}$$

衡量。其中，$\alpha = m/n$；$E_\pi(D)$ 为理想的最小化期望失真；$E(D)$ 为实际隐写引入的期望失真；$m_{\max}$ 是理想的最大消息长度；m 是实际达到的最大可传输消息量。

10.2　加 性 模 型

在具体的隐写理论分析与算法设计中，往往需要给出 $D(\boldsymbol{y})$ 的具体形式。但是，由于每个样点的嵌入影响相互干扰，准确计算 $D(\boldsymbol{y})$ 非常困难。设 ρ_i 表示仅 x_i 被修改为 y_i 引起的失真度量，可以表示为单点失真函数

$$\rho_i \overset{\text{def}}{=\!=} \rho_i(y_i) \overset{\text{def}}{=\!=} \rho_i(\boldsymbol{x}, y_i) \overset{\text{def}}{=\!=} \rho_i(\boldsymbol{x}, \boldsymbol{x}_{\sim i} y_i) \overset{\text{def}}{=\!=} \rho_i(\boldsymbol{x}, y_i \boldsymbol{x}_{\sim i}) \tag{10.20}$$

其中，$\boldsymbol{x}_{\sim i} y_i$ 或 $y_i \boldsymbol{x}_{\sim i}$ 表示 $\boldsymbol{x}$ 中只有 x_i 被修改并且修改为 y_i。一种简单的做法是在以下定义的加性模型下估计总失真。

10.2.1　加性模型下的最优嵌入

定义 10.1　假设每个样点上的嵌入不相互影响，总体失真是每个样点上失真度量的和，即

$$D(\boldsymbol{y}) = \sum_{i=1}^{n} \rho_i(\boldsymbol{x}, \boldsymbol{x}_{\sim i} y_i) \tag{10.21}$$

称这样的失真估计模型为加性模型。

在以上加性模型下，对二元嵌入有以下定理。

定理 10.4　令 $\overline{x_i}$ 表示置反 x_i 的奇偶性，在加性模型下，最优二元嵌入有

$$\pi(\boldsymbol{y})=\prod_{i=1}^{n}\frac{\mathrm{e}^{-\lambda\rho_i(y_i)}}{\mathrm{e}^{-\lambda\rho_i(y_i=x_i)}+\mathrm{e}^{-\lambda\rho_i(y_i=\overline{x}_i)}} \tag{10.22}$$

证明　在加性模型下，式(10.10)变为

$$\pi(\boldsymbol{y})=A\mathrm{e}^{-\lambda D(\boldsymbol{y})}=A\prod_{i=1}^{n}\mathrm{e}^{-\lambda\rho_i(y_i)} \tag{10.23}$$

式(10.11)变为

$$\begin{aligned}A^{-1}&=\sum_{\boldsymbol{y}\in\mathcal{Y}}\prod_{i=1}^{n}\mathrm{e}^{-\lambda\rho_i(y_i)}\\&=\mathrm{e}^{-\lambda\rho_1(y_1=x_1)-\cdots-\lambda\rho_i(y_i=x_i)-\cdots-\lambda\rho_n(y_n=x_n)}+\mathrm{e}^{-\lambda\rho_1(y_1=x_1)-\cdots-\lambda\rho_i(y_i=\overline{x}_i)-\cdots-\lambda\rho_n(y_n=\overline{x}_n)}+\cdots\\&\quad+\mathrm{e}^{-\lambda\rho_1(y_1=\overline{x}_1)-\cdots-\lambda\rho_i(y_i=\overline{x}_i)-\cdots-\lambda\rho_n(y_n=\overline{x}_n)}\\&=\prod_{i=1}^{n}(\mathrm{e}^{-\lambda\rho_i(y_i=x_i)}+\mathrm{e}^{-\lambda\rho_i(y_i=\overline{x}_i)})\end{aligned} \tag{10.24}$$

因此，式(10.24)可以分解为 n 个二项式乘积，进一步可知

$$\begin{aligned}\pi(\boldsymbol{y})&=\frac{\prod_{i=1}^{n}\mathrm{e}^{-\lambda\rho_i(y_i)}}{\prod_{i=1}^{n}(\mathrm{e}^{-\lambda\rho_i(y_i=x_i)}+\mathrm{e}^{-\lambda\rho_i(y_i=\overline{x}_i)})}\\&=\prod_{i=1}^{n}\frac{\mathrm{e}^{-\lambda\rho_i(y_i)}}{\mathrm{e}^{-\lambda\rho_i(y_i=x_i)}+\mathrm{e}^{-\lambda\rho_i(y_i=\overline{x}_i)}}\\&=\prod_{i=1}^{n}\pi_i(y_i)\end{aligned} \tag{10.25}$$

因此，可以得到结论。　□

对二元嵌入一般可以认为 $\rho_i(y_i=x_i)=0$，则有

$$\pi_i(y_i)=\frac{\mathrm{e}^{-\lambda\rho_i(y_i)}}{1+\mathrm{e}^{-\lambda\rho_i(y_i=\overline{x}_i)}} \tag{10.26}$$

即

$$\pi_i(y_i=x_i)=\frac{1}{1+\mathrm{e}^{-\lambda\rho_i(y_i=\overline{x}_i)}},\quad \pi_i(y_i=\overline{x}_i)=\frac{\mathrm{e}^{-\lambda\rho_i(y_i=\overline{x}_i)}}{1+\mathrm{e}^{-\lambda\rho_i(y_i=\overline{x}_i)}} \tag{10.27}$$

推论 10.2　在 N 元嵌入加性模型下，$|\mathcal{I}_i|=N$，最优嵌入修改分布为

$$\pi(\boldsymbol{y})=\prod_{i=1}^{n}\frac{\mathrm{e}^{-\lambda\rho_i(y_i)}}{\sum_{t_i\in\mathcal{I}_i}\mathrm{e}^{-\lambda\rho_i(t_i)}}=\prod_{i=1}^{n}\pi_i(y_i) \tag{10.28}$$

证明　可以用以上类似的方法证明。□

例如，对三元嵌入有

$$\pi(\boldsymbol{y})=\prod_{i=1}^{n}\frac{\mathrm{e}^{-\lambda\rho_i(y_i)}}{\mathrm{e}^{-\lambda\rho_i(y_i=x_i+1)}+\mathrm{e}^{-\lambda\rho_i(y_i=x_i)}+\mathrm{e}^{-\lambda\rho_i(y_i=x_i-1)}}=\prod_{i=1}^{n}\pi_i(y_i) \tag{10.29}$$

在三元嵌入下，修改最大与最小值样点可能有数值溢出，此时可以采用以下处理方法：将这些位置上的 $\rho_i(y_i=x_i\pm1)$ 设置得足够大，则 $\pi_i(y_i=x_i\pm1)$ 会足够小，即隐写算法不选择这些位置修改。对多元嵌入也存在类似的情况，但需要注意，失真计算与最优嵌入是不同层次的概念，后者是建立在前者基础之上的，因此以上防止溢出的处理并不影响最优嵌入在加性模型下的嵌入最优性。

如果将修改次数作为失真度量，则可以得到最简单的 $\pi(\boldsymbol{y})$。对二元嵌入有

$$\rho_i(y_i=x_i)=0,\quad \rho_i(y_i=\overline{x}_i)=1 \tag{10.30}$$

因此有

$$\pi(\boldsymbol{y})=\prod_{i=1}^{n}\pi_i(y_i)=\frac{\prod_{i=1}^{n}\mathrm{e}^{-\lambda\rho_i(y_i)}}{\prod_{i=1}^{n}(1+\mathrm{e}^{-\lambda})}=\prod_{i=1}^{n}\frac{\mathrm{e}^{-\lambda\rho_i(y_i)}}{1+\mathrm{e}^{-\lambda}} \tag{10.31}$$

$$\pi_i(y_i=x_i)=\frac{1}{1+\mathrm{e}^{-\lambda}},\quad \pi_i(y_i=\overline{x}_i)=\frac{\mathrm{e}^{-\lambda}}{1+\mathrm{e}^{-\lambda}} \tag{10.32}$$

对三元嵌入有

$$\rho_i(y_i=x_i)=0,\quad \rho_i(y_i=x_i\pm1)=1 \tag{10.33}$$

因此有

$$\pi(\boldsymbol{y})=\prod_{i=1}^{n}\pi_i(y_i)=\frac{\prod_{i=1}^{n}\mathrm{e}^{-\lambda\rho_i(y_i)}}{\prod_{i=1}^{n}(1+2\mathrm{e}^{-\lambda})}=\prod_{i=1}^{n}\frac{\mathrm{e}^{-\lambda\rho_i(y_i)}}{1+2\mathrm{e}^{-\lambda}} \tag{10.34}$$

$$\pi_i(y_i=x_i)=\frac{1}{1+2\mathrm{e}^{-\lambda}},\quad \pi_i(y_i=x_i\pm1)=\frac{\mathrm{e}^{-\lambda}}{1+2\mathrm{e}^{-\lambda}} \tag{10.35}$$

根据以上论述可知，在加性模型下以 $\pi_i(y_i)$ 的分布概率嵌入后，传输的消息量为

$$H(\pi)=-\sum_{\boldsymbol{y}\in\mathcal{Y}}\pi(\boldsymbol{y})\log_2\pi(\boldsymbol{y})=-\sum_{i=1}^{n}\sum_{y_i\in\mathcal{I}_i}\pi_i(y_i)\log_2\pi_i(y_i)=\sum_{i=1}^{n}H(\pi_i) \tag{10.36}$$

期望的失真和为

$$E_{\pi}(D)=\sum_{y\in\mathcal{Y}}D(\boldsymbol{y})\pi(\boldsymbol{y})=\sum_{i=1}^{n}\sum_{y_i\in\mathcal{I}_i}\pi_i(y_i)\rho_i(y_i)=\sum_{i=1}^{n}E_{\pi_i}(\rho_i(y_i)) \tag{10.37}$$

例如，对二元嵌入，在 PLS 问题下消息量 m 已知，根据式(10.36)有

$$\begin{aligned}H(\pi)&=-\sum_{i=1}^{n}(\pi_i(y_i=x_i)\log_2\pi_i(y_i=x_i)+\pi_i(y_i=\overline{x}_i)\log_2\pi_i(y_i=\overline{x}_i))\\&=-\sum_{i=1}^{n}\left(\frac{1}{1+\mathrm{e}^{-\lambda\rho_i(y_i=\overline{x}_i)}}\log_2\frac{1}{1+\mathrm{e}^{-\lambda\rho_i(y_i=\overline{x}_i)}}+\frac{\mathrm{e}^{-\lambda\rho_i(y_i=\overline{x}_i)}}{1+\mathrm{e}^{-\lambda\rho_i(y_i=\overline{x}_i)}}\log_2\frac{\mathrm{e}^{-\lambda\rho_i(y_i=\overline{x}_i)}}{1+\mathrm{e}^{-\lambda\rho_i(y_i=\overline{x}_i)}}\right)\\&=m\end{aligned} \tag{10.38}$$

又如，对三元嵌入，在 DLS 问题下总失真 D_{ϵ} 已知，根据式(10.37)有

$$\begin{aligned}E_{\pi}(D)&=\sum_{i=1}^{n}(\pi_i(y_i=x_i-1)\rho_i(y_i=x_i-1)+\pi_i(y_i=x_i+1)\rho_i(y_i=x_i+1))\\&=\sum_{i=1}^{n}\left(\frac{\mathrm{e}^{-\lambda\rho_i(y_i=x_i-1)}\rho_i(y_i=x_i-1)}{1+\mathrm{e}^{-\lambda\rho_i(y_i=x_i-1)}+\mathrm{e}^{-\lambda\rho_i(y_i=x_i+1)}}+\frac{\mathrm{e}^{-\lambda\rho_i(y_i=x_i+1)}\rho_i(y_i=x_i+1)}{1+\mathrm{e}^{-\lambda\rho_i(y_i=x_i-1)}+\mathrm{e}^{-\lambda\rho_i(y_i=x_i+1)}}\right)\\&=D_{\epsilon}\end{aligned} \tag{10.39}$$

根据定理 10.2 与定理 10.3 证明的单调关系，在 PLS 与 DLS 下可以分别基于式(10.38)与式(10.39)，通过搜索对 λ 实施求解(算法见 10.2.2 节)，进而得到 $\pi_i(y_i)$ 的具体表达式，之后可估算总失真或者可传输的最大消息量。按概率 $\pi_i(y_i)$ 嵌入可以模拟加性模型下的最优嵌入，这样的软件称为最优嵌入模拟器(simulator of optimal embedding)[135]，利用它的输出可以进行隐写分析的训练与检测，为隐写算法设计提供性能上界参照。

10.2.2 加性模型最优修改分布求解

加性模型最优修改分布求解是指，在给定的失真函数下求解以上最优修改分布 $\pi_i(y_i)$。显然，在得到 λ 后可直接得到修改分布 $\pi_i(y_i)$，因此，该问题归结为求 λ。

这里首先介绍用数值方法求解加性模型下 PLS 最优修改分布的方法，以下以二元嵌入为例进行描述。根据最优嵌入理论，每一个样点的修改概率满足式(10.27)，$H(\pi_{\lambda})$ 满足式(10.38)，定理 10.3 证明了 λ 与 $H(\pi_{\lambda})$ 是单调递减关系，因此可用二分法搜索 λ 的数值解。

算法 10.1 计算载体的 PLS 最优嵌入参数 λ

输入：载体样点的失真 $\{\rho_i(y_i=\overline{x}_i)\}$，最大迭代次数 K_{MAX}，消息长度 m，求解精度 ΔM

输出：PLS 最优嵌入参数 λ

1. 设置 λ 的最小值 λ_{MIN}、最大值 λ_{MAX}，并计算 $\lambda\leftarrow(\lambda_{\mathrm{MIN}}+\lambda_{\mathrm{MAX}})/2$。按照

式 (10.38)，根据 λ_{MAX}、λ_{MIN} 计算最大值 M_{MAX}、最小消息长度 M_{MIN}，根据 λ 的值计算 M。令迭代计数 $k=0$

2. While $|M-m|>\Delta M$ or $k\leqslant K_{\mathrm{MAX}}$
3. 　　If $M<m$
4. 　　　　$\lambda_{\mathrm{MAX}}=\lambda$
5. 　　　　$M_{\mathrm{MIN}}=M$
6. 　　Else
7. 　　　　$\lambda_{\mathrm{MIN}}=\lambda$
8. 　　　　$M_{\mathrm{MAX}}=M$
9. 　　End if
10. 　　$\lambda\leftarrow(\lambda_{\mathrm{MIN}}+\lambda_{\mathrm{MAX}})/2$
11. 　　根据 λ 的值按式(10.38)更新 M
12. 　　$k=k+1$
13. End while

下面再给出用数值方法求解加性模型下 DLS 最优修改分布的方法。与 PLS 情况类似，最优嵌入参数 λ 的取值取决于 DLS 模型给出的限制条件 $E_{\pi}(D)=D_{\epsilon}$。定理 10.2 已经证明，λ 随 $E_{\pi}(D)$ 单调递减，因此，也可用二分法基于式(10.39)搜索 λ 的数值解。

算法 10.2　计算载体的 DLS 最优嵌入参数 λ

输入：载体元素的失真 $\{\rho_i(y_i=x_i-1),\rho_i(y_i=x_i+1)\}$，最大迭代次数 K_{MAX}，限定失真 D_{ϵ}，求解精度 ΔD

输出：DLS 最优嵌入参数 λ

1. 设置 λ 的最小值 λ_{MIN}、最大值 λ_{MAX}，并计算 $\lambda\leftarrow\left(\lambda_{\mathrm{MIN}}+\lambda_{\mathrm{MAX}}\right)/2$。按照式 (10.39)，根据 λ_{MAX}、λ_{MIN} 计算最大值 D_{MAX}、最小失真值 D_{MIN}，根据 λ 的值计算 D 的初始值。令迭代计数 $k=0$
2. While $|D-D_{\epsilon}|>\Delta D$ or $k\leqslant K_{\mathrm{MAX}}$
3. 　　If $D<D_{\epsilon}$
4. 　　　　$\lambda_{\mathrm{MAX}}=\lambda$
5. 　　　　$D_{\mathrm{MIN}}=D$
6. 　　Else
7. 　　　　$\lambda_{\mathrm{MIN}}=\lambda$
8. 　　　　$D_{\mathrm{MAX}}=D$
9. 　　End if
10. 　　$\lambda\leftarrow(\lambda_{\mathrm{MIN}}+\lambda_{\mathrm{MAX}})/2$
11. 　　根据式(10.39)更新 D

12.　　$k = k + 1$

13.　End while

在求解中，需要根据经验设定 λ 的搜索范围。例如，本书作者的实验表明，若使用图像库 BOSSbase 进行测试，将其中图像转换为 512×512 像素的灰度图像，采用 12.1.2 节介绍的 S-UNIWARD 失真函数，为了保证有足够的搜索范围，可将 PLS、DLS 模拟器划定的 λ 搜索范围设置为 10^{-10}～10^{3}。最终测试结果是：对 PLS 模拟器，在 0～0.5bpp 的负载率下，求得的 λ 多数分布于 0.3～2；对 DLS 模拟器，在限定 2×10^{6}～7×10^{6} 的平均总失真下，求得的 λ 多数分布于 0.2～1。由于二分法具有指数级的收敛速度，算法可以快速收敛。

10.3　最优嵌入模拟

在隐写算法设计中，往往希望知道所设计算法的安全性相比最优嵌入的差别。显然，这种比较需要在失真评价方法一致的情况下进行。在加性模型下，由于 PLS 与 DLS 问题均容易求解，基于求得的 λ 与失真函数，可以得到每一样点上不同修改方式的概率，据此可以完成加性模型最优嵌入的模拟。因此，以下主要描述一般情况下的最优嵌入模拟。

10.3.1　基于 Gibbs 抽样的模拟

在一般情况下，模拟最优嵌入的问题类似于根据输入样本对最优修改分布进行随机抽样(sampler)，前面通过式(10.10)给出了这个分布。由于在随机抽样领域[136,137]已经存在一批方法成果，Filler 等[135]借鉴 MCMC(Markov chain Monte Carlo)方法中对条件概率进行抽样的 Gibbs 抽样方法，为解决一般最优嵌入模拟问题提供了以下方法。

如果用随机场运动表达隐写作用于载体样点上的操作，可以认为修改概率是随机场变化的动因。虽然式(10.10)给出了最优修改概率的形式，但是，即使在已知或猜测 λ 时，该式的分母 $Z(\lambda)=\sum_{\boldsymbol{y}\in\mathcal{Y}}\mathrm{e}^{-\lambda D(\boldsymbol{y})}$ 由于项数过多而难以计算。通过观察以下条件概率

$$\pi_\lambda(Y_i = y_i' | \boldsymbol{Y}_{\sim i} = \boldsymbol{y}_{\sim i}) = \frac{\pi_\lambda(y_i'\boldsymbol{y}_{\sim i})}{\sum_{t_i\in\mathcal{I}_i}\pi_\lambda(t_i\boldsymbol{y}_{\sim i})} = \frac{\mathrm{e}^{-\lambda D(y_i'\boldsymbol{y}_{\sim i})}}{\sum_{t_i\in\mathcal{I}_i}\mathrm{e}^{-\lambda D(t_i\boldsymbol{y}_{\sim i})}} \tag{10.40}$$

其中，$\boldsymbol{y}_{\sim i}$ 表示 $\boldsymbol{y}$ 中除去位置 i 的部分；$y_i'\boldsymbol{y}_{\sim i}$ 表示 $\boldsymbol{y}$ 中位置 i 上的样点被替换为 y_i'，可以发现，由于不需要计算 $Z(\lambda)$，在已知或猜测 λ 的情况下，计算以上条件概率是可行的，这样，随机场的运动可以分解为逐样点驱动，因此以上条件概率也称为局

部特征(local characteristics)。在位置 i 上，以上驱动可以表示为转移概率阵 $P(i)$，它的行坐标是 $\boldsymbol{y}$，列坐标是 $\boldsymbol{y}'$，位置 $(\boldsymbol{y},\boldsymbol{y}')$ 上的元素为

$$P_{\boldsymbol{y},\boldsymbol{y}'}(i)=\begin{cases}\pi_\lambda\left(Y_i=y_i' \mid \boldsymbol{Y}_{\sim i}=\boldsymbol{y}_{\sim i}\right), & \boldsymbol{y}'_{\sim i}=\boldsymbol{y}_{\sim i}\\ 0, & \text{其他}\end{cases} \tag{10.41}$$

虽然 $P(i)$ 的尺寸为 $|\boldsymbol{y}|\times|\boldsymbol{y}'|$，但是非零元很少。根据式(10.40)有

$$\sum_{\boldsymbol{y}'\in\mathcal{Y}} P_{\boldsymbol{y},\boldsymbol{y}'}(i)=1, \quad \forall \boldsymbol{y} \tag{10.42}$$

即 $P(i)$ 的任一行上只有 $|\mathcal{I}_i|$ 个元素非零，元素值之和为 1。

这里分析通过以上转移概率矩阵“逐点驱动”载体样点随机场模拟优化嵌入的效果。用 $\boldsymbol{\pi}_\lambda=(\pi_\lambda(\mathbf{0}),\cdots,\pi_\lambda(\mathbf{1}))$ 表示 $\boldsymbol{y}\in\mathcal{Y}$ 的概率分布，则根据式(10.41)有

$$(\boldsymbol{\pi}_\lambda\times P(i))_{\boldsymbol{y}'}=\sum_{\boldsymbol{y}\in\mathcal{Y}}(\pi_\lambda(\boldsymbol{y})P_{\boldsymbol{y},\boldsymbol{y}'}(i))=\pi_\lambda(\boldsymbol{y}') \tag{10.43}$$

其中，$(\boldsymbol{\pi}_\lambda\times P(i))_{\boldsymbol{y}'}$ 表示在向量中取第 $\boldsymbol{y}'$ 列上的元素；$\pi_\lambda(\boldsymbol{y})P_{\boldsymbol{y},\boldsymbol{y}'}(i)\neq 0$ 当且仅当 $\boldsymbol{y}_{\sim i}=\boldsymbol{y}'_{\sim i}$，因此，以上说明对最优修改分布上的抽样 $\boldsymbol{y}$，按照 $P(i)$ 的转移概率变化后，得到的 $\boldsymbol{y}'$ 仍然是最优修改分布上的抽样。这样，在一个位置修改顺序 $\sigma(i),\ i=1,\cdots,n$ 下，可以通过以下级联的转移概率驱动载体样点各位置上的变化

$$P_{\boldsymbol{y},\boldsymbol{y}'}(\sigma)\overset{\text{def}}{=\!=}(P(\sigma(1))\cdot P(\sigma(2))\cdots P(\sigma(n)))_{\boldsymbol{y},\boldsymbol{y}'}\overset{\text{def}}{=\!=}(P(\sigma))_{\boldsymbol{y},\boldsymbol{y}'} \tag{10.44}$$

现在需要关心的问题是，如果输入是载体样点，如何通过以上驱动使得输出是理想嵌入分布上的一个采样？根据 MCMC 的相关结论[135,136]，如果将以上各位置上的变化迭代进行 $k\to\infty$ 次，则输出抽样的分布逼近 $\boldsymbol{\pi}_\lambda$，这可以表示为

$$\|\boldsymbol{p}_0(P(\sigma))^k-\boldsymbol{\pi}_\lambda\|\to 0, \quad k\to\infty \tag{10.45}$$

其中，$\boldsymbol{p}_0$ 表示载体的初始分布。这样，在已知或猜测 λ 时，可以通过对载体迭代执行以下算法模拟优化嵌入的逼近效果。

算法 10.3　单轮 Gibbs 抽样

输入：载体 $\boldsymbol{y}$

输出：修改后的 $\boldsymbol{y}$

1. $i\leftarrow 1$
2. While　$i\leqslant n$　do
3. 　　计算局部特征 $P_{\boldsymbol{y},y'_{\sigma(i)}\boldsymbol{y}_{\sim\sigma(i)}}(i),\quad \forall y'_{\sigma(i)}\boldsymbol{y}_{\sim\sigma(i)}\in\mathcal{I}_{\sigma(i)}$
4. 　　根据以上转移概率从 $\mathcal{I}_{\sigma(i)}$ 中选取 $y'_{\sigma(i)}\boldsymbol{y}_{\sim\sigma(i)}$，$y_{\sigma(i)}\leftarrow y'_{\sigma(i)}$
5. 　　$i\leftarrow i+1$
6. End while
7. Return　$\boldsymbol{y}$

在以上分析中假设一般优化嵌入参数λ已知，这里说明，基于 Gibbs 抽样与 PLS 和 DLS 的约束条件，理论上也是可以先求解这个λ的。由于可认为[135]

$$\frac{1}{k}\sum_{j=1}^{k}D(\boldsymbol{y}^{(j)}) \to E_{\pi_\lambda}(D), \quad k\to\infty \tag{10.46}$$

其中，$\boldsymbol{y}^{(j)}$表示以上 Gibbs 抽样第 j 轮的迭代输出；λ是迭代算法的参数，在求解 DLS 问题中，约束条件是平均失真总和$E_{\pi_\lambda}(D)=D_\epsilon$，$D_\epsilon$已知，因此，可以对$\lambda$进行二分搜索，以满足式(10.46)作为终止条件。在 PLS 情况下，基于式(10.17)与式(10.15)可知

$$\frac{\partial H(\pi_\lambda)}{\partial\lambda}=\frac{-\lambda \mathrm{Var}_{\pi_\lambda}(D)}{\ln 2}=\frac{\lambda}{\ln 2}\frac{\partial E_{\pi_\lambda}(D)}{\partial\lambda} \tag{10.47}$$

对式(10.47)两端在(λ_0,λ)上求积分，其中λ_0为设定的常数，根据分部积分定理可以得到

$$H(\pi_\lambda)=H(\pi_{\lambda_0})+\left[\frac{\lambda'}{\ln 2}E_{\pi_{\lambda'}}(D)\right]_{\lambda_0}^{\lambda}-\frac{1}{\ln 2}\int_{\lambda_0}^{\lambda}E_{\pi_{\lambda'}}(D)\mathrm{d}\lambda' \tag{10.48}$$

因此，基于式(10.46)的原理，在一个λ'下，也可以通过 Gibbs 迭代抽样计算

$$E_{\pi_{\lambda'}}(D), \quad \lambda'\in(\lambda_0,\lambda)$$

进而计算$H(\pi_\lambda)$，如果它接近约束条件中的消息长度 m，则认为当前λ取值正确，迭代终止。

可以发现，以上对一般最优嵌入的模拟方法在搜索求解λ中包含了 Gibbs 抽样迭代，解出λ后还要进行新的 Gibbs 抽样迭代，不但计算复杂，计算精度也依赖于迭代收敛情况。另外，目前的隐写设计普遍基于加性模型假设，因此，它们普遍比较的是加性模型下的模拟结果，这也使得以上模拟方法没有得到进一步的研究与提高。

10.3.2 基于子格迭代的模拟

Filler 等[135]发现，如果使相邻位置上单点失真函数 ρ_i 的载体输入区域相互隔离，可以更简单地得到一类最优嵌入模拟方法。由于这类模拟采用了位置子格(sublattice)对相邻位置上单点失真函数的输入区域进行隔离与迭代使用，本书称它们为子格迭代模拟。需注意，子格迭代模拟的最优性仅仅是建立在这类区域受限失真函数基础上的。

在 2.3.4 节介绍 QIM 嵌入时，提到了格、子格与子格陪集的基本概念。其中，格是一个加法群，全部元素在一个空间中均匀散布，所有子格陪集(以下简称子格)是整个空间的一个划分(图 2.5 与图 2.6)，它们之间的距离相等，不同子格元素等距

交织，对子格中每个元素，它在格中的相邻元素均不属于这个子格。显然，可以将图像坐标点划分为不相交的位置子格，为了方便，以下坐标用一维形式表示。

基于不同子格元素相互隔离的性质，可以控制一个子格元素上单点失真函数的输入区域来自其他子格，这样单点失真之间没有相互干扰，每个子格上的总失真等于每个子格元素位置上失真的和，使得加性模型在子格内成为一般情况。设位置格 S 有 s 个子格，即有 $S=S_1\cup\cdots\cup S_s$，在子格迭代模拟法中，在子格 S_k 上的总失真为

$$D(S_k)=\sum_{i\in S_k}\rho_i(y_i'\boldsymbol{y}_{\sim i}\mid \boldsymbol{y}_{S-S_k}) \tag{10.49}$$

其中，单点失真函数 $\rho_i(y_i'\boldsymbol{y}_{\sim i}\mid \boldsymbol{y}_{S-S_k})$ 的输入 $\boldsymbol{y}_{S-S_k}$ 不包括 S_k 中的样点，包括的样点一般是位置 $i\in S_k$ 的一个邻域，邻域中的样点来自其他子格；$y_i'\boldsymbol{y}_{\sim i}$ 是指将输入中的 y_i 改为 y_i'。这样，可以分别通过迭代执行以下两个算法模拟 PLS 与 DLS 下的最优嵌入。

算法 10.4　PLS 下基于子格迭代的单轮 Gibbs 抽样

输入：载体 $\boldsymbol{y}$，消息量 m，样点位置格 $S=S_1\cup\cdots\cup S_s$， $S_k,k\in[1,S]$ 为子格

输出：修改后的 $\boldsymbol{y}$

1. For $k=1$ to s do
2. 　　For $i\in S_k$ do
3. 　　　计算 $\rho_i(y_i'\boldsymbol{y}_{\sim i}\mid \boldsymbol{y}_{S-S_k}), y_i'\boldsymbol{y}_{\sim i}\in\mathcal{I}_i$
4. 　　End for
5. 　在 $\boldsymbol{y}_{S_k}$ 上通过求解 PLS 下加性模型最优修改分布模拟嵌入 m/s 的消息量，$\boldsymbol{y}_{\sim S_k}$ 不动
6. End for
7. Return $\boldsymbol{y}$

算法 10.5　DLS 下基于子格迭代的单轮 Gibbs 抽样

输入：载体 $\boldsymbol{y}$， $E_{\pi_\lambda}(D)=D_\epsilon$， 样点位置格 $S=S_1\cup\cdots\cup S_s$， $S_k,k\in[1,S]$ 为子格

输出：修改后的 $\boldsymbol{y}$

1. For $k=1$ to s do
2. 　　For $i\in S_k$ do
3. 　　　计算 $\rho_i(y_i'\boldsymbol{y}_{\sim i}\mid \boldsymbol{y}_{S-S_k}), y_i'\boldsymbol{y}_{\sim i}\in\mathcal{I}_i$
4. 　　End for
5. 　　在 $\boldsymbol{y}_{S_k}$ 上求解 DLS 下加性模型最优修改分布并模拟嵌入，约束是平均总失真为 D_ϵ/s， $\boldsymbol{y}_{\sim S_k}$ 不动；输出得到的最大可嵌入消息量 m_k
6. End for
7. Return $\boldsymbol{y},\sum_k m_k$

这里作一些补充说明：以上 PLS 与 DLS 情况下最优修改分布的求解参见 10.2.2

节；在算法 10.4 与算法 10.5 中，由于隐写一般先置乱嵌入域并且不同子格元素相互交织，可以认为每个子格上性质接近，可承载的消息量或承担的失真量相同；以上两个模拟算法有重要意义，第 12 章介绍的非加性自适应隐写主要采取了子格迭代获得非加性的优化性能。

10.4 小　结

本章介绍了隐写学的核心理论之一——最优嵌入理论。最优嵌入问题又分为 PLS 问题与 DLS 问题，它们对应两类基本的实际应用情况，前者需要发送固定量的消息，后者希望承担一定的风险，最优嵌入理论从数学上定义了它们的研究模型，证明了以上两种情况下的最优修改分布都是 Gibbs 分布，分布的参数是最优嵌入参数 λ。

在一般情况下，求解与模拟最优嵌入很困难，但是，在加性模型下，可以方便地求得最优修改分布的具体形式，使得可以针对输入样本模拟最优嵌入修改的效果。读者将在后面的章节中发现，以上求得的最优修改分布与相关模拟实验结果为加性模型下的隐写提供了设计依据与安全上界参照。Filler 与 Fridrich 编制的最优嵌入模拟软件[131]为研究人员提供了有益的参考。

本章介绍的最优嵌入理论不涉及优化嵌入消息与计算失真的具体方法，这些方法将分别在第 11 章与第 12 章介绍。最优嵌入的最优性是建立在确定的失真计算方法上的，因此，优化嵌入消息的方法与失真计算方法对隐写来说都非常重要。

思考与实践

(1) PLS 问题与 DLS 问题分别指什么？为什么它们的最优修改分布都是 Gibbs 分布？

(2) 加性模型的好处与不足分别是什么？

(3) 模拟最优嵌入有什么实际意义？

(4) 设负载率为 α，总修改次数为 d，请利用最优嵌入理论证明：在二元嵌入下，一个隐写算法的每个样点平均修改次数 d/n 与 α 有以下关系

$$\frac{d}{n} \geqslant H^{-1}(\alpha) \tag{10.50}$$

第 11 章　校验子格编码

前面介绍的隐写编码存在一些局限性。矩阵编码与 GLSBM 等在分组上确定优化的嵌入方式，但是分组范围的优化显然不能带来整体上的优化。湿纸编码实现了依原载体样点特性的动态嵌入位置选择，并且这种动态性不影响消息的正常接收，但是湿纸编码的提取方程较难构造，尤其是在可修改的“干点”范围内对最终修改位置的选择缺乏优化控制手段。

本章介绍的校验子格编码(syndrome-trellis code，STC)[138,139]基本解决了分组编码与湿纸编码的以上问题，提供了求解加性模型 PLS 问题的方法。STC 的校验矩阵是由子矩阵排列形成的带状阵，这避免了构造高维线性提取方程，使得可以逐步基于局部性质进行优化，提前排除不可能达到最优的构造路线，最后选择全部满足局部提取方程并且失真总和最低的构造路线；这里，失真可以是嵌入次数，也可以是与隐写安全相关的一般指标，一般通过失真函数计算该指标。对应二元嵌入，STC 可以在二元域 GF(2) 上设计，此时称 STC 为二元 STC；也可以在 GF($q \geqslant 3$) 上设计 q 元 STC 码，这对应三元或多元嵌入的情况，其中，三元嵌入对应双层嵌入，由于双层 STC 编码有很高的应用价值，11.3 节将专门予以介绍。

STC 通过逐步优化达到全局优化，非常类似通信中的卷积码 Viterbi 解码[57]。这使得 STC 的嵌入过程也可以用类似格子(trellis)图的形式描述。

11.1　STC 基本思想

在以上最优嵌入理论的基础上，一项重要的工作是设计出具体的隐写算法，它能够获得或者逼近整体失真最小的效果。为了在现实算法中实现最小失真嵌入，一个直观的想法是利用线性提取方程的多解性质，在解空间中选择总体失真最小的嵌入方法。典型地，设 $H_{m\times n}$ 为二元域上的校验矩阵，原始载体为 $\boldsymbol{x}$，相应的隐密载体为 $\boldsymbol{y}$，$P(\boldsymbol{y})$ 表示载体的可修改成分，如 LSB 序列，$\boldsymbol{m}$ 表示嵌入的消息，满足提取方程的解集可以描述为

$$C(\boldsymbol{m}) = \{\boldsymbol{z} \in \mathrm{GF}(q)^n \mid H\boldsymbol{z} = \boldsymbol{m} \in \mathrm{GF}(q)^m\} \tag{11.1}$$

其中，$\mathrm{GF}(q)^n$ 表示 GF(q) 上的 n 长序列，则最小失真嵌入应实现以下嵌入与提取

$$\mathrm{Emb}(\boldsymbol{x},\boldsymbol{m}) = \arg\min_{P(\boldsymbol{y})\in C(\boldsymbol{m})} D(\boldsymbol{x},\boldsymbol{y}) \tag{11.2}$$

$$\mathrm{Ext}(\boldsymbol{y}) = H \times P(\boldsymbol{y}) \tag{11.3}$$

其中，Emb 与 Ext 分别表示嵌入与提取算法。但是，如果基于前面的湿纸编码或者矩阵编码,则只能在一个载体分组范围内采取对所有有效嵌入逐个比较失真的方法,在分组长度加大后计算上是困难的。此外，分组最小失真的总和不一定是整体最小的，因此，需要一种能够解决以上问题的方法。

显然，在以上思想下需要有一个计算上方便的总体失真最小化方案，至少需要避免对全部情况进行逐个尝试后再评估总失真的枚举方法，希望能够提前排除不够优化的情况。Filler 等提出的 STC[138,139]的主要特点是采用带状校验矩阵，提取方程的构造可以逐子块进行，有利于提前排除非优化的构造路线。具体地，STC 校验矩阵由小矩阵

$$\hat{H}_{h\times w}=\begin{pmatrix}\hat{h}_{1,1} & \cdots & \hat{h}_{1,w}\\ \vdots & & \vdots\\ \hat{h}_{h,1} & \cdots & \hat{h}_{h,w}\end{pmatrix} \tag{11.4}$$

按照矩阵对角线方向不断重复，每次的重复方法是，将以上小矩阵摆放至上一个小矩阵的右侧并整体向下移动一行，最后形成如下带状矩阵

$$H_{m\times n}=\begin{pmatrix}\hat{h}_{1,1} & \cdots & \hat{h}_{1,w} & 0 & 0 & 0 & \cdots & \cdots & \cdots & \cdots & \cdots & \cdots & 0\\ \vdots & & \vdots & \hat{h}_{1,1} & \cdots & \hat{h}_{1,w} & 0 & \cdots & \cdots & \cdots & \cdots & \cdots & 0\\ \hat{h}_{h,1} & \cdots & \hat{h}_{h,w} & \vdots & & \vdots & \cdots & 0 & \cdots & \cdots & \cdots & \cdots & 0\\ 0 & 0 & 0 & \hat{h}_{h,1} & \cdots & \hat{h}_{h,w} & \cdots & 0 & \cdots & \cdots & \cdots & \cdots & 0\\ \vdots & & & & & & & & & & & & \vdots\\ 0 & \cdots & \cdots & \cdots & \cdots & \cdots & \cdots & \hat{h}_{1,1} & \cdots & \hat{h}_{1,w} & 0 & \cdots & 0\\ 0 & \cdots & \cdots & \cdots & \cdots & \cdots & 0 & \hat{h}_{2,1} & \cdots & \hat{h}_{2,w} & \hat{h}_{1,1} & \cdots & \hat{h}_{1,w}\end{pmatrix} \tag{11.5}$$

虽然小矩阵最后几次复制不完整，但读者将会发现这不影响嵌入和提取。

如果将 H 视为校验矩阵，$\boldsymbol{m}$ 就是校验子，为了方便表述，以下直接用 $\boldsymbol{x}$ 与 $\boldsymbol{y}$ 分别表示载体与含密载体可修改的位平面，其中元素与 H 中的元素属于同一有限域，如常用的 GF(2) 。STC 编码可以看作通过逐步修改 $\boldsymbol{x}$ 或者逐步构造 $\boldsymbol{y}$ 使得 $H\boldsymbol{y}=\boldsymbol{m}$ 并满足失真和最小。在逐步构造提取方程时，STC 每次通过新加入 w 个 $\boldsymbol{y}$ 中元素 $(y_{(i-1)w+1},\cdots,y_{iw})$ 传输一个消息比特 m_i，依次构造以下等式并记录其有效解 y_j 与修改叠加量 e_j

$$(h_{1,1},\cdots,h_{1,w})(y_1,\cdots,y_w)^{\mathrm{T}}=(h_{1,1},\cdots,h_{1,w})(x_1+e_1,\cdots,x_w+e_w)^{\mathrm{T}}=m_1$$

$$(h_{2,1},\cdots,h_{2,2w})(y_1,\cdots,y_{2w})^{\mathrm{T}}=(h_{2,1},\cdots,h_{2,2w})(x_1+e_1,\cdots,x_{2w}+e_{2w})^{\mathrm{T}}=m_2$$

$$\vdots$$

$$(h_{i,(i-h)w+1},\cdots,h_{i,iw})(y_{(i-h)w+1},\cdots,y_{iw})^{\mathrm{T}}=m_i$$

$$\vdots$$

$$(h_{m,(m-h)w+1},\cdots,h_{m,mw})(y_{(m-h)w+1},\cdots,y_{mw})^{\mathrm{T}}=m_m$$

其中，$y_j=x_j+e_j$，$m=|\boldsymbol{m}|$，这里加法可以看作有限域上的操作；以上每行构造 $\boldsymbol{y}$ 与 m_i 的关系，实际上是约束嵌入方式必须能够支持正确提取出相应的消息元素，这样的修改叠加量是有效的，STC 在记录它们的同时，也记录其逐渐累积的失真和，及时删除不可能达到最小失真和目标的情况状态记录，实际上是提前排除不能达到整体最优的构造路线。

STC 有以下性质。

(1) 若 α 为负载率，则 $\alpha=1/w$。

(2) 由于 H 每列最多有 h 个非零元素，y_l 仅影响 h 个消息比特。

(3) $n=m\times w=m/\alpha$。

校验矩阵 H 的尺寸可以表达为

$$m\times n=[\alpha n]\times n=m\times(m\times w) \tag{11.6}$$

其中，m 为矩阵的行数，也是子矩阵的重复次数。按照以上原则，对角线最后的局部区域子矩阵没有得到全部复制，但这并不影响编/解码。

α 为小数而 w 为整数，因此，按照以上方式排列子矩阵不能获得任意负载率。在分别采用宽度为 w 与 $w+1$ 的两个子矩阵时，由于 $1/(w+1)<\alpha<1/w$，可以通过混合排列子矩阵逼近 α。

在描述 STC 时，一般假设原始载体 $\boldsymbol{x}$ 与相应的隐密载体 $\boldsymbol{y}$ 已经被置乱。在介绍矩阵编码时曾指出，置乱原始载体的优势是：确保嵌入消息难以被非授权提取；可以对 $\boldsymbol{x}$ 顺序嵌入，在秘密消息较短的情况下，反置乱后能够使得嵌入的密文在隐密载体中充分扩散；平滑区与纹理区充分混合，有利于隐写编码。类似地，置乱对 STC 也能带来上述好处。

11.2　STC 算法

STC 可以基于二元或多元嵌入在 GF($q\geqslant 2$) 上设计。如图 11.1 所示，STC 的执行过程可以用格子图描述。在格子图中，任何一个在发展的路径代表仍可能满足 $H\boldsymbol{y}=\boldsymbol{m}$ 并且总失真和可能将是最小的嵌入方式。这种逐步确定操作序列的做法非常类似 Viterbi 解码[57]。这里先介绍格子图的组成。

(1) 子块。格子图包含 m 个子块，依次代表 $H_{m\times n}$ 中对角线方向相应子矩阵 $\hat{H}_{h\times w}$ 的处理；每个子块有 q^h 行 $w+1$ 列，子块中两个相邻列上的节点由连线从左向右连接。

(2) 位置(列编号)。除了每个子块的第一列，格子图的所有列依次编号为 $\{1,2,\cdots,n\}$，表示当前考虑修改的载体位置；每个子块的首列仅包括子块的局部校验子初态，因此，第 i 个子块的首列用 p_i 标识。

(3) 局部校验子(行编号)。每行依次编号为 $\{0,1,\cdots,q^h-1\}$，一般用 q 进制表示当前得到的局部校验子(partial syndrome)，即当前子块计算能够影响到的 $\boldsymbol{m}$ 中子段；注意局部校验子值是低位靠右，对应局部校验子向量的上部。

(4) 节点。每个子块节点表示一个路径上阶段性的状态集合，它反映了一个阶段点上的位置、局部校验子与失真等的状态；连线通过的节点为可达节点；在两个子块间，按照当前考察区域上是否满足 $(H\boldsymbol{y})_i = m_i$ 的原则选择可达节点进入下一子块的第一列，下一子块对应在下一区域隐藏下一个消息符号，当前局部校验子状态低位删除高位补 0，因此子块首列节点总表示子块计算之前的初态集合。

(5) 失真(节点标注)。节点上记录的数字表示连线上所表示嵌入方法当前的总失真(代价)，即截至目前连线上前面修改的加性失真总和；编码算法将适时比较各个节点上的失真状态，及时删除那些到达同一节点上失真更大或者相同的路径。

(6) 连线。子块内每个可达节点的 q 个分支代表不同嵌入方法，这使得 e_i 不同；子块间的连线仅表示有效状态节点进入下一子块。注意，连线的方向并不表示特定的修改方式，它仅连接 y_i 当前的状态以及不修改或者修改后的状态；虚线表示删除的路径。

以上第 i 个子块图通过 w 层的发展确保了 m_i 可通过 $H\boldsymbol{y} = \boldsymbol{m}$ 提取，由式(11.5)得知，y_i 决定了是否以及如何将 H 的第 i 列加到校验子中。

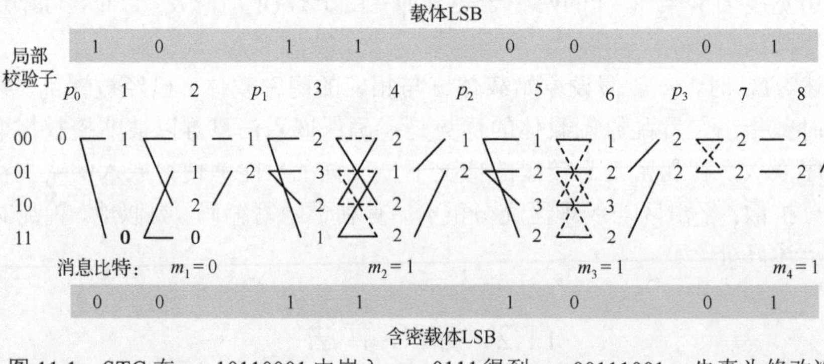

图 11.1　STC 在 $\boldsymbol{x} = 10110001$ 中嵌入 $\boldsymbol{m} = 0111$ 得到 $\boldsymbol{y} = 00111001$，失真为修改次数

例 11.1　基于图 11.1 给出的载体与消息执行 STC，这里失真度量定义为修改次数，$\hat{H}$ 与 H 分别为

$$\hat{H}_{2\times2} = \begin{pmatrix} 1 & 0 \\ 1 & 1 \end{pmatrix}, \quad H_{4\times8} = \begin{pmatrix} 1 & 0 & 0 & 0 & 0 & 0 & 0 & 0 \\ 1 & 1 & 1 & 0 & 0 & 0 & 0 & 0 \\ 0 & 0 & 1 & 1 & 1 & 0 & 0 & 0 \\ 0 & 0 & 0 & 0 & 1 & 1 & 1 & 0 \end{pmatrix}$$

即通过修改 $\boldsymbol{x}=10110001$ 为 $\boldsymbol{y}$ 使得下式成立且总修改次数最少

$$\begin{pmatrix}1&0&0&0&0&0&0&0\\1&1&1&0&0&0&0&0\\0&0&1&1&1&0&0&0\\0&0&0&0&1&1&1&0\end{pmatrix}\begin{pmatrix}y_1\\y_2\\y_3\\y_4\\y_5\\y_6\\y_7\\y_8\end{pmatrix}=\begin{pmatrix}0\\1\\1\\1\end{pmatrix}$$

以下按照格子图的 4 个子块上的计算分别描述。

(1) 第 1 子块处理。

一开始，局部校验子状态(以下简称状态)为 0，因此，从 p_1 列的 00 状态出发，此时节点失真标注为 0。

第 1 列 00 状态二分发展：若保持 $y_1=1$，$y_2=0$，则 $1\cdot y_1+0\cdot y_2=1\cdot1+0\cdot0=1$，$1\cdot y_1+1\cdot y_2=1\cdot1+1\cdot0=1$，对应将 H 的第 1 列 11 加入校验子，第二列 10 不加入，进入 11 状态，此时 $e_1=0$，失真为 0；若修改 $y_1=0$，此时 $y_2=0$，对应不将 H 的第 1、2 列加入校验子，则保持 00 状态，此时对应 $e_1=1$，失真为 1。

第 2 列 11 状态二分发展：若保持 $y_2=0$，则对应不将 H 的第 2 列加入校验子，保持 11 状态，此时 $e_2=0$，失真和仍为 0；若改 $y_2=1$，则对应将 H 的第 2 列 10 加入校验子，进入 $11+10=01$ 状态，此时 $e_2=1$，失真和为 1。

第 2 列 00 状态二分发展：若保持 $y_2=0$，则对应不将 H 的第 1、2 列加入校验子，则保持 00 状态，此时 $e_2=0$，失真和仍为 1；若改 $y_2=1$，则对应将 H 的第 2 列 10 加入校验子，进入 $00+10=10$ 状态，此时 $e_2=1$，失真和为 2。

$m_1=0$，因此，以上第 2 列只有 10($y_1=0,y_2=1$)和 00($y_1=0,y_2=0$)状态可以进入下一子块，失真和分别为 2 与 1。

(2) 第 2 子块处理。由于 $m_1=0$ 已经确定，在第一个子块的结束状态 00 与 10 中删除低位 0，得到 0 与 1，再在高位上补 0，则进入下一子块的局部校验子初态为 00 与 01，显然，高位(左侧或下部)的 0 都是等待被修改的。其他过程类似前面的描述。

(3) 第 3 子块处理。类似以上步骤。

(4) 第 4 子块处理。

进入这一子块的局部校验子初态为 00 与 01。

第 7 列 01 状态二分发展：若保持 $y_7=0$，则保持 $01+00=01$ 状态，失真仍为 2；若改 $y_7=1$，则进入 $01+01=00$ 状态(其中，第二个 01 为 H 第 7 列元素 1，0 为对矩阵外元素的表示)，失真为 3，与下面相比，此路径终止。第 8 列发展：从 01 态，

若保持 $y_8=1$，则留在 01+00=01(00 为 H 第 8 列元素 0，另一 0 为矩阵外元素)，失真仍然为 2，满足 $m_4=1$ 的要求。

第 7 列 00 状态二分发展：若保持 $y_7=0$，则保持 00+00=00 状态，失真仍为 2；若改 $y_7=1$，则进入 00+01=01 状态(01 为 H 第 7 列元素 1，其中，0 为矩阵外元素)，失真和为 3，与上面相比，此路径终止。第 8 列发展：从 00 态，若保持 $y_8=1$，则留在 00+00=00 状态(00 为 H 第 8 列最后一个 0 元素，其中，有一个 0 为矩阵外元素)，失真和仍然为 2，但是与 $m_4=1$ 不符合，从 00 状态，若改 $y_8=0$，由于失真增加到 3，相比后终止。

因此，仅有上面一条最优修改路径(图 11.1)失真和为 2；按此路径上的记录修改载体，得到含密载体。

以下简要给出 STC 编码的一般描述。

算法 11.1　STC 编码

1. 输入 $\boldsymbol{x}$、$\boldsymbol{m}$、H，其中，H 中小矩阵 $\hat{H}$ 的宽度决定了负载率，假设 $\boldsymbol{x}$ 已被位置置乱。

2. 对每个可嵌入样点计算失真 $\rho_i(\boldsymbol{x},\boldsymbol{x}_{\sim i}y_i)$；对 N 元嵌入，每个样点的失真度量值是 N 个(包括不修改时的情况)。

3. 将载体 $\boldsymbol{x}$ 分段，每段长度是小矩阵 $\hat{H}$ 的宽度；对每个分段执行以下步骤①～步骤③直至嵌入结束(每段上的处理对应前述子块上的操作)：

①在第一段的初始局部校验子状态(以下简称状态)为全零，其他分段的初始状态是上一段遗留状态最低位删除并且最高位补 0 的结果；

②考察当前状态通过修改或不修改 x_i 的变化可能，根据 x_i 的可能修改情况记录每条路径上的失真和，路径逐位向后推进；

③每个分段处理中，删除不可能满足提取方程的路径；提前删除在相同节点上总失真多的路径。

4. 处理完最后一个分段后，在满足提取方程的路径中选择失真和最小的，依此路径回溯执行实际的修改方法，得到并输出 $\boldsymbol{y}$，对其进行位置逆置乱，得到输出的含密载体。

由于 $H\boldsymbol{y}=\boldsymbol{m}$，STC 的解码过程就是用带状矩阵 H 逐行乘以 $\boldsymbol{y}$ 并逐元素输出 $\boldsymbol{m}$ 的过程。但实验表明，存在一个小的概率使 STC 在嵌入时无法得到可行解，从而导致嵌入失败，不过这一般可以通过减少消息量或更换位置置乱密钥解决。

Filler 等[139]将 STC 用于 JPEG 图像隐写与空域图像隐写，结果均表明，相比前期隐写，基于 STC 的隐写非常显著地提高了安全性。其中，参照 PQ 的设计，JPEG 失真函数基于隐写在 JPEG 编码中引入的噪声构造，比较的前期算法是 nsF5，STC 小矩阵高度 $h=11$，实验图像为 512×512、QF=75 的灰度图，典型结果是，在 0.2bpnac 的负载率下，对二元 STC 与 nsF5 用 CC-Pev-548 特征分析的错误率分别约为 36%与

9%；实验也基于空域差值共生矩阵的变化设计了空域隐写失真函数，比较的前期算法是 LSBM，STC 小矩阵高度 $h=10$，实验图像为 512×512 的灰度图，典型结果是，在 0.4bpp 的负载率下用 $T=3$ 的二阶 SPAM 特征分析，对二元 STC 与二元 LSBM 的错误率分别约为 29.5%与 8.5%，对三元 STC（11.3 节介绍的双层 STC）与三元 LSBM 的错误率分别约为 31.5%与 10%。

为方便后面阅读，对 STC 编码还需要说明一些重要事项。

(1) 失真度量方法不限。在 STC 算法中，失真度量的计算方法非常重要，本章描述 STC 的一般方法，主要以修改次数作为失真度量的示例，更多失真度量的方法将在第 12 章给出。

(2) 多元 STC 的情况。常用的是三元 STC，此时方程 $\boldsymbol{Hy}=\boldsymbol{m}$ 中各元素均在 GF(3) 上，每个样点的嵌入操作可能是不修改、+1 与 −1，分别对应 GF(3) 上的 +0、+1 和 +2，每个样点有 3 种失真；类似地可以得到 GF(5) 上的五元 STC，基本修改方法是不修改、±1 与 ±2，每个样点有 5 种失真。需要澄清，如果消息是二元编码，采取 LSBM（+1 与 −1 任意）作为 STC 的基本嵌入方式也有三种修改方式，但这仍对应采用二元 STC。对 q 元 STC，由于局部校验子状态数增加到 q^h，STC 算法的中间路径与状态数量显著增加，由于运算负担重造成很大的运算延迟，但是，三元 STC 与 11.3 节将介绍的双层二元 STC 有等价关系，而后者计算上更方便，因此，在算法上一般将三元与多元嵌入仅作为一个论述与设计环节，最后它们均转化为相应的双层或者多层二元嵌入实现消息嵌入。

(3) STC 与加性模型下最优嵌入的近似等价假设。从实验数据来看，STC 的安全性逼近加性模型下最优嵌入的效果，这使得后者的一些理论结论可以被用于 STC。例如，Filler 等[139]基于 512×512 的 BOWS2 图像库[96]进行了实验，在 PLS 与 DLS 两种情况下，基于 SPAM 特征与 SVM 的分析结果表明，结合了空域差值共生矩阵失真函数的二元、三元与五元 STC 分别相比相应的加性模型最优嵌入，当嵌入率小于 0.15bpp 时，二者的分析错误率基本相同，当嵌入率大于 0.15bpp 时，STC 低 1%～2%；图 11.2 也具体示例了相关情况。在大量实验结果的基础上，很多研究人员认为，STC 的修改分布与嵌入失真也基本满足式(10.28)的最优嵌入关系。因此，如果有可能先确定修改概率，可以通过映射关系获得嵌入失真，这个性质在后面得到了充分利用。

11.3　双层 STC

将二元域 STC 直接扩展到 $q>2$ 元域时，STC 计算过程中局部校验子状态的数量由 2^h 变为 q^h，导致计算复杂度与内存消耗急剧增加，并且将普遍存在的二进制消息编码为多元形式也不方便，这限制了多元 STC 的应用。但是，可以在多元域 STC

编码中引入层的概念，即对嵌入样点的较低位平面应用二元 STC 逐层嵌入，当每个层的嵌入及层之间的关联能够被最优化时，多元 STC 就能够通过多层 STC 实现。在这方面，目前研究较多的是双层 STC，主要有两种实现形式，分别为 Filler 等[139]提出的 DSTC(double-layered STC)和 Zhao 等[140]提出的 NDSTC(near-optimal DSTC)，以下分别介绍它们。

11.3.1 基于三元嵌入分解

本节首先分析双层嵌入的消息容量。假定通过发送载体 $\boldsymbol{y}=(y_1,\cdots,y_n)\in\mathcal{Y}\subset\mathcal{X}$ 实现 m 比特消息的传输，其中载体样点 y_i 可表示为 $y_i=(y_i^{(L)},\cdots,y_i^{(1)})$，$y_i^{(j)}\in\mathrm{GF}(2)$ 对应 y_i 的第 j 层比特，$y_i^{(1)}$ 为第一层——LSB 层，L 表示所利用载体样点的层数。由于概率分布 $P(y_i)=P(y_i^{(L)},\cdots,y_i^{(1)})$，根据熵的链式法则[141]，每一载体样点的熵 $H(y_i)$ 可分解为

$$H(y_i)=H(y_i^{(1)})+H(y_i^{(L)},\cdots,y_i^{(2)}\,|\,y_i^{(1)}) \tag{11.7}$$

这说明每个样点上多元嵌入的消息容量 $H(y_i)$ 可分解为嵌入第一层的 $H(y_i^{(1)})$ 与其他层的 $H(y_i^{(L)},\cdots,y_i^{(2)}\,|\,y_i^{(1)})$ 比特。例如，当 $L=2$ 时，可分别得到第一层与第二层的容量

$$m_1=\sum_i H(y_i^{(1)}),\quad m_2=\sum_i H(y_i^{(2)}\,|\,y_i^{(1)}) \tag{11.8}$$

一般可将消息长度 m 分解成 $m=m_1+\cdots+m_L$，在第 j 层完成 m_j 比特的嵌入。请注意，对于给定的载体，分配消息长度等价于决定负载率。注意，对给定载体 x_i，由于 $P(y_i)=P(y_i-x_i)$，熵存在以下等价表达形式

$$H(y_i)\overset{\text{def}}{=\!=}H(P(y_i))=H(P(y_i-x_i))\overset{\text{def}}{=\!=}H(y_i-x_i) \tag{11.9}$$

为了利用以上性质实现逐层嵌入，需要确定每层的嵌入容量分配、失真函数等细节，Filler 等[139]提出的 DSTC 给出了一套方法。STC 的性质在加性模型下接近最优嵌入，因此，可以借鉴后者的理论结论优化解决以上细节问题，主要用到的技巧是从最优三元嵌入的修改概率逐层求出两层二元嵌入的修改概率。这里需先了解一层修改概率与失真函数的关系：由于在一层上嵌入属于二元嵌入，根据式(10.26)，修改概率是

$$P(y_i=\overline{x}_i)=\frac{\mathrm{e}^{-\lambda\rho_i(y_i=\overline{x}_i)}}{1+\mathrm{e}^{-\lambda\rho_i(y_i=\overline{x}_i)}}$$

如果可以先得到以上概率，则可认为失真函数为

$$\rho_i(y_i=\overline{x}_i)=\ln\left(\frac{1-P(y_i=\overline{x}_i)}{P(y_i=\overline{x}_i)}\right) \tag{11.10}$$

以上函数省略了乘因子$1/\lambda$，但是从相互比较的角度看是等价的。可见，失真与修

改概率有映射关系。由于 Filler 等[139]对 DSTC 的描述较难理解，以下基于以上思想先给出两种更直观的方法，本书分别称为“1 至 2 层法”与“2 至 1 层法”，再给出 DSTC 的原始描述，本书也称为“载体翻转法”。

1. *1 至 2 层法*

“1 至 2 层法”的特点是，先求得加性模型下最优三元嵌入的修改概率，再依次推得第一层与第二层的修改概率及其失真函数。假定原载体 $\boldsymbol{x}=(x_1,\cdots x_n)\in\mathcal{X}$，$x_i^{(1)}$ 和 $x_i^{(2)}$ 分别表示 x_i 的 LSB 和次 LSB，(ρ_i^{+1},p_i^{+1})、(ρ_i^{-1},p_i^{-1}) 与 (ρ_i^{0},p_i^{0}) 分别表示对 x_i 进行+1、−1 与不修改对应的三组失真与修改概率对，其中，失真计算可以采用第 12 章介绍的方法，也可以仅修改次数，$p_i^0=1-p_i^{+1}-p_i^{-1}$，并且一般有 $\rho_i^0=0$。以下用 y_i-x_i 表示修改情况，则通过±1 实现 m 比特消息的最优嵌入问题可描述为

$$\min_{p^+,p^-}\sum_i p_i^{+1}\rho_i^{+1}+p_i^{-1}\rho_i^{-1} \tag{11.11}$$

$$\begin{aligned}\text{s.t.}\quad H(\boldsymbol{y}-\boldsymbol{x})&=\sum_i H(y_i-x_i)=\sum_i H(y_i^{(2)}-x_i^{(2)},y_i^{(1)}-x_i^{(1)})\\&=-\sum_i(p_i^{+1}\log_2 p_i^{+1}+p_i^{-1}\log_2 p_i^{-1}+p_i^{0}\log_2 p_i^{0})=m\end{aligned} \tag{11.12}$$

对于绝大多数载体有 $\rho_i^{+1}=\rho_i^{-1}$，但一般需要做样点临界值的处理，例如，当载体为 8bit 深像素，值为最小的 0 时，$\rho_i^{-1}=\infty$，像素值为最大的 255 时，$\rho_i^{+1}=\infty$；当载体为 JPEG 系数，系数值为 −1024 时，$\rho_i^{-1}=\infty$，系数值为 1024 时，$\rho_i^{+1}=\infty$。这样，根据 10.2.1 节的结果，以上问题的解是

$$p_i^{+1}=\frac{\mathrm{e}^{-\lambda\rho_i^{+1}}}{1+\mathrm{e}^{-\lambda\rho_i^{+1}}+\mathrm{e}^{-\lambda\rho_i^{-1}}},\quad p_i^{-1}=\frac{\mathrm{e}^{-\lambda\rho_i^{-1}}}{1+\mathrm{e}^{-\lambda\rho_i^{+1}}+\mathrm{e}^{-\lambda\rho_i^{-1}}} \tag{11.13}$$

其中，λ、ρ_i^{+1}、ρ_i^{-1} 均不小于 0，因此，$x_i^{(1)}$ 被修改的概率 $P(y_i^{(1)}-x_i^{(1)}\neq 0)=p_i^{+1}+p_i^{-1}\leqslant 2/3$。因此第一层修改概率已确定，根据式(11.8)与式(11.10)能够确定其修改失真 $\varrho_i^{(1)}$ 与第一层嵌入的比特数 m_1

$$\varrho_i^{(1)}=\ln\left(\frac{1-P(y_i^{(1)}-x_i^{(1)}\neq 0)}{P(y_i^{(1)}-x_i^{(1)}\neq 0)}\right) \tag{11.14}$$

$$m_1=H(y_i^{(1)}-x_i^{(1)}) \tag{11.15}$$

这样，可以采用二元 STC 完成 LSB 层的消息嵌入。根据式(11.7)与式(11.9)有

$$H(y_i^{(2)}-x_i^{(2)},y_i^{(1)}-x_i^{(1)})=H(y_i^{(1)}-x_i^{(1)})+H(y_i^{(2)}-x_i^{(2)}|y_i^{(1)}-x_i^{(1)}) \tag{11.16}$$

这说明 $m=m_1+m_2$。为了将剩下的 $m-m_1$ 比特消息嵌入第二层——次 LSB 层，需要计算 $P(y_i^{(2)}-x_i^{(2)}|\,y_i^{(1)}-x_i^{(1)})$ 与相应的修改失真，以下仅给出 $x_i^{(2)}x_i^{(1)}=01$ 时的计算方

法，其他 3 种情况读者不难参照得出。由于

$$P(y_i^{(2)}-x_i^{(2)}\,|\,y_i^{(1)}-x_i^{(1)})=\frac{P(y_i^{(2)}-x_i^{(2)},y_i^{(1)}-x_i^{(1)})}{P(y_i^{(1)}-x_i^{(1)})} \tag{11.17}$$

其中，$P\left(y_i^{(1)}-x_i^{(1)}\right)$ 已知；当 $x_i^2x_i^1=01$ 时，有以下 4 种情况。

(1) $P(y_i^{(2)}-x_i^{(2)}=0,y_i^{(1)}-x_i^{(1)}=0)=1-(p_i^{+1}+p_i^{-1})$ 为两层不修改概率。

(2) $P(y_i^{(2)}-x_i^{(2)}=0,y_i^{(1)}-x_i^{(1)}\neq 0)=p_i^{-1}$ 为 LSB 层被修改概率，对应 -1 概率。

(3) $P(y_i^{(2)}-x_i^{(2)}\neq 0,y_i^{(1)}-x_i^{(1)}\neq 0)=p_i^{+1}$ 为两层被修改概率，对应 $+1$ 概率。

(4) $P(y_i^{(2)}-x_i^{(2)}\neq 0,y_i^{(1)}-x_i^{(1)}=0)=0$ 对应 ± 1 不可能得到的情况。

至此，当 $x_i^2x_i^1=01$ 下的 $P(y_i^{(2)}-x_i^{(2)}|y_i^{(1)}-x_i^{(1)})$ 已确定。例如，当两层均不修改时有

$$P(y_i^{(2)}-x_i^{(2)}=0|\,y_i^{(1)}-x_i^{(1)}=0)=\frac{1-(p_i^{+1}+p_i^{-1})}{1-(p_i^{+1}+p_i^{-1})}=1$$

第一层修改而第二层不修改时有

$$P(y_i^{(2)}-x_i^{(2)}=0|\,y_i^{(1)}-x_i^{(1)}\neq 0)=\frac{p_i^{-1}}{p_i^{+1}+p_i^{-1}}$$

两层都修改时有

$$P(y_i^{(2)}-x_i^{(2)}\neq 0|\,y_i^{(1)}-x_i^{(1)}\neq 0)=\frac{p_i^{+1}}{p_i^{+1}+p_i^{-1}}$$

第一层不修改而第二层修改时有

$$P(y_i^{(2)}-x_i^{(2)}\neq 0|y_i^{(1)}-x_i^{(1)}=0)=0$$

由于第一层嵌入后 $y_i^{(1)}-x_i^{(1)}$ 已定，可据此计算 $P(y_i^{(2)}-x_i^{(2)}\,|\,y_i^{(1)}-x_i^{(1)})$ 的值，得到第二层修改失真

$$\varrho_i^{(2)}=\ln\left(\frac{1-P(y_i^{(2)}-x_i^{(2)}\neq 0|\,y_i^{(1)}-x_i^{(1)})}{(y_i^{(2)}-x_i^{(2)}\neq 0|\,y_i^{(1)}-x_i^{(1)})}\right) \tag{11.18}$$

最后，以此修改失真序列用二元 STC 在第二层嵌入 $m-m_1$ 比特消息。

DSTC 需要根据载体与消息长度情况动态确定两层负载率，因此在应用中需要按照交互协议传输这些参数，一般可以基于密钥选择一个区域隐藏它们。由于嵌入量很小，这样的隐藏不会对整体隐蔽性造成显著影响。

STC 与优化嵌入毕竟存在区别。实验表明，在以上 DSTC 具体实现过程中可能出现以下问题需要解决：在第一层未被修改的位置，存在很小的概率第二层也会被修改，即造成了 ±2 的非三元操作。这一般也可以通过减少嵌入消息或更换置乱密钥等方式解决，如后面介绍的 NDSTC 编码设计有针对性的预防措施。

2. 2 至 1 层法

2 至 1 层法的特点是，先求得最优三元嵌入的修改概率，再依次推得第二层与第一层的修改概率及其失真函数。首先通过求解式(11.11)得到最优三元嵌入的修改概率 p_i^0、p_i^{+1}、p_i^{-1}，之后可以求得第二层的修改概率，以下仅给出 $x_i^{(2)}x_i^{(1)}=00$ 下的计算方法，其他 3 种情况读者可以参照得出。当 $x_i^{(2)}x_i^{(1)}=00$ 时，通过对载体 +0、+1、−1 得到的 $y_i^{(2)}y_i^{(1)}$ 分别为 00、01、11（$y_i^{(2)}y_i^{(1)}=10$ 是不会发生的情况），对应的修改概率分别为 p_i^0、p_i^{+1}、p_i^{-1}。因此，第二层的分布为

$$P(y_i^{(2)}-x_i^{(2)}=0)=p_i^0+p_i^{+1},\quad P(y_i^{(2)}-x_i^{(2)}\neq 0)=p_i^{-1} \tag{11.19}$$

以上对应的修改失真为

$$\varrho_i^{(2)}=\ln\left(\frac{1-P(y_i^{(2)}-x_i^{(2)}\neq 0)}{P(y_i^{(2)}-x_i^{(2)}\neq 0)}\right) \tag{11.20}$$

在得到全部 $x_i^{(2)}x_i^{(1)}$ 情况下的 $P(y_i^{(2)}-x_i^{(2)})$ 与 $\varrho_i^{(2)}$ 后，计算 $m_2=\sum_i H(y_i^{(2)}-x_i^{(2)})$，至此可用二元 STC 在第二层嵌入 m_2 比特消息，得到全部 $y_i^{(2)}$ 的值。以下再计算第一层奇偶性分布的条件概率，仍以 $x_i^{(2)}x_i^{(2)}=00$ 情况下的计算为例，当 $y_i^{(2)}-x_i^{(2)}=0$ 时有

$$P(y_i^{(1)}-x_i^{(1)}=0|\,y_i^{(2)}-x_i^{(2)}=0)=\frac{p_i^0}{p_i^0+p_i^{+1}}$$

$$P(y_i^{(1)}-x_i^{(1)}\neq 0|\,y_i^{(2)}-x_i^{(2)}=0)=\frac{p_i^{+1}}{p_i^0+p_i^{+1}}$$

当 $y_i^{(2)}-x_i^{(2)}=1$ 时有

$$P(y_i^{(1)}-x_i^{(1)}=0|\,y_i^{(2)}-x_i^{(2)}=1)=0$$

$$P(y_i^{(1)}-x_i^{(1)}\neq 0|\,y_i^{(2)}-x_i^{(2)}=1)=1$$

由于第二层在嵌入后 $y_i^{(2)}-x_i^{(2)}$ 已定，根据以上方法，可以得到第一层载体的条件修改概率，进而计算第一层修改失真

$$\varrho_i^{(1)}=\ln\left(\frac{1-P(y_i^{(1)}-x_i^{(1)}\neq 0|\,y_i^{(2)}-x_i^{(2)})}{P(y_i^{(1)}-x_i^{(1)}\neq 0|\,y_i^{(2)}-x_i^{(2)})}\right) \tag{11.21}$$

在得到全部 $x_i^{(2)}x_i^{(1)}$ 情况下的 $\varrho_i^{(1)}$ 后，可以基于以上失真序列用二元 STC 在第一层完成 $m-m_1$ 比特的消息嵌入。

2 至 1 层法在具体实现过程中也可能出现与前面 1 至 2 层法类似的问题需要解决。

3. 载体翻转法

载体翻转法是 Filler 等[139]提出的原始 DSTC 方法，这样称呼它是为了突出其特点。注意到，由式(11.14)、式(11.18)、式(11.20)与式(11.21)可知，当其中的修改概率 $P(\cdot)$ 大于 1/2 时，得到的嵌入失真为负值，这是嵌入所不允许的。例如，在 1 至 2 层法中，第二层修改与不修改的概率可以是 $p_i^{+1}/(p_i^{+1}+p_i^{-1})$ 与 $p_i^{-1}/(p_i^{+1}+p_i^{-1})$，如果 +1 与 −1 的代价不同，则以上两个概率就有一个大于 $1/2$。

这里描述解决以上问题的方法。假设第 $b\in\{1,2\}$ 层 $x_i^{(b)}$ 的修改概率或修改条件概率为 $p_i^{(b)}>1/2$，即 $y_i^{(b)}=\overline{x}_i^{(b)}$ 的可能性更大，可以在嵌入前翻转 $x_i^{(b)}$ 得到 $\overline{x}_i^{(b)}$，然后以 $1-p_i^{(b)}<1/2$ 的修改概率计算失真并进行相应的嵌入，显然，此时 $y_i^{(b)}=\overline{x}_i^{(b)}$ 的可能性仍更大。在执行以上预翻转的情况下，失真计算为

$$\varrho_i^{(b)}=\ln\left(\frac{1-\min(p_i^{(b)},1-p_i^{(b)})}{\min(p_i^{(b)},1-p_i^{(b)})}\right)=\ln\left(\frac{\max(p_i^{(b)},1-p_i^{(b)})}{1-\max(p_i^{(b)},1-p_i^{(b)})}\right) \tag{11.22}$$

基于以上观察，可以发现载体翻转法的特点是以上对载体位平面的预翻转操作，它使得可以基于式(11.22)的失真序列执行 STC。可以证明以下定理。

定理 11.1 设 $\boldsymbol{x}=(x_1,\cdots x_n),x_i\in\{0,1\}$ 表示载体位平面，$\boldsymbol{y}=(y_1,\cdots,y_n),y_i\in\{0,1\}$ 表示嵌入消息后的该位平面，如果基于给定的一组概率 $(p_1,\cdots,p_n)$ 嵌入 $m=\sum_{i=1}^{n}H(p_i)$ 比特的消息并满足 $P(y_i=0)=p_i$，则可以通过加性模型 PLS 最优嵌入的方法完成：在 $x_i=[p_i<1/2]$ 上基于以下非负代价

$$\varrho_i=\ln\left(\frac{\tilde{p}_i}{1-\tilde{p}_i}\right) \tag{11.23}$$

嵌入，其中，$\tilde{p}_i=\max\{p_i,1-p_i\}$，$[\cdot]=1$ 仅当其中的逻辑式为真，否则 $[\cdot]=0$。

证明 根据式(11.10)可知，失真 ϱ_i 与嵌入修改概率 $\tilde{p}_i$ 之间的映射关系具有式(11.23)的形式；根据式(11.22)可知，在预翻转下有 $\tilde{p}_i=\max\{p_i,1-p_i\}$ 的形式，因此，以下要证明的是，令 $x_i=[p_i<1/2]$ 并且 $P(y_i=0)=p_i$ 等价于前面的预翻转嵌入情况。

当原 $x_i=0$ 时：若 $P(y_i=0)=p_i<1/2$，则说明 $y_i=1$ 的可能性更大，$x_i=[p_i<1/2]=1$ 等价于执行预翻转，取 $\tilde{p}_i=\max\{p_i,1-p_i\}$ 等价于用 $p_i<1/2$ 的概率修改，因此 $y_i=1$ 的可能性仍较大；若 $P(y_i=0)=p_i>1/2$，则说明 $y_i=0$ 的可能性更大，$x_i=[p_i<1/2]=0$ 保持不变，取 $\tilde{p}_i=\max\{p_i,1-p_i\}$ 等价于用 $1-p_i<1/2$ 的概率修改，因此 $y_i=0$ 的概率仍较大。

当原 $x_i=1$ 时：若 $P(y_i=0)=p_i<1/2$，则说明 $y_i=1$ 的可能性更大，$x_i=[p_i<1/2]=1$ 保持不变，取 $\tilde{p}_i=\max\{p_i,1-p_i\}$ 等价于用 $p_i<1/2$ 的概率修改，因此 $y_i=1$ 的可能性仍较大；若 $P(y_i=0)=p_i>1/2$，则说明 $y_i=0$ 的可能性更大，$x_i=[p_i<1/2]=0$ 等价

于执行预翻转，取 $\tilde{p}_i = \max\{p_i, 1-p_i\}$ 等价于用 $1-p_i < 1/2$ 的概率修改，因此 $y_i = 0$ 的概率仍较大。 □

基于以上定理与之前的论述，Filler 等[139]提出的 DSTC 算法如下。

算法 11.2　基于载体变化描述的 DSTC

算法采用双层 STC 嵌入 m 比特消息，载体为 $\boldsymbol{x} = (x_1, \cdots, x_n) \in \mathcal{X} \overset{\text{def}}{=} \mathcal{I}^n$，失真函数记为 $\rho_i(\boldsymbol{x}, z_i) \in [-K, K]$，其中 $z_i \in \mathcal{I}_i = \{x_i - 1, x_i, x_i + 1\}$ 用于替换 x_i 的值，具体步骤如下。

准备：

1. 定义 $z_i^{(1)} = z_i \bmod 2$，$z_i^{(2)} = z \bmod 4$　　//获得 LSB 与次 LSB 位平面
2. $\rho_i(\boldsymbol{x}, z_i) = C \gg K$，$z_i \notin \mathcal{I}_i \cap \mathcal{I}$　　//非 ±1 操作及越界均被赋予高失真
3. 求解三元最优嵌入分布，即获得 λ 与分布 π_i 并使 $\sum_i H(\pi_i) = m$

第二层嵌入：

4. 根据 π_i 与 x_i 推得 $p_i^{(2)} = P(y_i^{(2)} = 0)$，$m_2 = \sum_i H(p_i^{(2)})$，令

$$x_i^{(2)} \leftarrow [p_i^{(2)} < 1/2], \quad \varrho_i^{(2)} \leftarrow \ln(\tilde{p}_i^{(2)} / (1 - \tilde{p}_i^{(2)}))$$

5. 在 $x_i^{(2)}$ 上利用二元 STC 以 $\varrho_i^{(2)}$ 为失真嵌入 m_2 比特消息，得到全部 $y_i^{(2)}$

第一层嵌入：

6. 根据 π_i、x_i 与 $y_i^{(2)}$ 推得 $p_i^{(1)} = P(y_i^{(1)} = 0 | y_i^{(2)})$，令

$$x_i^{(1)} \leftarrow [p_i^{(1)} < 1/2], \quad \varrho_i^{(1)} \leftarrow \ln(\tilde{p}_i^{(1)} / (1 - \tilde{p}_i^{(1)}))$$

7. 在 $x_i^{(1)}$ 上利用二元 STC 以 $\varrho_i^{(1)}$ 为失真嵌入 $m - m_2$ 比特消息，得到 $y_i^{(1)}$。

通过三元嵌入构造的 DSTC 相比二元域的单层 STC 主要有以下提升。

(1) 安全性能提升明显。在相同负载率下，由于等价于通过 ±1 实现了两层消息嵌入，修改量降低，安全性能提升明显。

(2) 负载率突破 0.5 的限制。单层 STC 嵌入负载率上限为 0.5，而双层 STC 由于利用了载体的两层进行嵌入，使嵌入负载率趋于 1。

有关 DSTC 在隐写分析下的实验数据参见 11.3.2 节最后的内容。

11.3.2　基于两层嵌入综合

以上 DSTC 先得到加性模型下三元最优嵌入结果，再逐层确定每层的消息容量与失真函数，也就是将三元最优嵌入的性质逐层传递，本节介绍 Zhao 等[140]提出的 NDSTC 是根据两层二元最优嵌入的关系，通过综合优化两层的结合方式与消息分配，使得综合后的两层嵌入结果逼近三元最优嵌入。

NDSTC 主要通过解决两层消息容量的分配问题实现双层嵌入的优化综合。在双层嵌入中，由于每层上的 STC 都逼近加性模型下最优二元嵌入的效果，两层的修改

概率可以分别表示为

$$p_i^{(b)}=\frac{\mathrm{e}^{-\lambda_b\rho_i^{(b)}}}{1+\mathrm{e}^{-\lambda_b\rho_i^{(b)}}},\quad b=1,2 \tag{11.24}$$

其中，$\rho_i^{(b)}$ 表示修改第 b 层的失真，这里两层失真的计算方法一样，均计算 ρ_i 即可，其区别仅体现在输入数据的修改层不同。这样，嵌入第一层的消息长度为

$$m_1=\sum_i H(y_i^{(1)}=\overline{x}_i^{(1)})\stackrel{\text{def}}{=}\sum_i H(p_i^{(1)}) \tag{11.25}$$

其中

$$H(p_i^{(1)})=\left[-\frac{\mathrm{e}^{-\lambda_1\rho_i^{(1)}}}{1+\mathrm{e}^{-\lambda_1\rho_i^{(1)}}}\log\frac{\mathrm{e}^{-\lambda_1\rho_i^{(1)}}}{1+\mathrm{e}^{-\lambda_1\rho_i^{(1)}}}-\left(1-\frac{\mathrm{e}^{-\lambda_1\rho_i^{(1)}}}{1+\mathrm{e}^{-\lambda_1\rho_i^{(1)}}}\right)\log\left(1-\frac{\mathrm{e}^{-\lambda_1\rho_i^{(1)}}}{1+\mathrm{e}^{-\lambda_1\rho_i^{(1)}}}\right)\right]$$

本节对数以 2 为底。由于在式(11.25)中 m_1 与最优嵌入参数 λ_1 均未知，需要进一步建立约束关系。假设用 STC 基于失真 $\rho_i^{(1)}$ 嵌入了 m_1 比特的消息，第一层的平均修改次数为

$$E(N_1)=\sum_i E(c_i^{(1)})=\sum_i\frac{\mathrm{e}^{-\lambda_1\rho_i^{(1)}}}{1+\mathrm{e}^{-\lambda_1\rho_i^{(1)}}} \tag{11.26}$$

其中，$c_i^{(1)}\in\{0,1\}$ 表示每个样点是否被修改；N_1 表示修改的总次数。记被修改样点的集合为 $\boldsymbol{C}_1$，有 $|\boldsymbol{C}_1|=E(N_1)$，基于湿纸编码的优化原则以及 +1 与 −1 的可选择性，可以使在第一层被修改位置上的第二层失真为 0，因此，第二层失真的计算方法为

$$\rho_i^{(2)}=\begin{cases}0, & i\in\boldsymbol{C}_1\\ \rho_i, & i\notin\boldsymbol{C}_1\end{cases} \tag{11.27}$$

这样，嵌入第二层的消息长度可表示为

$$m_2=\sum_{i\in\boldsymbol{C}_1}H(p_i^{(2)})+\sum_{i\notin\boldsymbol{C}_1}H(p_i^{(2)}) \tag{11.28}$$

其中

$$H(p_i^{(2)})=\left[-\frac{\mathrm{e}^{-\lambda_2\rho_i^{(2)}}}{1+\mathrm{e}^{-\lambda_2\rho_i^{(2)}}}\log\frac{\mathrm{e}^{-\lambda_2\rho_i^{(2)}}}{1+\mathrm{e}^{-\lambda_2\rho_i^{(2)}}}-\left(1-\frac{\mathrm{e}^{-\lambda_2\rho_i^{(2)}}}{1+\mathrm{e}^{-\lambda_2\rho_i^{(2)}}}\right)\log\left(1-\frac{\mathrm{e}^{-\lambda_2\rho_i^{(2)}}}{1+\mathrm{e}^{-\lambda_2\rho_i^{(2)}}}\right)\right]$$

由于 $\rho_i^{(2)}=0,\ \forall i\in\boldsymbol{C}_1$，则 m_2 可进一步表示为

$$m_2=\sum_{i\in\boldsymbol{C}_1}\left[-\frac{1}{2}\log\frac{1}{2}-\left(1-\frac{1}{2}\right)\log\left(1-\frac{1}{2}\right)\right]+\sum_{i\notin\boldsymbol{C}_1}H(p_i^{(2)})=|\boldsymbol{C}_1|+\sum_{i\notin\boldsymbol{C}_1}H(p_i^{(2)}) \tag{11.29}$$

由于在第二层嵌入中在 $i\notin\boldsymbol{C}_1$ 处一般不修改，这样这些位置的熵 $H(p_i^{(2)})=0$，由于 $\rho_i^{(2)}\neq 0,\forall i\notin\boldsymbol{C}_1$，$\rho_i^{(2)}=0,\forall i\in\boldsymbol{C}_1$，说明式(11.28)中的 λ_2 取无穷大，因此有

$$m = m_1 + m_2 = m_1 + |\boldsymbol{C}_1| = m_1 + E(N_1)$$
$$= \sum_i \left[-\frac{\mathrm{e}^{-\lambda_1 \rho_i^{(1)}}}{1+\mathrm{e}^{-\lambda_1 \rho_i^{(1)}}} \log \frac{\mathrm{e}^{-\lambda_1 \rho_i^{(1)}}}{1+\mathrm{e}^{-\lambda_1 \rho_i^{(1)}}} \right.$$
$$\left. -\left(1-\frac{\mathrm{e}^{-\lambda_1 \rho_i^{(1)}}}{1+\mathrm{e}^{-\lambda_1 \rho_i^{(1)}}}\right) \log \left(1-\frac{\mathrm{e}^{-\lambda_1 \rho_i^{(1)}}}{1+\mathrm{e}^{-\lambda_1 \rho_i^{(1)}}}\right) \right] + \sum_i \frac{\mathrm{e}^{-\lambda_1 \rho_i^{(1)}}}{1+\mathrm{e}^{-\lambda_1 \rho_i^{(1)}}} \tag{11.30}$$

基于式(11.30)可以通过二分搜索得到 λ_1，进而通过式(11.25)计算 m_1 并得到 $m_2 = m - m_1$。在解决了两层容量分配问题后，NDSTC 通过以下步骤完成嵌入。

(1)依据 $\rho_i^{(1)}$ 将长度为 m_1 比特的消息用 STC 模拟嵌入载体的第一层。

(2)针对初始的 $\rho_i^{(2)}$，将第一层嵌入修改位置上的失真置 0 得到新的 $\rho_i^{(2)}$，以此失真将长度为 m_2 比特的消息用 STC 模拟嵌入载体的第二层。

(3)基于第一层、第二层模拟嵌入得到的修改需求，通过确定在需修改载体样点上进行 +1 或 −1 得到隐写载体输出。

二元 STC 嵌入与理论上最优嵌入仍然存在差距，以上消息分配存在一定误差并会导致执行 ±2 操作。因此，Zhao 等[140]提出在确定负载分配中增加调节因子 τ，它是个略大于 1 的值，有助于微调消息长度，这样总消息长度及其分配可表示为

$$m = m_1 + m_2 = m_1 + \tau |\boldsymbol{C}_1| \tag{11.31}$$

实验结果表明[140]，在 SRM 隐写分析下 NDSTC 相比 DSTC 有一定提高。典型地(图 11.2)，当全部比较算法均采用 S-UNIWARD 失真函数(12.1 节)计算失真并且总负载率为常用的 0.3bpp 时，相比 DSTC，NDSTC 将 SRM 隐写分析的错误率提高

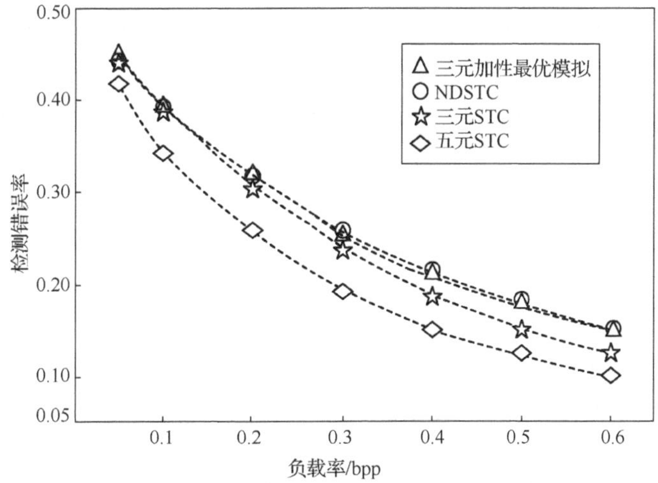

图 11.2　在 SRM 隐写分析下 NDSTC 相比 DSTC 有一定提高
(失真用第 12 章介绍的 S-UNIWARD 函数计算，STC 小矩阵高度 $h = 10$)

了近 2.0%，相比五元 STC，NDSTC 将 SRM 隐写分析的错误率提高了约 5.0%。值得注意的是，SRM 对 NDSTC 样本的检测错误率曲线与对加性模型三元最优嵌入模拟器输出样本的错误率曲线非常接近，这说明 NDSTC 更接近加性模型最优嵌入的安全性质。

11.4　小　结

本章介绍的 STC 与 DSTC 编码是隐写学中有关隐写码的核心内容之一。读者将在第 12 章发现，STC 是当前最安全的一类隐写——自适应隐写的核心处理环节。STC 解决了前期湿纸编码、矩阵编码在优化嵌入上的主要问题，是解决加性模型下最优嵌入问题的实用算法；它采用带状矩阵逐步构造提取方程，能够提前排除无法达到的最优路径，动态确定最安全的嵌入位置序列，使全局总失真最小，显著提高了隐写安全。DSTC 与 NDSTC 双层 STC 编码提高了隐写的安全容量与嵌入效率，逼近实现了三元最优嵌入的安全性；其中，在设计上 DSTC 采用基于三元优化嵌入分解的路线，NDSTC 采用两层最优嵌入综合的路线，从实验结果来看，后者性能略占优势，已经非常接近三元最优嵌入的安全性。

最优嵌入分为 PLS 问题与 DLS 问题，一般用 STC 解决加性模型下的 PLS 问题较多，但是，在第 12 章读者将了解，当 DLS 问题被转化为求解安全负载率的问题后，STC 也可被用于支撑解决加性模型下的 DLS 问题。

关于 STC 也遗留了一些问题有待得到更深入的研究。本章指出，首先，实验表明，存在一个很小的概率使 STC 不能有效构造提取方程，从而造成嵌入失败，这说明需要深入研究 STC 的有效性；其次，STC 通过线性编码解决了加性模型下的最小失真嵌入问题，因此存在的问题是能否扩展 STC 为非线性编码以解决非加性模型下的最优嵌入问题；最后，双层 STC 在容量分配与避免第二层湿点被修改方面也存在提高空间。

思考与实践

(1) 自选 8bit 消息和一段 LSB 载体，用 STC 将前者嵌入后者，以修改次数为失真度量，给出全部 STC 参数配置以及嵌入过程，画出格子图并给出每一步骤的说明，给出最后得到的 LSB 输出，验证消息提取的有效性。

(2) 请证明 DSTC 编码的 2 至 1 层法与载体翻转法是等价的。

(3) 请比较 DSTC 与 NDSTC 在设计思路上的不同特点，指出它们的主要操作步骤。

第 12 章　自适应隐写

在基本嵌入方法的基础上进一步得到提高的隐写，一般都针对载体进行了不同的动态优化，这说明自适应处理是隐写的普遍特性。但当前的自适应隐写(adaptive steganography)专指，在负载率一定时最小化总失真，或在总失真一定时最大化消息量，分别解决前面提到的 PLS 问题或 DLS 问题。失真计算方法是一个自适应隐写的标志性技术，因此这类隐写往往用其失真函数名命名。由于隐写修改样点之间相互干扰，总失真目前一般基于简化的加性模型估计，它假设总失真是每个修改样点上失真度量的加性和。当前，能够在加性模型下进行总体优化的自适应隐写普遍采用了 STC 编码，由于不限于分块优化，相比前期隐写，自适应隐写的修改位置是全区域动态选择的。

失真函数需要反映隐写修改对安全产生的影响。在前面介绍的隐写中已多次引入了不同的失真度量，如 F5 的分组修改次数、MME 的分组隐写噪声幅度、nsF5 与 PQ 等的样点“干”或“湿”性，但是这些度量方法存在考察区域小或失真等级少等缺点。当前隐写分析在载体内容纹理复杂区的分类稳健性相对较差，因此，失真函数一般在考察样点邻域的基础上，在高纹理区输出的样点失真度量值较低，而在平滑区输出的值较高。设计失真函数也可以采用使隐写保持分布特征的原则，但后来达到的效果一般也近似于以上纹理复杂度原则。本章 12.1 节介绍典型的图像失真函数[117,142-148]。

当前，自适应隐写主要用于在失真函数结合 STC 的加性模型下解决 PLS 问题。近年来，研究人员通过将 DLS 问题转化为求解安全负载率，提出了一些解决 DLS 问题的自适应隐写[146,149-151]；另外，研究人员在一定的非加性模型下也提出了一些自适应隐写[152-155]。以上工作进一步丰富了自适应隐写的设计方法与应用模式，提高了安全性与安全的可控性。

12.1　限负载自适应隐写

限负载自适应隐写是指，在负载率一定的情况下，使得隐写产生的失真总和最小。截至目前，研究人员主要在加性模型下提出了一批相关方法。

12.1.1　基本框架

当前，限负载自适应隐写的主要方法是基于加性模型解决最小化总失真问题，即求解加性模型下的 PLS 问题。STC 是最小化加性模型失真总代价的有效方法，因此，在处理流程上这类隐写主要包括失真计算与 STC 编码两个环节(图 12.1)。

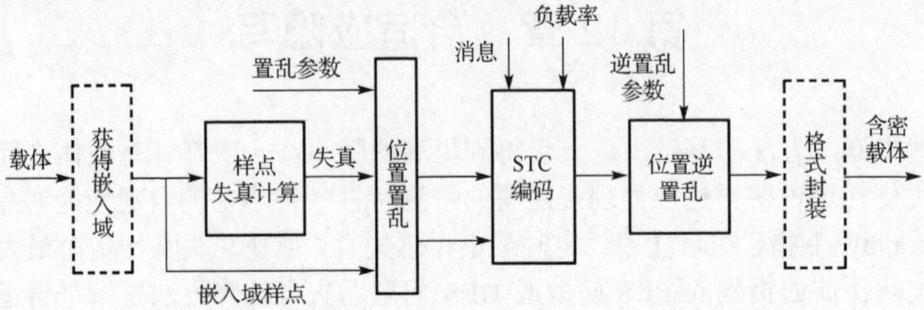

图 12.1　加性模型下解决 PLS 问题的自适应隐写框架

(1)获得嵌入域。将图像变换到隐写嵌入域，这一步骤对空间域编码图像不存在。

(2)位置置乱。为了使 STC 编码每步的执行在更大的位置范围内得到优化，并加强隐写的应用安全，需要对嵌入域样点进行位置置乱。

(3)样点失真计算。利用失真函数计算每个可用样点被修改后的失真度量。

(4)STC 编码。基于输入负载率与以上样点的失真度量，针对需要传输的消息进行 STC 编码，其中，STC 编码小矩阵宽度的倒数对应预设的负载率。

(5)位置逆置乱。将 STC 编码处理后的嵌入域样点位置进行还原。

(6)格式封装。使得载体文件满足标准格式，例如，对 JPEG 系数进行以上隐写后，需要用熵编码进行无损压缩，得到最终的有效 JPEG 文件。

对以上隐写的提取过程是，得到嵌入域后进行相同的位置置乱，用第 11 章介绍的 STC 解码方式进行解码，得到传输的消息。

STC 编码过程是类似的，因此，设计这类自适应隐写的主要任务是完成失真函数的设计，这也是这类隐写的名称一般用其失真函数名命名的原因。在加性模型下，样点的失真总和可以表示为

$$D(\boldsymbol{X},\boldsymbol{Y})=\sum_{i=1}^{n_1}\sum_{j=1}^{n_2}\rho_{ij}\left|X_{i,j}-Y_{i,j}\right| \tag{12.1}$$

其中，载体 $\boldsymbol{X}$ 与含密载体 $\boldsymbol{Y}$ 的尺寸是 $n_1\times n_2$； ρ_{ij} 是单点失真函数，它估计仅单点被修改的失真，需要隐写设计者对 ρ_{ij} 进行定义，或者，若能先定义总体失真函数 $D(\boldsymbol{X},\boldsymbol{Y})$，也可得到单点修改失真函数

$$\rho_{i,j}=D(\boldsymbol{X},\boldsymbol{X}_{\sim(i,j)}Y_{i,j}) \tag{12.2}$$

其中， $\boldsymbol{X}_{\sim(i,j)}Y_{i,j}$ 表示仅将 $\boldsymbol{X}$ 中 $X_{i,j}$ 改为 $Y_{i,j}$ 后的版本。

以下主要通过说明 $\rho_{i,j}$ 的计算方法介绍典型的限负载自适应隐写。这类隐写一般按照嵌入域不同进行分类，例如，对图像来说，一般分为空间域与 JPEG 域自适

应隐写。显然，失真函数需要针对嵌入域专门设计，它主要评估嵌入域每个样点的修改对失真造成的影响，但这种评估也可以在非嵌入域的其他域进行；失真的定义可以不同，但一般而言，隐写分析特征在高纹理区受到的干扰更大，因此，失真函数普遍在纹理复杂区输出较小值。

12.1.2 图像空域自适应隐写

空域自适应隐写的失真函数一般在空域或时频域设计。最早提出的这类隐写是基于隐写对空域像素共生矩阵影响所设计的 HUGO(highly undetectable stego)[117]；小波变换是时频变换，同时包含了载体局部的空域与频率信息，因此，也可以在小波域设计失真函数，典型的是 WOW(wavelet obtained weights)[142]与 S-UNIWARD (spatial-universal wavelet relative distortion)[143]隐写。以上隐写的失真函数均在高纹理区输出较小值，在平滑区输出较大值，但由于具体构造有所不同，它们的安全性有一定差异。

1. HUGO

Pevny 等[117]提出的 HUGO 是最早采用 STC 编码的自适应隐写，它的提出显著提高了空域图像隐写的安全。SPAM 二阶特征能够很好地反映空域隐写带来的扰动，具有一定的通用性，因此，HUGO 的直接设计目的是使得空域隐写能够抵御基于 SPAM 特征的分析。为此，HUGO 基于 SPAM 二阶特征构造失真函数。

以下首先回顾 SPAM 特征[95]。记 $\{\leftarrow,\rightarrow,\downarrow,\uparrow,\nwarrow,\searrow,\swarrow,\nearrow\}$ 为像素的 8 个方向，用于标记相邻像素在这些方向上的差值，如 $D_{i,j}^{\rightarrow}=I_{i,j}-I_{i,j+1}$ 表示水平方向相邻像素差。统计 8 个方向上相邻像素差值的一阶与二阶转移概率，如在从左向右水平方向统计一阶转移概率 $M_{d_1,d_2}^{\rightarrow}=\Pr(D_{i,j+1}^{\rightarrow}=d_2|D_{i,j}^{\rightarrow}=d_1)$ 与二阶转移概率 $M_{d_1,d_2,d_3}^{\rightarrow}=\Pr(D_{i,j+2}^{\rightarrow}=d_3\,|\,D_{i,j+1}^{\rightarrow}=d_2,D_{i,j}^{\rightarrow}=d_1)$，$d_i\in[-T,\cdots,T]$，$i=1,2,3$；最后，对一阶与二阶转移概率特征分别按照水平与对角线方向合并，其中，对二阶特征合并如下

$$F_{d_1,d_2,d_3}^{+}=\frac{1}{4}(M_{d_1,d_2,d_3}^{\rightarrow}+M_{d_1,d_2,d_3}^{\leftarrow}+M_{d_1,d_2,d_3}^{\downarrow}+M_{d_1,d_2,d_3}^{\uparrow}) \tag{12.3}$$

$$F_{d_1,d_2,d_3}^{\times}=\frac{1}{4}(M_{d_1,d_2,d_3}^{\searrow}+M_{d_1,d_2,d_3}^{\nwarrow}+M_{d_1,d_2,d_3}^{\swarrow}+M_{d_1,d_2,d_3}^{\nearrow}) \tag{12.4}$$

在提取 SPAM 二阶特征时，一般取 $T=3$，因此，二阶特征的维度是 $2(2T+1)^3=686$。实验表明，基于 SPAM 二阶特征具有更好的分析效果。

HUGO 的直接设计目的是采用自适应隐写对抗 SPAM 二阶特征的分析，因此，其失真函数的定义考虑了样点修改对该组特征的扰动程度。定义水平邻域像素差共生矩阵如下

$$C_{d_1,d_2}^{\rightarrow}=\Pr(D_{i,j}^{\rightarrow}=d_1,D_{i,j+1}^{\rightarrow}=d_2) \tag{12.5}$$

$$C^{\rightarrow}_{d_1,d_2,d_3}=\Pr(D^{\rightarrow}_{i,j}=d_1,D^{\rightarrow}_{i,j+1}=d_2,D^{\rightarrow}_{i,j+2}=d_3) \tag{12.6}$$

类似地可以定义其他方向的共生矩阵，当 $T=3$ 时有

$$\{C^{\Gamma}_{d_1,d_2},C^{\Gamma}_{d_1,d_2,d_3} \mid \Gamma\in\{\rightarrow,\uparrow,\nwarrow,\nearrow\},-3\leqslant d_i\leqslant 3\} \tag{12.7}$$

其中包含 $4\times(7^2+7^3)=1568$ 维特征。由于 $M^{\Gamma}_{d_1,d_2,d_3}=C^{\Gamma}_{d_1,d_2,d_3}/C^{\Gamma}_{d_1,d_2}$，并且 $C^{\rightarrow}_{d_1,d_2}=C^{\leftarrow}_{-d_1,-d_2}$，$C^{\rightarrow}_{d_1,d_2,d_3}=C^{\leftarrow}_{-d_1,-d_2,-d_3}$，显然对 $C^{\Gamma}_{d_1,d_2,d_3}$ 的保持有利于抵抗基于 $M^{\Gamma}_{d_1,d_2,d_3}$ 特征的 SPAM 隐写分析，HUGO 的总体失真函数为

$$\begin{aligned}D(\boldsymbol{X},\boldsymbol{Y})=&\sum_{d_1,d_2,d_3=-T}^{T}\left[w(d_1,d_2,d_3)\left|\sum_{\Gamma\in\{\rightarrow,\leftarrow,\uparrow,\downarrow\}}C^{\boldsymbol{X},\Gamma}_{d_1,d_2,d_3}-C^{\boldsymbol{Y},\Gamma}_{d_1,d_2,d_3}\right|\right.\\&\left.+w(d_1,d_2,d_3)\left|\sum_{\Gamma\in\{\searrow,\nwarrow,\swarrow,\nearrow\}}C^{\boldsymbol{X},\Gamma}_{d_1,d_2,d_3}-C^{\boldsymbol{Y},\Gamma}_{d_1,d_2,d_3}\right|\right]\end{aligned} \tag{12.8}$$

其中，$w(d_1,d_2,d_3)$ 是权值函数，定义为

$$w(d_1,d_2,d_3)=\frac{1}{\left(\sqrt{d_1^2+d_2^2+d_3^2}+\sigma\right)^{\gamma}} \tag{12.9}$$

其中，$\sigma,\gamma>0$ 是需要确定的系数，Pevny 等在实验中通过计算 MMD 隐写安全指标[28]衡量嵌入前后特征的变化，通过搜索得到 $\sigma=10,\gamma=4$。在以上定义下，对共生矩阵特征扰动越大失真越大，当 d_1、d_2、d_3 较小时（相对平滑区），共生矩阵特征扰动的权值较大，反之则较小。在 STC 编码前，实际计算的是单点失真 $\rho_{i,j}=D(\boldsymbol{X},\boldsymbol{X}_{\sim(i,j)}Y_{i,j})$。

在以上失真函数的定义下，HUGO 基于 STC 实现了空域自适应 ±1 隐写，并且提供了模型矫正（model correction）功能，后者在嵌入中针对每个像素再次计算当前嵌入下的 +1 与 −1 代价，选择执行其中失真较小者对应的修改方式。模型矫正通过动态更新失真在一定程度上克服了加性模型的局限，但也使得以上嵌入实际上是二元消息嵌入。

算法 12.1　HUGO 嵌入算法

输入：载体 X，消息 message

输出：含密载体 Y

```
1. For (i,j) in PIXELS {      //每个像素计算一次
2.     Yp = X; Yp(i,j)++; rho_p(i,j) = D(X,Yp); //计算像素+1 的单点失真
3.     Ym = X; Ym(i,j)--; rho_m(i,j) = D(X,Ym); //计算像素-1 的单点失真
4. }
5. rho_min = min(rho_p, rho_m);//用+1 与-1 中小的单点失真进行 STC 编码
```

```
    //以下隐含进行了二元 STC 编码，但其仅返回了需要修改的像素位置
6. PIXELS_TO_CHANGE = minimize_emb_impact(LSB(X), rho_min, message);
7. Y = X;  //含密载体的初态
8. For (i, j) in PIXELS_TO_CHANGE {
9.      If (model_correction_step_enabled) { //模型矫正开关打开
            //计算以上修改下当前位置上+1 与–1 新的单点代价
10.         Y_p = Y; Y_p(i, j)++; dp = D(X, Y_p); Y_m = Y; Y_m(i, j)– –; dm = D(X, Y_m);
11.         If(dp < dm) { Y(i, j)++;} else { Y(i, j)– –;}
12.     }
13.     else {//模型矫正开关关闭，比较嵌入前计算的+1 与–1 失真
14.         If (rho_p(i,j) < rho_m(i,j)) { Y(i,j)++;} else { Y(i,j)– –;}
15.     }
16. }
```

在模型矫正中，存在矫正方向的选择。矫正方向实际上就是空间域修改的方向，HUGO 分为以下几种：①从左到右、从上到下；②从最大的 $\rho_{i,j}$ 到最小的位置顺序；③从最小的 $\rho_{i,j}$ 到最大的位置顺序；④随机顺序。实验中发现[117]，当 $T=3$ 时，②下的安全性最好，显著地高于 LSBM。典型地，在 HUGO 嵌入率小于 0.3bpp 时，SPAM 基本不起作用，错误率接近随机猜测的 50%；当嵌入率增长到 0.4bpp 时，一阶 SPAM 与二阶 SPAM 的错误率仅分别下降到约 44%与 42%，而此时它们对 LSBM 的错误率约是 18%与 10%；如果此时采用融合了 SPAM 与 Pev-274 的 1234 维 CDF(cross-domain feature)特征分析方法[129]，检测错误率约为 36%。但是，由于计算与更新失真都需要计算共生矩阵，HUGO 的计算延迟相对较大。

需要指出，算法 12.1 采用的三元 ±1 是基本嵌入，但是 STC 编码是二元的，每个状态节点最多有两个分支，实际上也可以直接采用三元 STC 或等价的双层 STC 进行设计，但此时就不能进行模型矫正。本书如不特殊说明，HOGO 按照算法 12.1 定义。

2. WOW

小波系数反映了局部信号的时频特性，因此，设计失真函数可以以隐写后这种特性得到更多保持为原则。WOW 是一种空域图像自适应隐写，它的失真计算方法是，对每个像素的单独改动，在小波多分辨率分解变换(下称小波变换)的一级分解 LH、HL 与 HH 子带上，考察系数改动量与原系数的绝对值相关性，相关性越大则失真越小，反之越大。

这里先描述 WOW 中使用的小波变换系数域。WOW 的设计者 Holub 与 Fridrich[142]通过实验比较，选择了 Daubechies 8 小波的高通滤波器与低通滤波器进

行小波滤波。设 $\boldsymbol{h}$ 为低通滤波器系数，$\boldsymbol{g}$ 为高通滤波器系数，则获得一级分解 LH、HL 与 HH 三个子带系数的二维滤波器系数分别是

$$\boldsymbol{K}^{(1)}=\boldsymbol{h}\cdot\boldsymbol{g}^{\mathrm{T}},\quad \boldsymbol{K}^{(2)}=\boldsymbol{g}\cdot\boldsymbol{h}^{\mathrm{T}},\quad \boldsymbol{K}^{(3)}=\boldsymbol{g}\cdot\boldsymbol{g}^{\mathrm{T}} \tag{12.10}$$

它们滤波载体得到的 LH、HL 与 HH 三组子带系数也被称为残差

$$\boldsymbol{R}^{(k)}=\boldsymbol{K}^{(k)}*\boldsymbol{X},\quad k=1,2,3 \tag{12.11}$$

其中，“*”表示二维卷积。在 WOW 中，先对载体进行镜像填充(mirror-padded)，之后计算卷积，因此，$\boldsymbol{R}^{(k)}$ 的尺寸与原图 $\boldsymbol{X}$ 相同。

设 $\boldsymbol{R}_{ij}^{(k)}$ 为仅修改了位置 (i,j) 上一个像素后计算得到的第 k 组残差，WOW 的单点失真函数定义为

$$\rho_{i,j}=\left(\sum_{k=1}^{n}\left|\xi_{ij}^{(k)}\right|^{p}\right)^{-\frac{1}{p}} \tag{12.12}$$

其中，n 为二维滤波器数量；$p<0$ 是待定常数；$\xi_{ij}^{(k)}$ 是表示 $|\boldsymbol{R}^{(k)}|$ 与 $|\boldsymbol{R}^{(k)}-\boldsymbol{R}_{ij}^{(k)}|$ 之间相关性的量，近似用后两者的内积 $|\boldsymbol{R}^{(k)}|\circ|\boldsymbol{R}^{(k)}-\boldsymbol{R}_{ij}^{(k)}|$ 表示，由于计算单点失真时只考虑在位置 (i,j) 上修改了 1 的幅度，加上卷积的线性，$|\boldsymbol{R}^{(k)}-\boldsymbol{R}_{ij}^{(k)}|$ 中非零元素仅包含以 (i,j) 为中心的子矩阵 $\boldsymbol{K}^{(k)}$，这样有

$$\boldsymbol{\xi}^{k}=(\xi_{ij}^{(k)})=(|\boldsymbol{R}^{(k)}|\circ|\boldsymbol{R}^{(k)}-\boldsymbol{R}_{ij}^{(k)}|)=|\boldsymbol{R}^{(k)}|*|\boldsymbol{K}^{(k)}|^{\frown} \tag{12.13}$$

其中，“$\frown$”表示矩阵顺时针旋转 180°，引入它的原因是在计算上抵消二维卷积内涵的矩阵翻转，以通过卷积操作计算以上定义的相关性。需指出，由于文献[142]存在描述上的问题，以上公式参考了作者公布的代码。通过实验，WOW 取 $n=3$ 以及 $p=-1$，有

$$\rho_{i,j}=\sum_{k=1}^{3}\left|\xi_{ij}^{(k)}\right|^{-1} \tag{12.14}$$

因此，当修改位置 (i,j) 上的像素后，如果残差上的修改噪声与原残差更相关，则单点失真函数值较小，(i,j) 位置更可能被修改，反之函数值越大，(i,j) 位置越不可能被修改。在平滑区以上相关性较小，因此失真值一般相对更大。

WOW 支持采用二元 STC 以及三元或等价的双层 STC 进行嵌入。从实验结果[142]来看，WOW 的安全性略高于 HUGO，但显著高于 LSBM。图 12.2 是复现以上实验得到的部分结果，其中，当 WOW 采用三元 STC 时，在相同负载率下性能显著优于二元 STC 的情况。需指出，在计算负载率的过程中，实验将消息长度单位均转化为比特，以便与 HUGO 与 LSBM 比较，转化方法可参见附录 A.2.1。

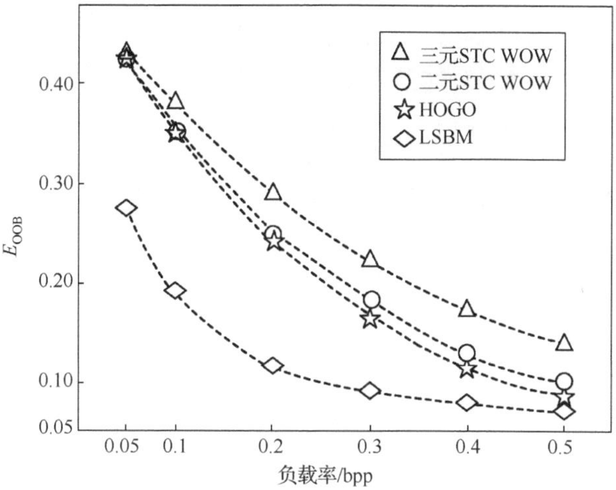

图 12.2　SRM 隐写分析对 WOW、HUGO 与 LSBM 的检测错误率比较

3. S-UNIWARD

S-UNIWARD 是 Holub 等[143]提出的一种图像空域自适应隐写，它的失真函数也基于小波系数定义。设 $\boldsymbol{R}^{(k)}(\boldsymbol{X})=\boldsymbol{K}^{(k)}*\boldsymbol{X}, \boldsymbol{R}^{(k)}(\boldsymbol{Y})=\boldsymbol{K}^{(k)}*\boldsymbol{Y}, k=1,2,3$ 分别是原图与含密图的第 k 组残差，对应小波变换一级分解 LH、HL 与 HH 三个子带系数，$W_{uv}^{(k)}(\boldsymbol{X})$、$W_{uv}^{(k)}(\boldsymbol{Y}), u\in[1,\cdots,n_1], v\in[1,\cdots,n_2]$ 分别表示 $\boldsymbol{R}^{(k)}(\boldsymbol{X})$、$\boldsymbol{R}^{(k)}(\boldsymbol{Y})$ 中位置 (u,v) 上的小波系数，则 S-UNIWARD 定义的总体失真函数为

$$D(\boldsymbol{X},\boldsymbol{Y})=\sum_{k=1}^{3}\sum_{u=1}^{n_1}\sum_{v=1}^{n_2}\frac{\left|W_{uv}^{(k)}(\boldsymbol{X})-W_{uv}^{(k)}(\boldsymbol{Y})\right|}{\sigma+\left|W_{uv}^{(k)}(\boldsymbol{X})\right|} \tag{12.15}$$

其中，$\sigma>0$ 为调节参数，在 S-UNIWARD 实验中取 1。这样，单点失真函数为 $\rho_{i,j}=D(\boldsymbol{X},\boldsymbol{X}_{\sim(i,j)}Y_{i,j})$，以上小波系数主要分布在中高频，因此在高纹理区系数值较大，使式(12.15)的分母值在高纹理区较大，失真下降，反之则上升。这样，HUGO、WOW 与 S-UNIWARD 均趋向于选择纹理区嵌入，但选择的位置有明显区别(图 12.3)：HUGO 比较趋向于选择轮廓附近，而 WOW、S-UNIWARD 更趋向于选择纹理复杂区，后者的选择在纹理区范围更均匀。

类似于 WOW，S-UNIWARD 采用 STC 编码，支持单层或者双层嵌入，即支持采用二元或三元 STC。Holub 等[143]的实验表明，SRM 隐写分析对检测 WOW 与 S-UNIWARD 的错误率比较接近，后者相对占优；Holub 与 Fridrich[123]基于 BOSSbase 图像库针对 PSRMQ1 分析方法的实验进一步验证了以上现象(9.3.1 节)，在 0.2bpp 与 0.3bpp 负载率下，检测 S-UNIWARD 的错误率比检测 WOW 的高了约 1%，分别约为 30%与 18%。

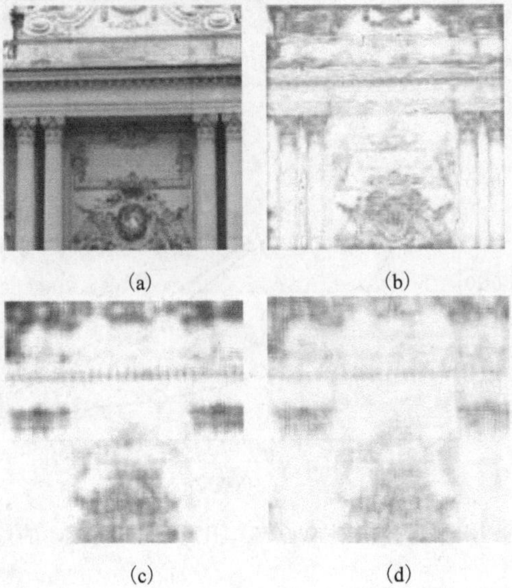

图12.3 原图(a)以及 HUGO(b)、WOW(c)与 S-UNIWARD(d)选择的嵌入区

4. HILL

隐写失真的逐样点计算可能存在粒度过小的问题。Li 等[144]观察到，在高纹理区，WOW 隐写失真函数变化剧烈，在一部分样点上也计算为高嵌入代价，但是，从分类器的角度看，一般不会也难以进行这样细粒度的局部特征提取。

为了充分利用高纹理区域嵌入消息，Li 等[144]提出了 HILL(high-pass, low-pass, low-pass)隐写。HILL 的特点是，在失真函数的构造上采用了一个或一组高通滤波器与两个低通滤波器。其中，高通滤波器 $H^{(k)}, k=1,\cdots,n$ 的作用是加强对图像纹理的刻画，这类似于 WOW 隐写得到第 k 个子带的小波滤波；高通滤波器的输出被取绝对值后送入第一个低通滤波器 L_1，后者的作用是平滑这个绝对值序列，使得后面计算的失真变化相对平缓(图 12.4)。用 $\boldsymbol{X}$ 表示载体，以上两步的计算可以表示为

$$(\boldsymbol{\xi}^{(k)})_{i,j} = \xi_{ij}^{(k)} = (|\boldsymbol{X} * H^{(k)}| * L_1)_{i,j} \tag{12.16}$$

第二个低通滤波器的作用是对得到的失真再进行平滑，可表示为

$$\boldsymbol{\rho} = \left(\sum_{k=1}^{n} \frac{1}{\boldsymbol{\xi}^{(k)}} \right) * L_2 \tag{12.17}$$

其中，对矩阵 $\boldsymbol{\xi}^{(k)}$，$1/\boldsymbol{\xi}^{(k)}$ 表示矩阵中每个元素用元素的倒数替换。经过综合比较，在 HILL 中最终确定参数 $n=1$，这样失真函数可以表示为

$$\boldsymbol{\rho} = \frac{1}{\left|\boldsymbol{X} * H^{(1)}\right| * L_1} * L_2 \tag{12.18}$$

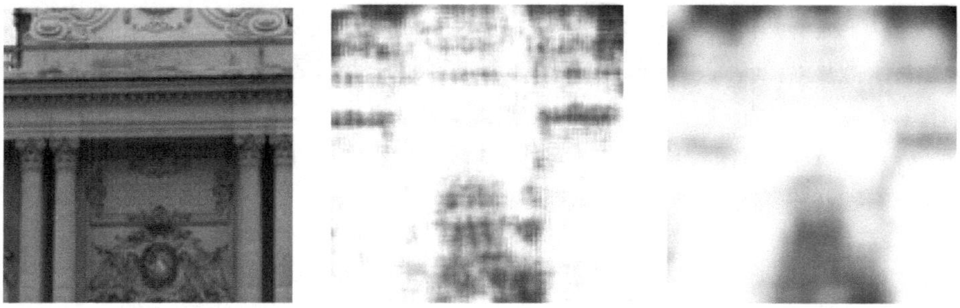

(a)　(b)　(c)

图 12.4　原图(a)、WOW 失真分布(b)与 HILL 失真分布(c)，颜色越深表示失真越小

其中，高通滤波器系数是 3×3 的

$$H^{(1)} = \begin{pmatrix} -1 & 2 & -1 \\ 2 & -4 & 2 \\ -1 & 2 & -1 \end{pmatrix}$$

L_1 与 L_2 分别是 3×3 与 15×15 均值滤波器。需指出，以上失真计算方法的特点之一是，直接基于原始载体得到修改失真，这样每个样点上 +1 与 −1 的失真相同。

实验结果[144]表明，基于 512×512 的 BOSSbase 图像库得到隐写与自然灰度图像样本，在 SRM 隐写分析下，HILL 相比 S-UNIWARD、WOW 与 HUGO 均更安全，典型地，在 0.2bpp 的嵌入率下，SRM 对 HILL 的错误率比对 S-UNIWARD 的高约 3.5%，达到约 35.5%。

5. MG

MG(multivariate Gaussian)代表 Fridrich 与 Kodovsky[145]提出的基于载体多变量高斯分布模型的图像空域自适应隐写。MG 也常被称为 MVG(multi-variate Gaussian)，它的主要特点是，认为载体样点的变化成分服从高斯分布，用极小化其与隐写后分布之间 KL 散度的方法得到样点嵌入概率，利用加性模型最优嵌入概率与失真之间的映射关系得到样点失真，最后用 STC 完成嵌入。MiPOD(minimizing the power of optimal detector)隐写[146]就是基于 MG 发展得到的。

这里先描述 MG 采用的载体统计模型。设载体样点 $X=(x_1,\cdots,x_n)$ 由量化步长为 Δ 的量化子 Q_Δ 量化得到，量化值集合 $\mathcal{M}=\{j\Delta | j\in\mathbb{Z}\}$，如果只考虑载体的变化并减去其均值，在一个小的邻域内可以近似认为 $x_i \sim Q_\Delta(N(0,v_i))$ 并相互独立。记在这个分布下载体的概率质量函数(probability mass function，PMF)为 $p_i(j), j\Delta\in\mathcal{M}$，在应用中，也可令 $\Delta=1$。以上对载体的统计建模有重要意义，它表明隐写设计者开始试图在载体的变化波形与噪声中嵌入信息，这在对 MiPOD 隐写的设计中得到了进一步发展。

在以上建模基础上，可以用含参的 KL 散度描述隐写对载体分布的影响，为最小化 KL 散度做准备。设采用 ±1 作为基本嵌入，β_i 表示第 i 个样点上 +1 或 −1 的修改概率，由于认为+1 与 −1 的失真相同，有 $\beta_i^+ = \beta_i^- \stackrel{\text{def}}{=} \beta_i$；进一步认为含密载体 $Y=(y_1,\cdots,y_n)$ 的 PMF 为 $p_{i,\beta_i}(j)$，根据附录 A.2.3 中的定理 A.2.2 与定理 A.2.3，载体与含密载体分布的总 KL 散度为

$$\sum_{i=1}^{n} D_{\text{KL}}(p_i \,\|\, p_{i,\beta_i}) \approx \sum_{i=1}^{n} \frac{1}{2}\beta_i^2 I_i(0) \tag{12.19}$$

其中，$I_i(0)$ 为参量为 0 时的 Fisher 信息（Fisher information）

$$I_i(0) = \sum_j \frac{1}{p_i(j)} \left(\left. \frac{\mathrm{d}p_{i,\beta_i}(j)}{\mathrm{d}\beta_i} \right|_{\beta_i=0} \right)^2 \tag{12.20}$$

根据附录 A.2.2，Fisher 信息 $I_i(0)$ 越大，说明按最大似然法估计 0 附近的参数 β_i 越准确，因此它对 KL 散度有直接影响，以下先推导对 $I_i(0)$ 的估计方法。由于已假设载体各位置之间相互独立，为方便书写，下面暂时省略位置标号 i，有

$$p_\beta(j) = (1-2\beta)p(j) + \beta[p(j-1) + p(j+1)] \tag{12.21}$$

$$\left. \frac{\mathrm{d}p_\beta(j)}{\mathrm{d}\beta} \right|_{\beta=0} = -2p(j) + p(j-1) + p(j+1) \tag{12.22}$$

在连续变量下，记 $N(0,v_i)$ 分布的概率密度（PDF）为 $f_v(x) = (1/\sqrt{2\pi v})\exp(-x^2/(2v))$，则 $Q_\Delta(N(0,v_i))$ 离散化后的 PMF 可以表示为

$$F_\Delta(x) \stackrel{\text{def}}{=} \int_{x-\Delta/2}^{x+\Delta/2} f_v(t)\mathrm{d}t \tag{12.23}$$

可以按以下方法估计 $p(j)$

$$p(j) = F_\Delta(j\Delta) = \Delta f_v(j'\Delta), \quad j' \in (j-1/2, j+1/2) \tag{12.24}$$

由于在泰勒展开下有

$$F_\Delta(x) = \sum_{l=0}^{\infty} F_\Delta^{(l)}(x_0) \frac{(x-x_0)^l}{l!}$$

其中，函数右上角的 (l) 表示求 l 阶导数；令 $x_0 = j\Delta$，$x = j\Delta \pm \Delta$，可得

$$p(j\pm 1) = F_\Delta(j\Delta \pm \Delta) = \sum_{l=0}^{\infty} F_\Delta^{(l)}(j\Delta) \frac{(\pm\Delta)^l}{l!} \tag{12.25}$$

将式（12.24）与式（12.25）代入式（12.22），得到后者的估计

$$\left.\frac{\mathrm{d}p_\beta(j)}{\mathrm{d}\beta}\right|_{\beta=0}=-2F_\Delta(j\Delta)+\sum_{l=0}^{\infty}F_\Delta^{(l)}(j\Delta)\frac{(+\Delta)^l}{l!}+\sum_{l=0}^{\infty}F_\Delta^{(l)}(j\Delta)\frac{(-\Delta)^l}{l!}$$

$$=F_\Delta''(j\Delta)\frac{(+\Delta)^2}{2!}+F_\Delta''(j\Delta)\frac{(-\Delta)^2}{2!}+O(\Delta^4)=\Delta^3 f_v''(j\Delta)+O(O^4)\quad(12.26)$$

将以上结果代入式(12.20)得到

$$I(0)=\sum_j\frac{1}{p(j)}\left(\left.\frac{\mathrm{d}p_{i,\beta_i}(j)}{\mathrm{d}\beta_i}\right|_{\beta_i=0}\right)^2\approx\sum_j\frac{(\Delta^3 f_v''(j\Delta))^2}{\Delta f_v(j\Delta)}$$

$$\approx\Delta^4\int_{-\infty}^{\infty}\frac{f_v''(x)^2}{f_v(x)}\mathrm{d}x=\Delta^4\int_{-\infty}^{\infty}\frac{((\mathrm{e}^{-\frac{x^2}{2v}})'')^2}{\sqrt{2\pi v}\cdot\mathrm{e}^{-\frac{x^2}{2v}}}\mathrm{d}x$$

$$=\Delta^4\int_{-\infty}^{\infty}f_v(x)\left(\frac{x^4}{v^4}-\frac{2x^2}{v^3}+\frac{1}{v^2}\right)\mathrm{d}x\approx\frac{\Lambda^4}{v^2}\quad(12.27)$$

最后一步可以近似的原因是，一般标准方差 $\sigma=\sqrt{v}$ 与 x 数值接近，因此，可近似认为 x^4/v^4 与 $2x^2/v^3$ 中分子与分母的指数差别都是 4 次，它们的差更接近 0，但在上述假设下，要求方差大于 1，Fridrich 与 Kodovsky[145]的做法是使

$$v_i=\max\{1,D_{\mathcal{N}_i}(x_i)\}=\max\{1,E_{\mathcal{N}_i}(x_i-E_{\mathcal{N}_i}(x_i))^2\}\quad(12.28)$$

其中，$D_{\mathcal{N}_i}(x_i)$ 与 $E_{\mathcal{N}_i}(x_i)$ 分别表示在 x_i 的位置邻域 $\mathcal{N}_i$ 范围求方差、均值，典型的邻域尺寸是 3×3。至此，已经可以将 KL 散度简化为

$$\sum_{i=1}^{n}D_{\mathrm{KL}}(p_i\,\|\,p_{i,\beta_i})\approx\sum_{i=1}^{n}\frac{1}{2}\beta_i^2\frac{\Delta^4}{v_i^2}\quad(12.29)$$

文献[146]改变了文献[145]的一些描述，其中，在 $\Delta=1$ 的情况下推得 $I(0)=2/v_i^2=2/\sigma_i^4$，这是由于将+1 与−1 的修改概率之和 $2\beta_i$ 作为分布未知参数。

MG 隐写的优化原则是在负载率 α 确定的情况下最小化以上 KL 散度。首先有

$$(\alpha n)_{\mathrm{nat}}=\sum_{i=1}^{n}H(\beta_i)\quad(12.30)$$

其中，$H(\beta_i)=-2\beta_i\ln\beta_i-(1-2\beta_i)\ln(1-2\beta_i)$，单位是奈特(nat)；$(\alpha n)_{\mathrm{nat}}$ 表示消息长度 αn 以 nat 为单位。为了最小化 KL 散度并满足以上约束，可构造以下 Lagrange 函数

$$L(\beta_1,\cdots,\beta_n,\lambda)=\sum_{i=1}^{n}\frac{1}{2}\beta_i^2\frac{\Delta^4}{v_i^2}-\frac{1}{\lambda}\left(\sum_{i=1}^{n}H(\beta_i)-\alpha n\right)\quad(12.31)$$

将以上函数分别对 β_i 求导并令其为 0，得到

$$\frac{\partial}{\partial \beta_i} L(\beta_1, \cdots, \beta_n, \lambda) = \beta_i \frac{\Delta^4}{v_i^2} - \frac{2}{\lambda} \ln \frac{1-2\beta_i}{\beta_i} = 0, \quad i = 1, \cdots, n \tag{12.32}$$

这样，在设定 λ 的前提下可以通过搜索法求解 β_i，再根据

$$P(y_i = x_i + 1) = \beta_i = \frac{\mathrm{e}^{-\lambda\rho_i(y_i = x_i + 1)}}{1 + \mathrm{e}^{-\lambda\rho_i(y_i = x_i + 1)} + \mathrm{e}^{-\lambda\rho_i(y_i = x_i - 1)}} = \frac{\mathrm{e}^{-\lambda\rho_i(y_i = x_i + 1)}}{1 + 2\mathrm{e}^{-\lambda\rho_i(y_i = x_i + 1)}}$$

得到三元嵌入下概率与失真的对应关系[146]

$$\rho_i(y_i = x_i + 1) = \rho_i(y_i = x_i - 1) = \ln\left(\frac{1-2\beta_i}{\beta_i}\right) \tag{12.33}$$

最后，可以用三元 STC 或者等价的双层 STC 基于以上失真序列完成嵌入。

Fridrich 与 Kodovsky[145]在 BOSSbase 图像库上对 MG 进行了实验。实验结果表明，在 SRM 的攻击下，MG 与 HOGO 的安全性基本相当，当负载率小于 0.3bpp 时，SRM 对 MG 的分析错误率略低于 HOGO，当负载率大于 0.3bpp 时，SRM 对 MG 的分析错误率逐渐高于 HOGO；典型地，当负载率为 0.2bpp 时，SRM 对 MG 与 HOGO 的错误率分别约为 25%与 27%，当负载率为 0.4bpp 时，错误率分别约为 17.5%与 14%。虽然 MG 隐写的安全性没有显著超越已有同类隐写，但是它提供了一种新的隐写设计方法，后来在设计 MiPOD 的过程中逐渐得到完善。

12.1.3 JPEG 域自适应隐写

JPEG 域自适应隐写需要估计修改每个可嵌入 JPEG 系数的单点修改失真。一般可以变换到空间域或者小波域进行失真计算，隐写设计原则也是将修改尽量限制在纹理区，典型的是 J-UNIWARD（JPEG-universal wavelet relative distortion）隐写[143]；也可以直接在 JPEG 域进行失真函数的设计，隐写设计的原则是尽量选择对 JPEG 系数分布特性扰动小的位置进行修改，典型的是 UED（uniform embedding distortion）隐写[147]。

1. J-UNIWARD

J-UNIWARD 是 Holub 等[143]提出的一种 JPEG 域自适应隐写。该隐写的输入与输出都是 JPEG 图像文件，使用的嵌入域是 JPEG 系数，因此，以下用 $\boldsymbol{X}$ 与 $\boldsymbol{Y}$ 分别表示原图与含密图像的 JPEG 系数域。设 $J^{-1}(\boldsymbol{X})$ 与 $J^{-1}(\boldsymbol{Y})$ 表示 JPEG 解码到空间域的操作，则 J-UNIWARD 的总失真函数定义为

$$D'(\boldsymbol{X}, \boldsymbol{Y}) = D(J^{-1}(\boldsymbol{X}), J^{-1}(\boldsymbol{Y})) \tag{12.34}$$

其中，D 是前述 S-UNIWARD 的总失真函数，可用式（12.15）表示，式中的待定系数 $\sigma > 0$，在 Holub 等的实验中取 2^{-6}。类似地，J-UNIWARD 的单点修改失真函数为

$\rho_{i,j}=D'(\boldsymbol{X},\boldsymbol{X}_{\sim(i,j)}Y_{i,j})$。以上函数基于 S-UNIWARD 的失真函数构造，因此，它也在较高纹理区输出较小值，反之则输出较大值。

Holub 等[143]的实验结果表明，在 J+SRM 隐写分析下，J-UNIWARD 比 UED 的抗检能力明显更强，安全性大幅度超出 nsF5。图 12.5 是在 QF = 85 时基于 BOSSbase 图像库复现该实验得到的部分结果，典型地，在 0.2bpnac 时，J+SRM 分析方法对 J-UNIWARD、UED 与 nsF5 的检测错误率分别约为 2.37%、26.01%与 38.73%。

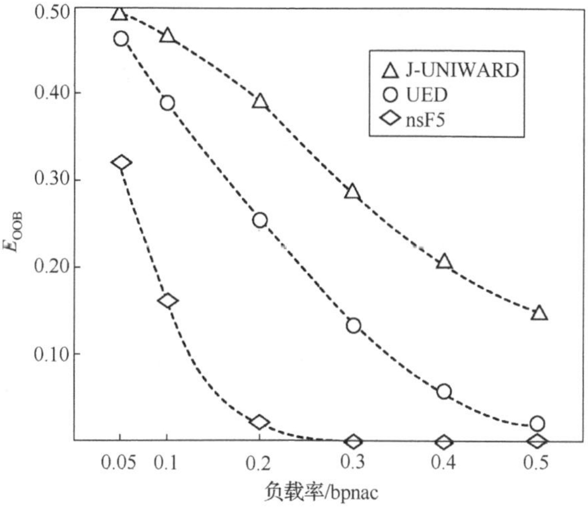

图 12.5　J+SRM 隐写分析对 J-UNIWARD、UED(修改用 ±1)与 nsF5 的检测错误率比较(QF=85)

2. UED

UED 是 Guo 等[147]提出的一种 JPEG 域的自适应隐写。UED 的设计者观察到，若任意选择嵌入位置，由于小值 JPEG 系数的数量较多，则被选择到的可能性更大，这样，小值系数上的分布变化更剧烈，更可能造成系数分布曲线的形变；而如果每个值上的变化接近，则更可能保持 JPEG 系数的分布。因此，UED 的设计目标是，压制在小值系数上修改，优先选择大值系数修改(图 12.6)。设 c_{ij} 表示位置 (i,j) 上的 JPEG 系数，定义 $N_{\mathrm{ia}}=\{c_{i+1,j},c_{i-1,j},c_{i,j+1},c_{i,j-1}\}$ 为它的块内邻域，$N_{\mathrm{ir}}=\{c_{i+8,j},c_{i-8,j},c_{i,j+8},c_{i,j-8}\}$ 为它的块间邻域，则单点修改失真函数定义为

$$\rho_{i,j}=\sum_{d_{\mathrm{ia}}\in N_{\mathrm{ia}}}\left(\left|c_{ij}\right|+\left|d_{\mathrm{ia}}\right|+\alpha_{\mathrm{ia}}\right)^{-1}+\sum_{d_{\mathrm{ir}}\in N_{\mathrm{ir}}}\left(\left|c_{ij}\right|+\left|d_{\mathrm{ir}}\right|+\alpha_{\mathrm{ir}}\right)^{-1}\tag{12.35}$$

其中，α_{ia} 与 α_{ir} 为待定常数，根据实验结果分别确定为 1.3 与 1.0。高纹理区的 JPEG 系数值较大，因此，以上失真函数也在高纹理区输出相对较小值。以上失真计算方法的特点之一是，直接基于原始载体得到修改失真，这样每个样点上+1 与−1 的失真相同。

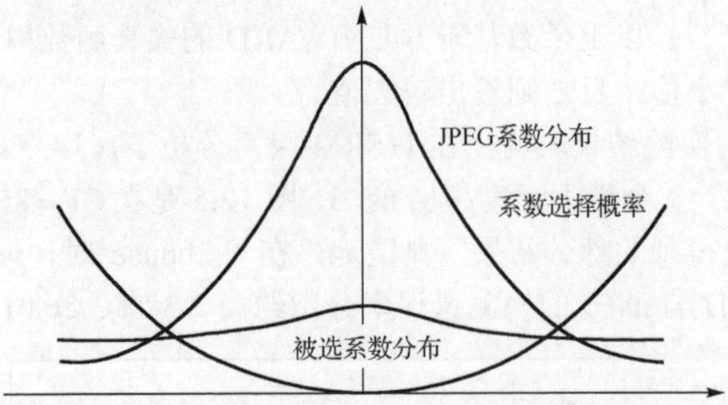

图 12.6　UED 优先选择大值系数修改使得被选系数的分布更均匀

基于以上失真函数，UED 采用 STC 进行嵌入。UED 不使用系数为 0 的样点，当需要修改且 c_{ij} 绝对值大于 1 时，采用随机 ±1 的方式进行修改；当需要修改且 c_{ij} 绝对值为 1 时，将其改为 $c_{ij}+\text{sign}(c_{ij})$，即 1 改为 2， −1 改为 −2 。

实验结果显示[147]，用 CC-JRM 与 CC-Pev-548 特征进行隐写分析时 UED 的安全性显著优于 nsF5。典型地，当负载率为 0.2 bpnac 时，以上两种分析对 UED 的检测错误率分别约为 25%与 30%，对 nsF5 的检测错误率分别约为 4%与 7%。但是，如图 12.5 所示，在 J+SRM 隐写分析下它的安全性低于 J-UNIWARD。需特别指出，UED 的失真函数构造简单，因此嵌入速度明显优于需要同时在 JPEG 域、空域与小波域进行操作的 J- UNIWARD。

Guo 等[148]也通过提出 UERD（uniform embedding revisited distortion）进一步提高了 UED，主要做法是综合考虑了分块复杂度与 DCT 系数模式等因素确定失真。

3. SI-UNIWARD

4.3.2 节介绍的 MME 是在 JPEG 编码中完成矩阵编码，即隐写输入载体是空域编码图像，而输出是 JPEG 图像，这使得它可以控制 JPEG 压缩中 DCT 系数上的噪声，进一步提高安全性。如果自适应隐写在 JPEG 编码中完成，也可以进行类的利用，Holub 等[143]提出的 SI-UNIWARD（side-channel informed UNIWARD）就是这样的自适应隐写。设 D_{ij} 表示 JPEG 压缩量化中产生的未取整前实数 DCT 系数，X_{ij} 表示没有隐写时得到的取整量化系数，Y_{ij} 表示有隐写修改时得到的取整量化系数，此时取整方向与普通量化相反，有

$$Y_{i,j}=X_{ij}+\text{sign}(D_{ij}-X_{ij}) \tag{12.36}$$

若记 JPEG 正常量化的噪声幅度为 $e_{ij}=\left|D_{ij}-X_{ij}\right|\in[0.0.5]$，则以上反方向量化产生的噪声幅度为 $1-e_{ij}$。显然，噪声幅度

$$\left|D_{ij}-Y_{ij}\right|-\left|D_{ij}-X_{ij}\right|=1-2e_{ij} \tag{12.37}$$

反映了隐写造成的噪声增长，它也有相应的空域与小波域形式。因此，SI-UNIWARD

总失真函数的设计目的就是在平滑区尽量抑制这个噪声增长，具体形式可以表示为

$$D^{(\mathrm{SI})}(\boldsymbol{X},\boldsymbol{Y}) = D(\boldsymbol{P},J^{-1}(\boldsymbol{Y})) - D(\boldsymbol{P},J^{-1}(\boldsymbol{X}))$$
$$= \sum_{k=1}^{3}\sum_{u=1}^{n_1}\sum_{v=1}^{n_2}\left(\frac{\left|W_{uv}^{(k)}(\boldsymbol{P}) - W_{uv}^{(k)}(J^{-1}(\boldsymbol{Y}))\right|}{\sigma + \left|W_{uv}^{(k)}(\boldsymbol{P})\right|} - \frac{\left|W_{uv}^{(k)}(\boldsymbol{P}) - W_{uv}^{(k)}(J^{-1}(\boldsymbol{X}))\right|}{\sigma + \left|W_{uv}^{(k)}(\boldsymbol{P})\right|}\right) \quad (12.38)$$

其中，$\boldsymbol{P}$ 为输入的空域编码图像载体；$J^{-1}(\cdot)$ 表示将输入的 JPEG 系数反量化与反变换至空域，最后获得的单点修改失真函数为 $\rho_{i,j} = D^{(\mathrm{SI})}(\boldsymbol{X},\boldsymbol{X}_{\sim(i,j)}Y_{i,j})$。以上函数的分式分母在平滑区较小，因此在平滑区失真函数输出较大值。

由于利用原载体图像取整前的量化 DCT 系数作为边信息，SI-UNIWARD 图像自适应隐写的安全性高于 J-UNIWARD。在 Holub 等[143]对 SI-UNIWARD 的实验中，在 0.2 bpnac 嵌入率下，当 QF 为 75 与 85 时，J+SRM 的检测错误率分别约为 47%与 49%；当隐写采用 J-UNIWARD 时，以上错误率分别下降到约 35%与 39%。但是，与 MME、PQ 等利用边信息的隐写类似，这类方法由于要输入空域编码图像，可能会造成使用上的不便。

12.2　限失真自适应隐写

以上 STC 编码与失真函数相结合的自适应隐写是目前主流的隐写方法，其中，负载率一般是嵌入前固定的参数，因此，这类隐写属于在加性模型下求解 PLS 问题，即在限定负载率的情况下最小化失真和。但是，由于负载率直接影响着安全性，这类方法存在的问题是较难合理控制隐写的安全程度。

为了加强对隐写安全的主动控制，在实际应用中，隐写者可能希望将总失真限制在一定的范围内，在此基础上得到相应的负载率。一般情况下这归结为求解 DLS 问题，即在期望失真一定时确定最大的可嵌入消息长度或负载率。

12.2.1　基本框架

也可以基于 STC 编码设计限定失真条件下的自适应隐写，这里要解决的核心问题是通过失真量限定制约条件得到消息长度或负载率(图 12.7)。在加性模型下，限定的失真量是各个可修改位置上失真量的和，因此可以通过求解加性模型下的 DLS 问题得到最优嵌入的修改概率序列，这些修改概率在加性模型下确定的熵就是可以嵌入的最大消息长度。

将失真作为安全指标在应用中较难把握，因此需要考虑用近似等价的指标替换它。一般隐写者希望将隐写分析的错误率作为直观的安全指标，这样可以建立总失真、错误率与负载率之间的关系，最后得到安全负载率的估计。另外，除了基于每个样点计算总失真，失真的形式也可以获得更高层与更具安全含义的表达，例如，

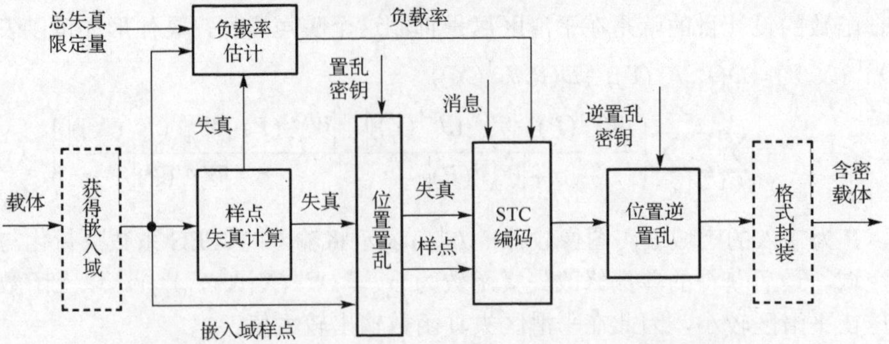

图 12.7　加性模型下解决 DLS 问题的自适应隐写框架

第 1 章中介绍的 MMD 将载体分布差异转化为统计特征的分布差异，不但简化了安全指标的计算，而且通过主要关注核心特征的变化凝练了对安全性的表达；在本章介绍的限定失真自适应隐写中，也采用了基于限定隐写检验统计量失真导出安全负载率的技术路线。

显然，在得到安全负载率后，可以基于 STC 完成限定失真下的自适应隐写。类似于前面介绍的一些动态确定嵌入参数隐写，这里也需要将负载率作为应用协议数据进行单独隐藏，但由于数据量小，对整体安全性影响很小。

12.2.2　限平均失真隐写

本节介绍两种限定失真的自适应隐写方法，第一种方法依赖于 PLS 问题的理论求解结果，第二种方法依赖于实验获得的参数与性能映射关系，它们在加性模型下完成安全负载率求解后，均基于 STC 实现消息嵌入与提取。

1. 基于 DLS 问题求解

根据 10.2 节的描述，对给定的失真函数，在加性模型下 DLS 问题的最优嵌入参数 λ 与嵌入概率序列是可以求得的。设针对载体 $\boldsymbol{x}$、失真序列 ρ_i 和期望总失真为 d 的 DLS 问题已经得到以上求解，参数 λ 与最优嵌入修改概率已知，这样，已经可以直接计算消息长度 m。例如，二元嵌入下可以通过式(10.38)计算，在三元嵌入下有

$$\begin{aligned} m = \sum_i h_i(\pi_i) = -\sum_i (&\pi_i(y_i = x_i)\log_2 \pi_i(y_i = x_i) \\ &+\pi_i(y_i = x_i - 1)\log_2 \pi_i(y_i = x_i - 1) \\ &+\pi_i(y_i = x_i + 1)\log_2 \pi_i(y_i = x_i + 1)) \end{aligned} \tag{12.39}$$

最后，得到加性模型下最优嵌入的负载率为 $\alpha = m/|\boldsymbol{x}|$。以此负载率设置单层(对应二元嵌入)或双层(对应三元嵌入)STC 嵌入参数，可以嵌入对应长度的消息。对以上过程更完整的描述参见文献[149]。

2. 基于经验映射关系

在上述基于 DLS 问题求解的限失真隐写中，需要在每次隐写前搜索优化嵌入参数 λ 的数值解，这在图像尺寸较大时是不方便的，尤其是隐写者较难直接使用期望失真这样的控制参数。为了减少嵌入时间并且采用易于使用的控制参数，Ma 等[150,151]提出了基于经验映射关系的限失真隐写，称为 SPE(secure payload estimation)，其主要设计思想是，通过前期实验与现场估计建立典型隐写分析错误率、失真与负载率之间的映射关系，再得到最终的安全负载率，最后采用 STC 完成嵌入。该隐写确定负载率的过程主要包括前期准备实验与现场估计两个阶段。

SPE 准备实验阶段的任务是建立典型隐写分析错误率 P_E 与单位尺寸平均失真 $\bar{D}$ 之间的关系，后者被称为 P_E-$\bar{D}$ 映射。设 $\boldsymbol{x}=(x_1,\cdots,x_n)$ 与 $\boldsymbol{y}=(y_1,\cdots,y_n)$ 为一对载体与含密载体，$D(\boldsymbol{x},\boldsymbol{y})$ 为在一个失真函数 ρ_i 与某个负载率 α 下的加性失真和，则以上 $\bar{D}$ 的定义是

$$\bar{D}=\frac{1}{n}\times D(\boldsymbol{x},\boldsymbol{y}) \tag{12.40}$$

采用单位尺寸平均失真 $\bar{D}$ 衡量加性失真的程度，有利于使通过实验得到的 P_E-$\bar{D}$ 映射对各种尺寸、负载率普遍适用。为了得到针对图像空域隐写的 P_E-$\bar{D}$ 映射，可以对图像库进行各种负载率下的隐写，将隐写样本与其原载体按照相同的 $\bar{D}$ 组成各个子图像库，对每个子图像库进行典型(或一组)隐写分析的训练与检测，得到 P_E-$\bar{D}$ 映射；对 JPEG 图像隐写，一般需要针对每个常用的质量因子估计一个 P_E-$\bar{D}$ 映射。基于 BOSSbase 图像库的实验结果表明[150]，以上映射一般可以较好地用曲线进行拟合(图 12.8)，这使得软件实现更加容易。例如，对基于 SRM 隐写分析与 S-UNIWARD 得到的 P_E-$\bar{D}$ 映射点，图 12.8 中的最小均方拟合曲线为 $P_E=37.82/(76.76+e^{7.698\sqrt{\bar{D}}})$，对 JPEG QF 为 85 时通过 GFR 分析 J-UNIWARD 得到的映射点，图 12.8 中的最小均方拟合曲线为 $P_E=-0.03791\bar{D}^3+0.2402\bar{D}^2-0.5367\bar{D}+0.5068$。

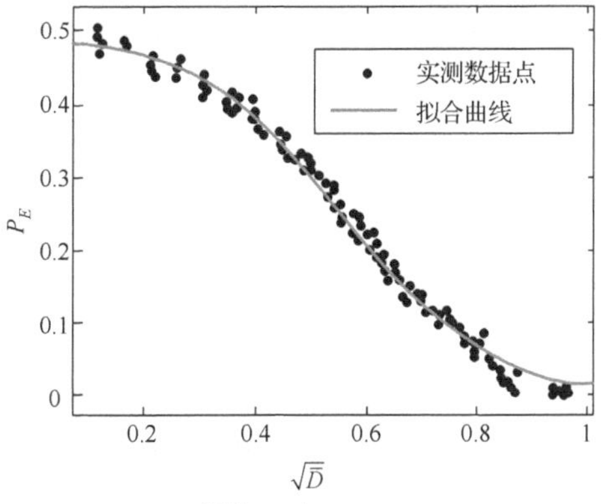

(a) 基于SRM与S-UNIWARD

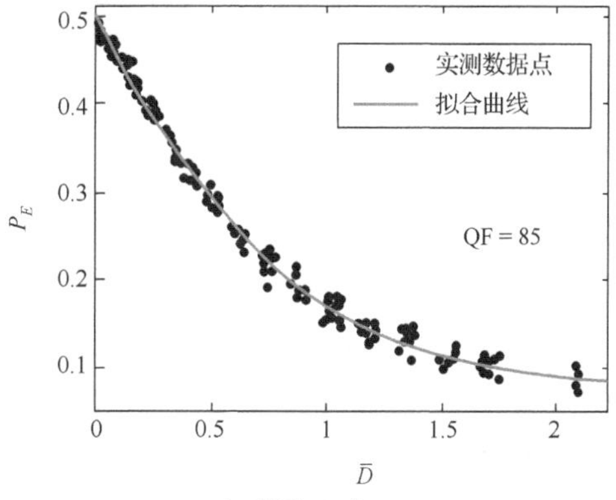

(b) 基于GFR与J-UNIWARD

图 12.8　实验得到的 P_E-$\bar{D}$ 映射点及其拟合曲线

在以上准备下，SPE 隐写在嵌入前还需要针对获得的载体确定 $\bar{D}$ 与负载率 α 之间的映射关系，后者被称为 $\bar{D}$-α 映射。通过实验发现[150]，$\bar{D}$-α 映射比较接近于线性映射，对图 12.9 显示的典型结果，映射关系可以表示为

$$\bar{D} = k \times \alpha^b \tag{12.41}$$

其中，k 与 b 为待定参数。经过实验分析，b 的取值范围是 1.3～1.4。因此，针对一个载体，可以通过在两个 α 嵌入下的试算得到上述曲线，由于映射关系接近于线性，文献[150]的处理方法是，认为 $b=1$，这样仅进行一次试算就可以近似解得 k。至此，SPE 隐写已经可以针对用户指定的 P_E 通过 P_E-$\bar{D}$ 映射得到 $\bar{D}$，再通过 $\bar{D}$-α 得到安全嵌入负载率，用此负载率可以基于 STC 嵌入消息。类似地，为了使消息接收者能够提取消息，需要通过应用方案或协议的设计单独隐藏与提取负载率参数。

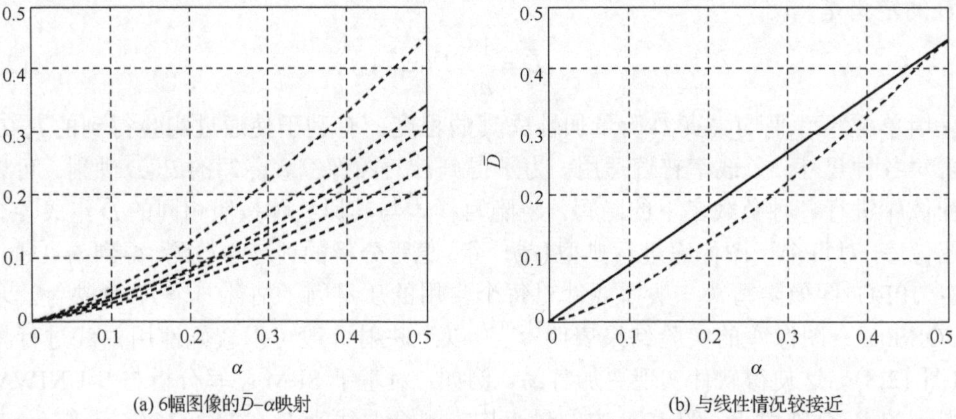

图 12.9　基于 S-UNIWARD 得到的 $\bar{D}$-α 映射

SPE 隐写在每次嵌入前只需要耗费一次试算的时间，因此，可以用两次嵌入的时间代价完成安全可控的隐写。SPE 隐写的可嵌入信息量动态确定，因此，评价这个隐写的另一个指标是隐写编码损失(coding loss)

$$L_{\mathrm{SPE}} = \frac{m_{\mathrm{opt}} - m_{\mathrm{SPE}}}{m_{\mathrm{opt}}} \tag{12.42}$$

其中，m_{opt} 表示在以上 $\bar{D}$ 下通过求解加性模型 DLS 问题得到的嵌入消息量；m_{SPE} 表示在以上 $\bar{D}$ 下通过以上 SPE 隐写嵌入的数据量。实验结果表明，随着 P_E 与 $\bar{D}$ 的增大，L_{SPE} 也不断增大。典型地，在要求 SRM 的 $P_E = 0.27$ 时，空域 SPE 隐写的 $L_{\mathrm{SPE}} \approx 20\%$；当 JPEG 图像的 QF 为 85，在要求 GFR 的 $P_E = 0.27$ 时，JPEG 域 SPE 隐写的 $L_{\mathrm{SPE}} \approx 28\%$。因此，SPE 隐写主要在执行效率与软件实现代价上有优势。

12.2.3 限平均统计量失真隐写

在求解 DLS 问题时，直观的限定条件是使隐写失真总和一定，而 Sedighi 等[146]提出的 MiPOD 可以通过限定隐写前后载体分布似然比检验统计量(likelihood ratio test)的平均变化，得到相应的负载率。以上统计量反映了载体分布的变化程度，因此，可以认为 MiPOD 也对 DLS 问题进行了求解。MiPOD 也有针对求解 PLS 问题的基础版本，本节先介绍这个版本，在此基础上再介绍其求解 DLS 的版本。

MiPOD 是基于 12.1.2 节介绍的 MG 隐写设计的，在对载体的统计建模方面采用了类似的方法。设 $\boldsymbol{z}=(z_1,\cdots,z_N)$ 表示载体样点， $\hat{u}_i\in\mathbb{Z},i\in(1,\cdots,N)$ 是 z_i 处整数化的均值，它可以基于一个小的邻域估计，因此可认为 $x_i=z_i-\hat{u}_i$ 是载体的变化分量；由于变化分量主要由自然噪声组成，可假设 $x_i\sim N(0,\sigma_i^2)$，其中 σ_i^2 也可以基于一个小的邻域估计（σ_i^2 的估计方法在本节最后描述)。记 x_i 的 PMF 为 $P_{\sigma_i}=(p_{\sigma_i}(k))_{k\in\mathbb{Z}}$，其中

$$p_{\sigma_i}(k)\overset{\text{def}}{=\!=}P(x_i=k)\sim\frac{1}{\sqrt{2\pi}\sigma_i}\exp\left(-\frac{k^2}{2\sigma_i^2}\right) \tag{12.43}$$

设在嵌入后以上 $\boldsymbol{x}=(x_1,\cdots,x_N)$ 变为 $\boldsymbol{y}=(y_1,\cdots,y_N)$，采用 ±1 作为基本嵌入，加减 1 的概率均为 β_i，这样有

$$P(y_i=x_i+1)=P(y_i=x_i-1)=\beta_i,\quad P(y_i=x_i)=1-2\beta_i \tag{12.44}$$

根据式(11.13)，要求 $\beta_i\leqslant 1/3$。因此，隐写后样点的 PMF 可表示为 $Q_{\sigma_i,\beta_i}=(q_{\sigma_i,\beta_i}(k))_{k\in\mathbb{Z}}$，其中

$$q_{\sigma_i,\beta_i}(k)=P(y_i=k)=\beta_i p_{\sigma_i}(k+1)+\beta_i p_{\sigma_i}(k-1)+(1-2\beta_i)p_{\sigma_i}(k) \tag{12.45}$$

为了在被检测风险与负载率之间建立联系，MiPOD 将分布似然比检验统计量的均值作为极小化目标。类似于前面得到载体的变化部分 $\boldsymbol{x}$，分析者也可通过去除检测样本邻域均值得到 $\boldsymbol{t}=(t_1,\cdots,t_N)$，用 $(\gamma_1,\cdots,\gamma_N)$ 猜测 $(\beta_1,\cdots,\beta_N)$，并用似然比检验统计量

$$\varLambda(\boldsymbol{t},\boldsymbol{\sigma})=\sum_{i=1}^{N}\varLambda_i=\sum_{i=1}^{N}\ln\left(\frac{q_{\sigma_i,\gamma_i}(t_i)}{p_{\sigma_i}(t_i)}\right)\underset{H_0}{\overset{H_1}{\lessgtr}}\tau \tag{12.46}$$

进行以下假设检验

$$H_0: t_i\sim P_{\sigma_i}=(p_{\sigma_i}(k))_{k\in\mathbb{Z}},\quad \forall i$$

$$H_1: t_i\sim Q_{\sigma_i,\gamma_i}=(q_{\sigma_i,\gamma_i}(k))_{k\in\mathbb{Z}},\quad \forall i \tag{12.47}$$

从原理上看，一般可认为标准方差σ_i在隐写前后的变化可忽略，对自然图像以上统计量数值较大，对隐写图像则较小，因此该统计量能够支撑以上假设检验。Sedighi等[146]基于中心极限定理推得，当$N \to \infty$或足够大时有

$$\Lambda(\boldsymbol{t},\boldsymbol{\sigma}) \to \frac{\sum_{i=1}^{N} \Lambda_i - E_{H_0}(\Lambda_i)}{\sqrt{\sum_{i=1}^{N} D_{H_0}(\Lambda_i)}} \sim \begin{cases} N(0,1), & H_0 \\ N(\eta,1), & H_1 \end{cases} \tag{12.48}$$

其中，$E_{H_0}(\cdot)$与$D_{H_0}(\cdot)$分别表示在H_0下的均值与方差，并且

$$\eta = \frac{\sum_{i=1}^{N} (E_{H_1}(\Lambda_i) - E_{H_0}(\Lambda_i))}{\sqrt{\sum_{i=1}^{N} D_{H_0}(\Lambda_i)}} = \frac{\sqrt{2}\sum_{i=1}^{N} \sigma_i^{-4} \beta_i \gamma_i}{\sqrt{\sum_{i=1}^{N} \sigma_i^{-4} \gamma_i^2}} \tag{12.49}$$

以上η被称为偏移系数(deflection coefficient)，它反映了似然比的平均变化。在安全算法设计中，可以把敌手估计得有利一些，因此可以认为分析者知道β_i，即$\beta_i = \gamma_i$，得到

$$\eta = \frac{\sqrt{2}\sum_{i=1}^{N} \sigma_i^{-4} \beta_i^2}{\sqrt{\sum_{i=1}^{N} \sigma_i^{-4} \beta_i^2}} = \sqrt{2\sum_{i=1}^{N} \sigma_i^{-4} \beta_i^2} \tag{12.50}$$

以上η就是MiPOD隐写的最小化对象。

在上述建模基础上，基本的MiPOD通过最小化η求解PLS问题。设α为负载率，则消息传输量的约束可以表示为

$$(\alpha N)_{\text{nat}} = \sum_{i=1}^{n} H(\beta_i) \tag{12.51}$$

其中，$H(\beta_i) = -2\beta_i \ln \beta_i - (1-2\beta_i)\ln(1-2\beta_i)$，单位取奈特(nat)。为了最小化$\eta$并满足以上约束，可以构造以下Lagrange函数

$$L(\beta_1,\cdots,\beta_n,\lambda) = \sum_{i=1}^{n}\left(2\sum_{i=1}^{N} \sigma_i^{-4} \beta_i^2\right) - \frac{1}{\lambda}\left(\sum_{i=1}^{n} H(\beta_i) - \alpha n\right) \tag{12.52}$$

将以上函数分别对β_i求导并令其为0，得到以下方程组

$$\frac{\partial}{\partial \beta_i} L(\beta_1,\cdots,\beta_n,\lambda) = \sigma_i^{-4}\beta_i - \frac{1}{2\lambda}\ln\frac{1-2\beta_i}{\beta_i} = 0, \quad i = 1,\cdots,n \tag{12.53}$$

这样，类似于 MG 隐写，在设定λ的前提下可以通过搜索法求解β_i，再通过式(12.33)获得嵌入失真，最后通过三元STC或等价的双层STC嵌入消息。

在上述基础上，MiPOD隐写还提供一种控制被检测风险的方法，能够根据限定的被检测概率或偏移系数η动态确定负载率。MiPOD隐写的安全风险表示为：在以

上假设检验下，虚警率大于 a_0 并且检测率小于 π_1。图 12.10 给出了前述假设检验的判决区间，基于式(12.48)，其中 ϕ_0 表示 H_0 情况下 $\Lambda(\boldsymbol{t},\boldsymbol{\sigma})$ 的分布 $N(0,1)$，ϕ_1 表示 H_1 情况下 $\Lambda(\boldsymbol{t},\boldsymbol{\sigma})$ 的分布 $N(\eta,1)$，则有

$$a_0 = \int_{\tau}^{\infty} \phi_0(\Lambda)\mathrm{d}\Lambda, \quad \pi_1 = \int_{\tau}^{\infty} \phi_1(\Lambda)\mathrm{d}\Lambda$$

$$1-a_0 = \int_{-\infty}^{\tau} \phi_0(\Lambda)\mathrm{d}\Lambda = \Phi(\tau), \quad 1-\pi_1 = \int_{-\infty}^{\tau-\eta} \phi_0(\Lambda)\mathrm{d}\Lambda = \Phi(\tau-\eta)$$

其中，Φ 表示分布 $N(0,1)$ 的累积分布函数(cumulative distribution function)，进一步有

$$\tau-\eta = \Phi^{-1}(1-\pi_1) = \Phi^{-1}(1-a_0)-\eta \tag{12.54}$$

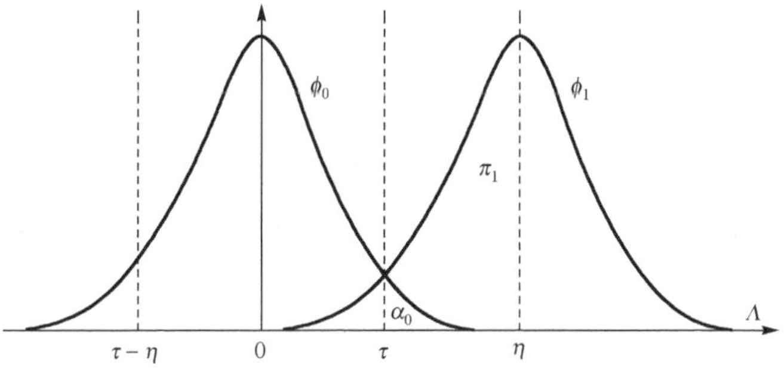

图 12.10　MiPOD 根据假设检验风险限定检验统计量示意

由于 $1-a_0=\pi_1$，得到

$$\eta = \Phi^{-1}(1-a_0)-\Phi^{-1}(1-\pi_1) \Rightarrow \eta = \Phi^{-1}(\pi_1)-\Phi^{-1}(a_0) \tag{12.55}$$

这样，如果隐写者限定了虚警率大于 a_0 并且检测率小于 π_1，实际上是限定了

$$\eta \leqslant \Phi^{-1}(\pi_1)-\Phi^{-1}(a_0) \tag{12.56}$$

因此，这种 MiPOD 限定了分布似然比检验统计量的平均变化，类似于求解 DLS 问题。其中，隐写需进行迭代运算以获得满足要求的负载率 α。

(1) 根据安全需求选定 a_0 与 π_1。

(2) 进行图像样点方差的估计(具体方法请见后续内容)。

(3) 在一个 α 的变化范围内，迭代进行以下尝试：①进行以上 Lagrange 优化求解，得到 $\beta_i, i=1,\cdots,N$；②计算 η，通过调节 τ 得到在当前 α 下的 ROC 曲线；③如以上 ROC 曲线近似经过 (a_0,π_1)，或存在满足虚警率大于 a_0 并且检测率小于 π_1 的情况，则完成迭代。

(4) 将 β_i 按最优嵌入修改概率与失真的关系映射到 ρ_i。

(5) 用三元 STC 或等价的双层 STC 按负载率 α 与失真序列 ρ_i 完成嵌入。

对估计以上图像样点方差 σ_i^2，MiPOD 隐写采用了线性模型回归的方法。

(1) 计算残差。通过二维 Wiener 滤波 $F(\cdot)$ 得到反映信号变化的残差 $\boldsymbol{r}=\boldsymbol{z}-F(\boldsymbol{z})$。

(2) 线性建模。由于以上处理没有完全消除内容的影响，将位置 i 为中心 $p\times p$ 子块残差转化为 $p^2\times 1$ 的 $\boldsymbol{r}_i$，并按照以下方法建立线性预测模型

$$\boldsymbol{r}_i=G_{p^2\times q}\boldsymbol{a}_i+\boldsymbol{\xi}_i \tag{12.57}$$

其中，G 为定义模型的矩阵，在文献[146]中是一个类似 DCT 变换矩阵的余弦矩阵，$q\times 1$ 的 $\boldsymbol{a}_i$ 是模型的参数，可认为 $p^2\times 1$ 的 $\boldsymbol{\xi}_i$ 包含了自然噪声与模型误差噪声。

(3) 线性回归。通过多元线性回归(附录 A.1.3)得到

$$\hat{\boldsymbol{a}}_i=(G^{\mathrm{T}}G)^{-1}G^{\mathrm{T}}\boldsymbol{r}_i\Rightarrow\hat{\boldsymbol{r}}_i=G\hat{\boldsymbol{a}}_i=G(G^{\mathrm{T}}G)^{-1}G^{\mathrm{T}}\boldsymbol{r}_i \tag{12.58}$$

(4) 方差估计。近似认为 $\boldsymbol{r}_i$ 中的元素有相同的方差 σ_i^2，根据多元线性回归结果得到

$$\hat{\sigma}_i^2=\frac{\|\boldsymbol{r}_i-\hat{\boldsymbol{r}}_i\|^2}{p^2-q}=\frac{\sum_{j=1}^{p^2}(r_{i,j}-\hat{r}_{i,j})^2}{p^2-q} \tag{12.59}$$

在 Sedighi 等[146]的实验中，以上 (p,q) 可分别取 (3,6)、(9,45) 或 (17,78)。主要实验结果表明(表 12.1)，基于 512×512 尺寸灰度图像的 BOSSbase 图像库，在采用 SRM 分析的情况下，MiPOD 的抗检测性能略高于 S-UNIWARD，但略低于 HILL，而在采用自适应分析方法 maxSRMd2 (13.1.2 节) 进行分析的情况下，MiPOD 隐写的抗检测性非常逼近 HILL，这些结果充分验证了以上新设计方法的有效性。但是，MiPOD 隐写一般需要进行多次迭代求解，平均耗时更长。

表 12.1　SRM 与 maxSRMd2 对 MiPOD 等空域自适应隐写的检测错误率

隐写算法	负载率/bpp	SRM	maxSRMd2
MiPOD	0.1	0.4065	0.3747
	0.2	0.3300	0.3030
	0.3	0.2698	0.2481
S-UNIWARD	0.1	0.4024	0.3660
	0.2	0.3199	0.2886
	0.3	0.2571	0.2360
HILL	0.1	0.4364	0.3771
	0.2	0.3611	0.3091
	0.3	0.2996	0.2573

12.3　非加性模型自适应隐写

常见的自适应隐写一般基于失真的加性模型设计，其最大的特点是嵌入域中每个样点失真值独立计算，不考虑其他样点的变化，总失真是它们的和。显然，这样

做的好处是技术上容易处理，但显然并没有反映实际的失真变化情况。在自适应隐写诞生初期，研究人员就已经非常重视这个问题。例如，在 12.1.2 节中，HOGO 隐写在操作结束前可以引入模型校正处理，它基于一个修改位置顺序动态修正失真值，但这个动态失真值的作用只是作为选择+1 或–1 修改操作的依据。目前，研究人员基于修改加性模型提出了一些非加性模型，并设计了相应的自适应隐写方法。

12.3.1 子格嵌入与失真修正

10.3.2 节介绍了子格迭代最优嵌入模拟方法，它在每个子格上采用加性模型模拟最优嵌入。由于子格位置相互隔离，针对在相邻子格上定义的失真函数，不同子格交替迭代模拟嵌入后总体上具有非加性优化嵌入的效果。若将其中每个子格上的优化嵌入模拟替换为前述基于 STC 的自适应隐写，能够实现一类非加性模型下的自适应隐写，本书称它们为子格嵌入(sublattice embedding)隐写。

子格嵌入隐写不断根据新的载体数值情况计算失真，从隐写分析的角度看，为了检测高阶统计量分布的变化，普遍采用邻域残差统计特征，因此，原则上要求在失真函数的设计上将两个或者多个相邻样点上的失真计算方法关联起来，动态进行失真修正(distortion correction)，这在以上子格嵌入隐写中是可能实现的。为了在这个思路下提高算法的安全性，Li 等[152]以及 Denemark 与 Fridrich[153]分别提出了 CMD(clustering modification directions)隐写与 Synch(synchronization)隐写，其主要技术路线是，在子格交替嵌入中，在失真计算上参考邻域样点的修改方向，以下亦称子格为子图。

1. CMD

CMD 是一种图像空间域隐写，它的设计思想是“聚集修改方向”，就是在子格交替嵌入中，通过修正失真计算，尽可能使相邻元素具有相同的修改方向。这种处理方式有助于对抗 SRM、SPAM 等主要基于邻域残差特征的空域隐写分析，这是由于这些分析特征主要取自邻近像素之间差值的统计特征，如果邻域像素修改方向相同，那么差值将不含隐写噪声。

为了实现嵌入隔离与交错，CMD 隐写将图像分块中的邻域像素拆分成多个子图，子图中每个像素的相邻像素均不在本子图中。例如，典型的一种拆分方法是，每 4 个按照 2×2 正方形排列的相邻元素作为一个图像分块(图 12.11(a))，其中 4 个不同位置上的像素分别进入一个子图(图 12.11(b))，一共 4 个子图。为了在各个子图中交替嵌入消息，CMD 需要确定一个子图嵌入次序。例如，对图 12.11 的子图划分方法，典型的嵌入次序是，对每个 2×2 分块，记左上像素为 S_1，右上为 S_2，右下为 S_3，左下为 S_4，则每轮嵌入中，先完成全部 S_1 的嵌入，之后依次是 S_2、S_3 与 S_4。

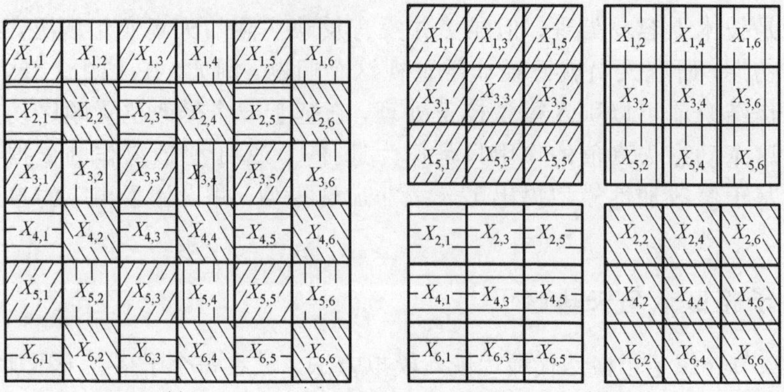

图 12.11　CMD 隐写对图像的一种子图划分方法

在以上子图划分的基础上，CMD 将消息按子图数量等分后依次嵌入各个子图中。其中，只有嵌入第一个子图时，采用的隐写是普通的限负载自适应隐写，如 HILL、S-UNIWARD 等(此时分别称算法为 HILL-CMD、S-UNIWARD-CMD)，在后续其他子图中嵌入时，需要调整失真的计算方法。调整的原则是尽量让局部修改方向一致，方法是，如果当前像素的邻域像素多数修改是+1，则降低当前像素+1 的失真，否则降低−1 的失真。以前面的 4 子图划分为例，每个当前像素的 4 个相邻像素处在不同的子图中(图 12.12)，中心像素的失真根据周围 4 像素的修改方式进行修正

$$\rho_{i,j}^{+}=\begin{cases}c_{i,j}/\alpha, & \text{邻域内+1修改更多}\\ c_{i,j}, & \text{其他}\end{cases} \tag{12.60}$$

$$\rho_{i,j}^{-}=\begin{cases}c_{i,j}/\alpha, & \text{邻域内}-1\text{修改更多}\\ c_{i,j}, & \text{其他}\end{cases} \tag{12.61}$$

其中，$c_{i,j}$ 是按照普通方法计算的失真值；$\alpha \geqslant 1$ 是一个常数。这个修改原则使得 STC 趋向于选择与邻域相同的修改方向，达到聚集修改方向的效果。最后，在完成全部子格的嵌入后，CMD 算法终止而不再迭代。

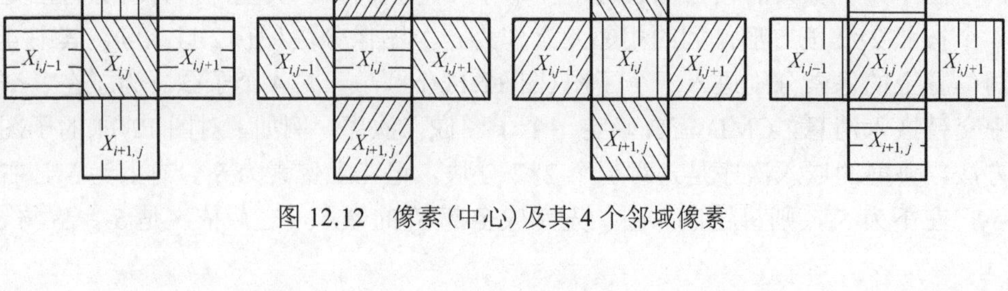

图 12.12　像素(中心)及其 4 个邻域像素

实验结果表明[152]，CMD 的安全性相比加性模型下的对应隐写有明显提高。图 12.13 是 CMD 的修改示意，其中图 12.13(a)为原始 S-UNIWARD 的修改效果，图 12.13(b)为 S-UNIWARD-CMD 的效果，可见相邻修改点的方向明显聚集。图 12.14 是复现以上实验得到的部分结果，实验采取上述 4 子图划分方法与嵌入次序，取 $\alpha=9$，采用 SRM 隐写分析，典型地，在负载率为 0.2bpp 时，SRM 检测 HILL-CMD 的错误率相比检测 HILL 的降低了 3.92%，SRM 检测 S-UNIWARD-CMD 的错误率相比检测 S-UNIWARD 的降低了约 3.94%。

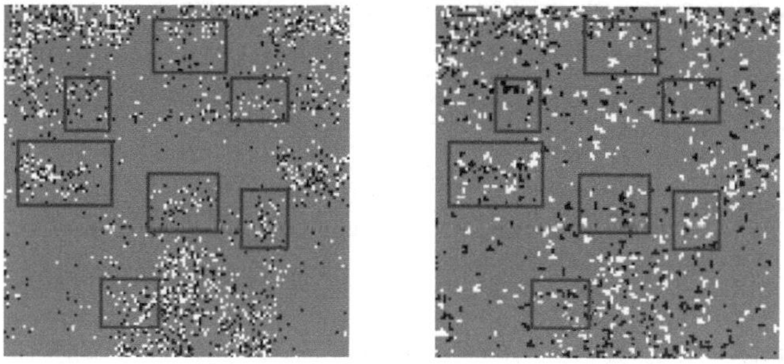

(a)　　(b)

图 12.13　CMD 在聚集修改方向上的效果示意

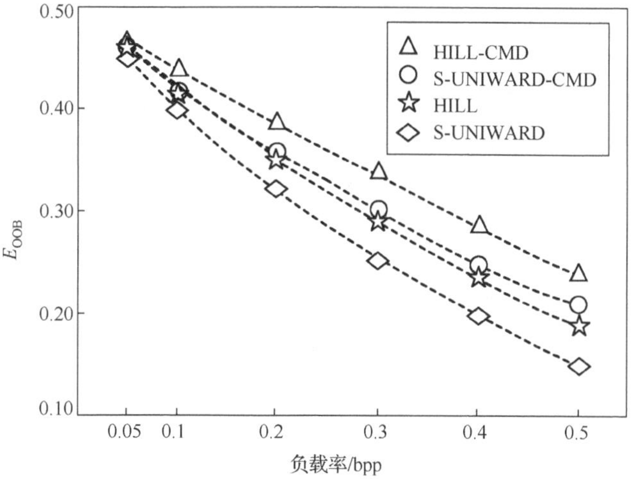

图 12.14　SRM 隐写分析检测 HILL-CMD 与 S-UNIWARD-CMD 等的错误率

2. Synch

Synch 也是一种基于子格嵌入与失真修正的图像空域非加性自适应隐写，它与 CMD 有类似的“聚集同向修改”的失真修正策略，并且能达到类似的效果。与 CMD

主要不同的是，Synch 采取了不同的图像划分与失真修正方法。它将图像像素对应国际象棋的棋盘，这样可以按照“深色”与“浅色”位置将图像划分为两个子图，每个当前处理像素的邻域与图 12.12 的十字结构一样，它与每个相邻元素组成 1 个分支(clique)，一共有 4 个分支。因此，对每一个子图，Synch 的总失真在当前子图的分支集合 C 上定义为

$$D(\boldsymbol{x},\boldsymbol{y})=\sum_{((i,j),(k,l))\in C}S_C(x_{ij}-y_{ij},x_{kl}-y_{kl}) \tag{12.62}$$

其中，$((i,j),(k,l))\in C$ 表示当前子图全部像素的全部分支；$x_{ij}-y_{ij}\in\{-1,0,1\}$ 与 $x_{kl}-y_{kl}\in\{-1,0,1\}$ 分别反映了一个分支上两个像素被前期修改的情况；函数 $S_C(x_{ij}-y_{ij},x_{kl}-y_{kl})$ 通过以下方法修正一个分支上的失真

$$S_c(x_{ij}-y_{ij},x_{kl}-y_{kl})=\begin{cases}0, & x_{ij}-y_{ij}=x_{kl}-y_{kl}\\ A_C, & |x_{ij}-y_{ij}|+|x_{kl}-y_{kl}|=1\\ \nu A_C, & x_{ij}-y_{ij}\neq x_{kl}-y_{kl},|x_{ij}-y_{ij}|+|x_{kl}-y_{kl}|=2\end{cases} \tag{12.63}$$

以上右式三种情况分别为：该分支上两个像素修改方式一样或都不修改、一个修改一个不修改、都修改且修改方向相反。第一种情况对应的修正失真为 0；第二种情况对应的为

$$A_C=\frac{\rho_{ij}+\rho_{kl}}{2} \tag{12.64}$$

其中，ρ_{ij} 与 ρ_{kl} 表示普通自适应隐写的单点失真函数计算值，如采用 HILL、S-UNIWARD 等的失真函数(此时 Synch 分别称为 Synch-HILL、Synch-S-UNIWARD 等)；第二种情况对应的为 νA_C，其中惩罚因子 $\nu>1$。以上说明，当分支上两个像素都修改且修改方向相反时，失真要进行放大。请注意，这里每个样点的失真是其 4 个分支上失真的和。

式(12.62)给出了在分支上定义的 Synch 总失真函数，这里进一步给出 Synch 的单点失真函数形式。根据式(12.62)，子图总失真函数是各个样点上失真的和

$$D_A(\boldsymbol{x},\boldsymbol{y})=\sum_{i,j}D(\boldsymbol{x},y_{ij}\boldsymbol{x}_{\sim ij}) \tag{12.65}$$

因此，+1、不修改与−1 的单点失真函数可以表示为

$$\rho_{ij}^{+}=D_A(\boldsymbol{x},x_{ij}+1\boldsymbol{x}_{\sim ij}),\quad \rho_{ij}^{0}=D_A(\boldsymbol{x},x_{ij}\boldsymbol{x}_{\sim ij}),\quad \rho_{ij}^{-}=D_A(\boldsymbol{x},x_{ij}-1\boldsymbol{x}_{\sim ij})$$

由于分支相邻像素可能被修改，ρ_{ij}^{0}不一定为 0。以下给出 Synch 的算法流程。

算法 12.2　Synch 算法

输入：消息 $\boldsymbol{m}$，载体 $\boldsymbol{x}$，迭代次数 K

输出：嵌入消息后的载体 $\boldsymbol{y}$

1. 将消息 $\boldsymbol{m}$ 拆为等量的两部分，$\boldsymbol{m}=\boldsymbol{m}_1\cup\boldsymbol{m}_2$
2. 计算载体 $\boldsymbol{x}$ 的失真 ρ_{ij}，按棋盘格位置将载体分为两部分 $\boldsymbol{x}=\boldsymbol{x}_1\cup\boldsymbol{x}_2$
3. $\boldsymbol{y}=\boldsymbol{x}$
4. For $k=1$ to K do
5. 　　For $l=1$ to 2 do
6. 　　　对 $\boldsymbol{y}_l$ 上每个样点计算：
7. 　　　$\rho_{ij}^{+}=D_A(\boldsymbol{y},x_{ij}+1\boldsymbol{y}_{\sim ij})$, $\rho_{ij}^{0}=D_A(\boldsymbol{y},x_{ij}\boldsymbol{y}_{\sim ij})$, $\rho_{ij}^{-}=D_A(\boldsymbol{y},x_{ij}-1\boldsymbol{y}_{\sim ij})$
8. 　　　基于以上失真序列对 $\boldsymbol{y}_l$ 执行 STC 嵌入 $\boldsymbol{m}_l$
9. 　　End For
10. End For
11. Return $\boldsymbol{y}$

实验结果[153]表明，Synch 算法能够增强空域自适应隐写的安全。图 12.15 显示了 Synch-HILL 隐写的修改效果，可以发现，随着惩罚因子 v 的增大，相邻像素的修改方向更趋一致，同步区域变大。典型地，当迭代次数仅为 1，负载率为 0.2bpp 时，SRM 对 Synch-HILL 与 HILL 的错误率分别约为 37.2%与 36.8%；在负载率为 0.3bpp 时，SRM 对 Synch-HILL 与 HILL 的错误率分别约为 32.3%与 29.9%，提高幅度一般为 0.5%～2.5%。

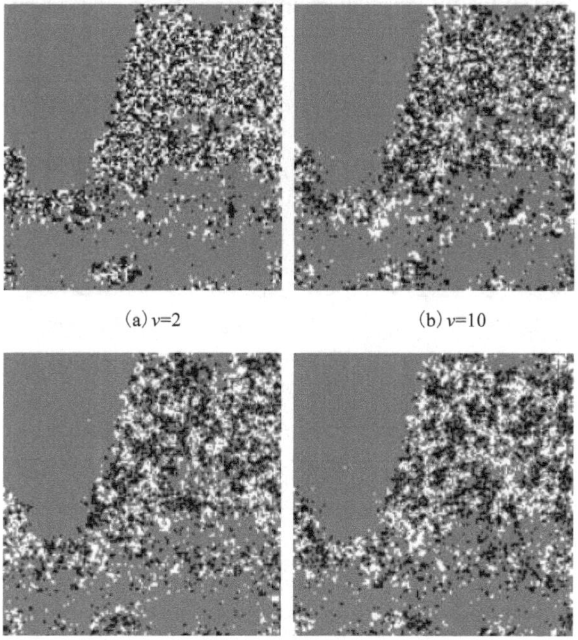

(a) v=2　(b) v=10

(c) v=100　(d) v=1000

图 12.15　Synch-HILL 在 0.4bpp、迭代 10 次的修改效果示意

12.3.2 联合失真及其分解

要实现非加性模型下的自适应隐写，本质上是要在失真评价上考虑样点之间的相互影响。为满足以上要求，最直接的做法是设计考虑多个相邻样点关系的失真函数 $D(\boldsymbol{x},\boldsymbol{y})$，但是，在前面的论述中，由于没有现实的方法能够基于这样的失真函数实施优化嵌入，这类失真函数只有理论上的意义。Zhang 等[154]发现，基于多元最优嵌入概率的分解，能针对一个小分块定义失真函数并基于 STC 实施嵌入。值得注意的是，这个思想比较类似于 11.3 节介绍的基于三元最优嵌入概率分解实施 STC 双层嵌入的思想；如果上述思想是可行的，则可以把子块定义为“超像素”，在上一个层次采用类似 CMD 与 Synch 的处理，进一步加强自适应隐写失真计算的非加性。

基于以上构想，Zhang 等[154]提出了 DeJion(decomposing joint distortion)隐写，这里先介绍其联合失真的定义。设载体图像总共有 n 个样点，DeJion 首先将图像划分为不相交的 $n_1\times n_2$ 小分块，假设通过控制使 $N=n/(n_1\times n_2)$ 为整数，则一共有 N 个分块。例如，在分块尺寸为 1×2 时，分块序列可以表示为

$$B_1=(x_{1,1},x_{1,2}),\quad \cdots,\quad B_i=(x_{i,1},x_{i,2}),\quad \cdots,\quad B_N=(x_{N,1},x_{N,2})$$

为了方便描述，以下以 1×2 分块为例描述 DeJion 的基本原理，由于分块是处理单元，它们也被称为超像素(super-pixel)。如果将超像素 $(x_{i,1},x_{i,2})$ 修改为 $(x_{i,1}+l,x_{i,2}+r)$，则其联合失真函数为

$$\rho^{(i)}(l,r)\overset{\text{def}}{=\!=}\rho^{(i)}(x_{i,1}+l,x_{i,2}+r)=\alpha(l,r)\times(d_1^{(i)}(l)+d_2^{(i)}(r)) \tag{12.66}$$

其中，隐写修改信号 $l,r\in I\overset{\text{def}}{=\!=}\{-1,0,1\}$；$d_1^{(i)}(l)$、$d_2^{(i)}(r)$ 是超像素内两个像素在加性模型下的隐写失真值，它们在文献[154]中基于 HILL 失真函数计算；$\alpha(l,r)$ 是缩放因子，用于调整超像素内部不同修改模式下失真的大小，同样遵循“鼓励同向修改，惩罚异向修改”的原则(表 12.2)，例如，当 l 与 r 方向相反取值为最大的 3 时，方向相同或者都不修改取值为最小的 1。因此可以认为，以上联合失真考虑了超像素中像素间不同嵌入的相互作用。

表 12.2 缩放因子 $\alpha(l,r)$ 在不同输入下的取值

l \ r	−1	0	+1
−1	1	2	3
0	2	1	2
+1	3	2	1

在以上联合失真定义下，DeJion 采用了分解多元最优嵌入概率的方法完成嵌入。设待嵌入消息长度为 L，若将超像素作为嵌入单元，按表 12.2 一共有 $|I^2|=9$ 种修

改方式，根据最优嵌入理论，可以基于约束 $\sum_{i=1}^{N} H(\pi^{(i)}) = L$，通过求解 PLS 问题得到联合修改概率

$$\pi^{(i)}(l,r) \stackrel{\text{def}}{=} \pi^{(i)}(x_{i,1}+l, x_{i,2}+r) = \frac{\exp(-\lambda\rho^{(i)}(l,r))}{\sum_{(u,v)\in I^2}\exp(-\lambda\rho^{(i)}(u,v))}, \quad 1 \leqslant i \leqslant N \tag{12.67}$$

为了用 STC 嵌入超像素的第一个像素，首先通过边缘概率的性质分解出超像素中第一个像素的嵌入概率

$$\pi_1^{(i)}(l) \stackrel{\text{def}}{=} \pi_1^{(i)}(x_{i,1}+l) = \sum_r \pi^{(i)}(l,r), \quad l \in I \tag{12.68}$$

为了用 STC 嵌入超像素的第二个像素，需要进一步分解得到在第一个像素被用 l 修改的条件下，第二个像素被用 r 修改的条件概率为

$$\pi_2^{(i)}(r\,|\,l) \stackrel{\text{def}}{=} \pi_2^{(i)}(x_{i,2}+r\,|\,x_{i,1}+l) = \frac{\pi^{(i)}(l,r)}{\pi_1^{(i)}(l)}, \quad r \in I,\ l \in I \tag{12.69}$$

基于以上概率，可以确定在全部第一个像素上嵌入的消息长度为

$$L_1 = \sum_{i=1}^{N} H(\pi_1^{(i)}(l)) \stackrel{\text{def}}{=} \sum_{i=1}^{N} H(Y_{i,1}) \tag{12.70}$$

其中，随机变量 $Y_{i,1}$ 表示含密超像素中第一个像素值。需指出，以上熵可通过 2 或其他底数的对数计算，得到的相应信息单位长度与待嵌入的消息序列长度存在等价转换关系(附录 A.2.1)。根据条件熵的性质[141]有

$$H(Y_{i,2}\,|\,Y_{i,1}) = -\sum_{l\in I} \pi_1^{(i)}(l) H(Y_{i,2}\,|\,X_{i,1}+l) = -\sum_{l\in I} \pi_1^{(i)}(l) H(\pi_2^{(i)}(r\,|\,l)) \tag{12.71}$$

因此，可以确定在全部第二个像素上嵌入的消息长度为

$$L_2 = -\sum_{i=1}^{N} H(Y_{i,2}\,|\,Y_{i,1}) = -\sum_{i=1}^{N}\sum_{l\in I} \pi_1^{(i)}(l) H(\pi_2^{(i)}(r\,|\,l)) \tag{12.72}$$

根据联合熵与条件熵的链式法则有

$$H\left(Y_{i,2}Y_{i,1}\right) = H\left(Y_{i,2}\,|\,Y_{i,1}\right) + H\left(Y_{i,1}\right) \to L = L_2 + L_1 \tag{12.73}$$

至此，可以根据修改概率与失真函数值之间的映射关系确定在第一个与第二个像素上的嵌入失真序列 $\rho_1^{(i)}(l)$ 与 $\rho_2^{(i)}(r)$。例如，对第一个像素的以上映射可以表示为

$$\pi_1^{(i)}(l) = \frac{\exp(-\lambda\rho_1^{(i)}(l))}{\sum_{t\in I}\exp(-\lambda\rho_1^{(i)}(t))}, \quad l \in I \tag{12.74}$$

由于 $\rho_1^{(i)}(0) = 0$，按照二元最优嵌入求得

$$\rho_1^{(i)}(l) = \ln \frac{\pi_1^{(i)}(0)}{\pi_1^{(i)}(l)}, \quad l \in I - \{0\} \tag{12.75}$$

由于不影响相互比较，以上按照类似前面的做法省略了乘因子$1/\lambda$；同理有

$$\rho_2^{(i)}(r) = \ln \frac{\pi_2^{(i)}(0|l)}{\pi_2^{(i)}(r|l)}, \quad r,l \in I - \{0\} \tag{12.76}$$

最后，可以基于失真序列$\rho_1^{(i)}(l)$用三元或等价的双层 STC 在全部超像素的第一个像素中嵌入L_1长度的消息，接着基于失真序列$\rho_2^{(i)}(r)$用 STC 在全部超像素的第二个像素中嵌入L_2长度的消息。

以上 DeJion 隐写的嵌入单元是两个像素组成的超像素，称为 $DeJion_2$。显然，在这个层次的非加性化设计与前面的 CMD 与 Synch 是不同的，这表现在 DeJion 的基础上，还可以运用与 CMD 和 Synch 类似的失真修改策略。如果将超像素的排列对应到国际象棋棋盘格，那么按照颜色深浅也可以把超像素分为两个子格(子图)进行交替嵌入，这样得到的算法称为更新式 DeJion(updating-DeJion)。若将一个超像素的联合失真简记为$\rho(l,r)$，则在子格交替嵌入中，它将被修正如下

$$\rho'(l,r) = \begin{cases} \beta\rho(l,r), & (l,r) = (l',r') \neq (l'',r'') \\ \beta\rho(l,r), & (l,r) = (l'',r'') \neq (l',r') \\ \beta^2\rho(l,r), & (l,r) = (l',r') = (l'',r'') \\ \rho(l,r), & \text{其他} \end{cases} \tag{12.77}$$

其中，(l',r')是当前超像素上方超像素上一轮的修改情况；(l'',r'')是下方超像素上一轮的修改情况；$0<\beta<1$是缩放因子，用于鼓励同向修改。显然，式(12.77)第三种情况全部同向，因此原失真被乘以最小的β^2，第一种与第二种情况部分同向，被乘以β。以上隐写称为更新式 $DeJion_2$。

实验结果[154]表明，在 SRM 隐写分析下，基于 HILL 的 $DeJion_2$ 安全性已超过了 HILL 与 Synch-HILL，未能超过 HILL-CMD，但是更新式 $DeJion_2$ 比 HILL-CMD 的安全性略有提升。典型地，在负载率为 0.3bpp 时，SRM 隐写分析检测更新式 $DeJion_2$、HILL-CMD、非更新式 $DeJion_2$、Synch-HILL 与 HILL 的错误率分别约为 35.5%、34.8%、33.9%、32.5%与 29.9%。

值得注意的是，近期 Li 等[155]发现，对 JPEG 隐写在空间域也可以建立相应的联合失真，基于该观察他们提出了基于 JPEG 图像的 DeJion 隐写，结合以上更新策略，分别略提高了 J-UNIWARD 与 UERD 的抗检测性能。

12.4 小 结

本章以图像为载体介绍了主要的自适应隐写，它们是截至目前最安全的一类隐

写。较早提出的自适应隐写主要在加性模型下求解 PLS 问题，它们普遍采用失真函数结合 STC 编码的框架进行消息嵌入，消息提取通过 STC 的解码完成；这些方法主要按照嵌入域分为基于图像空域的与基于 JPEG 系数域的两类，虽然它们失真函数的构造方法不同，但是，一般这类函数均在较高纹理区输出较小值，在较低纹理区输出较大值。之后，研究人员逐渐提出了一些面向求解 DLS 问题的自适应隐写，它们一般将问题转化为获得安全的嵌入率。另外，基于非加性模型的自适应隐写也获得了一定发展，出现了基于子格嵌入与失真修改以及联合失真分解两类算法，后者已经被用于提高 JPEG 图像隐写的安全。Fridrich 团队整理并公开了 STC 与一批自适应隐写的主要实验代码[131]，为相关研究提供了便利。需注意，在公开的 STC C++ 代码中使用了 Intel 的 SSE（streaming SIMD extensions）寄存器指令集加速，这也说明基于 STC 的自适应隐写运行负担较重，在计算上有得到优化的需要。

自适应隐写仍然是热点研究问题。第一，在失真函数的设计与优化上，一致存在持续的提高需求，例如，MiPOD 与 MG 基于自然噪声残差计算失真就是一种新的技术路线尝试；第二，由于实际的隐写一般采用多个载体样本，对 DLS 问题的求解与负载率确定有待于进一步和批量隐写进行结合；第三，虽然在非加性模型下出现了自适应的 JPEG 隐写，但这项工作还有很大的空间；第四，随着大众计算平台更多地迁移至移动终端，自适应隐写的计算效率越来越重要，存在研究快速自适应隐写算法的必要。

思考与实践

(1) 为什么 HUGO、WOW、S-UNIWARD、HILL、UED、J-UNIWARD 失真函数均在较高纹理区输出较小值、反之则输出较大值？这样有什么好处？

(2) 限失真自适应隐写与限负载自适应隐写有哪些不同与相同之处？

(3) 请说明 CMD、Synch 与 DeJion 自适应隐写的非加性模型性质是如何体现的。

(4) 请完成附录 B.4 的实验。

(5) 请完成附录 B.5 的实验。

第 13 章　选择信道感知隐写分析

隐写与隐写分析这一对“盾”与“矛”的发展是相互促进的。随着自适应隐写的出现，对隐写分析的设计者来说，一个自然的想法是，由于分析者也可以像隐写者那样估计待检样本的样点失真与嵌入概率，可以针对自适应隐写的嵌入区域进行分析，而不去分析它们不嵌入的区域，因此逐渐出现了自适应隐写分析(adaptive steganalysis)，也称选择信道感知(selection channel aware，SCA)隐写分析。

针对自适应隐写的自适应分析，有“以其人之道还治其人之身”的思想。令人感兴趣的是，在这类自适应隐写分析出现前，李韬与平西建[156]针对非自适应隐写提出了具有自适应能力的分析方法，他们用方差度量图像的区域复杂度，用四叉树法分割图像，确定对非自适应隐写较为敏感的平滑区，从这些区域提取游程长度直方图统计矩特征，最后采用 SVM 进行隐写检测。实验结果表明，在平滑区提取的特征能够更有效地提高针对非自适应隐写的检测效果。显然，这种自适应分析与本章介绍的针对自适应隐写的自适应分析有显著不同，前者的目标是确定较好分析的平滑区，后者的目标是确定隐写的嵌入区，因此，SCA 隐写分析的称呼对本章介绍的隐写分析显得更合适。

目前，图像 SCA 隐写分析已经获得了显著的提高效果。针对空域图像自适应隐写，Tang 等[157]提出了第一个 SCA 分析方法 tSRM(thresholded SRM)(它也指代相关的特征组)。tSRM 不从整幅图上提取特征，而是从嵌入失真较小的像素上提取，去除了大部分非嵌入像素的影响，提高了分析正确率。Denemark 等[158]提出了 maxSRM 特征，在计算共生矩阵时，对每次考察的同扫描方向上 4 个相邻样点，以 4 个位置上的最大修改概率作为统计次数，进一步提升了分析性能。但是 SRM 是从残差图像上提取共生矩阵特征，其中每个元素依赖于多个像素，将残差图像上提取的特征和空域像素修改概率直接结合起来并不是很合理，因此，Denemark 等[159]又分析了隐写在残差图像上造成的影响，并将其与共生矩阵结合后形成了 σmaxSRM 特征；Denemark 等[160]也将这一思想运用到了 DCTR、PHARM、GFR 等相位感知特征的提取上，实现了对 JPEG 域的 SCA 隐写分析。

13.1　空域图像选择信道感知分析

虽然也可以在空域分析 JPEG 图像，但本节介绍的 SCA 隐写分析主要是检测空域自适应隐写的。它们的主要设计思想是，假设分析者知道敌手采用的是空域图像自适应隐写，前者可以主要在嵌入概率大或嵌入失真小的区域提取分析特征。

13.1.1　基于区域选择的方法

自适应隐写的一个特点是，隐写后，根据失真函数计算的嵌入失真变化很小，失真值主要取决于内容本身，这为 SCA 隐写分析提供了前提。Tang 等[157]提出的 tSRM 只从嵌入失真值较小的像素上提取特征，特征的构造过程如下。

(1) 可疑区域确定。根据自适应隐写的失真函数，在 $M \times N$ 图像中估计每个像素的嵌入失真，并将像素按嵌入失真由低到高进行排序；设置一个比例参数 $p \in (0,1]$，选择前 $M \times N \times p$ 像素作为可疑区域。

(2) 在可疑区域提取 SRM 特征。只在以上确定的可疑区域提取 SRM 特征，即计算各类残差的 4 阶共生矩阵；非可疑区域内的像素不参与计算共生矩阵。

tSRM 方法仍采用 FLD 集成分类器进行分类，在特征提取中，p 是一个重要参数，对检测正确率有很大影响。典型地，针对分析自适应隐写算法 WOW，文献[157]的实验说明，在嵌入率为 0.05bpp、0.1bpp、0.4bpp、0.5bpp 时，p 应分别取 5%、5%、25%、55%以达到最佳检测效果。当 $p = 100\%$ 时，tSRM 特征就是 SRM 特征；实验结果表明，tSRM 相比 SRM 有显著的性能提高：典型地，当 $p = 5\%$、嵌入率为 0.1bpp 时，tSRM 的检测错误率低于 SRM 约 7%；当 $p = 5\%$、嵌入率为 0.2bpp 时，tSRM 的检测错误率低于 SRM 约 5.1%。图 13.1 是复现以上实验得到的部分结果。

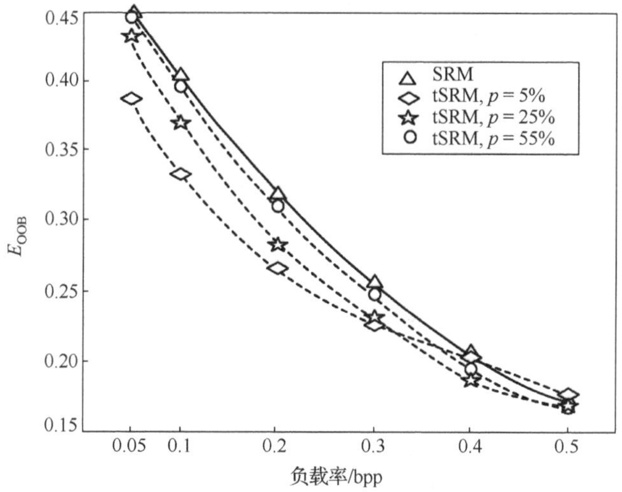

图 13.1　tSRM 与 SRM 检测 WOW 的错误率比较

13.1.2　基于特征权重的方法

虽然 tSRM 特征提高了对自适应隐写的检测正确率，但是其比例参数 p 依赖于隐写算法及其嵌入率，不容易准确确定。为进一步提高自适应分析的准确性与适用性，Denemark 等先后提出了 maxSRM 特征[158]、σmaxSRM 特征[159]及相应的 SCA 分析，主要特点是基于载体样点的修改概率对在其之上提取的特征成分赋予权重。

首先回顾提取 SRM 共生矩阵特征的方法。在计算 SRM 特征时，先通过各种线性和非线性滤波得到残差图像，再进行量化和截断操作，最后计算 4 阶共生矩阵，例如，一个水平共生矩阵元素

$$c_{d_0d_1d_2d_3}^{(\mathrm{SRM})}=\frac{1}{Z}\sum_{i,j=1}^{n_1,n_2-3}[r_{i,j+k}=d_k,\forall k=0,\cdots,3],\quad d_k\in[-T,\cdots,T] \tag{13.1}$$

反映的是水平方向连续 4 样点残差向量(d_0,d_1,d_2,d_3)的出现概率，其中，$n_1\times n_2$为残差图像尺寸，若[·]中的等式全部成立则输出 1，否则输出 0；$r_{i,j+k}$为水平连续出现的残差样点；归一化参数 Z 是全部出现情况的总数量。文献[158]认为，共生矩阵的统计方向不限于 SRM 中传统的水平与垂直方向，而是可采取类似图 13.2 中的多种方向，例如，基于 d2 及其对称方向统计合并得到的共生矩阵特征被称为 SRMd2，矩阵元素可以表示为

$$\begin{aligned}c_{d_0d_1d_2d_3}^{(\mathrm{SRMd2})}=\frac{1}{Z}\Bigg(&\sum_{i,j=1}^{n_1,n_2-3}[r_{i,j}=d_0,r_{i,j+1}=d_1,r_{i+1,j+2}=d_2,r_{i+1,j+3}=d_3]\\&+\sum_{i,j=1}^{n_1,n_2-3}[r_{i-1,j}=d_0,r_{i-1,j+1}=d_1,r_{i,j+2}=d_2,r_{i,j+3}=d_3]\Bigg)\end{aligned} \tag{13.2}$$

其中，$d_k\in[-T,\cdots,T]$。

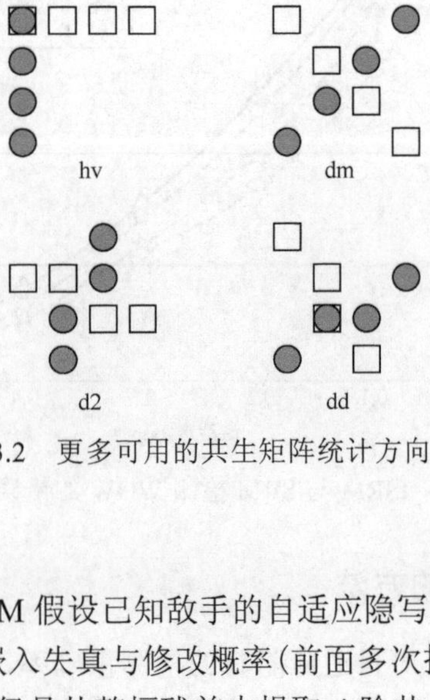

图 13.2　更多可用的共生矩阵统计方向示意

1. maxSRM 特征分析

同 tSRM 一样，maxSRM 假设已知敌手的自适应隐写算法，根据后者算法得到待检测图像每个像素对应的嵌入失真与修改概率(前面多次提到了失真与修改概率的映射)；不同的是，maxSRM 仍是从整幅残差中提取 4 阶共生矩阵，但对每个位置上的

4 样点残差向量数量并不计为 1，而是按 4 个样点位置上的最大修改概率计算。图 13.3 展示了残差域水平方向 4 样点向量及其空域相应像素上 4 个嵌入概率 $(\beta_1,\beta_2,\beta_3,\beta_4)$ 之间的对应关系，在统计残差 4 阶共生矩阵时，该 4 样点向量相应处的计数为 $\max\{\beta_1,\beta_2,\beta_3,\beta_4\}$。这使修改概率更大的位置对共生矩阵的形成贡献更大。

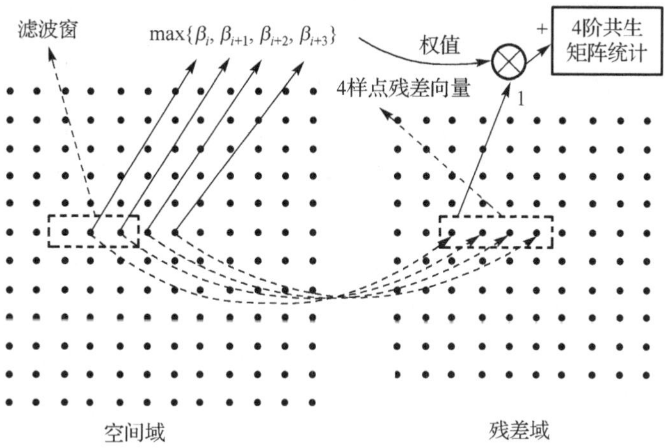

图 13.3　maxSRM 中像素嵌入概率 β_i 与水平残差共生矩阵的关系

在以上描述的基础上，以下简要介绍 maxSRM 特征的提取过程。

(1) 计算像素嵌入概率。根据隐写算法的失真函数(或者估计的失真函数)得到待检测图像每个像素对应的嵌入失真，根据加性模型最优嵌入下失真与修改概率的映射关系(式(11.10))得到修改概率 $(\beta_i)_{n_1\times n_2}$。

(2) 得到赋权 SRM 特征。maxSRM 仍然以 4 阶共生矩阵的元素为分析特征，但它得到这些元素的方法不同于 SRM，每个位置上的 4 样点向量 (d_0,d_1,d_2,d_3) 数量并不计为 1，而是按照 4 像素中的最大修改概率计算，可以表示为

$$c_{d_0d_1d_2d_3}^{(\mathrm{maxSRM})}=\frac{1}{Z}\sum_{i,j=1}^{n_1,n_2-3}\max_{k=0,\cdots,3}\{\beta_{i,j+k}\}\times[r_{i,j+k}=d_k,\forall k=0,\cdots,3] \tag{13.3}$$

其中，$d_k\in[-T,\cdots,T]$。

以上过程也适合获得 maxSRMd2 特征，但式(13.3)应修改为

$$c_{d_0d_1d_2d_3}^{(\max\mathrm{SRMd2})}=\frac{1}{Z}\left(\sum_{i,j=1}^{n_1,n_2-3}\overline{w}_{ij}[r_{i,j}=d_0,r_{i,j+1}=d_1,r_{i+1,j+2}=d_2,r_{i+1,j+3}=d_3]\right.$$
$$\left.+\sum_{i,j=1}^{n_1,n_2-3}\underline{w}_{ij}[r_{i-1,j}=d_0,r_{i-1,j+1}=d_1,r_{i,j+2}=d_2,r_{i,j+3}=d_3]\right) \tag{13.4}$$

其中

$$\overline{w}_{ij} = \max\{\beta_{i,j}, \beta_{i,j+1}, \beta_{i+1,j+2}, \beta_{i+1,j+3}\}$$

$$\underline{w}_{ij} = \max\{\beta_{i-1,j}, \beta_{i-1,j+1}, \beta_{i,j+2}, \beta_{i,j+3}\}$$

类似 tSRM，maxSRM 与 maxSRMd2 均采用 FLD 集成分类器进行检测判决。在 BOSSbase 图像库上的实验结果[158]表明，在检测 WOW、S-UNIWARD 时，相比 SRM 与 tSRM 特征，maxSRM 与 maxSRMd2 能够显著降低分析错误率(表 13.1)，在嵌入率较低的情况下，提升效果更为明显。典型地，当嵌入率为 0.1bpp 时，针对检测 WOW，maxSRM 的错误率相比 SRM 与 tSRM 分别下降了约 10.01%与 1.35%；针对检测 S-UNIWARD，maxSRM 的分析错误率相比 SRM 与 tSRM 分别下降了约 3.40%与 2.51%。一般 maxSRMd2 比 maxSRM 的错误率略有下降，下降幅度为 0.5%～1.5%。

表 13.1　空域 SRM、maxSRM、maxSRMd2 和 tSRM 的错误率
(tSRM 中阈值参数均通过实验选取了最优值)

隐写算法	特征	0.05bpp	0.1bpp	0.2bpp	0.3bpp	0.4bpp	0.5bpp
WOW	SRM	0.4572	0.4026	0.3210	0.2553	0.2060	0.1683
	maxSRM	0.3595	0.3025	0.2383	0.1943	0.1623	0.1371
	maxSRMd2	0.3539	0.2997	0.2339	0.1886	0.1543	0.1306
	tSRM	0.3765	0.3160	0.2574	0.2143	0.1815	0.1306
S-UNIWARD	SRM	0.4533	0.4024	0.3199	0.2571	0.2037	0.1640
	maxSRM	0.4209	0.3684	0.2981	0.2431	0.1992	0.1633
	maxSRMd2	0.4180	0.3660	0.2886	0.2360	0.1908	0.1551
	tSRM	0.4391	0.3935	0.3199	0.2571	0.2037	0.1640

相比 tSRM，maxSRM 方法还有一些其他优点。maxSRM 方法不用确定 tSRM 的比例参数 p，而且即使不知道自适应隐写算法的准确负载率，maxSRMd2 用一个固定的负载率(如 0.2bpp)估计像素的嵌入概率，仍然可以得到较好的检测效果[158]。

2. σmaxSRM 特征分析

在提出 maxSRM 与 maxSRMd2 之后，Denemark 等[159]发现，由于共生矩阵在残差域统计而修改概率在空间域计算，二者之间的对应关系有待于进一步考虑残差滤波对后者的扩散影响。

这里先考察残差滤波对修改概率在残差域的扩散影响。用 X 表示原载体，Y 表示含密载体，设对任一样点 x_{ij}，隐写嵌入引入修改+1 与−1 的概率均为 β_{ij}，因此总修改概率是 $2\beta_{ij}$。记修改量为 $\xi_{ij} \in \{-1,0,1\}$，对 $y_{ij} = x_{ij} + \xi_{ij}$，有

$$E(|x_{ij} - y_{ij}|) = E(|x_{ij} - y_{ij}|^2) = E(\xi_{ij}^2) = 2\beta_{ij} \tag{13.5}$$

设 K 表示线性残差滤波核，SRM 残差 $Z^{(\mathrm{SRM})}(X) = K * X$ 的元素可以表示为

$$z_{ij}(X)=\sum_{k,l}K_{kl}x_{i-k,j-l} \tag{13.6}$$

由于 ξ_{ij} 相互独立同分布，它在 $\{-1,0,1\}$ 上的分布概率接近 $\{\beta_{ij},1-2\beta_{ij},\beta_{ij}\}$，因此有

$$E(z_{ij}(Y)-z_{ij}(X))=E\left(\sum_{k,l}K_{kl}\xi_{i-k,j-l}\right)=0 \tag{13.7}$$

$$\begin{aligned}\mathrm{Var}(z_{ij}(Y)-z_{ij}(X))&=E((z_{ij}(Y)-z_{ij}(X))^2)-(E(z_{ij}(Y)-z_{ij}(X)))^2\\&=E((z_{ij}(Y)-z_{ij}(X))^2)=E\left(\left(\sum_{k,l}K_{kl}\xi_{i-k,j-1}\right)^2\right)\\&=E\left(\sum_{k,l}K_{kl}^2\xi_{i-k,j-1}^2\right)=2\sum_{k,l}K_{kl}^2\beta_{i-k,j-1}\stackrel{\text{def}}{=\!=}\sigma_{ij}^2\end{aligned} \tag{13.8}$$

以上推导利用了式(13.5)、式(13.7)以及 $K_{kl}\xi_{i-k,j-l}$ 为零均值伪随机分布的性质；如果认为每处的隐写修改信号残差分布为 $N(0,\sigma_{ij}^2)$，则可以得到

$$E(|z_{ij}(Y)-z_{ij}(X)|)=\frac{2}{\sqrt{\pi}}\sqrt{\sum_{k,l}K_{kl}^2\beta_{i-k,j-l}}\propto\sigma_{ij} \tag{13.9}$$

这样可以认为，空间域残差滤波核卷积范围的全部修改概率在残差域 (i,j) 处的影响是 σ_{ij}^2 或者 $E(|z_{ij}(Y)-z_{ij}(X)|)$，一般采用后者，以下也记为 σ_{ij}。之前描述的是线性残差滤波核的影响，对于非线性残差，由于扩散方式非常复杂，Denemark 等[159]的处理方法是，基于对检测样本进行多次模拟嵌入，估计得到 $E(|z_{ij}(Y)-z_{ij}(X)|)$。

基于以上观察，可按以下方式分别计算线性与非线性 4 阶残差共生矩阵

$$c_{d_0d_1d_2d_3}^{(\sigma\mathrm{maxSRM})}=\frac{1}{Z}\sum_{i,j=1}^{n_1,n_2-3}\max_{k=0,\cdots,3}\{\sigma_{i,j+k}\}\times[r_{i,j+k}=d_k,\forall k=0,\cdots,3],\quad d_k\in[-T,\cdots,T] \tag{13.10}$$

这样获得的 SRM 特征称为 σmaxSRM 特征，对它们仍采用 FLD 集成分类器进行检测。相比 maxSRM，σmaxSRM 的赋权值 σ_{ij} 考虑了卷积范围内全部相关可能修改的影响。实验结果[159]表明，σmaxSRMq2d2 特征略微降低了 maxSRMq2d2 特征的分析错误率，基于 BOSSbase 图像库针对 HILL、WOW 与 MG 的检测结果见表 13.2。

表 13.2　σmaxSRMq2d2 特征与 maxSRMq2d2 特征检测错误率比较

隐写算法	HILL		WOW		MG	
嵌入率	0.2bpp	0.4bpp	0.2bpp	0.4bpp	0.2bpp	0.4bpp
maxSRMq2d2	0.3181	0.2238	0.2472	0.1658	0.3291	0.2309
σmaxSRMq2d2	0.3075	0.2132	0.2449	0.1620	0.3205	0.2202

Denemark 等[159]还基于以上技术改造了 PSRM，由于仅采用了线性残差，得到的特征称为 σspamPSRM，但由于性能未能超过 maxSRMd2，这里不再介绍。

13.2　JPEG 图像选择信道感知分析

前面介绍了基于区域选择与特征权重的 SCA 隐写分析，它们主要针对空间域隐写，采取的方法是将估计的嵌入概率与特征提取区域对应起来。但是对 JPEG 域隐写，因为嵌入域为 JPEG 系数，而主要的相位感知分析方法(如 DCTR、GFR)在滤波图像(残差图像)中提取特征，以上位置对应关系被滤波进一步打乱(图 13.4)，如何解决这个问题是 JPEG 图像 SCA 隐写分析的难点。为了解决上述问题，Denemark 等[160]提出了 $\delta_{\mathrm{uSA}}^{1/2}$ SCA 隐写分析方法，它也指代相应的分析特征组。其中，uSA(upper bounded sum of absolute values)的含义是绝对值求和上界，下面介绍该隐写分析方法。

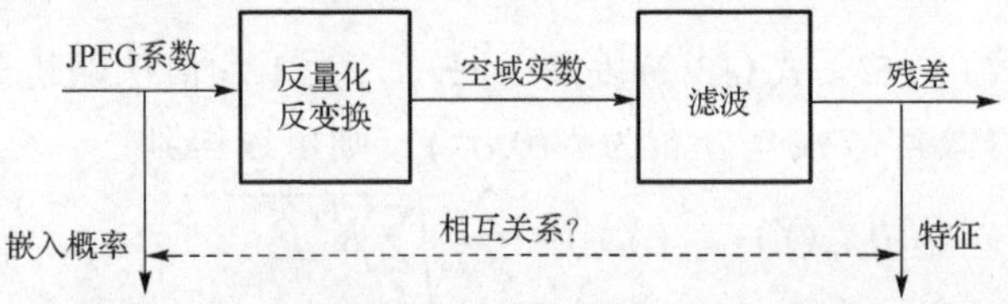

图 13.4　JPEG SCA 分析的难点是嵌入概率与特征提取域关系复杂

为了说明 $\delta_{\mathrm{uSA}}^{1/2}$ SCA 隐写分析方法，需要先考察 JPEG 域嵌入影响在滤波残差域中的扩散。设 $c_{kl}^{(a,b)}$ 和 $s_{kl}^{(a,b)}=c_{kl}^{(a,b)}+w_{kl}^{(a,b)}$ 分别表示 JPEG 载体图像和隐写图像中第 (a,b) 个 DCT 块的第 (k,l) 个 DCT 系数，其中 $w_{kl}^{(a,b)}\in\{-1,0,1\}$ 为该 DCT 系数对应的嵌入变化，是个分布为 $\{\beta_{kl}^{(a,b)},1-2\beta_{kl}^{(a,b)},\beta_{kl}^{(a,b)}\}$ 的随机变量。$x_{ij}^{(a,b)}$ 和 $y_{ij}^{(a,b)}$ 分别表示载体和隐写 JPEG 图像解压至空域后第 (a,b) 个子块的第 (i,j) 个未取整像素，考虑到 JPEG 反量化与分块 DCT 逆变换的作用，它们也可以分别表示为

$$x_{ij}^{(a,b)}=\sum_{k,l=0}^{7}f_{kl}^{(i,j)}q_{kl}c_{kl}^{(a,b)},\quad y_{ij}^{(a,b)}=\sum_{k,l=0}^{7}f_{kl}^{(i,j)}q_{kl}s_{kl}^{(a,b)} \tag{13.11}$$

其中，$f_{kl}^{(i,j)}$ 表示 DCT 逆变换系数；q_{kl} 为 JPEG 量化表中的量化步长；它们的差为

$$z_{ij}^{(a,b)}=y_{ij}^{(a,b)}-x_{ij}^{(a,b)}=\sum_{k,l=0}^{7}f_{kl}^{(i,j)}q_{kl}(s_{kl}^{(a,b)}-c_{kl}^{(a,b)})=\sum_{k,l=0}^{7}f_{kl}^{(i,j)}q_{kl}w_{kl}^{(a,b)} \tag{13.12}$$

由于每个位置上的嵌入相互独立，类似于式(13.5)有

$$E(w_{kl}^{(a,b)})=0,\quad \mathrm{Var}(w_{kl}^{(a,b)})=2\beta_{kl}^{(a,b)} \tag{13.13}$$

因此，类似式(13.7)与式(13.8)有

$$E(z_{kl}^{(a,b)})=0,\quad \mathrm{Var}(z_{kl}^{(a,b)})=2\sum_{k,l=0}^{7}(f_{kl}^{(i,j)})^2q_{kl}^2\beta_{kl}^{(a,b)} \tag{13.14}$$

以下考虑滤波残差的变化，一般情况下可以表示为

$$\rho(\boldsymbol{w})=\boldsymbol{y}\star\boldsymbol{g}-\boldsymbol{x}\star\boldsymbol{g}=(\boldsymbol{x}-\boldsymbol{y})\star\boldsymbol{g}=\boldsymbol{z}\star\boldsymbol{g} \tag{13.15}$$

其中，$\boldsymbol{g}$ 为滤波核，典型地为 DCTR 中的 DCT 滤波核或 GFR 中的 Gabor 滤波核，或者 PHARM 中的随机投影核。根据滤波核的卷积位置覆盖情况，滤波残差上一个样点值依赖于 1、2 或 4 个像素块(图 9.4)。因为 DCT 逆变换也是线性的，所以残差变化值对应这些块中 JPEG 系数修改的线性组合

$$\rho_{ij}^{(a,b)}(\boldsymbol{w})=\sum_{k,l=0}^{7}\sum_{u,v=0}^{1}\alpha_{kl}^{(u,v)}(i,j,\boldsymbol{g})w_{kl}^{(a+u,b+v)} \tag{13.16}$$

按照式(13.12)与式(13.15)，$\alpha_{kl}^{(u,v)}(i,j,\boldsymbol{g})$ 除了依赖于滤波核 $\boldsymbol{g}$ 与相位 (i,j) (这里相位指分块相对位置坐标)，也与 DCT 逆变换及 JPEG 量化步长有关。由于 $\boldsymbol{w}$ 对分析者是未知的，不能用以上残差变化来衡量具体位置上的修改可能，但可以考虑用以上残差变化的统计量来衡量。

经过比较，Denemark 等[160]发现，$\left|\rho_{ij}^{(a,b)}(\boldsymbol{w})\right|$ 的期望上界便于计算，并可有效用于表达嵌入修改在滤波残差域的影响。首先，根据不等式的性质有

$$|\rho(\boldsymbol{w})|\leqslant|\boldsymbol{z}|\star|\boldsymbol{g}| \tag{13.17}$$

$$\left|z_{ij}^{(a,b)}\right|\leqslant\sum_{k,l=0}^{7}\left|f_{kl}^{(i,j)}\right|\cdot q_{kl}\cdot\left|w_{kl}^{(a,b)}\right| \tag{13.18}$$

由于 $E(|w_{kl}^{(a,b)}|)=2\beta_{kl}^{(a,b)}$，所以可以得到

$$E(|z_{ij}^{(a,b)}|)\leqslant 2\sum_{k,l=0}^{7}\left|f_{kl}^{(i,j)}\right|q_{kl}\beta_{kl}^{(a,b)}\stackrel{\text{def}}{=}t_{ij}^{(a,b)}(\boldsymbol{\beta}) \tag{13.19}$$

基于式(13.17)～式(13.19)可得

$$\delta_{\text{EA}}(\boldsymbol{\beta})=E(|\boldsymbol{\rho}(\boldsymbol{w})|)\leqslant\boldsymbol{t}(\boldsymbol{\beta})\star|\boldsymbol{g}|\stackrel{\text{def}}{=}\delta_{\text{uSA}}(\boldsymbol{\beta}) \tag{13.20}$$

可以发现，计算 $\delta_{\text{uSA}}(\boldsymbol{\beta})$ 的复杂度近似于解压 JPEG 文件后用滤波核进行卷积，与普通 DCTR 或 GFR 等方法得到残差的复杂度基本相同；通过试验[160]还可以发现，$\delta_{\text{uSA}}^{1/2}(\boldsymbol{\beta})$ 和 $\delta_{\text{EA}}(\boldsymbol{\beta})$ 之间呈线性关系，因此，$\delta_{\text{uSA}}^{1/2}(\boldsymbol{\beta})$ 是 $\delta_{\text{EA}}(\boldsymbol{\beta})$ 的一个很好的替代形式，因此，针对 DCTR、GFR 与 PHARM 等相位感知分析方法，在计算直方图时，在第 (a,b) 子块的 (i,j) 处直方图计数不是在相应数值上增加 1，而是累加 $\delta_{\text{uSA}}^{1/2}(\boldsymbol{\beta})_{ij}^{(a,b)}$

$$\overline{h}_m^{(i,j)}(\boldsymbol{x},\boldsymbol{g},Q,\boldsymbol{\beta})=\sum_{a=1}^{\lfloor n_1'/8\rfloor}\sum_{b=1}^{\lfloor n_2'/8\rfloor}(\delta_{\text{uSA}}^{1/2}(\boldsymbol{\beta})_{ij}^{(a,b)}\times[|r_{ij}^{(a,b)}(\boldsymbol{x},\boldsymbol{g},Q)|=m]) \tag{13.21}$$

其中，$n_1'\times n_2'$ 是滤波残差 $\boldsymbol{r}$ 的尺寸；Q 表示量化表。Denemark 等[160]基于以上处理提出的 $\delta_{\text{uSA}}^{1/2}$ SCA 隐写分析可以基于 DCTR、GFR 或 PHARM 等相位感知分析方法

改造得到，得到的方法分别称为 $\delta_{\text{uSA}}^{1/2}$DCTR、$\delta_{\text{uSA}}^{1/2}$GFR 与 $\delta_{\text{uSA}}^{1/2}$PHARM。图 13.5 给出了这类改造后方法的基本处理流程，其中与普通相位感知分析方法不同的是，添加了计算 $\delta_{\text{uSA}}^{1/2}$ 的子流程以及需要根据式(13.21)计算直方图特征。

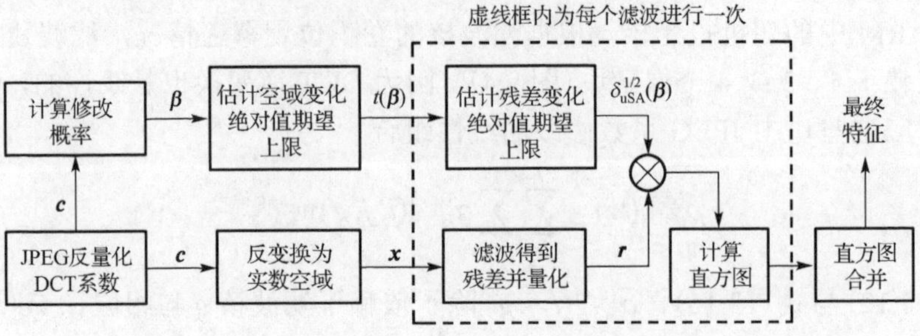

图 13.5　$\delta_{\text{uSA}}^{1/2}$SCA 隐写分析的计算流程

实验结果[160]表明，相比改造前的分析方法，$\delta_{\text{uSA}}^{1/2}$SCA 分析的错误率略有下降。典型地，在检测 QF 为 75、负载率为 0.2bpnac 的 J-UNIWARD 时，$\delta_{\text{uSA}}^{1/2}$GFR 的错误率相比 GFR 下降了约 5.8%，达到 22.2%；在检测 QF 为 95、负载率为 0.2bpnac 的 J-UNIWARD 时，$\delta_{\text{uSA}}^{1/2}$GFR 的错误率相比 GFR 下降了约 1.9%，达到 40.2%。

13.3　小　结

本章介绍了专门针对检测自适应图像隐写的 SCA 隐写分析。可以发现，这些方法的基本原理是，尽量选择更可能存在隐写修改或其影响的区域构造特征，其效果是降低了未嵌入消息区域或嵌入较少区域的干扰，比较显著地降低了隐写分析的错误率，部分抵消了自适应隐写的安全优势。

SCA 隐写分析也存在一些相对不足。首先，这类分析一般以隐写分析者知道隐写者所用的自适应算法与参数为前提，这虽然没有违反 Kerckhoffs 准则，但在实际中这些知识可能更不容易获得。其次，由于需要评估嵌入影响，SCA 隐写分析的速度显著降低。最后，SCA 隐写分析变得更专用，如果需要同时检测自适应与非自适应隐写样本，这类分析缺乏相应的泛化能力。

思考与实践

(1) σmaxSRM 是如何改进 maxSRM 的？

(2) JPEG SCA 分析的难点是什么？$\delta_{\text{uSA}}^{1/2}$SCA 隐写分析是如何解决的？

(3) 完成附录 B.6 的实验。

(4) 完成附录 B.7 的实验。

第 14 章　基于深度学习的隐写分析

基于神经网络的人工智能技术影响了很多领域的发展，这种情况对隐写学的发展也不例外。当前，研究人员运用基于卷积神经网络(convolutional neural networks，CNN)的深度学习(deep learning)技术[161,162]，显著促进了隐写分析的进步。

在前面介绍的通用隐写分析中，特征设计与分类方法是两个环节，前者依靠人工，是隐写分析方法的核心部分，而基于深度学习的隐写分析[163-174]具有以下新特点。

(1)深度学习隐写分析设计的核心步骤转变为 CNN 网络结构的设计，通过基于样本数据进行训练自动得到隐写分析特征。

(2)在深度学习隐写分析的设计中，特征提取与分类两种功能的获得是通过训练同时完成的，即在确定所提取特征的同时确定了分类网络的设置。

(3)普遍基于 CNN 构造，网络有多个层次，有大量参数需要通过大数据量训练确定。当前，CNN 图像隐写分析的训练样本在数万至 10 万的规模上或更多，需要指出，在假设隐写分析者能够获得隐写算法或者软件的通常分析模型的情况下，分析者的确可以基于获得的软件或者实现的算法生成这些样本。

以下基于介绍 CNN 等神经网络的概念与原理介绍基于深度学习的图像隐写分析方法。读者可能需要预习附录 A.3.5，或者了解相关的基本知识[175]。

14.1　深度卷积神经网络简介

附录 A.3.5 介绍了基本的神经网络，其中输入层与隐层之间以及各层神经元之间均采用全连接方式。随着网络层次的逐步加深，需要学习确定的参数过多，计算上存在巨大障碍，而通过卷积形成的局部连接代替全连接，计算上更加可行。2012 年以来，基于卷积神经网络的方法在图像分类中表现出了更优异的性能，引起了人工智能领域研究人员的大量关注，截至目前，相关方法已经用于多个领域。针对不同任务构造的卷积神经网络各有不同，其中，针对图像隐写分析主要采用的是针对分类任务的卷积神经网络结构，并在网络设计上综合考虑了隐写分析的特点与需求，以下先简要介绍这类网络的基本结构与操作。

典型的 CNN 一般由卷积模块与分类模块两部分组成(图 14.1)，前者主要负责特征的学习与提取，后者主要负责分类参数的学习与分类判决。学习的方法是，通过反向传播[176]确定各层神经元的突触权重(synaptic weight)、偏置(bias)等参数，以下将说明，卷积模块中的卷积核系数等价于待学习的突触权重。卷积模块与分类模块两部分的学习是一个训练过程，在之后的分类中，前者提取的特征输入后者进行分类。

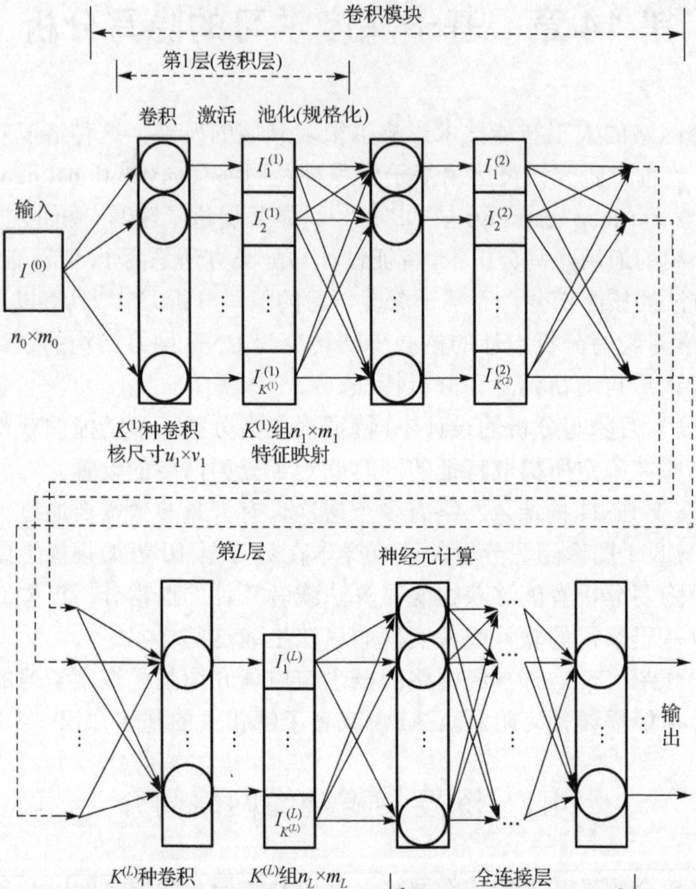

图 14.1　卷积神经网络基本结构示意(圆圈为神经元)

CNN 的卷积模块一般由多个卷积层组成，上层的输出是下层的输入，这也是“深度”一词的由来，意指经过多个层次的学习。每层的处理主要分为三个环节：由一组卷积核滤波后，进行非线性的激活函数(activation function)处理，再进行具有降采样与泛化功能的池化(pooling)，之后的输出称为特征映射(feature map，FM)，它们是相应层次上的特征；可以将输入视为第 0 层的特征映射。以下简介相关概念。

(1)卷积。在 CNN 中，卷积与通常神经网络中的局部连接、权重共享等概念相关。局部连接指一个神经元的输入仅涉及局部的输入数据，提取的是局部特征，这样可以减少计算量；权重共享指将神经元的突触权重置为相同，以减少学习时间。显然，卷积与神经元的加权乘法有相似性，神经网络采用卷积操作与采用权重共享的做法也具有相似性。设 $I^{(0)}$ 表示输入数据，有 L 个卷积层，在第 $l \in \{1,\cdots,L\}$ 层有 $K^{(l)}$ 个卷积滤波核 $F_k^{(l)}$，$k \in \{1,\cdots,K^{(l)}\}$，由于每种滤波产生一组特征映射，$k$ 也是该层输出特征映射的标号。$I^{(0)}$ 等价于初始特征映射，因此第 1 层卷积为

$$\hat{I}_k^{(1)} = I^{(0)} * F_k^{(1)}, \quad k \in \{1,\cdots,K^{(1)}\} \tag{14.1}$$

其中，用 $\hat{I}_k^{(1)}$ 表示尚未经过偏移、激活与池化的滤波直接输出。值得注意的是，在 CNN 中，当 $l \geqslant 2$ 时，每层的输入是 $K^{(l-1)}$ 组特征映射 $I_i^{(l-1)}$，$i \in \{1,\cdots,K^{(l-1)}\}$，滤波核 $F_k^{(l)}$ 由 $K^{(l-1)}$ 个子核 $F_{k,i}^{(l)}$ 组成，分别处理相应的特征映射后再求和，这样卷积可表示为

$$\hat{I}_k^{(l)} = \sum_{i=1}^{K^{(l-1)}} I_i^{(l-1)} * F_{k,i}^{(l)}, \quad k \in \{1,\cdots,K^{(l)}\} \tag{14.2}$$

以上卷积针对的是多个特征映射，因此，$F_{k,i}^{(l)}$ 的尺寸可以是 1×1。后面将看到，1×1 的滤波核有助于保留 JPEG 图像的相位特征。

(2) 激活。激活函数的主要作用是在神经网络中引入非线性处理，有的激活函数将输出值限定在一定范围内，也起到了特征规格化(normalization)的作用；还有一些激活函数通过将一部分数值设置为零，起到缓解过拟合与加速训练的作用。附录 A.3.5 给出了常用的激活函数，这里将经过激活函数对偏移后卷积的处理表示为

$$f(\hat{I}_k^{(l)} + b_k^{(l)}), \quad k \in \{1,\cdots,K^{(l)}\} \tag{14.3}$$

其中，$b_k^{(l)}$ 是待学习的偏置系数。

(3) 池化。池化将局部区域的特征映射转化为尺寸更小与级别更高的特征。常用的最大池化(max pooling)与平均池化(average pooling)可以分别表示为

$$\mathrm{Pool}_{\max}(R_j) = \max_{i \in R_j} a_i \tag{14.4}$$

$$\mathrm{Pool}_{\mathrm{mean}}(R_j) = \frac{1}{|R_j|} \sum_{i \in R_j} a_i \tag{14.5}$$

其中，R_j 表示一个池化区域坐标集合，一般是一个正方形范围 $w \times w$，也称为池化窗口；a_i 表示其中的元素。池化的步幅(stride)参数决定了池化窗口每次在水平与垂直方向滑动的样点数，这决定了降采样程度。随着层数的加深，最后经过多层池化的特征映射尺寸逐渐减小，这有利于后面的分类操作。池化后的输出可以表示为

$$I_k^{(l)} = \mathrm{Pool}(f(\hat{I}_k^{(l)} + b_k^{(l)})) \tag{14.6}$$

(4) 规格化。在特征提取中，一般希望各维度上的值在一定范围内，有利于神经网络学习数据的分布特征，这可以通过按照比例调节等基本方法完成，也可以通过

近年来较多采用的 BN(batch-normalization)方法完成[177]。BN 方法类似于将正态分布转化为标准正态分布的过程，设在一个小批量(mini-batch)训练样本中，$B=\{x_1,\cdots,x_m\}$为训练样本，BN 方法进行以下 4 步计算

$$\mu_B \leftarrow \frac{1}{m}\sum_{i=1}^{m} x_i \tag{14.7}$$

$$\sigma_B^2 \leftarrow \frac{1}{m}\sum_{i=1}^{m}(x_i-\mu_B)^2 \tag{14.8}$$

$$\hat{x}_i \leftarrow \frac{x_i-\mu_B}{\sqrt{\sigma_B^2+\epsilon}} \tag{14.9}$$

$$y_i \leftarrow \gamma\hat{x}_i+\beta \tag{14.10}$$

其中，ϵ 是设置的平衡参数，但在应用中一般忽略；γ 与 β 是需要学习的仿射变换参数。文献[177]也给出了使用 BN 层后梯度下降的处理方法，这里不再赘述。

CNN 的分类模块一般由若干全连接层组成，用于通常意义上的神经网络分类。由于卷积模块一般采用多层池化，最后输出的特征映射尺寸较小，使得分类模块能够采用一般的全连接层完成分类，这与普通神经网络的处理基本一致。下面介绍一些重要概念。

(1) 神经元丢弃(dropout)。为了防止过拟合并加速训练，在训练中通过随机丢弃一些神经元降低训练网络的约束条件数量，这种技术称为神经元丢弃(图 14.2)。神经元丢弃的有效性可以解释为，在训练中每次随机丢弃一定比例的神经元，等价于每次训练不同的较小规模网络，最终在分类中，网络的判决近似于这些子网络的融合判决。在模式分类中，集成(ensemble)分类通过训练多个子分类器进行融合决策，在防止过拟合并加速训练过程方面与神经元丢弃技术近似。9.1 节介绍了 FLD 集成分类方法。

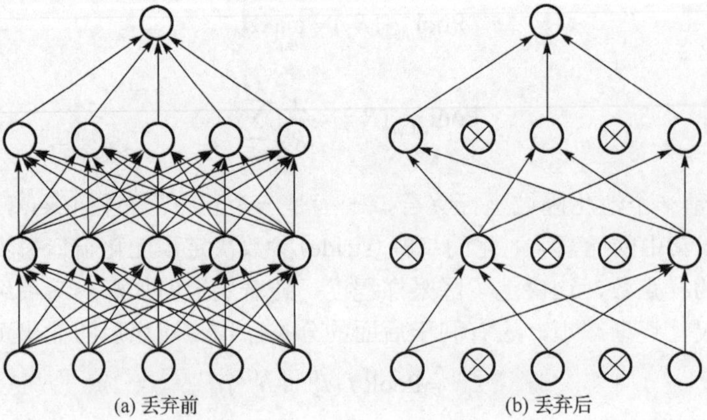

图 14.2 神经元丢弃示意

(2) Softmax 输出。一般在最后一层中输出的数量为分类类型数量，输出采用多输入多输出的 Softmax 激活函数，具体见附录 A.3.5，每个输出数值可代表相应分类出现的比例情况，其和为 1。例如，假设有 3 个输出，当输出值为 (0.1,0.6,0.3) 时，则分类可判定为第 2 类。有的文献将 Softmax 函数作为单独的处理层描述，而不是把它当作激活函数。

以上各个环节在反向传播中均有相应的处理方法，有兴趣的读者可以查阅相关资料。当前也出现了一些 CNN 的应用开发环境，在这些平台上进行网络设计与训练，一般需要配置学习率 (learning rate)、动量 (momentum) 与权值衰减 (weight decay) 等参数，它们的含义请参阅附录 A.3.5。

14.2　针对空域隐写的 CNN 分析

从投稿时间看，基于 CNN 的隐写分析最早由 Tan 与 Li[163]以及 Qian 等[164]相互独立提出；从实验结果来看，Qian 等的方法检测性能更好。之后，基于 CNN 的隐写分析不断得到提高，更多的 CNN 技术得到了应用，方法中也融入了更多针对隐写特点的设计。目前基于 CNN 的隐写分析主要分为针对空域隐写的分析与针对 JPEG 隐写的分析两类，本节介绍前者类型中的主要方法。

14.2.1　基本框架的形成

基于 CNN 的隐写分析首先针对空域隐写提出，这些工作[163,164,166]确立了这类分析网络的基本结构：它一般由图像预处理部分、卷积部分与分类部分组成三级架构，其中预处理部分有一个不参加学习的卷积层，卷积部分有若干卷积层与相关辅助处理，分类部分有若干全连接层。以下介绍主要的相关工作。

1. GNCNN

Qian 等[164]较早基于 CNN 开展了隐写分析的研究，提出了基于 GNCNN (Gaussian neuron CNN) 的图像隐写分析 (图 14.3)。GNCNN 由图像处理部分、卷积部分与分类部分组成，以下分别予以介绍。

在卷积部分之前，GNCNN 采用一个图像处理层对图像进行预处理。预处理的方法是，采用以下 5×5 的卷积核对图像进行无填充高通滤波

$$F^{(0)}=\frac{1}{12}\begin{pmatrix}-1 & 2 & -2 & 2 & -1\\ 2 & -6 & 8 & -6 & 2\\ -2 & 8 & -12 & 8 & -2\\ 2 & -6 & 8 & -6 & 2\\ -1 & 2 & -2 & 2 & -1\end{pmatrix} \tag{14.11}$$

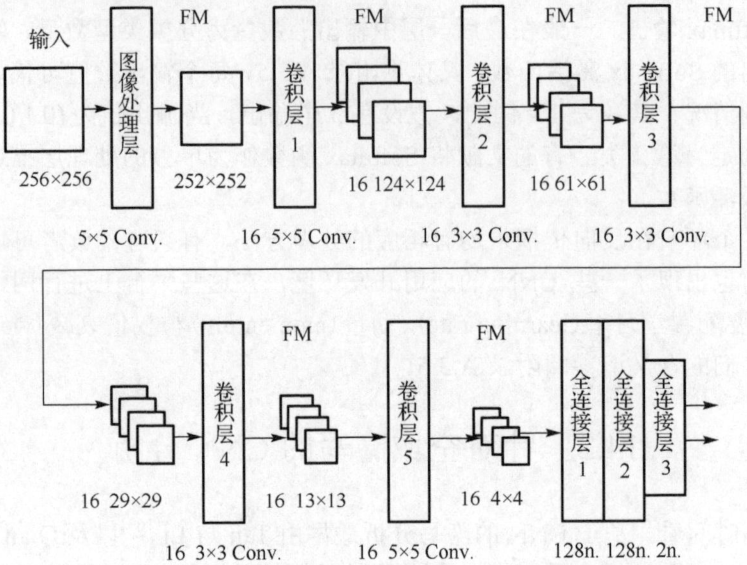

图 14.3　GNCNN 网络结构与数据流(Conv.表示卷积核，FM 表示特征映射，n.表示神经元，池化窗口为 2×2)

滤波输出是第 0 层的 252×252 维特征映射 $I^{(0)}$ 。以上滤波核也常被称为 KV 核，它在 SRM[120]中的名称是 SQUARE 5×5。以上设计的依据是，高通滤波有利于抑制内容对隐写分析的影响，有利于强化隐写信号。

针对输入 $I^{(0)}$，卷积部分的处理可以用式(14.1)、式(14.2)与式(14.6)描述。在 GNCNN 中，卷积部分包括 5 层，卷积为无填充卷积，每个卷积层滤波核的数量与尺寸见图 14.3，池化窗口尺寸为 2×2，步幅为 2，设计者通过实验比较选择了平均池化。以上处理决定了每层输出的特征映射尺寸与个数，其中比较有特色的是采用了以下高斯激活函数

$$f(x)=\mathrm{e}^{-\frac{x^2}{\sigma^2}} \tag{14.12}$$

其中，σ 是决定曲线宽度的设定参数，可每层不同。以上函数以 Y 轴对称，当 $x=0$ 时取最大值 1，因此它将输出限定在[0,1]范围内，起到了规范化作用；如果把前面的处理视为高通滤波或者载体预测，那么一般绝对值较大的输入包含更多隐写特征，而绝对值较小的输入包含更多载体特征，以上高斯函数将这两种情况统一分别描述为接近 0 的正数与接近 1 的正数，更有利于后面的处理。最后得到的特征映射为 16×4×4=256 维。

GNCNN 的分类部分采用 3 个全连接层，分别包含 128、128 与 2 个神经元。前两层采用 ReLU 激活函数，最后一层采用两个输入两个输出的 Softmax 激活函数，因此输出结果是两个小数，其和为 1，分别代表有隐写与无隐写的可能性。

实验结果[164,178]表明，GNCNN 的性能超过了 SPAM，但仍低于 SRM(表 14.1)。在训练中，采用的图像来自 BOSSbase 与 ImageNet[179]图像库，从前者中选取了 1 万幅图像，从后者中选取了 10 万幅，图像均通过缩放将尺寸降到 256×256，并转换为 8bit 深的灰度图像，其中 80%用于训练，其余的用于检测；每个小批量训练样本中有 128 个图像，隐写图像占一半，高斯激活函数的参数 σ 的设置是，第一个卷积层为 1，其他的为 0.5。整个网络基于 Cuda-convnet 平台[180]实现，学习率参数为 0.001，动量参数为 0.9。在 BOSSbase 图像集上，GNCNN 的错误率比使用高斯核 SVM 分类器的 SPAM 有显著降低，但是比使用集成分类器的 SRM 高 2%～5%；在 ImageNet 图像集上，GNCNN 的错误率与使用集成分类器的 SRM 相差不是很大。相比文献[163]的同期工作，这已经是很大的进步：在文献[163]中，针对 512×512 的 BOSSbase 图像库的检测结果是，SRM 的错误率约为 14%，而基于 CNN 的方法约为 31%。

表 14.1　GNCNN 的错误率与其他分析方法的比较

隐写	负载率/bpp	GNCNN 256 D	SRM 34671 D	SPAM 686 D	图像库 256×256
HUGO	0.3	0.338	0.296	0.429	BOSSbase
	0.4	0.289	0.252	0.391	
	0.5	0.257	0.214	0.357	
	0.4	0.336	0.325	—	ImageNet
WOW	0.3	0.343	0.312	0.422	BOSSbase
	0.4	0.293	0.257	0.382	
	0.5	0.248	0.221	0.349	
	0.4	0.341	0.347	—	ImageNet
S-UNIWARD	0.3	0.359	0.315	0.400	BOSSbase
	0.4	0.309	0.263	0.214	
	0.5	0.263	0.214	0.306	
	0.4	0.347	0.344	—	ImageNet

这里分析 GNCNN 需要学习的参数数量。根据图 14.3，在卷积部分，需要学习的参数是卷积核参数以及偏置参数，因此有 $16\times[(1+5\times5)+3\times(1+3\times3\times16)+(1+5\times5\times16)]=13792$ 个，在全连接层，需要学习的参数是突触权重与偏置参数，根据输入的特征映射尺寸与各层神经元数量，需要学习的参数一共有 $(16\times4\times4\times128+128)+(128\times128+128)+128\times2+2=49666$ 个，因此，总的学习参数有 63458 个。这实际上需要一个数量很大的训练样本库，以上由 1 万幅 BOSSbase 图像组成的库显得数量不够。

可以通过分析 GNCNN 训练实施的乘法次数评价其计算复杂度。如果 L 为卷积层的数量，$K^{(l)}$ 表示第 l 层的卷积核数量，$\left|F^{(l)}\right|$ 为每个核的尺寸，$\left|I^{(l-1)}\right|$ 为从上一层

输入的特征映射尺寸，则每次训练中针对一个图像实施的乘法数量大约是

$$\sum_{l=1}^{L} K^{(l)} \times \left|I^{(l-1)}\right| \times \left|F^{(l)}\right| \tag{14.13}$$

在 Intel Xeon E5-2650 2.0GHz CPU 与 Tesla K40 12G GPU 下进行实验[164]，针对 256×256 灰度图像的 GNCNN 训练时间情况是，在以上 BOSSbase 图像集上每次训练平均花费约 2 小时，在以上 ImageNet 图像上平均花费约 52 小时。

总之，GNCNN 提供了一种新的隐写分析设计方法，但是它也遗留了一些典型问题。首先，所需训练样本数量大，一定程度上削弱了其相对高维特征方法的优势；其次，虽然从时间效率上看，GNCNN 的计算没有太大的障碍，但是整个训练过程需要在 GPU 显存中存储全部中间状态，受 GPU 存储容量制约，能够处理的样本尺寸很有限，这也是采取 256×256 图像进行实验的原因。文献[178]给出了基于分块训练、分块检测与最后进行决策融合的方法，但是仅仅是众多小块检测结果的平均，并没有利用大图像的特征。

Pibre 等[165]基于改造 GNCNN 提出了一种网络结构，类似地采用了一个图像预处理层，但是卷积部分只有两个卷积层，这类似文献[163]中的结构。但是，在 Pibre 等的实验中，每个隐写图像被嵌入了同一密文，这样，虽然他们报道的结果显著优于 SRM，但一般被认为是不客观的[166]，其中深度学习更可能学到的是密文特点，因此这里不再赘述。

2. XuNet

受以上工作启发，Xu 等[166]提出了包含 5 层卷积的 CNN 结构(图 14.4)，在一系列改进下，使检测性能首次超过了 SRM。该网络后来被称为 XuNet，它采用与 GNCNN 类似的图像预处理层与相同的预处理滤波核，卷积模块向全连接层输出 128 维特征映射，在分类模块中采用了两个全连接层，后面一层与两输入 Softmax 激活函数的组合也被称为 Softmax 层，XuNet 的每个卷积层包括卷积、激活函数、归一化以及池化四个子层，在此基础上进行了以下更多的尝试与优化。

(1) BN 子层。对卷积操作的输出或者取绝对值后的输出均采用 BN 子层进行规格化，这有利于控制特征映射的数值范围，更有效地采用激活函数进行非线性处理，也有助于提高反向传播的效能。

(2) 激活函数多样化。在第 1 卷积层的卷积操作后，采用了绝对值激活函数，在图 14.4 中记为 ABS，这样设计的理由是，预处理层得到的残差经过第 1 卷积层后，具有符号对称性，取绝对值有利于增强统计模型；在 BN 子层后，前两个卷积层采用了双曲正切函数(Tanh)作为激活函数，后 3 层采用 ReLU 激活函数，这考虑了特征映射从浅层到深层的变化。

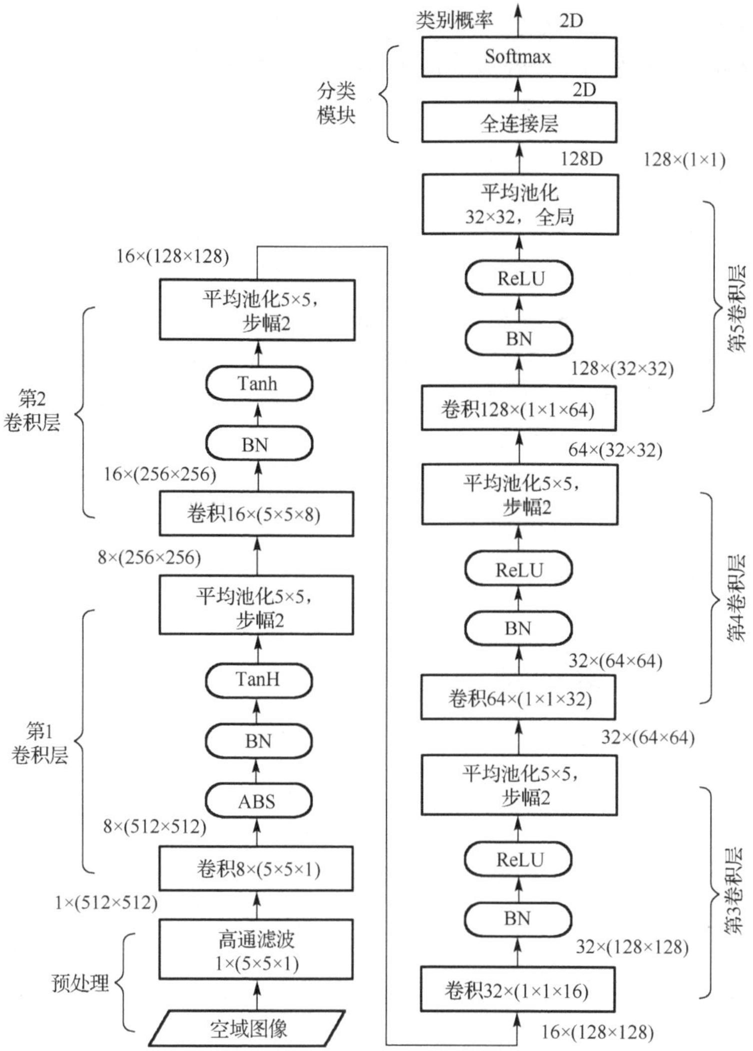

图 14.4　包含 5 个卷积层的 XuNet 结构

注：卷积为填充卷积，数字式含义：卷积核数×(核长×核宽×输入FM数)，FM数×(FM长×FM宽)；ABS 表示绝对值

(3) 卷积核数量与 1×1 卷积。5 个卷积层采用的滤波核数量分别为 8、16、32、64 与 128，这远远多于 GNCNN，但是，为了防止过拟合，除前两个卷积层采用 5×5 卷积外，XuNet 从第 3 卷积层开始就一直采用 1×1 卷积，这意味着，对计算每个卷积输出样点，输入仅为来自不同特征映射上相同位置的一个样点，这个处理也被以后的网络用于保持图像编码的相位特性。

(4) 扩大的池化窗。相比 GNCNN，XuNet 卷积层使用的池化也是均值池化，但窗口尺寸较大，前 4 个卷积层都是 5×5，步幅是 2，对最后一层的窗口尺寸为 32×32，已经是一组特征映射的整个尺寸，因此 32×32 窗口的池化称为全局(global)池化。

基于 CNN 公开实验平台 Caffe[181]的实验结果[166]表明，XuNet 在检测 S-UNIWARD 与 HILL 上性能超过了 SRM。实验的图像样本来自 BOSSbase v1.01 的 1 万幅 256×256 灰度图像，对每种隐写情况，其中 5000 幅用于训练，另外 5000 幅用于检测；隐写有 4 种情况，分别是 0.1bpp 与 0.4bpp 下的 S-UNIWARD 以及 0.1bpp 与 0.4bpp 下的 HILL；训练中，学习率参数为 0.001，动量参数为 0.9。检测结果显示，检测 0.1bpp 下的 S-UNIWARD 与 HILL，XuNet 的准确率分别为 57.33%与 58.44%，而 SRM 分别是 59.25%与 56.44%；检测 0.4bpp 下的 S-UNIWARD 与 HILL，XuNet 的准确率分别为 80.24%与 79.24%，而 SRM 分别是 79.53%与 75.47%。

包含 5 个卷积层的 XuNet 被提出后，Xu 等[167]很快又提出了包含 6 个卷积层的 XuNet-SIZE-256，它向全连接层输出 256 维特征映射。将 XuNet-SIZE-256 的滤波核尺寸全部减半后，Xu 等[167]继而得到 XuNet-SIZE-128；他们还提出了通过训练多个 CNN 对隐写图像进行集成分析的策略。实验结果[167]表明，在这些集成分析策略框架下，相比上面的结果，XuNet-SIZE-256 对 0.4bpp 的 S-UNIWARD 正确率上升到 81.56%，XuNet-SIZE-128 对 0.4bpp 的 S-UNIWARD 正确率上升到 80.94%。

14.2.2 支持选择信道感知的 CNN 分析

第 13 章介绍了选择信道感知隐写分析，它主要分析自适应隐写，特点是可以利用自适应隐写在嵌入位置选择上的先验知识。通过将这一思路引入基于 CNN 的图像隐写分析，Ye 与 Ni[168]提出了 TLU-CNN 与 SCA-TLU-CNN 网络(图 14.5)，之后的文献也称这类网络为 YeNet。若将图像预处理、卷积与全连接分类模块中的处理层连续编号，这类网络一共有 10 层处理，其中卷积层为第 2～9 层，一共 8 层，其新特点如下。

(1) 针对隐写分析设计了新的激活函数 TLU(truncated linear unit)

$$f(x)=\begin{cases}-T, & x<-T \\ x, & -T\leqslant x\leqslant T \\ T, & x>T\end{cases} \tag{14.14}$$

其中，T 为截断长度。以上激活函数类似于 SRM 中对残差的截断，并能保护中间区域数值的信息，实验结果表明，由它处理第一层的输出能够提高分析正确率，由于第一层是不参加参数学习的预处理层，此时 TLU 不是通常意义上的激活函数。

(2) 具有非 SCA 与 SCA 分析两种基本配置，分别称为 TLU-CNN 与 SCA-TLU-CNN。在图 14.5 中，左上角由虚线连接的部分表示 SCA 处理，在此情况下第一层特征映射 $F^{(1)}$ 在卷积基础上被叠加了 SCA 信息，由从上往下的虚线输入第二层，具体原理随后展开介绍。

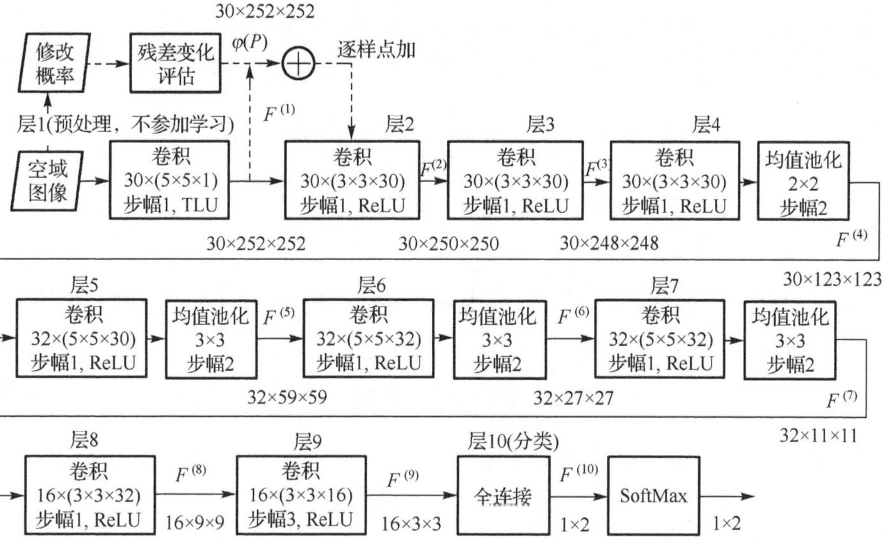

图 14.5　TLU-CNN 与 SCA-TLU-CN 网络系统结构(虚线为或选的 SCA 处理，TLU-CNN 的层 2 输入为实线，SCA-TLU-CN 的为虚线)

(3) 图像预处理层采用了更多类型卷积。在第一层进行图像预处理时，采用了 SRM 中 30 个线性滤波核，因此第一层的输出有 30 个特征映射，其设计目的与 SRM 类似，即通过滤波的多样性丰富对隐写分析特征的表达。

(4) 压制池化操作。池化操作的降采样会丢失特征信息，由于 TLU-CNN 与 SCA-TLU-CNN 层数较多，设计者只在第 4～7 层安排了步幅为 2 的池化。

SCA-TLU-CNN 中最核心的技术是对 SCA 分析方法的支持。SCA-TLU-CNN 引入 SCA 技术的做法是，对图像预处理层的残差输出进行 SCA 加性调整(图 14.5)，嵌入影响较大的区域被叠加更强的信号。由于空间域的嵌入影响可以用失真函数值代入加性模型最优嵌入概率公式进行估计，为了将这种概率表达的影响从空间域转换至卷积后的残差域，Ye 与 Ni[168]借鉴了 13.2 节介绍的 $\delta_{\mathrm{uSA}}^{1/2}$ SCA 隐写分析方法，采用残差域绝对值差值的期望上限进行估计。记含密载体 $Y=(y_{ij})$ 与载体 $X=(x_{ij})$ 的差为

$$N=Y-X=(y_{ij}-x_{ij})=(n_{ij}) \tag{14.15}$$

记隐写修改+1 与−1 的概率均为 β_{ij}，它们是用失真函数代入加性模型最优嵌入概率公式得到的，则 $n_{ij}=-1,0,1$ 的概率分别为 β_{ij}、$1-2\beta_{ij}$、β_{ij}，有

$$E(n_{ij})=0,\quad E(|n_{ij}|)=2\beta_{ij} \tag{14.16}$$

设 K 为第一层的一个卷积核，则 X 与 Y 残差的差为

$$D=K*Y-K*X=K*N=\left(\sum_{r,c}k_{r,c}n_{i-r,j-c}\right)=(d_{ij}) \tag{14.17}$$

因此有 $E(d_{ij})=\sum_{r,c}k_{r,c}E(n_{i-r,j-c})=0$，根据式(14.16)进一步有

$$E(|d_{ij}|)=E\left(\left|\sum_{r,c}k_{r,c}n_{i-r,j-c}\right|\right)\leqslant E\left(\sum_{r,c}\left|k_{r,c}\right|\cdot\left|n_{i-r,j-c}\right|\right)$$
$$=2\sum_{r,c}\left|k_{r,c}\right|\cdot\beta_{i-r,j-c}\overset{\text{def}}{=\!=}\varphi(\beta_{ij}) \tag{14.18}$$

其中，$\varphi(\beta_{ij})$ 是用于评估残差域 (i,j) 上嵌入影响的统计指标。由式(14.18)可知，$\varphi(\beta_{ij})$ 可以通过下式计算

$$(\varphi(\beta_{ij}))\overset{\text{def}}{=\!=}\varphi(P)=(2\beta_{ij})*|K| \tag{14.19}$$

SCA-TLU-CNN 的设计者经过实验发现，基于以上 $\varphi(P)$ 叠加到残差上比乘到残差上效果更好，因此，设在 TLU-CNN 下图 14.5 第 2 层的输入是 $F^{(1)}$，则在 SCA-TLU-CNN 下为

$$F^{(1)}+\varphi(P) \tag{14.20}$$

Ye 与 Ni[168]的实验结果表明，TLU-CNN 与 SCA-TLU-CN 相比 SRM 与 maxSRMd2 具有明显的分析正确性优势。实验采用的训练集主要分为两组，第一组包括 BOSSbase v1.01 库中 5000 幅以及 BOWS2 库中 1 万幅图像，第二组包括第一组的 1.5 万幅图像，另外通过转置与旋转等变换将图像数量扩大到之前的 8 倍；测试集由 BOSSbase v1.01 库中剩余的 5000 幅图像组成。这些图像最后通过重采样、剪切等方法将尺寸调整到 256×256；实验基于 Caffe[181]平台实现，动量参数为 0.95，权值衰减参数为 5×10^{-4}，对学习率的设定采用了 Caffe 的多阶段策略：初值设为 0.4，在第 50 万次、第 60 万次与第 65 万次迭代后，分别下降到 0.08、0.016 与 0.0032；每个小批量训练集中包含 32 个(16 对)图像。实验结果表明，SRM 与 maxSRMd2 在第一组上训练效果较好，TLU-CNN 与 SCA-TLU-CN 在第二组上训练效果较好，在此训练方案下，得到的检测结果如表 14.2 所示。

表 14.2 TLU-CNN 与 SCA-TLU-CNN 的分析错误率与相关比较

隐写	负载率/bpp	SRM	TLU-CNN	maxSRMd2	SCA-TLU-CNN
S-UNIWARD	0.05	0.4750	0.4460	0.4571	0.4390
	0.10	0.4439	0.4040	0.4206	0.3938
	0.20	0.3823	0.3318	0.3614	0.3218
	0.30	0.3287	0.2850	0.3132	0.2571
	0.40	0.2805	0.2374	0.2721	0.1955
	0.50	0.2411	0.1959	0.2355	0.1660

续表

隐写	负载率/bpp	SRM	TLU-CNN	maxSRMd2	SCA-TLU-CNN
HILL	0.05	0.4845	0.4540	0.4536	0.4325
	0.10	0.4618	0.4129	0.4211	0.3806
	0.20	0.4129	0.3494	0.3638	0.3288
	0.30	0.3645	0.3018	0.3253	0.2885
	0.40	0.3236	0.2470	0.2874	0.2291
	0.50	0.2810	0.2100	0.2520	0.1977

14.3　针对 JPEG 域隐写的 CNN 分析

基于 CNN 的隐写分析首先在检测空域隐写中获得了进展，随后研究人员提出了一些针对 JPEG 隐写的 CNN 分析方法。这些分析方法借鉴了 DCTR 与 GFR 等隐写分析将 JPEG 图像空域信号首先投影到 DCT 基或 Gabor 基的做法，对投影后的时频变换域再进行 CNN 分析，取得了较好的成效。

14.3.1　混合深度学习网络

为了能将 CNN 用于分析 JPEG 隐写，Zeng 等[170]提出了混合深度学习(hybrid deep-learning，HDL)网络(图 14.6)。从投稿时间看，Zeng 等基于 CNN 进行 JPEG 隐写分析的工作与 Chen 等[172]的工作是同步独立进行的，但前者更早在网络上公开了论文与结果。HDL 网络仍然包括图像预处理、卷积与分类三个模块，但是引入了一些新特点。

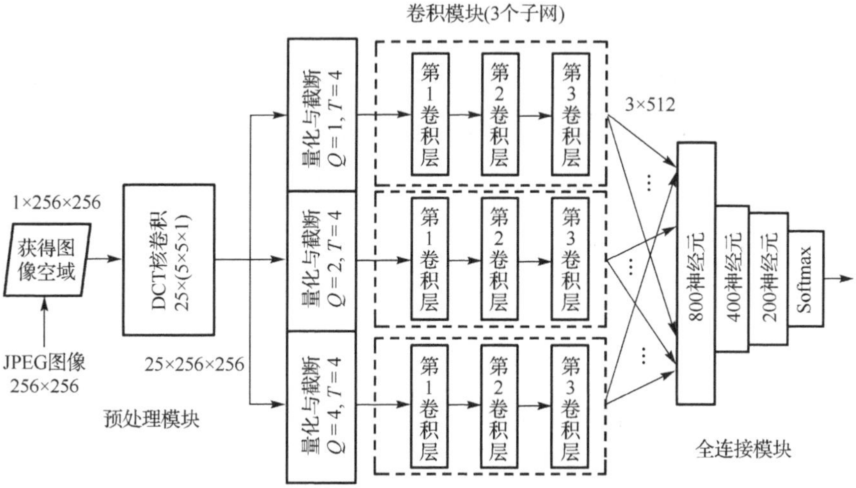

图 14.6　混合深度学习网络系统结构(T 为截断长度，Q 为量化步长)

(1)预处理采用 DCT 变换核。由于较难直接对 JPEG 系数进行建模分析，HDL 方法首先对图像进行 DCT 逆变换得到实数图像空域信号，再通过 25 个 5×5 大小的 DCT 核将其变换到 25 个时频域。DCT 核可以表示为 $\boldsymbol{B}^{(k,l)}=(B_{mn}^{(k,l)})$，$0\leqslant k,l\leqslant 5, 0\leqslant m,n\leqslant 5$，其中

$$B_{mn}^{(k,l)}=\frac{w_k w_l}{5}\cos\frac{\pi k(2m+1)}{10}\cos\frac{\pi l(2n+1)}{10} \tag{14.21}$$

其中，$w_0=1$，当 $k>0$ 时 $w_k=\sqrt{2}$。因此，预处理层的卷积输出 25 个特征映射。

(2)预处理采用量化截断。在输入卷积模块之前，HDL 对以上 25 个特征映射进行 3 种量化与截断，截断长度与量化步长分别为 $(T=4,Q=1)$、$(T=4,Q=2)$ 与 $(T=4,Q=4)$，因此，最终预处理层输出 3 组特征映射，每组包括 25 个量化截断后的特征映射。

(3)卷积模块采用多路子网结构。HDL 对以上 3 组特征映射分别建立卷积子网络进行训练，卷积模块输出来自 3 个子网的 3 组特征映射，每组 512 维；3 个子网结构相同，每个子网络包括 3 个卷积层；子网有可选的两种类型：第一种类型子网(图 14.7)参考了 XuNet 的设计，除了卷积操作，还包括 ABS、BN、ReLU 与平均池化等操作；第二种类型子网的结构与第一种大致相同，但为了减轻训练的计算负担，池化操作的降采样幅度较大。由于第一种子网的检测准确率较高，以下主要基于它描述 HDL。

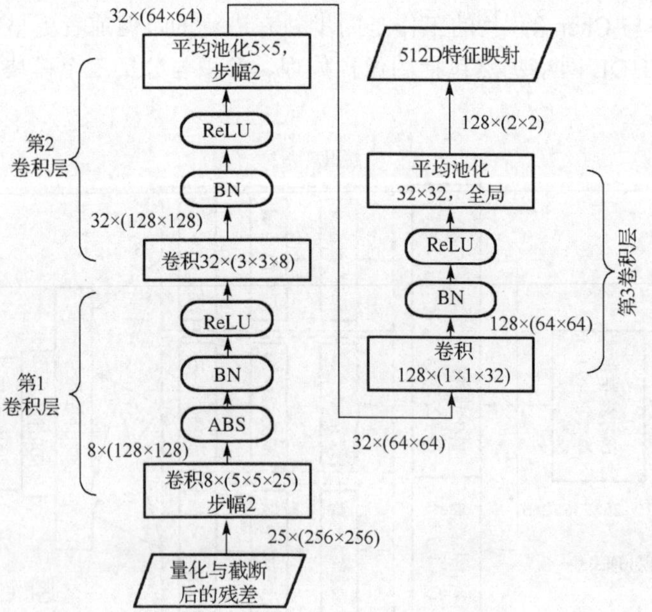

图 14.7　HDL 的第一种类型子网组成

(4) 分类模块采用 4 个全连接层。HDL 将卷积模块输出的 3 组特征映射进行拼接后，输入 4 个全连接层组成的分类模块，4 个全连接层的神经元数量分别是 800、400、200 与 2，其中最后一层仍然是 Softmax 层。

类似 Xu 等[167]的工作，Zeng 等[170]在应用 HDL 时也采用了集成分类的策略。他们对网络的学习部分进行 5 组初始设置，分别进行训练，检测由 5 个训练后的网络分别进行，最终结果按照投票多少原则确定。

Zeng 等[170]对 HDL 进行了大数据量的实验，在小图像上验证了其相对传统高维特征方法的优势。实验数据分为三组，全部从 ImageNet 图像库中选取，分别包括 5 万幅、50 万幅与 500 万幅图像，通过裁剪和变换后，它们的尺寸保持在 256×256，50%的图像用于训练，其余用于测试；实验程序基于 Caffe[181]平台实现，运行于有 8 块 NVIDIA Tesla K80 GPU 卡的服务器上；学习率初值设为 0.001，每 5000 次迭代下降一次，动量参数设为 0.9，权值衰减系数为 0.0005；实验比较的算法为 SCA-GFR、GFR、DCTR 与 XuNet，典型地，针对分析 0.4bpnac 负载率的 J-UNIWARD，当 QF 为 75 时，基于以上第三组图像库，采用集成分类策略的 HDL 正确率为 76.5%，普通 HDL 正确率为 75.5%，采用以上 4 种比较算法的正确率分别为 71.2%、69.0%、66.5%与 57.9%，这也部分说明，针对空域隐写的 XuNet 不适合分析 JPEG 隐写。

基于以上三组图像的实验结果还表明[170]，增加训练的数据量与迭代次数有助于增加检测正确率，而传统分析方法普遍较早就达到了性能饱和状态。针对分析 0.4bpnac、QF 为 75 的 J-UNIWARD，GFR 与 DCTR 在训练样本数达到数万的量级时准确率不再增长，分别维持在大约 68.1%与 63.5%；而 HDL 在前 3.2 万次迭代中准确率均有提升，之后逐渐变缓但仍有提升。典型地，在迭代 3.2 万次后，基于以上三组图像训练的 HDL 正确率分别约是 68.0%、70.0%与 72.8%，在迭代 15 万次后，基于以上三组图像训练的 HDL 正确率分别约是 69.9%、73.9%与 74.7%。

14.3.2　支持相位感知的 CNN 分析

在利用 CNN 分析 JPEG 隐写方面，Chen 等[172]提出了支持 JPEG 相位感知（phase aware）的 CNN 隐写分析网络。正如 9.3 节介绍的，相位感知隐写分析是指，针对 JPEG 图像进行空域 8×8 分块编码的相位特点，在图像空域信号的滤波残差域进行水平与垂直方向的隔 8 采样，并在计算采样点直方图中按相位特性进行合并，将合并后的各类直方图作为分析特征。为了在 CNN 分析中获得以上处理优势，Chen 等改造了 XuNet，增加了相位分离（phase split）层对特征映射进行隔 8 采样，主要新特点如下。

(1) 开始阶段不设置池化。Chen 等认为，CNN 卷积处理的前面一部分效果是提取特征，而后面的部分是压缩、合并与表达特征。基于这个认识，他们将网络的卷积模块分为两部分，在前端部分中，开始的两个卷积层都没有设池化处理，目的是保持相位特性。这样，网络一共有 5 个卷积层（图 14.8 与图 14.9），每层也称为一组操作。

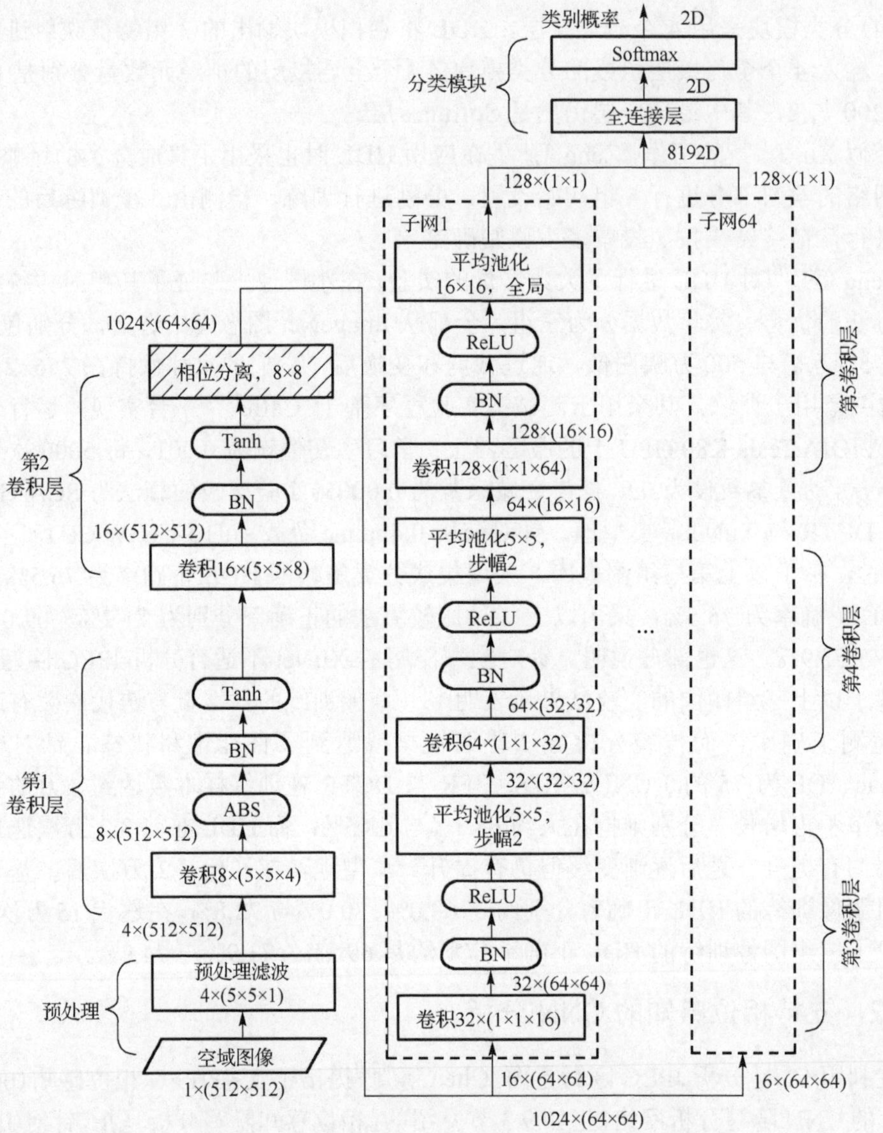

图 14.8　PNet 网络系统结构(64 个子网结构相同)

(2)相位分离层。当输入图像的尺寸为 512×512 时，对第二组操作输出的 16 个 512×512 维特征映射，设置相位分离层，它对每个特征映射同时在水平与垂直两个方向进行隔 8 采样，将 16 个 512×512 维特征映射分为 64 份，每份的相位相同，各有 16 个 64×64 维特征映射，也就是一共有 1024 个 64×64 维特征映射。

(3)允许采用两种网络结构。在相位分离层之后，可以选择以下两种方法之一进行后续分析：如果选择第一种，则网络被称为 PNet(图 14.8)，它将第二组操作输出的 64 份 16 个 64×64 维特征映射分别输入并行的 64 个子网中，每个子网包含 3 组操作；如果选择第二种，则网络被称为 VNet(图 14.9)，它将第二组操作输出的 64 份 16 个 64×64 维特征映射合并为 2014 个 64×64 维特征映射，一并输入第三组操作，由后者 128 个 1×1×1024 尺寸的滤波核滤波后，再进入下面的处理。显然，PNet 对不同相位的数据分开处理，因此准确性更高，但 VNet 的结构更简单，在处理效率上有优势。需指出，Chen 等[172]未给出 PNet 与 VNet 的全称。

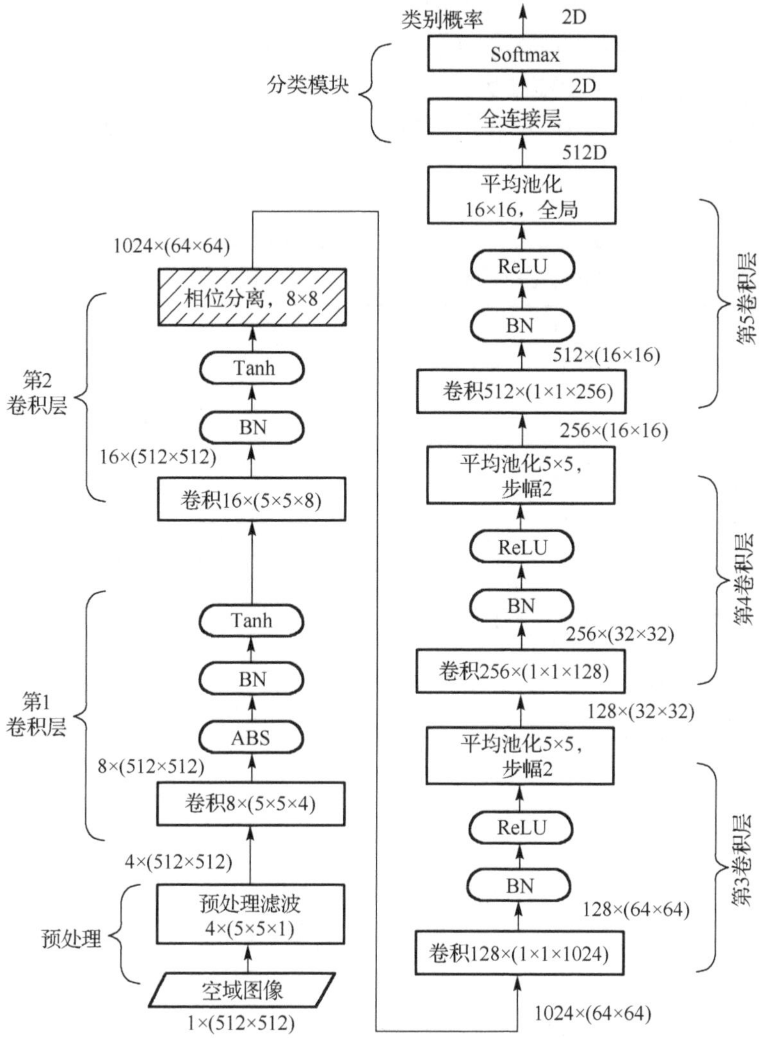

图 14.9　VNet 网络系统结构

(4) 图像预处理滤波核优化。PNet 与 VNet 的图像预处理滤波核只有 4 个，数量远远少于 HDL 的 25 个，但是其类型具有互补性。其中，一个滤波核仍然是 KV 核，在设计第二个滤波核时，考虑了对 KV 核滤波效果的补充作用，其过滤频率略低；另外两个滤波核是 Gabor 滤波核，相位偏移与尺度都是$\phi=\pi/2$与$\sigma=1$，但滤波方向分别为$\theta=0$与$\theta=\pi/2$。

Chen 等[172]基于 MatConvNet 工具平台[182]对 PNet 与 VNet 进行了实验。训练数据选自 BOSSbase 图像库中 7500 幅图像，其余 2500 幅与整个 BOWS2 库均用作测试集；他们还给出了一种集成分析训练方法：将以上 7500 幅图像分为 5 份，通过交叉验证(cross validation)训练得到 5 个网络，在检测中采用投票法判决；训练采用小批量策略，每 40 幅图像(一半隐写)为一批；动量参数为 0.9，初始学习率为 0.001，每 6000 次迭代减少 25%。实验结果表明，针对 512×512 的 JPEG 图像，采用集成分类策略的 PNet 相比当前的 SCA 分析有显著优势，而 VNet 的优势不够稳定，典型的结果见表 14.3。

表 14.3　$\delta_{\mathrm{uSA}}^{1/2}$ GFR、PNet、VNet 及后两者集成分类版本 Ens.PNet、Ens.VNet 分析 J-UNIWARD 的错误率

QF	分析方法	0.1 bpnac	0.2 bpnac	0.3 bpnac	0.4 bpnac	0.5 bpnac
75	$\delta_{\mathrm{uSA}}^{1/2}$ GFR	35.54	22.47	13.44	7.53	4.15
	PNet	37.26	23.50	13.80	7.60	4.13
	Ens. PNet	35.75	21.26	12.28	6.56	3.36
	VNet	37.59	24.57	15.05	8.70	4.74
	Ens. VNet	36.15	22.40	13.32	7.05	3.74
95	$\delta_{\mathrm{uSA}}^{1/2}$ GFR	46.03	40.07	32.92	25.54	19.35
	PNet	46.76	41.52	34.74	28.01	20.42
	Ens. PNet	45.89	39.89	31.91	25.36	17.49
	VNet	47.43	43.65	34.76	28.02	21.31
	Ens. VNet	47.07	42.73	33.28	25.93	19.67

14.4　小　结

本章介绍了基于深度 CNN 的隐写分析，主要包括针对图像空域隐写的分析方法以及针对 JPEG 域隐写的分析方法。这些方法能够在数据的训练驱动下自动获得特征提取方法与分类方法，在检测小图像的实验中，相比通常的高维特征隐写分析表现出了相应程度的准确性优势。

基于深度 CNN 的隐写分析需要大量训练数据，但是，当前存在的问题之一是，由于 GPU 内存限制，这类分析方法普遍采用 256×256 与 512×512 的小图训练与检测，而要进一步提高图像尺寸在 GPU 内存容量上开销巨大。为了使基于 CNN 的隐写分析能够基于小图训练检测大图，钱银龙[178]采用了对每个分块检测结果进行投票的判决方法，但这类似于池隐写分析(pooled steganalysis)[183]，并没有考虑各个分块间的相关性，从而不能充分利用大图的特性[174]。在这方面，Tsang 与 Fridrich[174]提出了一种基于 YeNet 改造的网络，它先用小图训练，分类部分的输入是从卷积层输出特征映射中计算得到的均值、方差、最大值与最小值；之后将分类部分更换为两个全连接层，其前端不变，再对这个分类部分用各类尺寸图像上得到的结果训练，即其训练与检测输入是上述均值、方差、最大值与最小值的数据集；Tsang 等认为这些特征包含了图像尺寸的部分信息，实验结果也说明该方法能够检测基于不同尺寸图像的 WOW 与 LSBM。但是，这类方法仍处于初级阶段，采用的特征相对简单，并且目前没有对更先进的隐写进行实验。

就基于 CNN 进行隐写分析，还出现了一些比较独特的工作。Sedighi 与 Fridrich[169] 为了利用 CNN 框架提高 PSRM 隐写分析，提出了一种获得优化投影变换的方法：他们设计了一个直方图层，用于将最后的特征映射转化为直方图，在此基础上，可以用 CNN 模拟 PSRM，最后将训练得到的 CNN 卷积核作为 PSRM 的投影变换使用，改进了 PSRM 的分析性能与计算效率。Chen 等[173]基于 CNN 框架提出了定量隐写分析方法，该方法首先训练多个 CNN 分析网络，将它们最后一个卷积层的输出拼接后接到一个全连接模块，再将后者训练为一个定量隐写分析网络，训练样本的标注为嵌入率。另外，Xu[171]将 CNN 加深到 20 层，验证了其比 Zeng 等[170]提出的 CNN 在检测 J-UNIWARD 时更优，并可采用捷径连接(shortcut connection)加快网络训练速度。

令人非常感兴趣的是，近期研究人员通过构造生成对抗网络(generative adversarial network，GAN)[184]与对抗样本(adversarial examples)[185,186]提供了一类新的隐写方法。GAN 提供了一类神经网络的对抗方式，两个不同目的的网络被交替相互训练和提高，其中一个将用于完成相关任务；所谓对抗样本是指让分类器以大的可能性发生错判的样本，近年来，人工智能领域的学者已经发现神经网络分类器容易被这类样本欺骗。在前面介绍的隐写算法设计中，隐写对隐写分析的对抗能力是由人工设计实现的，而基于 GAN 的隐写[187-189]与基于对抗样本[190-192]的隐写具有以下新特点。

(1) 由神经网络系统辅助完成隐写对隐写分析的对抗。例如，Tang 等[189]通过迭代训练 GAN 使隐写能够学习到失真的计算方法；Ma 等[190]将载体作为标注样本输入训练后的 CNN 隐写分析系统，通过反向传播得到载体下降梯度，后者反映了载体向“对抗样本”或自然载体的变化方向，因此可被失真计算利用或者用于模型校正，实验结果表明，这类方法显著提高了对所针对 CNN 隐写分析的抗检测能力。

(2) 数据驱动与定义。与基于 CNN 的隐写分析类似，这类隐写在方法的设计成型阶段也需要基于大量数据进行训练，训练数据的构成直接影响方法的性能。

基于 GAN 与对抗样本的隐写正处于发展初期，一些文献尚未正式出版，部分内容还不一定成熟，因此本章没有展开介绍，有兴趣的读者可以深入阅读。

思考与实践

(1) 针对空域隐写与 JPEG 域隐写的 CNN 分析有哪些相同点与不同点？

(2) 基于 CNN 的隐写分析存在哪些优点与缺点？

(3) 请完成附录 B.8 的实验。

第 15 章　其他与后记

本书主要基于图像载体介绍隐写学的基本原理与技术，限于篇幅，有不少重要成果没有介绍，它们涉及不同的载体、信道、原理与方法，其中有的已自成体系，有的正在发展成型。实际上，本书篇幅虽已不小，但还远没有覆盖隐写学的全部内容。为了让读者更全面地了解隐写学的发展现状与趋势，在全书收尾之前略提及一些其他重要进展，并讨论存在的部分问题。

15.1　其他进展

在不同载体、信道与计算平台下，隐写与隐写分析面临要解决一系列新问题。当前，研究人员已创新性地运用本书前述基本原理与方法，在视频与音频隐写与隐写分析、有损信道隐写以及并行隐写分析计算等方面做出了重要贡献，以下进行简单回顾。需指出，近年来研究人员在网络包隐蔽通信、内容合成隐写、文本隐写与相应的隐写分析等方面也取得了很好的进展，限于篇幅这里不再一一列举。

1. 视频隐写与隐写分析

视频被普遍认为是较适合作为隐写载体的媒体类型之一。据媒体报道[15]，2011年落网的基地组织成员被发现使用视频隐写存储机密文件，这类应用显然是利用了视频的大容量特性。由于编码方法更复杂，视频相比图像有更多可用的嵌入域，可分为与压缩编码关联不大以及与压缩编码关联紧密的两大类，前者主要包括空间域与熵编码域，后者主要包括宏块划分模式(macro-block partition mode，MBPM)域、帧内预测模式(intra-prediction mode，IPM)域、运动向量(motion vector，MV)域与量化 DCT 系数域等。

公开的视频隐写软件 MSU StegoVideo[193]采用了空域扩频嵌入。它适用于多种编码，使用卷积码对提取的信息进行纠错，可以在一定程度上降低有损压缩的影响，但这种基于水印方法改造的隐写在嵌入效率与抗检测能力方面没有优势。

自适应选择嵌入位置的思想较早就开始被编码域视频隐写采用。Xu 等[194]提出将消息嵌入大幅值 MV，Aly[195]提出的隐写只修改有大预测误差宏块的 MV；参考基于扰动量化的 JPEG 隐写，Cao 等[196,197]提出了 MV 域的扰动运动估计(perturbed motion estimation)隐写；以上隐写修改 MV 幅值，但也有修改 MV 相位角的隐写[198]。近年来，受自适应图像隐写影响，更多视频隐写采用了失真函数结合 STC 或双层

STC 的框架：Zhang 等[199]设计的 MBPM 域隐写与 Wang 等[200]设计的 IPM 域隐写均定义了考虑编码效率与质量的失真函数；Zhang 等[201]与 Cao 等[202]提出的 MV 域失真函数考虑了隐写对编码局部最优性的影响；为了设计能抵抗多种隐写分析的抗过配（over fitting）视频隐写，Wang 等[203]提出的 MV 域失真函数同时考虑了 MV 特性、编码最优性与统计分布特性。修改视频 DCT 系数需要抑制由预测编码造成的帧间与帧内“失真漂移”（distortion drift），Shahid 等[204]提出了基于重建回路（reconstruction loop）的 DCT 系数域信息隐藏框架，Cao 等[205]通过设计失真函数使在 DCT 系数域的隐写能抑制帧内分块的编码耦合关系。

视频隐写分析大致可分为面向空域的分析与面向压缩域的分析两大类。其中，空域隐写分析大多将隐写信号建模为加性噪声，并结合视频信号的特点提取分析特征，但是，这类分析[206-208]主要针对较早的隐写，当前作用已经不大。压缩域隐写分析面向不同的压缩域，其中在 MV 域提出的分析特征较多：Zhang 等[209]提出了基于频谱混叠效应的特征组；Cao 等[210]提出了基于校准的运动向量回复（MV restoration-based，MVRB）特征组；Ren 等[211]通过计算视频校准前后运动向量局部最优概率的变化提出了 SPOM（subtractive probability of optimal matching）特征；Wang 等[212]也采用 MV 局部最优判定准则提出了 AoSO（adding-or-subtracting operation）特征组；Zhang 等[213]通过综合考虑失真和编码 MV 所需的比特数，提出了基于估计 MV 失真率性质的 36 维特征集，是当前针对 MV 域隐写较好的特征组之一。此外，Zhao 等[214]基于比较校准视频的预测模式偏差，给出了一组 IPM 域隐写分析特征；在 DCT 系数域，Wang 等[215]借鉴 DCTR 图像隐写分析方法，提出了基于考察帧内空域 DCT 核滤波残差以及帧间 MV 残差分布的一组特征。值得注意的是，富模型与 SCA 的思想也被用于视频隐写分析中，其中，Tasdemir 等[216]通过多方面考察 MV 域隐写对帧间与帧内相关性的影响，提出了 MV 富模型特征组；针对自适应视频隐写将更多信息嵌入运动较丰富帧的情况，Wang 等[217,218]提出了自适应确定分析特征提取区间的方法。

以上隐写与隐写分析主要基于常用的 H.264/AVC（advanced video coding）编码，当前，随着 H.265/HEVC（high efficiency video coding）编码的逐渐推广，研究人员发现了其存在更多的可用状态与嵌入域[219]，相信会出现更多的隐写算法。

2. 音频隐写与隐写分析

早期一些音频隐写或信息隐藏方法是在时域或者其变换域中嵌入消息的，它们明显受水印技术的影响，较难在保持安全性的同时具备抵抗有损压缩编码的能力，这里不再回顾。

基于压缩编码的音频隐写嵌入域主要包括量化参数、码表索引、窗口类型、熵编码码字以及频率变换系数等。MP3Stego 是一款公开的 MP3 隐写软件[220]，它在

MP3 编码的内层循环中调节量化误差大小，用编码后块长度参数的奇偶性表达消息比特，但是容量较低；在量化参数域，Yan 等[221]提出了基于控制量化步长奇偶性的 MP3 隐写算法，提高了隐写容量。对 MP3 和 AAC(advanced audio coding)编码，存在多个 Huffman 码表用于熵编码，因此相同的量化系数可以采用不同的 Huffman 码表进行熵编码，可以利用码表的冗余性来隐藏信息，基于这类观察，Yan 等[222]提出了基于 Huffman 码表索引的 MP3 隐写算法，在编码过程中根据消息选择码表，达到信息嵌入的目的。一般音频编码要采用自适应窗口选择技术来改变对时域和频域的分辨率，在 MP3 编码中，采用长窗、短窗、起始窗和结束窗这四种类型的窗口来进行 MDCT(modified DCT)变换，Yan 等[223]提出一种基于窗口类型转换的 MP3 隐写算法，它通过控制音频编码窗口类型的转换达到隐藏消息的目的。码字映射隐写是在熵编码中利用等长码字替换方式进行信息隐藏的方法，它本质上是一种特殊的量化系数修改法，具有较高的嵌入容量，在这方面，刘秀娟与郭立[224]提出了在 QMDCT 系数小值区进行 Huffman 码字映射替换的嵌入方法；高海英[225]提出的算法直接在 MP3 大值区编码数据上实现消息嵌入；敖珺等[226]提出的算法增加使用了 10 对大值区 Huffman 码字以提高隐藏容量。在音频隐写中如果直接修改量化系数，在熵编码后帧长一般会发生变化从而出现全局帧偏移，因此，在这个域的隐写要寻找不会造成帧偏移的嵌入位置，例如，Kim 等[227]提出在 MP3 的 QMDCT 大值系数 linbits 位隐藏信息，邹明光[228]提出了基于量化系数奇偶性的 AAC 隐写，也提出了一种修改小值区系数符号位的 MP3 隐写。

研究人员还发现，VoIP(voice over Internet Protocol)语音非常适合作为隐写的载体，具有隐蔽性高与容量大等优点。当前，VoIP 语音的嵌入域主要是协议数据单元(protocol data unit，PDU)及其协议时序信息[229]。针对 PDU 的隐写与普通音频隐写类似，主要差异在于语音压缩编码所采用的方法不同，常见的语音编码标准有 G.711、G.723、G.726、G.729 等。令人感兴趣的是，即使仅修改 VoIP 的协议信息也能获得较好的隐蔽通信带宽，例如，Huang 等[230]提出的 VoIP 隐写将 RTCP(real-time transport control protocol)的 NTP(network time protocol)域作为嵌入位置，可以达到 54bit/s 的隐写带宽和较好的不可检测性。

近年来，也有一些音频隐写采用了失真函数结合 STC 编码的自适应框架。Luo 等[231]提出了一种时域自适应音频隐写，它将时域音频进行 AAC 编码之后，通过对比压缩前后的差别确定失真函数的输出值。值得注意的是，Yang 等[232]基于对等长 Huffman 码字进行最佳奇偶分配以及结合听觉阈值曲线设计失真函数，提出了 MP3 自适应隐写，杨云朝等[233]基于小值 MDCT 系数符号位修改并结合以上听觉阈值曲线失真函数，提出一种 MP3 自适应隐写，均达到了较高的安全性与信息容量。

音频隐写分析大致可以分为专用分析与通用分析两类。在专用分析中，具有代表性的是对 MP3Stego 的分析。Westfeld[234]最早对 MP3Stego 进行了分析，他通过统计分析块长发现隐写后块长的方差会变大；Song 等[235]通过计算 MP3 文件中部分字段数据的统计量检测 MP3Stego；Hernandez-Castro 等[236]提出通过 MP3Stego 引起编码比特池长度的改变进行检测；Yu 等[237]利用经过校正的边信息特征来检测 MP3Stego；Yan 等[238]将量化步长差分统计量作为分类特征来检测 MP3Stego。另外，研究人员针对基于回声的音频隐写与基于扩频的音频隐写都提出了专用分析方法[239-242]。

近年来，音频通用隐写分析的研究有显著进展。Markov 特征被广泛用于时域、变换域与编码域的音频隐写分析，其中，Jin 等[243]提出了基于 MP3 MDCT 系数帧内、帧间一阶转移概率的 Markov 特征，Ren 等[244]提出一种基于帧内、帧间 QMDCT 差分系数 Markov 转移概率的分析方法，可以有效地实现对 AAC 音频的隐写分析，王运韬等[245]基于 MP3 编码特点，利用 QMDCT 系数间更多方面的相关性提出了高阶 Markov 特征，对分析 MP3 隐写取得了更好的效果。类似地，在图像隐写分析中得到普遍采用的共生矩阵特征也被有效用于分析 MP3 隐写[246]。Ghasemzadeh 等[247]通过提取音频信号二阶差分的 R-MFCC（reversed-mel-frequency cepstral coefficients）系数，以其均值、标准方差、偏度和峰度等一阶统计量为隐写分析特征构造检测系统，针对扩频隐写以及一些网上公开音频隐写工具获得了很高的分析准确率。

值得注意的是，近年来在图像隐写分析领域得到使用的深度学习方法也被有效应用到音频隐写分析中。Paulin 等[248]提出一种以 DBN（deep belief networks）为分类器的音频隐写分析，可实现 StegHide、Hide4PGP 和 FreqSteg 三种隐写算法的检测，性能优于 SVM；Chen 等[249]提出一种基于 CNN 的时域隐写分析，能够有效检测 WAV 音频有无发生 ±1 LSB 隐写，进一步验证了深度神经网络用于音频隐写分析的可行性；Wang 等[250]提出一种针对 MP3 隐写的 CNN 分析方法，它将 MDCT 系数的滤波残差输入 CNN，结合有针对性的网络设计，使正确性相比传统方法有显著提高。

3. 有损信道隐写

随着人们生活和工作越来越难以离开普遍存在的社交网络，基于这类网络的通信给隐写技术的应用提供了广阔的空间。从行为安全的角度看，隐写作为保护行为安全的手段之一，原则上要求隐写者使用大众化的通信手段，这样，隐写通信信道有部分迁移到社交网络的趋势。但是，为了节省带宽与处理开销，多数社交网络对多媒体实施了有损转码处理，直接阻碍了隐写对社交网络信道的利用，这使研究安全鲁棒隐写的需求越来越迫切。

一类较为朴素的鲁棒隐写方法是直接增加隐写的修改能量。为增加非压缩音频隐写的鲁棒性，Zamani 等[251]将修改位平面上移至第 4～5 位平面，Tanwar 等[252]上移至第 3～4 位平面，直接获得了对噪声的抵御能力。这样做的基础之一是，一些非压缩音频样点采用 16bit 量化，使得其幅值一般远大于图像样点。但是，这样的音频日常使用较少，以上处理方法也等价于增加了隐写能量，安全程度显著低于无干扰信道的同类隐写。

有的学者直接基于水印方法构造鲁棒隐写方案。典型地，Marvel 等[39]基于扩频水印方法提出了基于扩频调制的鲁棒图像隐写，这类隐写对噪声与幅度改变都有抵抗能力，Nathan 等[253]进一步把类似的方法用于音频鲁棒隐写；Babu 等[254]将 SVD(sigular value decomposition)水印方法用于构造图像鲁棒隐写，将信息隐藏在分块 SVD 奇异值中，但是这类隐写显然不具备抵抗现有隐写分析的能力。

为改善以上状况，研究人员提出了基于水印方法进行改造的隐写，主要包括基于改造 QIM 类方法的鲁棒隐写。Solanki 等[255]提出的 YASS(yet another steganographic scheme)在密钥控制下选择 8×8 空间域分块，用 QIM 方法嵌入消息，之后再通过 JPEG 编码得到 JPEG 图像；Sarkar 等[256]继而将这类隐写扩展到使用矩阵编码与纠错码，在安全性与鲁棒性上均有提高。但是，这类量化类隐写在当前的通用隐写分析下被检测率非常高，文献普遍认为它们不属于安全级别较高的隐写。

为了提高图像鲁棒隐写的安全性，Zhang 等[257-259]首次提出并完善了一个基于水印方法改造的自适应鲁棒隐写方案 DCRAS(DCT coefficients relationship based adaptive steganography)，它将 4 个 JPEG 分块作为一组，每块中相同位置上的 4 个系数构造一个不等式表达 0 与 1，根据模拟压缩确定一个余量加到系数不等式上，自适应地控制维护不等式关系所需的余量大小，其中，任何修改都通过 J-UNIWARD 失真函数计算失真，最后运用 STC 编码嵌入信息。但是，即使负载率为较低的 0.05bpnac，基于 DCTR 特征的隐写分析准确率也能够达到约 83%[258]，因此安全性还是相对较低。以上模拟压缩实际上是仿真有损信道，自适应确定一个余量参数类似于匹配信道，其目的是，嵌入的能量使得消息能够恰好通过信道，这个问题与前期水印和隐写均不太相同。

4. 并行隐写分析

随着隐写分析特征的高维化，特征提取、训练与检测的时间越来越长，不利于有实时需求的应用。因此，近年来基于 GPU 的特征高速并行提取方法逐渐得到了重视。从研究的角度看，这似乎是工程问题，但是，如果对并行性要求高一些，则需要将原本只能串行执行的计算从数学上分解成多个等价的并行可组合部分，因此也蕴含着特殊的理论与计算问题。

Ker[132]基于 GPU 计算的特性对 PSRM 特征提取过程进行了重定义与实现。新的特征被称为 GPU-PSRM，它以增加 1%～2%错误率的代价得到了约 10^3 倍的加速。GPU-PSRM 的改进主要包括以下两点：首先，不同于原 PSRM 使用随机尺寸的投影矩阵，GPU-PSRM 的投影矩阵尺寸固定为 4×4，这是因为 GPU 很难让不同的线程处理不同尺寸的滤波核；其次，对每个残差图像的投影次数由 55 次减少为 30 次，实验表明，这样做并不会对检测正确率造成显著影响，却可以有效地减少特征提取时间。

Xia 等[133]基于 GPU 并行计算对 SRM 特征的提取过程进行了重新设计。新方法被称为 GPU-SRM，它优化了 SRM 特征的提取并使其适合于 GPU 并行计算，主要改进包括：①调整了残差图像的计算顺序，使得可直接利用部分中间结果，避免了重复计算；②将一些不可分离的线性滤波核拆成多个一维行向量，再分别进行滤波；③将共生矩阵计算转化为直方图计算，减少了不适用于并行化的逻辑判断。以上改进由于实现了等价计算，并不影响 SRM 的检测准确性。

Xia 等[134]也基于 GPU 的并行计算特性对 DCTR 特征的提取过程进行了重新设计。新方法被称为 GPU-DCTR，它优化了 DCTR 特征的提取并使其适合于 GPU 并行计算，主要改进包括以下两点：①将二维可分离的 DCT 滤波拆解成一维横向滤波和纵向滤波，提高了滤波速度；②取消了步长为 8 的下采样操作，根据样点在 8×8 块中的相对位置连续统计所有的直方图，避免了内存读取不连续。类似地，以上改进由于实现了等价计算，并不影响 DCTR 的检测准确性。

作者的实验结果表明(表 15.1)，基于普通的计算平台环境，仅采用 1 块普通 GPU 进行并行计算能够在不降低检测正确率的前提下将 SRM 与 DCTR 特征的提取速度提升数十甚至数百倍，显著增强了它们的实用性。

表 15.1　DCTR、SRM 特征与其 GPU 版本的提取时间对比

计算语言与平台环境	图像尺寸	DCTR/s	SRM/s
C++，3.7GHz CPU、48GB 内存、64bit Windows 7	512×512	1.6604	1.1110
	2000×3000	36.0977	25.9271
	3744×5616	133.5591	95.3751
MATLAB，3.7GHz CPU、48GB 内存、64bit Windows 7	512×512	1.5622	22.6314
	2000×3000	30.9899	460.7580
	3744×5616	105.5802	2032.601
C++，GPU GTX 980（4 GB 显存、2048 核、1279 MHz、256 bit 总线宽）	512×512	0.0098	0.0610
	2000×3000	0.1535	0.5818
	3744×5616	0.5282	1.8386
C++，GPU GTX TITAN X（12GB 显存、3072 核、1076MHz、384bit 总线宽）	512×512	0.0106	0.0593
	2000×3000	0.1568	0.4962
	3744×5616	0.5381	1.6843

15.2　部 分 问 题

当前，隐写与隐写分析还存在一些没有完全解决的问题，这在一定程度上影响了隐写学的进一步发展。Ker 等 8 位隐写领域专家[107]在 ACM IH & MMSec 2013 会

议上联合提出了隐写与隐写分析一系列未解决的公开问题，作者以下结合截至现状，综合列出一些值得关注与未来需要进一步解决的问题。

(1) 研究方法问题。截至目前，隐写学的研究主要是为了追求具有更高性能指标的方法，较为忽略对已有方法的性质研究，因此在认知上没有建立相对完备的知识体系。例如，在 STC 编码被提出以后，研究前期隐写码性质的工作就很少或基本停滞了；对各类算法计算复杂度等性质的研究也很缺乏，这显然不利于隐写学的发展。

(2) 非加性自适应隐写问题。当前的非加性模型自适应隐写的研究没有摆脱加性模型的影响，在很多关键环节上仍然假设加性性质的存在并采用 STC 编码完成嵌入，人们似乎还没有找到适合非加性模型的有效隐写编码方法；由于嵌入影响在空间域的扩散，当前针对 JPEG 图像等压缩编码载体的非加性自适应隐写进展很缓慢。

(3) 快速隐写与计算效率问题。随着社交网络的普及，隐写计算平台有部分迁移到移动终端上的趋势。但是后者的计算能力一般较弱，原本在桌面设备上就运行效率较低的自适应隐写在这些平台上运行更加困难，因此，需要研究快速隐写的设计问题，提出的方案应该在安全性与效率性上进行综合优化。实际即使在普通平台上，隐写速度也直接关系到行为安全。在密码学的研究中，快速算法的研究是一个分支，有专门的国际会议，这对隐写学的研究可能是个参考。

(4) 安全鲁棒隐写算法。虽然前面已经介绍了一些安全鲁棒隐写的研究工作，但这些隐写在当前的隐写分析下还不够安全，在应用上也只能在回避分辨率缩减等前提下获得鲁棒性，因此，安全鲁棒隐写算法的研究仍然是非常困难的，可能需要对社交网络信道的性质与应用场景进行更深入的研究与利用。

(5) 软件载体问题。从行为安全的角度看，隐写软件需要进行伪装，这实际上是一个软件隐藏问题，但是，目前非常缺乏对这类软件隐藏方法与安全性的研究。从研究问题分类来看，由于可以在程序发行前的设计阶段就考虑隐藏，这类问题与一般的恶意代码侵入与潜伏并不太相同。

(6) 应用协议安全问题。当前很多隐写算法需要传输的参数比较多，存在一个协议元数据 (metadata) 嵌入部分，例如，前面提到，有些算法的嵌入率需要根据载体情况确定；隐写在应用中的密钥管理也可能不同，例如，存在所谓采用公开密钥的公钥隐写 (public key steganalysis，PKS)。分析这类应用协议安全的工作近年来逐渐得到重视，例如，Pevny 与 Ker[260]分析了一些协议元数据的安全，提出了基于这些数据降低密钥破解难度的方法；Carnein 等[261]分析了 PKS 的协议安全，指出其泄露了嵌入位置信息从而更有可能被可靠检测。但是，从总体上看，对隐写应用协议的安全分析工作还很不够，这降低了隐写安全的总体可信度。

(7) 分析模型问题。当前，在隐写分析模型上还存在一些不够一致或不够明确的观点。首先，研究人员对如何将密码学的 Kerckhoffs 准则用于隐写学仍然存在不同的观点，主流的隐写分析模型仅假设密钥未知，但在隐写中，载体类型选择、消息长度与嵌入率等参数的确定以及发送时机等为随机事件，从概率加密(probablistic encryption)的研究方法看，密码学并不假设概率加密中随机事件的结果是分析者已知的；其次，在不假设 Kerckhoffs 准则前提的盲隐写分析中，对分析模型缺乏标准化的定义，造成盲检测方法之间缺乏可比性。

(8)盲隐写分析的困难性问题。由 8.4 节的描述可以推知，在不假设隐写分析者知道敌手采用的隐写载体类型与算法等先验知识的条件下，隐写存在的状态数量对隐写分析引擎是爆炸性的，这样的系统造价极高，性能也会受到强烈的干扰。当前，性质大不相同的自适应隐写与非自适应隐写样本可能被混合在一起，对之前基于简单混合训练的盲隐写分析也提出了新的挑战[262]。

(9)池隐写分析与综合决策问题。池隐写分析(pool steganalysis)是指针对一组媒体进行隐写分析与判断。Ker[183]较早提出了这个问题，之后也出现了一些工作[263]，但是，当前的综合决策方法(如求均值)未能有效利用多个样本的特性或者排除多样本的干扰，遗留的重要问题包括：如何有效基于多次截获的数据判定隐写者？如何有效基于一批分块的检测结果解决当前 CNN 隐写分析不能直接检测大图的问题(问题描述参见 14.4 节)？

(10)隐写者发现与隐写应用安全问题。由于隐写分析者一般不能区别单次隐写分析报警是虚警还是真正隐写的情况，对一次隐写载体的判定不足以确定隐写者，需要考察潜在隐写者的多次或全部通信，因此，隐写者发现(steganographer indentification)问题与池隐写分析问题有近似性，但是这个问题由于隐写者的参与可能更复杂。Ker 与 Pevny[264]提出基于聚类与局部异常因子(local outlier factor)来确定隐写者，但是，由于隐写者可以向信道发送迷惑性的自然载体，并且后者存在自然的噪声，这都削弱了隐写分析的综合判断能力。隐写者向信道如何及何时发送隐写载体是随机事件，池隐写分析的检测样本可能绝大多数都是有利于或无损于隐写者的，因此隐写的应用安全性可能比在当前主流评价方法下要高，这使得通过隐写分析发现隐写者成为一个非常困难的问题。

(11)对彩色载体的研究比较缺乏。虽然 9.2.1 节提到了 CRM(color rich model)分析方法，即考虑色彩通道之间相关性的富模型隐写分析，但实际多媒体色彩通道之间的相关性并没有得到充分的利用和研究，当前的隐写安全性还有待于在这类研究完成之后得到新的验证。针对这个问题 Ker 等[107]已经作了明确的阐述，但至今进展较为缓慢。

(12)信息提取与隐写密码分析问题。隐写信息的提取问题一直受到强烈的关注，建立这个能力的价值在于可能获得隐写的信息，或者通过测试所提取数据的伪随机性进一步验证隐写检测结果。从前期的研究看，这项工作非常困难或者只在一定条件下可行，例如，Luo 等[265]发现，在未对载体置乱或者置乱算法随机性不强的情况下，STC 的嵌入参数可以被有效估计，从而可以提取隐藏的信息。从分析原理上看，这类针对提取的分析更接近于密码分析而不是当前的隐写分析，这种观点已逐渐被部分学者认同[266]。

总之，当前隐写与隐写分析在理论与方法上已经获得了较深入的发展，结合运用数学与统计学、信息论与编码、模式识别、信号处理与检测等的基本理论与方法，已经发展出最优嵌入理论、隐写编码、专用与通用隐写分析、自适应隐写与隐写分析、神经网络对抗隐写与隐写分析等多类具有信息隐藏自身特色的理论与方法，隐写学的概念已经逐渐获得了普遍认可。但是，当前在隐写学的发展中仍然存在大量问题需要进一步研究，尤其是，当我们把隐写与隐写分析组成的隐写学作为一个学科发展的时候，就会发现，从认知上隐写学面临解决的问题更多。作者非常希望研究人员能够在解决认知问题的目标下，进一步促进隐写学的成熟与发展，作者和同事也正在撰写一部有关音视频隐写的专著，希望能够为以上工作尽绵薄之力。

参 考 文 献

[1] 冯登国, 赵险峰. 信息安全技术概论. 2 版. 北京: 电子工业出版社, 2014.

[2] 白宇. 基于马尔可夫链的加密流识别系统研究与实现. 北京: 北京理工大学, 2015.

[3] 高长喜, 吴亚飚, 王枞. 基于抽样分组长度分布的加密流量应用识别. 通信学报, 2015, 36(9): 65-75.

[4] 曹自刚. 隐蔽式网络攻击检测关键问题研究. 北京: 北京邮电大学, 2015.

[5] Fridrich J. 数字媒体中的隐写术——原理、算法和应用. 张涛, 奚玲, 张彦, 等译. 北京: 国防工业出版社, 2014.

[6] Cox I, Miller M, Bloom J, et al. Digital Watermarking and Steganography. Burlington: Morgan Kaufmann Publishers, 2008.

[7] Simmons G J. The prisoner's problem and the subliminal channel. Proceedings of CRYPTO'83, Santa Barbara, 1983: 51-67.

[8] Wikipedia. Kerckhoffs's principle. https://en.wikipedia.org/wiki/Kerckhoffs's_principle [2017-08-03].

[9] Petitcolas F, Anderson R, Kuhn M. Information hiding - Survey. Proceedings of the IEEE, 1999, 87(7): 1062-1078.

[10] Wikipedia. Steganography. https://en.wikipedia.org/wiki/Steganography[2017-08-03].

[11] Johnson N. Steganography software. http://www.jjtc.com/Steganography/tools.html[2017-08-03].

[12] Kelley J. Terror groups hide behind Web encryption. http://usatoday30.usatoday.com/tech/news/2001-02-05-binladen.htm[2017-08-03].

[13] Sieberg D. Bin Laden exploits technology to suit his needs. http://edition.cnn.com/2001/US/09/20/inv.terrorist.search [2017-08-03].

[14] McCullagh D. Bin Laden: Steganography master? http://archive.wired.com/politics/law/news/2001/02/41658[2017-08-03].

[15] Gallagher S. Steganography: How al-Qaeda hid secret documents in a porn video. http://arstechnica.com/business/2012/05/steganography-how-al-qaeda-hid-secret-documents-in-a-porn-video[2017-08-03].

[16] AFP. Hello Kitty used as drug lord's messenger. http://news.yahoo.com/s/afp/brazilcolombiacrimedrugsjapanoffbeat[2016-05-22].

[17] Out-law.com. Global raid breaks advanced Internet child porn group. http://www.out-law.com/page-2732[2017-08-03].

[18] Higgins K. Busted alleged Russian spies used steganography to conceal communications.

http://www.darkreading.com/risk/busted-alleged-russian-spies-used-steganography-to-conceal-communications/d/d-id/1133884[2017-08-03].

[19] Eaton K. Deep inside alleged Russian spies' tech and techniques. http://www.fastcompany.com/1665066/deep-inside-alleged-russian-spies-tech-and-techniques[2017-08-03].

[20] Montgomery D. Arrests of alleged spies draws attention to long obscure field of steganography. http://www.washingtonpost.com/wp-dyn/content/article/2010 /06/30/ AR2010063003108.html[2017-08-03].

[21] F-secure Laboratory. Android malware employs steganography? http://www.f-secure.com/weblog/archives/00002305.html[2017-08-03].

[22] PC review. A Steganography sample malware. http://www.pcreview.co.uk/forums/steganography-sample-malware-t2979331.html[2017-08-03].

[23] Bulletin V. Alureon Trojan uses steganography to receive commands. https://www.virusbtn.com/blog/2011/09_26.xml[2017-08-03].

[24] Mazurczyk W, Wendzel S. Information hiding: Challenges for forensic experts. Communications of the ACM, 2018, 61(1): 86-94.

[25] National Science and Technology Council. Federal plan for cyber security and information assurance research and development. USA Government Report, 2006.

[26] CUIng Initative. About CUIng Initative. http://www.cuing.org[2018-05-01].

[27] Cachin C. An information-theoretic model for steganography. International Workshop on Information Hiding, Portland, 1998: 306-318.

[28] Pevny T, Fridrich J. Benchmarking for steganography. International Workshop on Information Hiding, Santa Barbara, 2008: 251-267.

[29] ITU-R. BT.601: Studio Encoding Parameters of Digital Television for Standard 4:3 and Wide Screen 16:9 Aspect Ratios. ITU Standard. Geneva: International Telecommunication Union, 2011.

[30] ITU-T. T.871: Information Technology - Digital Compression and Coding of Continuous-Tone Still Images: JPEG File Interchange Format. ITU Standard. Geneva: International Telecommunication Union, 2011.

[31] Deutsch L. DEFLATE Compressed Data Format Specification. RFC 1951. Reston: Internet Society, 1996.

[32] Ziv J, Lempel A. A universal algorithm for sequential data compression. IEEE Transactions on Information Theory, 1977, 23(3): 337-343.

[33] Shields P. JSteg sources. https://zooid.org/~paul/crypto/jsteg[2018-05-01].

[34] Sharp T. An implementation of key-based digital signal steganography. International Workshop on Information Hiding, Pittsburgh, 2001: 13-26.

[35] Fridrich J, Goljan M. A new steganographic method for palette-based images. IS&T Conference on Image Processing, Image Quality and Image Capture Systems, Savannah, 1999: 285-289.

[36] Fridrich J, Du R. Secure steganographic methods for palette images. 3rd International Workshop on Information Hiding, Dresden, 2000: 47-60.

[37] Chen B, Wornell G. An information-theoretic approach to the design of robust digital watermarking systems. IEEE International Conference on Acoustics, Speech and Signal Processing, Phoenix, 1999: 2061-2064.

[38] Chen B, Wornell G. Quantization index modulation: A class of provably good methods for digital watermarking and information embedding. IEEE Transactions on Information Theory, 2001, 47(4): 1423-1443.

[39] Marvel L, Boncelet C, Retter C. Spread spectrum image steganography. IEEE Transactions on Image Processing, 1999, 8(8): 1075-1083.

[40] Westfeld A, Pfitzmann A. Attacks on steganographic systems: Breaking the steganographic utilities EzStego. 3rd International Workshop on Information Hiding, Dresden, 2000: 61-76.

[41] Provos N. Defending against statistical steganalysis. 10th USENIX Security Symposium, Washington DC, 2001: 323-335.

[42] Chonev V, Ker A. Feature restoration and distortion metrics. IS&T/SPIE International Symposium on Electronic Imaging: Media Watermarking, Security, and Forensics Ⅲ, San Francisco, 2011: 78800G.

[43] Sipser M. 计算理论导引. 张立昂, 王捍贫, 黄雄, 译. 北京: 机械工业出版社, 2000.

[44] Wikipedia. https://en.wikipedia.org/wiki/2-satisfiability#Maximum-2-satisfiability [2017-08-06].

[45] Wikipedia. Maximum satisfiability problem. https://en.wikipedia.org/wiki/Maximum_satisfiability_problem[2017-08-06].

[46] Westfeld A. F5: A steganographic algorithm. 4th International Workshop on Information Hiding, Pittsburgh, 2001, 2137: 289-302.

[47] Solanki K, Sullivan K, Madhow U, et al. Statistical restoration for robust and secure steganography. IEEE International Conference on Image Processing, Quebec, 2005, 2: 1118-1121.

[48] Solanki K, Sullivan K, Madhow U, et al. Provably secure steganography: Achieving zero K-L divergence using statistical restoration. IEEE International Conference on Image Processing, Atlanta, 2006: 125-128.

[49] Noda H, Niimi M, Kawaguchi E. High-performance JPEG steganography using quantization index modulation in DCT domain. Patter Recognition Letters, 2006, 27(2006): 455-461.

[50] Sarkar A, Solanki K, Macdhow U, et al. Secure steganography: Statistical restoration of the second order dependencies for improved security. IEEE International Conference on Acoustics, Speech and Signal Processing, Honolulu, 2007: 277-280.

[51] Fu D, Shi Y, Zou D, et al. JPEG steganalysis using empirical transition matrix in block DCT

domain. IEEE 8th Workshop on Multimedia Signal Processing, Victoria, 2006: 310-313.

[52] Eggers J, Bauml R, Girod B. Communications approach to image steganography. IS&T/SPIE International Symposium on Electronic Imaging: Security and Watermarking of Multimedia Contents IV, San Jose, 2002: 26-37.

[53] Sallee P. Model-based steganography. 2nd International Workshop on Digital Watermarking, Seoul, 2004: 154-167.

[54] Sallee P. Model-based methods for steganography and steganalysis. International Journal of Image and Graphics, 2005, 5(1): 167-189.

[55] Fridrich J, Filler T. Practical methods for minimizing embedding impact in steganography. IS&T/SPIE International Symposium on Electronic Imaging: Security, Steganography and Watermarking of Multimedia Contents IX, San Jose, 2007: 650502.

[56] Kim Y, Duric Z, Richards D. Modified matrix encoding technique for minimal distortion steganography. 8th International Workshop on Information Hiding, Alexandria, 2007: 314-327.

[57] 王新梅, 肖国镇. 纠错码——原理与方法. 西安: 西安电子科技大学出版社, 1991.

[58] Crandall R. Some notes on steganography. http://os.inf.tu-deresden.de/westfeld/crandall.pdf [2016-10-20].

[59] Bierbrauer J. Crandall's problem. http://www.ws.binghamton.edu/fridrich/covcodes.pdf [2018-05-01].

[60] van Dijk M, Willems F. Embedding information in grayscale images. 22nd Symposium on Information Theory in the Benelux. Enschede, 2001: 147-154.

[61] Galand F, Kabatiansky G. Information hiding by coverings. IEEE Information Theory Workshop, Paris, 2003: 151-154.

[62] Fridrich J, Soukal D. Matrix embedding for large payloads. IEEE Transactions on Information Forensics and Security, 2006, 1(3): 390-395.

[63] Fridrich J, Goljan M, Du R. Reliable detection of LSB steganography in grayscale and colorimages. IEEE Multimedia, Special Issue on Security, 2001, 8(4): 22-28.

[64] Fridrich J, Goljan M. Practical steganalysis of digital images: State of the art. IS&T/SPIE International Symposium on Electronic Imaging: Security and Watermarking of Multimedia Contents IV, San Jose, 2002: 1-13.

[65] Westfeld A. Detecting low embedding rate. 5th International Workshop on Information Hiding, Noordwijkerhout, 2003: 324-339.

[66] Fridrich J, Du R, Long M. Steganalysis of LSB encoding in color images. IEEE International Conference on Multimedia and Expo, New York, 2000: 1279-1282.

[67] Dumitrescu S, Wu X, Memon N. On steganalysis of random LSB embedding in continuous-tone images. IEEE International Conference on Image Processing, Rochester, 2002: 641-644.

[68] Dumitrescu S, Wu X, Wang Z. Detection of LSB steganography via sample pairs analysis. 5th International Workshop on Information Hiding, Noordwijkerhout, 2003: 355-372.

[69] Dumitrescu S, Wu X. LSB steganalysis based on high-order stetistics. 7th ACM Workshop on Multimedia Security, New York, 2005: 25-32.

[70] Ker A. A general framework for structural analysis of LSB replacement. 7th International Workshop on Information Hiding, Barcelona, 2005: 296-311.

[71] Ker A. Optimally weighted least-squares steganalysis. IS&T/SPIE International Symposium on Electronic Imaging: Security, Steganography and Watermarking of Multimedia Contents IX, San Jose, 2007: 650506.

[72] Harmsen J, Pearlman W. Steganalysis of additive-noise modelable information hiding. IS&T/SPIE International Symposium on Electronic Imaging: Security and Watermarking of Multimedia Contents V, Santa Clara, 2003:131-142.

[73] Ker A. Steganalysis of LSB matching in grayscale images. IEEE Signal Processing Letters, 2005, 12(6): 441-444.

[74] Ker A. Resampling and the detection of LSB matching in color bitmaps. IS&T/SPIE International Symposium on Electronic Imaging: Security, Steganography and Watermarking of Multimedia Contents VII, San Jose, 2005: 1-15.

[75] Fridrich J, Goljan M, Hogea D. Steganalysis of JPEG image: Breaking the F5 algorithm. 5th International Workshop on Information Hiding, Noordwijkerhout, 2003: 310-323.

[76] Fridrich J, Goljan M, Hogea D. Attacking the OutGuess. 4th ACM Workshop on Multimedia Security, Juan-Les-Pins, 2002: 3-6.

[77] Böhme R, Westfeld A. Breaking Cauchy model-based JPEG steganography with first order statistics. 9th European Symposium on Research in Computer Security, Sophia Antipolis, 2004: 125-140.

[78] Zhang X, Wang S. Analysis of parity assignment steganography in palette images. International Conference on Knowledge-Based and Intelligent Information and Engineering Systems, Melbourne, 2005: 1025-1031.

[79] 李红艳, 赵险峰, 黄炜, 等. 基于游程统计和Walsh谱能量分布的调色板隐写分析. 中国科学院研究生院学报, 2012, 29(3): 423-428.

[80] Fridrich J, Goljan M, Soukal D. Perturbed quantization steganography. Multimedia Systems, 2005, 11(2): 98-107.

[81] Fridrich J, Goljan M, Lisonek P, et al. Writing on wet paper. IEEE Transactions on Signal Processing, 2005, 53(10): 3923-3935.

[82] Brent R, Gao S, Lauder A. Random Krylov spaces over finite fields. Society for Industrial and Applied Mathematics, 2003, 16(2): 276-287.

[83] Fridrich J, Goljan M, Soukal D. Wet paper codes with improved embedding efficiency. IEEE Transactions on Information Forensics and Security, 2006, 1(1): 102-110.

[84] Fridrich J, Pevny T, Kodovsky J. Statistically undetectable JPEG steganography: Dead ends challenges and opportunities. 9th ACM Workshop on Multimedia Security, Dallas, 2007: 3-13.

[85] Zhang W, Zhang X, Wang S. A double layered "plus-minus one" data embedding scheme. IEEE Signal Processing Letters, 2007, 14(11): 848-851.

[86] Zhang W, Zhang X, Wang S. Maximizing steganographic embedding efficiency by combining Hamming codes and wet paper codes. 10th International Workshop on Information Hiding, Santa Barbara, 2008: 60-71.

[87] Mielikainen J. LSB Matching revisited. IEEE Signal Processing Letters, 2006, 13(5): 285-287.

[88] Li X, Yang B, Cheng D, et al. A generalization of LSB matching. IEEE Signal Processing Letters, 2009, 16(2): 69-72.

[89] 夏冰冰. 隐写隐蔽性提高及测评方法研究. 北京: 中国科学院研究生院, 2013.

[90] Zhao X, Zhu J, Yu H. On more paradigms of steganalysis. International Journal on Digital Crime and Forensics, 2016, 8(2): 1-15.

[91] Pevny T, Fridrich J. Merging Markov and DCT features for multi-class JPEG steganalysis. IS&T/SPIE International Symposium on Electronic Imaging: Security, Steganography and Watermarking of Multimedia Contents IX, San Jose, 2007: 650503.

[92] Lyu S, Farid H. Detecting hidden messages using higher-order statistics and support vector machines. 5th International Workshop on Information Hiding, Noordwijkerhout, 2003: 340-354.

[93] Buccigrossi R, Simoncelli E. Image compression via joint statistical characterization in the wavelet domain. IEEE Transactions on Image Processing, 1999, 8(12): 1688-1701.

[94] Lyu S, Farid H. Steganalysis using higher-order image statistics. IEEE Transactions on Information Forensics and Security, 2006, 1(1): 111-119.

[95] Pevny T, Bas P, Fridrich J. Steganalysis by subtractive pixel adjacency matrix. IEEE Transactions on Information Forensics and Security, 2010, 5(2): 215-224.

[96] Watermarking Virtual Laboratory (Wavila). Break our watermarking system. 2nd ed. http://bows2.ec-lille.fr[2017-08-15].

[97] Shi Y, Chen C, Chen W. A Markov process based approach to effective attacking JPEG steganography. 8th International Workshop on Information Hiding, Alexandria, 2007: 249-264.

[98] Pevny T, Fridrich J. Novelty detection in blind steganalysis. 10th ACM Workshop on Multimedia and Security, Oxford, 2008: 167-176.

[99] Ker A, Pevny T. A new paradigm for steganalysis via clustering. IS&T/SPIE International Symposium on Electronic Imaging: Media Watermarking, Security and Forensics III, San Francisco , 2011: 78800U.

[100] Ker A, Pevny T. Identifying a steganographer in realistic and heterogeneous data sets. IS&T/SPIE International Symposium on Electronic Imaging: Media Watermarking, Securityand Forensics, Burlingame, 2012: 83030N.

[101] Ker A, Pevny T, Kodovsky J, et al. The square root law of steganography capacity. 10th ACM Workshop on Multimedia and Security, Oxford, 2008: 107-116.

[102] Pevny T, Fridrich J. Multiclass detector of current steganographic methods for JPEG format. IEEE Transactions on Information Forensics and Security, 2008, 3(4): 635-650.

[103] Barni M, Cancelli G, Esposito A. Forensics aided steganalysis of heterogeneous images. IEEE International Conference on Acoustics, Speech and Signal Processing, Dallas, 2010: 1690-1693.

[104] Amirkhani H, Rahmati M. New framework for using image contents in blind steganalysis systems. Journal of Electronic Imaging, 2011, 20(1): 013016.1-013016.14.

[105] Hou X, Zhang T, Xiong G, et al. Forensics aided steganalysis of heterogeneous bitmap images with different compression history. 4th International Conf. Multimedia Information Networking and Security, Nanjing, 2012: 874-877.

[106] Kodovsky J, Sedighi V, Fridrich J. Study of cover source mismatch in steganalysis and ways to mitigate its impact. IS&T/SPIE International Symposium on Electronic Imaging: Media Watermarking, Security and Forensics 2014, San Francisco, 2014: 90280J.

[107] Ker A, Bas P, Bohme R, et al. Moving steganography and steganalysis from the laboratory into the real word. 1st ACM Workshop on Information Hiding and Multimedia Security, Montpellier, 2013: 45-58.

[108] 赵险峰, 张纪宇, 安宁钰, 等. 一种基于参数识别与估计的隐写分析方法: 中国发明专利, 201310214534X. 2013.

[109] Pevny T, Fridrich J, Ker A. From blind to quantitative steganalysis. IEEE Transactions on Information Forensics and Security, 2012, 7(2): 445-454.

[110] Smola A, Scholkopf B. A tutorial on support vector regression. Statistics and Computing, 2004, 14(3): 199-222.

[111] Li Z, Hu Z, Luo X, et al. Embedding change rate estimation based on ensemble learning. 1st ACM Workshop on Information Hiding and Multimedia Security, Montpellier, 2013: 77-84.

[112] Kodovsky J, Fridrich J. Quantitative steganalysis using rich models. IS&T/SPIE International Symposium on Electronic Imaging: Media Watermarking, Security and Forensics 2013, Burlingame, 2013: 86650O.

[113] 黄炜, 赵险峰, 冯登国, 等. 基于主成分分析进行特征融合的 JPEG 隐写分析. 软件学报, 2012, 23(7): 1869-1879.

[114] Chen L, Shi Y, Sutthiwan P, et al. Non-uniform quantization in breaking HUGO. 12th International Workshop on Digital Watermarking, Auckland, 2014: 48-62.

[115] Kodovsky J, Fridrich J, Holub V. Ensemble classifiers for steganalysis of digital media. IEEE Transactions on Information Forensics and Security, 2012, 7(2): 432-444.

[116] Bas P, Filler T, Pevny T. Break our steganographic system: The ins and outs of organizing BOSS. 13th International Conference on Information Hiding, Prague, 2011: 59-70.

[117] Pevny T, Filler T, Bas P. Using high-dimensional image models to perform highly undetectable steganography. 12th International Conference on Information Hiding, Calgary, 2010: 161-177.

[118] Fridrich J, Kodovsky J, Holub V, et al. Breaking HUGO: The process discovery. 13th International Conference on Information Hiding, Prague, 2011: 85-101.

[119] Fridrich J, Kodovsky J, Holub V, et al. Steganalysis of content-adaptive steganography in spatial domain. 13th International Conference on Information Hiding, Prague, 2011: 102-107.

[120] Fridrich J, Kodovsky J. Rich models for steganalysis of digital images. IEEE Transactions on Information Forensics and Security, 2012, 7 (3): 868-882.

[121] Goljan M, Fridrich J, Cogranne R. Rich model for steganalysis of color images. 2104 IEEE International Workshop on Information Forensics and Security, Atlanta, 2014: 185-190.

[122] Kodovsky J, Fridrich J. Steganalysis of JPEG images using rich models. IS&T/SPIE International Symposiurn on Electronic Imaging: Media Watermarking, Security and Forensics, Burlingame, 2012: 83030A.

[123] Holub V, Fridrich J. Random projections of residuals for digital image steganalysis. IEEE Transactions on Information Forensics and Security, 2013, 8(12): 1996-2006.

[124] Holub V, Fridrich J. Low complexity features for JPEG steganalysis using undecimated DCT. IEEE Transactions on Information Forensics and Security, 2015, 10 (2): 219-228.

[125] Song X, Liu F, Yang C, et al. Steganalysisof adaptive JPEG steganography using 2D Gabor filters. 3rd ACM Workshop on Information Hiding and Multimedia Security, Portland, 2015: 15-23.

[126] Xia C, Guan Q, Zhao X, et al. Improving GFR steganalysis features by using Gabor symmetry and weighted histograms. 5th ACM Workshop on Information Hiding and Multimedia Security, Philadelphia, 2017: 55-66.

[127] Holub V, Fridrich J. Phase-aware projection model for steganalysis of JPEG Images. SPIE/IS&T International Symposium on Electronic Imaging, Media Watermarking, Security and Forensics, San Francisco, 2015: 94090T.

[128] Agent Techology Center. Breaking our steganographic system (BOSS). http://agents.fel.cvut.cz/boss[2017-09-05].

[129] Kodovsky J, Pevny T, Fridrich J. Modern steganalysis can detect YASS. IS&T/SPIE International Symp. Electronic Imaging: Media Forensics and Security II, San Jose, 2010: 754102.

[130] Kodovsky J, Fridrich J. Calibration revisited. 11th ACM Workshop on Multimedia and Security, Princeton, 2009: 63-74.

[131] Fridrich J. Codes of Steganography and Steganalysis. http://dde.binghamton.edu/download [2018-03-05].

[132] Ker A. Implementing the projected spatial rich features on a GPU. IS&T/SPIE International Symposium on Electronic Imaging, Media Watermarking, Security and Forensics, San Francisco, 2014: 90280K.

[133] Xia C, Guan Q, Zhao X, et al. Accelerating the DCTR features extraction for JPEG steganalysis based on CUDA. IS&T International Symposium on Electronic Imaging, Media Watermarking, Security and Forensics, San Francisco, 2016: MWSF-077.

[134] Xia C, Guan Q, Zhao X, et al. Highly accurate real-time image steganalysis based on GPU. Journal of Real-Time Image Processing, 2018, 14(1): 223-236.

[135] Filler T, Judas J, Fridrich J. Gibbs construction in steganography. IEEE Transactions on Information Forensics and Security, 2010, 5(4): 705-720.

[136] Winkler G. Image Analysis, Random Fields and Monte Carlo Methods: A Mathematical Introduction. 2nd ed. Berlin: Springer-Verlag, 2003.

[137] 康崇禄. 蒙特卡罗方法理论与应用. 北京: 科学出版社, 2015.

[138] Filler T, Judas J, Fridrich J. Minimizing embedding impact in steganography using trellis-coded quantization. IS&T/SPIE International Symposium on Electronic Imaging: Media Forensics and Security II, San Jose, 2010: 754105.

[139] Filler T, Judas J, Fridrich J. Minimizing additive distortion in steganography using syndrome-trellis codes. IEEE Transactions on Information Forensics and Security, 2011, 6(3): 920-935.

[140] Zhao Z, Guan Q, Zhao X. Constructing near-optimal double-layered syndrome-trellis codes for spatial steganography. 4th ACM Workshop on Information Hiding and Multimedia Security, Vigo, 2016: 139-148.

[141] 傅祖芸. 信息论——基础理论与应用. 3 版. 北京: 电子工业出版社, 2011.

[142] Holub V, Fridrich J. Designing steganography distortion using directional filters. 2012 IEEE International Workshop on Information Forensics and Security, Tenerife, 2012: 234-239.

[143] Holub V, Fridrich J, Denemark T. Universal distortion function for steganography in an arbitrary domain. EURASIP Journal on Information Security, 2014, 2014(1): 1-13.

[144] Li B, Wang M, Huang J, et al. A new cost function for spatial image steganography. 2014 IEEE International Conference on Image Processing, Paris, 2014: 4206-4210.

[145] Fridrich J, Kodovsky J. Multivariate Gaussian model for designing additive distortion for steganography. IEEE International Conference on Acoustics, Speech and Signal Processing,

Vancouver, 2013: 2949-2953.

[146] Sedighi V, Cogranne R, Fridrich J. Content-adaptive steganography by minimizing statistical detectability. IEEE Transactions on Information Forensics and Security, 2016, 11(2): 221-234.

[147] Guo L, Ni J, Shi Y. An efficient JPEG steganographic scheme using uniform embedding. IEEE International Workshop on Information Forensics and Security, Tenerife, 2012: 169-174.

[148] Guo L, Ni J, Su W, et al. Using statistical image model for JPEG steganography: Uniform embedding revisited. IEEE Transactions on Information Forensics and Security, 2015, 10(12): 2669-2680.

[149] Zhao Z, Guan Q, Zhao X, et al. Embedding strategy for batch adaptive steganography. 15th International Workshop on Digital-forensics and Watermarking, Beijing, 2017: 495-505.

[150] Ma S, Zhao X, Guan Q, et al. A priori knowledge based secure payload estimation. Multimedia Tools and Applications, 2018, 77(14): 17889-17911.

[151] Ma S, Zhao X, Guan Q, et al. The a priori knowledge based secure payload estimation for additive model. IS&T International Symposium on Electronic Imaging: Media Watermarking, Security and Forensics, Burlingame, 2017: MWSF-320.

[152] Li B, Wang M, Li X, et al. A strategy of clustering modification directions in spatial image steganography. IEEE Transactions on Information Forensics and Security, 2015, 10(9): 1905-1917.

[153] Denemark T, Fridrich J. Improving steganographic security by synchronizing the selection channel. 3rd ACM Workshop on Information Hiding and Multimedia Security, Portland, 2015: 5-14.

[154] Zhang W, Zhang Z, Zhang L, et al. Decomposing joint distortion for adaptive steganography. IEEE Transactions on Circuits and Systems for Video Technology, 2017, 27(10): 2274-2280.

[155] Li W, Zhang W, Chen K, et al. Defining joint distortion for JPEG steganography. 6th ACM Workshop on Information Hiding and Multimedia Security, Innsbruck, 2018: 5-16.

[156] 李韬, 平西建. 一种基于图像内容的隐写分析方法. 应用科学学报, 2013, 31(4): 394-401.

[157] Tang W, Li H, Luo W, et al. Adaptive steganalysis against WOW embedding algorithm. 2nd ACM Workshop on Information Hiding and Multimedia Security, Salzburg, 2014: 91-96.

[158] Denemark T, Sedighi V, Holub V, et al. Selection-channel-aware rich model for steganalysis of digital images. IEEE International Workshop on Information Forensics and Security, Atlanta, 2014: 48-53.

[159] Denemark T, Fridrich J, Comesana-Alfaro P. Improving selection-channel aware steganalysis features. IS&T International Symposium on Electronic Imaging: Media Watermarking, Security and Forensics, San Francisco, 2016: MWSF-080.

[160] Denemark T, Boroumand M, Fridrich J. Steganalysis features for content-adaptive JPEG

steganography. IEEE Transactions on Information Forensics and Security, 2016, 11(8): 1736-1746.

[161] Nielsen M. Neural networks and deep learning. http://neuralnetworksanddeeplearning.com[2017-12-12].

[162] Goodfellow I, Bengio Y, Courville A. Deep learning. http://www.deeplearningbook.org [2017-12-12].

[163] Tan S, Li B. Stacked convolutional auto-encoders for steganalysis of digital images. Asia-Pacific Signal and Information Processing Association Annual Summit and Conference, Siem Reap, 2014: 1-4.

[164] Qian Y, Dong J, Wang W, et al. Deep learning for steganalysis via convolutional neural networks. SPIE/IS&T International Symp. Electronic Imaging: Media Watermarking, Security and Forensics, San Francisco, 2015: 94090J.

[165] Pibre L, Pasquet J, Ienco D, et al. Deep learning for steganalysis is better than a rich model with an ensemble classifier and is natively robust to the cover source-mismatch. arXiv: 1511.04855v1, 2015.

[166] Xu G, Wu H, Shi Y. Structural design of convolutional neural networks for steganalysis. IEEE Signal Processing Letters, 2016, 23(5): 708-712.

[167] Xu G, Wu H, Shi Y. Ensemble of CNNs for steganalysis: An empirical study. 4th ACM Workshop on Information Hiding and Multimedia Security, Vigo, 2016: 103-107.

[168] Ye J, Ni J. Deep learning hierarchical representations for image steganalysis. IEEE Transactions on Information Forensics and Security, 2017, 12(11): 2545-2557.

[169] Sedighi V, Fridrich J. Histogram layer, moving convolutional neural networks towards feature-based steganalysis. IS&T International Symposium on Electronic Imaging: Media Watermarking, Security and Forensics, Burlingame, 2017: MWSF-325.

[170] Zeng J, Tan S, Li B, et al. Large-scale JPEG steganalysis using hybrid deep-learning framework. IEEE Transactions on Information Forensics and Security, 2018, 13(5): 1200-1214.

[171] Xu G. Deep convolutional neural network to detect J-UNIWARD.5th ACM Workshop on Information Hiding and Multimedia Security, Philadelphia, 2017: 67-73.

[172] Chen M, Sedighi V, Boroumand M, et al. JPEG-phase-aware convolutional neural network for steganalysis of JPEG images. 5th ACM Workshop on Information Hiding and Multimedia Security, Philadelphia, 2017: 75-84.

[173] Chen M, Boroumand M, Fridrich J. Deep learning regressors for quantitative steganalysis. IS&T International Symposium on Electronic Imaging: Media Watermarking, Security and Forensics, Burlingame, 2018: MWSF-160.

[174] Tsang C, Fridrich J. Steganalyzing images of arbitrary size with CNNs. IS&T International

Symposium on Electronic Imaging: Media Watermarking, Security and Forensics, Burlingame, 2018: MWSF-121.

[175] Haykin S. Neural Networks and Learning Machines. 3rd ed. London: Pearson Education, Inc., 2009.

[176] Ruder S. An overview of gradient descent optimization algorithms. arXiv: 1609.04747v2 , 2017.

[177] Ioffe S, Szegedy C. Batch Normalization: Accelerating deep network training by reducing internal covariate shift. arXiv:1502.03167v3 , 2015.

[178] 钱银龙. 基于深度学习的图像隐写分析方法研究. 北京: 中国科学院自动化研究所, 2017.

[179] Stanford Vision Lab. ImageNet database. http://image-net.org[2018-02-05].

[180] Google Code Archive. Cuda-convnet, high-performance C++/CUDA implementation of convolutional neural networks. https://code.google.com/archive/p/cuda-convnet[2018-02-05].

[181] Jia Y, Shelhamer E, Donahue J, et al. Caffe: Convolutional architecture for fast feature embedding. 22nd ACM International Conference on Multimedia, Orlando, 2014: 675-678.

[182] Vedaldi A, Lenc K. MatConvNet: Convolutional neural networks for MATLAB. arXiv: 1412.4564v3, 2016.

[183] Ker A. Batch steganography and pooled steganalysis. 8th International Workshop on Information Hiding, Alexandria, 2007: 265-281.

[184] Goodfellow I, Pouget-Abadie J, Mirza M, et al. Generative adversarial nets. Annual Conference on Neural Information Processing Systems, Advances in Neural Information Processing Systems 27, Montreal, 2014: 2672-2680.

[185] Nguyen A, Yosinski J, Clune J. Deep neural networks are easily fooled: High confidence predictions for unrecognizable images. IEEE Conference on Computer Vision and Pattern Recognition, Boston, 2015: 427-436.

[186] Goodfellow I, Shlens J, Szegedy C. Explaining and harnessing adversarial examples. arXiv:1412.6572v3, 2015.

[187] Volkhonskiy D, Nazarov I, Borisenko B, et al. Steganographic generative adversarial networks. arXiv:1703.05502v1, 2017.

[188] Hayes J, Danezis G. Ste-GAN-ography: Generating steganographic images via adversarial training. arXiv:1703.00371v2, 2017.

[189] Tang W, Tan S, Li B, et al. Automatic steganographic distortion learning using a generative adversarial network. IEEE Signal Processing Letters, 2017, 24(10):1511-1547.

[190] Ma S, Guan Q, Zhao X. Weakening the detecting capability of CNN-based steganalysis. arXiv:1803.10889v1, 2018.

[191] Tang W, Li B, Tan S, et al. CNN based adversarial embedding with minimum alteration for image steganography. arXiv: 1803.09043v1, 2018.

[192] Zhang Y, Zhang W, Chen K, et al. Adversarial examples against deep neural network based steganalysis. 6th ACM Workshop on Information Hiding and Multimedia Security, Innsbruck, 2018: 67-72.

[193] Vatolin D, Petrov O. MSU StegoVideo: unique tools for hiding information in video. http://compression.ru/video/stego_video/index_en.html[2018-01-23].

[194] Xu C, Ping X, Zhang T. Steganography in compressed video stream. 1st International Conference on Innovative Computing, Information and Control, Beijing, 2006: 269-272.

[195] Aly H. Data hiding in motion vectors of compressed video based on their associated prediction error. IEEE Transactions on Information Forensics and Security, 2011, 6(1): 14-18.

[196] Cao Y, Zhao X, Feng D, et al. Video Steganography with perturbed motion estimation. 13th International Conference on Information Hiding, Prague, 2011: 193-207.

[197] Cao Y, Zhang H, Zhao X, et al. Video steganography based on optimized motion estimation perturbation. 3rd ACM Workshop on Information Hiding and Multimedia Security, Portland, 2015: 25-31.

[198] Fang D, Chang L. Data hiding for digital video with phase of motion vector.2006 IEEE International Symposium on Circuits and Systems, Island of Kos, 2006: 1422-1425.

[199] Zhang H, Cao Y, Zhao X, et al. Video steganography with perturbed macroblock partition. 2nd ACM Workshop on Information Hiding and Multimedia Security, Salzburg, 2014: 115-122.

[200] Wang Y, Cao Y, Zhao X, et al. A prediction mode-based information hiding approach for H.264/AVC videos minimizing the impacts on rate-distortion optimization.16th International Workshop on Digital-forensics and Watermarking, Magdeburg, 2017: 163-176.

[201] Zhang H, Cao Y, Zhao X. Motion vector-based video steganography with preserved local optimality. Multimedia Tools and Application, 2016, 75(21): 13503-13519.

[202] Cao Y, Zhang H, Zhao X, et al. Covert communication by compressed videos exploiting the uncertainty of motion estimation. IEEE Communication Letters, 2015, 19(2): 203-206.

[203] Wang P, Zhang H, Cao Y, et al. A novel embedding distortion for motion vector-based steganography considering motion characteristic, local optimality and statistical distribution.4th ACM Workshop on Information Hiding and Multimedia Security, Vigo, 2016: 127-137.

[204] Shahid Z, Chaumont M, Puech W. Considering the reconstruction loop for data hiding of intra- and inter-frames of H.264/AVC. Signal, Image and Video Processing, 2013, 7(1): 75-93.

[205] Cao Y, Wang Y, Zhao X, et al. Cover block decoupling for content-adaptive H.264 steganography. 6th ACM Workshop on Information Hiding and Multimedia Security, Innsbruck, 2018: 23-30.

[206] Budhia U, Kundur D, Zourntos T. Digital video steganalysis exploiting statistical visibility in the temporal domain. IEEE Transactions on Information Forensics and Security, 2006, 1(4), 502-516.

[207] Pankajakshan V, Doerr G, Bora P. Detection of motion-incoherent components in video streams. IEEE Transactions on Information Forensics and Security, 2009, 4(1): 49-58.

[208] Zhang C, Su Y. Video steganalysis based on aliasing detection. Electronics Letters, 2008, 44(13): 801-803.

[209] Zhang C, Su Y, Zhang C. A new video steganalysis algorithm against motion vector steganography. 4th International Conf. Wireless Communications, Networking and Mobile Computing, Dalian, 2008: 1-4.

[210] Cao Y, Zhao X, Feng D. Video steganalysis exploiting motion vector reversion-based features. IEEE Signal Processing Letters, 2012, 19(1): 35-38.

[211] Ren Y, Zhai L, Wang L, et al. Video steganalysis based on subtractive probability of optimal matching feature. 2nd ACM Workshop on Information Hiding and Multimedia Security, Salzburg, 2014: 83-90.

[212] Wang K, Zhao H, Wang H. Video steganalysis against motion vector-based steganography by adding or subtracting one motion vector value. IEEE Transactions on Information Forensics and Security, 2014, 9(5): 741-751.

[213] Zhang H, Cao Y, Zhao X. A steganalytic approach to detect motion vector modification using near-perfect estimation for local optimality. IEEE Transactions on Information Forensics and Security, 2017, 12(2): 465-478.

[214] Zhao Y, Zhang H, Cao Y, et al. Video steganalysis based on intra prediction mode calibration. 14th International Workshop on Digital-forensics and Watermarking, Tokyo, 2015: 119-133.

[215] Wang P, Cao Y, Zhao X, et al. A steganalytic algorithm to detect DCT-based data hiding methods for H.264/AVC videos. 5th ACM Workshop on Information Hiding and Multimedia Security, Philadelphia, 2017: 123-133.

[216] Tasdemir K, Kurugollu F, Sezer S. Spatio-temporal rich model-based video steganalysis on cross sections of motion vector planes. IEEE Transactions on Image Processing, 2016, 25(7): 3316-3328.

[217] Wang P, Cao Y, Zhao X. An adaptive detecting strategy against motion vector-based steganography. IEEE International Conference on Multimedia and Expo, Torino, 2015: 1-6.

[218] Wang P, Cao Y, Zhao X. Segmentation based video steganalysis to detect motion vector modification. Security and Communication Networks, 2017, 8051389: 1-12.

[219] Wang Y, Cao Y, Zhao X, et al. Maintaining rate-distortion optimization for IPM-based video steganography by constructing isolated channels in HEVC. 6th ACM Workshop on Information Hiding and Multimedia Security, Innsbruck, 2018: 97-107.

[220] Petitcolas F. MP3Stego. http://www.petitcolas.net/steganography/mp3stego[2018-05-01].

[221] Yan D, Wang R, Zhang L. Quantization step parity-based steganography for MP3 audio.

Fundamenta Informaticae, 2009, 97(1-2): 1-14.

[222] Yan D, Wang R. Huffman table swapping-based steganograpy for MP3 audio. Multimedia Tools and Applications, 2011, 52(2): 291-305.

[223] Yan D, Wang R, Yu X, et al. Steganography for MP3 audio by exploiting the rule of window switching. Computers & Security, 2012, 31(5): 704-716.

[224] 刘秀娟, 郭立. 大容量 MP3 比特流音频隐写算法. 计算机仿真, 2007, 24(5): 110-113.

[225] 高海英. 基于 Huffman 编码的 MP3 隐写算法. 中山大学学报(自然科学版), 2007, 46(4): 32-35.

[226] 敖珺, 李睿, 张涛. 基于 MP3 格式的语音隐写算法. 桂林电子科技大学学报, 2016, 36(4): 315-320.

[227] Kim D, Yang S, Chung J. Additive data insertion into MP3 bitstream using linbits characteristics. IEEE International Conf. Acoustics, Speech and Signal Processing, Montreal, 2004, 4: 181-184.

[228] 邹明光. 大众数字音频隐写算法研究. 武汉: 华中科技大学, 2015.

[229] Mazurczyk W. VoIP steganography and its detection: A survey. ACM Computing Surveys, 2012, 46(2): 1-21.

[230] Huang Y, Yuan J, Chen M, et al. Key distribution over the covert communication based on VoIP. Chinese Journal of Electronics, 2011, 20(2): 357-360.

[231] Luo W, Zhang Y, Li H. Adaptive audio steganography based on advanced audio coding and syndrome-trellis coding. 16th International Workshop on Digital-forensics and Watermarking, Magdeburg, 2017: 177-186.

[232] Yang K, Yi X, Zhao X, et al. Adaptive MP3 steganography using equal-length entropy code substitution. 16th International Workshop on Digital-forensics and Watermarking, Magdeburg, 2017: 202-216.

[233] 杨云朝, 杨坤, 易小伟, 等. 一种基于符号位修改的 MP3 自适应隐写. 第十四届全国信息隐藏暨多媒体信息安全学术大会论文集, 广州, 2018.

[234] Westfeld A. Detecting low embedding rates. 5th International Workshop on Information Hiding, Noordwijkerhout, 2003: 324-339.

[235] Song H, Hu T, Huang Y, et al. Detecting MP3Stego and estimating the hidden size. 10th International Conf. Computers, World Scientific and Engineering Academy and Society, Athens, 2006.: 367-370.

[236] Hernandez-Castro J, Tapiador J, Palomar E, et al. Blind steganalysis of MP3Stego. Journal of Information Science & Engineering, 2010, 26(5): 1787-1799.

[237] Yu X, Wang R, Yan D, et al. MP3 audio steganalysis using calibrated side information feature. Journal of Computational Information Systems, 2012, 8(10): 4241-4248.

[238] Yan D, Wang R, Yu X, et al. Steganalysis for MP3Stego using differential statistics of

quantization step. Digital Signal Processing, 2013, 23(4):1181-1185.

[239] Xie C, Cheng Y, Chen Y. An active steganalysis approach for echo hiding based on sliding windowed cepstrum. Signal Processing, 2011, 91(4): 877-889.

[240] 杨榆, 雷敏, 钮心忻, 等. 基于回声隐藏的 VDSC 隐写分析算法. 通信学报, 2009, 30(2): 83-88.

[241] Gao S, Hu R, Zeng W, et al. A detection algorithm of audio spread spectrum data hiding. 4th International Conference on Wireless Communications, Networking and Mobile Computing, Dalian, 2008: 1-4.

[242] 谢春辉, 程义民, 陈扬坤. PN 序列估计与扩频隐藏信息分析. 电子学报, 2011, 39(2): 255-259.

[243] Jin C, Wang R, Yan D. Steganalysis of MP3Stego with low embedding-rate using Markov feature. Multimedia Tools and Applications, 2017, 76(5): 6143-6158.

[244] Ren Y, Xiong Q, Wang L. A steganalysis scheme for AAC audio based on MDCT difference between intra and inter frame. 16th International Workshop on Digital-forensics and Watermarking, Magdeburg, 2017: 217-231.

[245] 王运韬, 杨坤, 易小伟, 等. 一种基于 QMDCT 系数块内块间相关性特征的 MP3 隐写分析. 第十四届全国信息隐藏暨多媒体信息安全学术大会论文集, 广州, 2018.

[246] 王让定, 羊开云, 严迪群, 等. 一种基于共生矩阵分析的 MP3 音频隐写检测方法: 中国发明专利，2015100539702. 2017.

[247] Ghasemzadeh H, Khas M, Arjmandi M. Audio steganalysis based on reversed psychoacoustic model of human hearing. Digital Signal Processing, 2016, 51:133-141.

[248] Paulin C, Selouani S, Hervet E. Audio steganalysis using deep belief networks. International Journal of Speech Technology, 2016, 19(3): 585-591.

[249] Chen B, Luo W, Li H. Audio steganalysis with convolutional neural network. 5th ACM Workshop on Information Hiding and Multimedia Security, Philadelphia, 2017: 85-90.

[250] Wang Y, Yang K, Yi X, et al. CNN-based steganalysis of MP3 steganography in the entropy code domain. 6th ACM Workshop on Information Hiding and Multimedia Security, Innsbruck, 2018: 55-65.

[251] Zamani M, Taherdoost H, Manaf A, et al. Robust audio steganography via genetic algorithm. International Conference on Information and Communication Technologies, Karachi, 2009: 149-153.

[252] Tanwar R, Sharma B, Malhotra S. A robust substitution technique to implement audio steganography. International Conf. Reliability Optimization and Information Technology, Faridabad, 2014: 290-293.

[253] Nathan M, Parab N, Talele K. Audio steganography using spectrum manipulation. First International Conf. Technology Systems and Management, Mumbai, 2011: 152-159.

[254] Babu K, Raja K, Rao U, et al. Robust and high capacity image steganography using SVD.

IET-UK International Conf. Information and Communication Technology in Electrical Sciences, Tamil Nadu, 2007: 718-723.

[255] Solanki K, Sarkar A, Manjunath B. YASS: Yet another steganographic scheme that resists blind steganalysis. 9th International Workshop on Information Hiding, Saint Malo, 2007: 16-31.

[256] Sarkar A, Madhow U, Manjunath B. Matrix embedding with pseudorandom coefficient selection and error correction for robust and secure steganography. IEEE Transactions on Information Forensics and Security, 2010, 5(2): 225-239.

[257] Zhang Y, Luo X, Yang C, et al. A JPEG-compression resistant adaptvie steganography based on relative relationship between DCT coefficients.10th International Conference on Availability, Reliability and Security, Toulouse, 2015: 461-466.

[258] Zhang Y, Luo X, Yang C, et al. A framework of adaptive steganography resisting JPEG compression and detection. Security and Communication Networks, 2016, 2016(9): 2957-2971.

[259] Zhang Y, Luo X, Yang C, et al. Joint JPEG compression and detection resistant performance enhancement for adaptive steganography using feature regions selection. Multimedia Tools and Applications, 2017, 76(3): 3649-3668.

[260] Pevny T, Ker A. Steganographic key leakage through payload metadata. 2nd ACM Workshop on Information Hiding and Multimedia Security, Salzburg, 2014: 109-114.

[261] Carnein M, Schottle P, Bohme R. Predictable rain? Steganalysis of public-key steganography using wet paper codes. 2nd ACM Workshop on Information Hiding and Multimedia Security, Salzburg, 2014: 97-108.

[262] Zhu J, Zhao X, Guan Q. Detecting and distinguishing adaptive and non-adaptive steganography by image segmentation. International Journal of Digital Crime and Forensics, 2019, 11(1): 62-77.

[263] Cogranne R, Sedighi V, Fridrich J. Practical strategies for content-adaptive batch steganography and pooled steganalysis. IEEE International Conference on Acoustics, Speech and Signal Processing, New Orleans, 2017: 2122-2126.

[264] Ker A, Pevny T. Identifying a steganographer in realistic and heterogeneous data sets. IS&T/SPIE International Symp. Electronic Imaging: Media Watermarking, Security and Forensics, Burlingame, 2012: 83030N.

[265] Luo X, Song X, Li X, et al. Steganalysis of HUGO steganography based on parameter recognition of syndrome-trellis-codes. Multimedia Tools and Applications, 2016, 75(21): 13557-13583.

[266] Chen J, Liu J, Zhang W, et al. Cryptographic secrecy analysis of matrix embedding, International Journal of Computational Intelligence Systems, 2013, 6(4): 639-647.

[267] 刘绍学. 近世代数基础. 北京: 高等教育出版社, 1999.

[268] McEliece R. Finite Fields for Computer Scientists and Engineering. Boston: Kluwer Academic Publishers, 1987.

[269] Montgomery D, Peck E, Vining G. 线性回归分析导论. 王辰勇, 译. 北京: 机械工业出版社, 2016.

[270] 袁亚湘, 孙文瑜. 最优化理论与方法. 北京: 科学出版社, 1997.

[271] Mendenhall W, Sincich T. 统计学. 梁冯珍, 关静, 译. 北京: 机械工业出版社, 2009.

[272] Theodoridis S, Koutroumbas K. Pattern Recognition. 3rd ed. Amsterdam: Elsevier, 2006.

[273] Cristianini N, Shawe-Taylor J. An Introduction to Support Vector Machines and Other Kernel-based Learning Methods. Cambridge: Cambridge University Press, 2000.

[274] Oppenheim A, Schafer R, Buck J. Discrete-time Signal Processing. 2nd ed. London: Prentice-Hall, Inc., 1999.

[275] Burrus C, Gopinath R, Guo H. Introduction to Wavelets and Wavelet Transforms: A Primer. London: Prentice-Hall, Inc., 1998.

[276] 马淑芬, 王菊, 朱梦宇, 等. 离散信号检测与估计. 北京: 电子工业出版社, 2010.

[277] Mese M, Vaidyanathan P. Optimal histogram modification with MSE metric. IEEE International Conference on Acoustics, Speech and Signal Processing, Salt Lake City, 2001: 1665-1668.

[278] Tzschoppe R, Bauml R, Eggers J. Histogram modification with minimum MSE distortion. Technical Report. Telecommunications Laboratory, Universtiy of Erlangen-Nuremberg, 2001.

附录A　部分基础知识提要

A.1　数学与统计学

本书内容涉及近世代数、最优化理论与统计学等方面的知识，以下简要介绍相关知识点，读者可进一步参考文献[267]～[271]。

A.1.1　群、子群与陪集

在本书第 2 章与第 4 章介绍基本嵌入、隐写编码相关内容时，涉及对近世代数中有关群(group)、子群(subgroup)与陪集等概念的理解，以下简要介绍它们。

定义 A.1.1(群)　设在二元组 $(G,\circ)$ 中，G 表示集合，$\circ$ 为 G 上封闭的二元运算。若 $(G,\circ)$ 满足

G1(结合律)：$a\circ(b\circ c)=(a\circ b)\circ c$，$\forall a,b,c\in G$

G2(幺元)：e 为 G 中的一个元素，对 $\forall a\in G$，$e\circ a=a\circ e=a$

G3(逆元)：对 $\forall a\in G$，有 $a'\in G$ 使 $a\circ a'=a'\circ a=e$

则称 $(G,\circ)$ 为群，或称 G 在运算 $\circ$ 定义下为群；e 称为幺元，a' 是 a 的逆元。若群 $(G,\circ)$ 还满足

G4(交换律)：$a\circ b=b\circ a$，$\forall a,b\in G$

则称 $(G,\circ)$ 为交换群；若 G 仅满足 G1，则它是半群，若 G 仅满足 G1 和 G2，则它是含幺半群，若 G 仅满足 G1、G2 和 G4，则它是含幺交换半群。

对群或者含幺半群也往往表达为 $(G,\circ,e)$，以下在不影响含义的情况下，在表达上也可用 G 指代 $(G,\circ)$。

定义 A.1.2　若群 G 包含的元素个数有限，则称 G 为有限群，否则称为无限群。有限群 G 所包含元素的个数称为它的阶，记为 $|G|$。

例 A.1.1　设 $(\mathbb{Z},+,0)$ 中 $\mathbb{Z}$ 为整数集，+为整数加法，对 $\forall a,b,c\in\mathbb{Z}$，可验证 $a+(b+c)=(a+b)+c$，$a+0=0+a=a$，$a+(-a)=(-a)+a=0$，$a+b=b+a$，因此 G1、G2、G3 和 G4 成立，$(\mathbb{Z},+,0)$ 是交换群。

例 A.1.2　设 $(\mathbb{Z}_n,\oplus,0)$ 中 $\mathbb{Z}_n=\{0,1,\cdots,n-1\}$，$\oplus$ 为模 n 加法，即用 $\oplus$ 求和的方法是用普通加法求和后除以整数 n 取其余数，对 $\forall a,b,c\in\mathbb{Z}_n$，可验证 $a\oplus(b\oplus c)=(a\oplus b)\oplus c$，$a\oplus 0=0\oplus a=a$，$a\oplus(n-a)=(n-a)\oplus a=0$，$a\oplus b=b\oplus a$，因此 G1、G2、G3 和 G4 成立，$(\mathbb{Z}_n,\oplus,0)$ 是交换群。

为了分析下面的例子，这里给出数论中关于模 n 运算的以下性质：设 (a,n) 表示求两个整数的最大公约数，$a \equiv b (\bmod\ n)$ 表示两个整数模 n 同余，如果 $n \geqslant 1$，$(a,n)=1$，存在整数 c 使得 $ca \equiv 1 (\bmod\ n)$，可以称 c 为 a 对模 n 的逆，记为 $a^{-1} (\bmod\ n)$。

例 A.1.3 设 $(\mathbb{Z}_n^*,\otimes,1)$ 中 $\mathbb{Z}_n^*=\{1,2,\cdots,n-1\}$，$\otimes$ 为模 n 乘法，即用 $\otimes$ 求积的结果是用普通乘法求积后除以整数 n 取余数，对 $\forall a,b,c \in \mathbb{Z}_n^*$，可验证 G1、G2 和 G4 成立，因此 $(\mathbb{Z}_n^*,\otimes,1)$ 是含幺交换半群。当 n 为素数时，对 $\forall a \in \mathbb{Z}_n^*$，$(a,n)=1$，根据上面的数论性质，a 的模 n 逆元 $c=a^{-1} (\bmod\ n)$ 存在，即有 $c \in \mathbb{Z}_n^*$ 使 $ca \equiv 1 (\bmod\ n)$，因此 $(\mathbb{Z}_n^*,\otimes,1)$ 此时也满足 G3，是交换群。

在例 A.1.1 和例 A.1.2 中，群上定义的操作是加法，这类群也称加法群；在例 A.1.3 中，群上定义的操作是乘法，这类群也称乘法群。由于群仅包含一种二元运算，在不强调运算类别的情况下通常在书写中可以省略运算符。例如，可用 ab 表示 $a \oplus b$ 或 $a \otimes b$，用 a^2 表示 $a \oplus a$ 或 $a \otimes a$。

定义 A.1.3 a 是群 G 中的一个元素，若有正整数 n 使得 $a^n=e$，则称 a 为有限阶元素，满足 $a^n=e$ 的最小 n 为 a 的阶，记为 $|a|$。若不存在这样的 a，则称 a 为无限阶元素。

定义 A.1.4 若群 G 中每一个元素 b 都能表示成一个元素 a 的幂，即 $b=a^m$，$m \geqslant 0$，则 G 为由生成元 a 生成的循环群，记为 $\langle a \rangle$。当 a 的阶 $|a|=n$ 时，$G=\{e=a^n,a,a^2,\cdots,a^{n-1}\}$ 为由生成元 a 生成的 n 阶循环群，其中元素两两不同。

例 A.1.4 $(\mathbb{Z}_5,\oplus,0)$ 中 $\mathbb{Z}_5=\{0,1,2,3,4\}$，$\oplus$ 为模 5 加法，由于 $\mathbb{Z}_5=\{0=1^5,1=1^1,2=1^2,3=1^3,4=1^4\}$，$(\mathbb{Z}_5,\oplus,0)$ 是 1 生成的 5 阶循环群；$(\mathbb{Z}_5^*,\otimes,1)$ 中 $\mathbb{Z}_n^*=\{1,2,3,4\}$，$\otimes$ 为模 n 乘法，由于 $\mathbb{Z}_5^*=\{1=2^4,2=2^1,3=2^3,4=2^2\}$，$(\mathbb{Z}_5^*,\otimes,1)$ 是 2 生成的 4 阶循环群。

定义 A.1.5 设 $(G,\circ,e)$ 为群，H 为 G 的子集，若 $e \in H$ 且 $(H,\circ,e)$ 为群，则 H 为 G 的子群。

定理 A.1.1 设 H 为 G 的非空子集，若它满足以下两个条件之一，则是 G 的子群：

(1) 对 $\forall a,b \in H$，$ab \in H$ 且 $a^{-1} \in H$；

(2) 对 $\forall a,b \in H$，$ab^{-1} \in H$。

定义 A.1.6 设 H 为 G 的子群，则称

$$Ha=\{ha | h \in H\},\quad a \in G \tag{A.1.1}$$

是 G 的一个右陪集(或称傍集)。类似地，$aH=\{ah | h \in H\}$ 是 G 的一个左陪集。

在交换群中，左、右陪集相同，因此一般直接称为陪集，此时的 H 称为正规子群。

例 A.1.5 $(\mathbb{Z},+,0)$ 是交换群，设 n 是一个正整数，则 $H=\{0,\pm n,\pm 2n,\cdots\}$ 是其一个子群，$H+0,H+1,\cdots,H+n-1$ 是子群 H 的 n 个陪集。

定理 A.1.2 右(左)陪集 Ha (aH) 满足以下性质：

(1) $Ha=Hb$ ($aH=bH$) 的充要条件是 $ab^{-1} \in H$ ($a^{-1}b \in H$)；

(2) $|Ha|=|Hb|$（$|aH|=|bH|$）；

(3) 若 $Ha \neq Hb$（$aH \neq bH$），则 $Ha \cap Hb = \varnothing$（$aH \cap bH = \varnothing$）。

从以上性质与例 A.1.5 可以看出，群 G 中关于子集 H 的全体右(左)陪集构成了 G 的一个划分，并且每个右(左)陪集包含相同数量的元素。以下定理进一步描绘了相关性质。

定理 A.1.3(Lagrange 定理)　设 H 为有限群 G 的子群，则

$$|G|=|H|\cdot[G:H] \tag{A.1.2}$$

其中，$[G:H]$ 是 G 中关于 H 的全体右(左)陪集的数量。

A.1.2　环与域

在第 7 章介绍 ±1 分组隐写编码时，使用了近世代数中环(ring)的概念，在第 4 章、第 6 章与第 11 章介绍矩阵编码、湿纸编码与 STC 编码时，使用了有限域(finite field)的概念，以下简要介绍它们。

定义 A.1.7(环)　设三元组 $(R,+,*)$ 中，R 为集合，+与∗为 R 上的两个封闭二元运算，0 与 1 为 R 中的元素。若 $(R,+,*)$ 满足

R1(加法交换群)：$(R,+)$ 是交换群，记其幺元为 0，亦称为零元；

R2(乘法半群)：$(R,*)$ 是半群；

R3(乘法对加法的分配律)：$a*(b+c)=a*b+a*c$，$(b+c)*a=b*a+c*a$，$\forall a,b,c \in R$；

则 $(R,+,*)$ 为环，或者称 R 在运算+与∗定义下为环；一般分别称+与∗为环的加法与乘法。若 $a' \in R$ 使 $a+a'=0$，则称 a' 为 a 的负元(加法逆元)，记为 $-a$。

如果以上 $(R,*)$ 是含幺半群，则称 $(R,+,*)$ 为含幺环。一般将乘法幺元记为 1，此时环也记为 $(R,+,*,0,1)$；如果环元素 a 有乘法逆元，它被记为 a^{-1}，此时 a 称为单位(unit)。

定义 A.1.8(交换环)　若环 $(R,+,*)$ 满足

R4(乘法交换半群)：$(R,*)$ 是交换半群；

则称 $(R,+,*)$ 为交换环。

以下仅继续讨论常用的含幺交换环。如果环 R 中存在非零元素 a，使得对环中另一个非零元素 b 有 $ab=0$，则称 a 为零因子，当然在交换环中，b 也是零因子，如果含幺交换环没有零因子，则称为整环(domain)。对存在乘法逆元的元素 c，由于 $cc^{-1}=1$，c 不能是零因子。

例 A.1.6　整数集合 $\mathbb{Z}$ 在整数加法“+”和整数乘法“∗”下构成含幺交换环 $(\mathbb{Z},+,*,0,1)$，但是它的非零元不存在乘法逆元；环 $(\mathbb{Z}_{10},+,*,0,1)$ 中的“+”和“∗”均是模 10 的，则由于 $2*5 \equiv 0 \pmod{10}$，2 与 5 均是零因子，不存在乘法逆元，而由于

$3*7\equiv 1(\bmod 10)$，3 的乘法逆元是 7。环 $(\mathbb{Z}_n,+,*,0,1)$ 称为模 n 的同余类环。

定义 A.1.9(域)　若含幺交换环 $(R,+,*,0,1)$ 满足

R5(非零元乘法逆元)：$R^*=R-\{0\}$ 中每个元素都是单位，即都存在乘法逆元。则称 $(R,+,*,0,1)$ 为域。

在域 $(R,+,*,0,1)$ 中，R^* 构成乘法群，并且由于其中元素不能为零因子，每个域都是整环。域也被记为 $(F,+,*,0,1)$。显然，元素数量有限的环与域分别称为有限环与有限域，为了纪念在近世代数方面做出突出贡献的数学家 Galois(1811—1832)，有限域也被称为 Galois 域，当元素数量为 q 时，记为 $\mathrm{GF}(q)$；最简单的有限域是常用的 $\mathrm{GF}(2)$，它只有 0 与 1 两个元素。

例 A.1.7　环 $(\mathbb{Z}_7,+,*,0,1)$ 中的“+”和“*”均是模 7 的，由于 7 是素数，环中不存在零因子，该环是整环；而由于 $2^{-1}=4,3^{-1}=5,4^{-1}=2,5^{-1}=3,6^{-1}=6$，该环也是域。

由于域中元素总有负元或逆元，实际上可以以此引入减法和除法：可认为 $a-b=a+(-b)$，并且 $a/b=ab^{-1}$。因此，域上的操作才有所谓算术上的四则运算，实际的应用经常在域上进行设计。已证明，任何元素个数相同的域基本性质是类似的。

定义 A.1.10(域的特征)　设 $(F,+,*,0,1)$ 是一个域，若存在正整数 m 使 $\overbrace{1+\cdots+1}^{m}=0$，设适合此条件的最小正整数为 p，则 p 称为域的特征；若对任何正整数 m 都有 $\overbrace{1+\cdots+1}^{m}\neq 0$，则定义域的特征为 0。

以下对域中任意元素 a，p 个 a 的加法和记为 pa。

定理 A.1.4　对一个域，它的特征要么是 0，要么是一个素数；有限域的特征为素数。

定理 A.1.5　设有限域 F 的特征为 p，则以下性质成立：

(1) 对域中任一非零元素 a，有 $pa=0$，而且 p 是满足 $pa=0$ 的最小正整数；

(2) $0,a,2a,\cdots,(p-1)a$ 是域中 p 个互不相同的元素，a 的任意整数倍均在其中；

(3) $ma=0$ 当且仅当 $p\mid m$，即 m 是 p 的整数倍；

(4) 对 $\forall a,b\in F$，有 $(a+b)^p=a^p+b^p$；

(5) 有限域的乘法群是循环群；

(6) 若 $F=\mathrm{GF}(p^n)$，对 $\forall a\in F$，有 $a^{p^n}=a$。

A.1.3　线性回归及其误差估计

隐写与隐写分析常使用线性回归方法。例如，8.2.1 节通过多元线性回归建立线性预测模型，用于基于预测误差构造隐写分析特征；12.2.3 节通过多元线性回归建立线性预测模型并进行误差分析，目的是得到图像中自然噪声的方差。

这里主要以矩阵形式简介多元线性回归的过程。设响应变量 y 可通过 k 个变量预测

$$y=\alpha_0+\alpha_1x_1+\cdots+\alpha_kx_k+\varepsilon \tag{A.1.3}$$

其中，$x_i, i\in 1,\cdots,k$ 为预测变量；α_i 为未知的回归系数，线性回归的目的是根据已有数据估计这些系数并用式(A.1.3)预测未来的 y。假设进行了 n 次观察，得到

$$\boldsymbol{y}=\begin{pmatrix} y_1\\ y_2\\ \vdots\\ y_n \end{pmatrix},\quad X=\begin{pmatrix} 1 & x_{11} & x_{12} & \cdots & x_{1k}\\ 1 & x_{21} & x_{22} & \cdots & x_{2k}\\ \vdots & \vdots & \vdots & & \vdots\\ 1 & x_{n1} & x_{n2} & \cdots & x_{nk} \end{pmatrix} \tag{A.1.4}$$

可建立方程

$$\boldsymbol{y}=X\boldsymbol{\alpha}+\boldsymbol{\varepsilon} \tag{A.1.5}$$

其中，$\boldsymbol{\alpha}=(\alpha_0,\alpha_1,\cdots,\alpha_k)^{\mathrm{T}}$ 为回归系数；由于 $\boldsymbol{\varepsilon}=(\varepsilon_0,\varepsilon_1,\cdots,\varepsilon_n)^{\mathrm{T}}$ 为随机误差，有 $E(\boldsymbol{y})=X\boldsymbol{\alpha}$，$E(\boldsymbol{\varepsilon})=\boldsymbol{0}$，误差平方和为

$$\begin{aligned} S(\boldsymbol{\alpha})&=\sum_{i=1}^{n}\varepsilon_i^n=\boldsymbol{\varepsilon}^{\mathrm{T}}\boldsymbol{\varepsilon}=(\boldsymbol{y}-X\boldsymbol{\alpha})^{\mathrm{T}}(\boldsymbol{y}-X\boldsymbol{\alpha})\\ &=\boldsymbol{y}^{\mathrm{T}}\boldsymbol{y}-\boldsymbol{\alpha}^{\mathrm{T}}X^{\mathrm{T}}\boldsymbol{y}-\boldsymbol{y}^{\mathrm{T}}X\boldsymbol{\alpha}+\boldsymbol{\alpha}^{\mathrm{T}}X^{\mathrm{T}}X\boldsymbol{\alpha}=\boldsymbol{y}^{\mathrm{T}}\boldsymbol{y}-2\boldsymbol{\alpha}^{\mathrm{T}}X^{\mathrm{T}}\boldsymbol{y}+\boldsymbol{\alpha}^{\mathrm{T}}X^{\mathrm{T}}X\boldsymbol{\alpha} \end{aligned} \tag{A.1.6}$$

以上 $\boldsymbol{\alpha}^{\mathrm{T}}X^{\mathrm{T}}\boldsymbol{y}=\boldsymbol{y}^{\mathrm{T}}X\boldsymbol{\alpha}$ 的原因是，它们互为转置矩阵并且尺寸为 1×1。为用最小二乘法求解 $\boldsymbol{\alpha}$，对 $S(\boldsymbol{\alpha})$ 进行以下求导并令其为 $\boldsymbol{0}$

$$\left.\frac{\partial S}{\partial \boldsymbol{\alpha}}\right|_{\hat{\boldsymbol{\alpha}}}=-2X^{\mathrm{T}}\boldsymbol{y}+2X^{\mathrm{T}}X\boldsymbol{\alpha}=\boldsymbol{0}$$

得到

$$\hat{\boldsymbol{\alpha}}=(X^{\mathrm{T}}X)^{-1}X^{\mathrm{T}}\boldsymbol{y} \tag{A.1.7}$$

这里分析基于以上系数进行线性预测的误差。得到以上回归系数后，可以用

$$\hat{\boldsymbol{y}}=X\hat{\boldsymbol{\alpha}}=X(X^{\mathrm{T}}X)^{-1}X^{\mathrm{T}}\boldsymbol{y}\overset{\mathrm{def}}{=\!=}H\boldsymbol{y} \tag{A.1.8}$$

估计 $\boldsymbol{y}$。线性回归理论[269]证明，在模型正确的情况下，以上 $\hat{\boldsymbol{\alpha}}$ 是 $\boldsymbol{\alpha}$ 的无偏估计，有 $E(\hat{\boldsymbol{\alpha}})=\boldsymbol{\alpha}$，则有 $E(\hat{\boldsymbol{y}})=E(X\hat{\boldsymbol{\alpha}})=XE(\hat{\boldsymbol{\alpha}})=X\boldsymbol{\alpha}$。为了估计 $\boldsymbol{y}$ 的方差 $\sigma^2=D(\boldsymbol{y})=E(X\boldsymbol{\alpha}+\boldsymbol{\varepsilon}-E(\boldsymbol{y}))^2=E(\boldsymbol{\varepsilon}^2)$，这里先给出相关基础知识。记 $A_{k\times k}$ 为常数矩阵，$\boldsymbol{b}_{k\times 1}$ 为常数向量，$\boldsymbol{y}_{k\times 1}$ 为随机变量向量，其均值为 $\boldsymbol{\mu}_{k\times 1}$，协方差矩阵为 $V_{k\times k}$，则有以下性质[269]：

(1) $E(\boldsymbol{b}^{\mathrm{T}}\boldsymbol{y})=\boldsymbol{b}^{\mathrm{T}}E(\boldsymbol{y})=\boldsymbol{b}^{\mathrm{T}}\boldsymbol{\mu}$

(2) $E(A\boldsymbol{y})=AE(\boldsymbol{y})=A\boldsymbol{\mu}$

(3) $D(\boldsymbol{b}^{\mathrm{T}}\boldsymbol{y})=\boldsymbol{b}^{\mathrm{T}}V\boldsymbol{b}$

(4) $D(A\boldsymbol{y})=AVA^{\mathrm{T}}$；若 $V=\sigma^2 I$，则 $D(A\boldsymbol{y})=\sigma^2 AA^{\mathrm{T}}$

(5) $E(\boldsymbol{y}^{\mathrm{T}}A\boldsymbol{y})=\mathrm{trace}(AV)+\boldsymbol{\mu}^{\mathrm{T}}A\boldsymbol{\mu}$；若 $V=\sigma^2 I$，则 $E(\boldsymbol{y}^{\mathrm{T}}A\boldsymbol{y})=\sigma^2\mathrm{trace}(A)+\boldsymbol{\mu}^{\mathrm{T}}A\boldsymbol{\mu}$

其中，trace(·)表示矩阵的迹，即对角元素之和。在以上性质的基础上，可以通过残差得到 σ^2 的估计。残差的表达形式为

$$\boldsymbol{e}=\boldsymbol{y}-\hat{\boldsymbol{y}}=\boldsymbol{y}-X\hat{\boldsymbol{\alpha}}=\boldsymbol{y}-H\boldsymbol{y}=(I-H)\boldsymbol{y} \tag{A.1.9}$$

残差平方和为

$$\begin{aligned}S_{\boldsymbol{e}}&=\boldsymbol{e}^{\mathrm{T}}\boldsymbol{e}=\sum_{i=1}^{n}(y_i-\hat{y}_i)^2=\sum_{i=1}^{n}e_i^2=(\boldsymbol{y}-X\hat{\boldsymbol{\alpha}})^{\mathrm{T}}(\boldsymbol{y}-X\hat{\boldsymbol{\alpha}})\\&=(\boldsymbol{y}-X(X^{\mathrm{T}}X)^{-1}X^{\mathrm{T}}\boldsymbol{y})^{\mathrm{T}}(\boldsymbol{y}-X(X^{\mathrm{T}}X)^{-1}X^{\mathrm{T}}\boldsymbol{y})\\&=\boldsymbol{y}^{\mathrm{T}}\boldsymbol{y}-2\hat{\boldsymbol{\alpha}}^{\mathrm{T}}X^{\mathrm{T}}\boldsymbol{y}+\hat{\boldsymbol{\alpha}}^{\mathrm{T}}X^{\mathrm{T}}X\hat{\boldsymbol{\alpha}}=\boldsymbol{y}^{\mathrm{T}}\boldsymbol{y}-\hat{\boldsymbol{\alpha}}^{\mathrm{T}}X^{\mathrm{T}}\boldsymbol{y}\\&=(\boldsymbol{y}^{\mathrm{T}}-((X^{\mathrm{T}}X)^{-1}X^{\mathrm{T}}\boldsymbol{y})^{\mathrm{T}}X^{\mathrm{T}})\boldsymbol{y}=\boldsymbol{y}^{\mathrm{T}}(I-X(X^{\mathrm{T}}X)^{-1}X^{\mathrm{T}})\boldsymbol{y}\end{aligned} \tag{A.1.10}$$

可以证明[269]以上矩阵 $A=I-X(X^{\mathrm{T}}X)^{-1}X^{\mathrm{T}}$ 是对称幂等的，即 $A=A^{\mathrm{T}}$ 并且 $A=AA=AA^{\mathrm{T}}$，它的秩为 $n-p=n-k-1$，并且 $\boldsymbol{y}$ 的协方差矩阵为 $\sigma^2 I$。因此有

$$\begin{aligned}E(S_e)&=E(\boldsymbol{y}^{\mathrm{T}}(I-X(X^{\mathrm{T}}X)^{-1}X^{\mathrm{T}})\boldsymbol{y})\\&=\mathrm{trace}((I-X(X^{\mathrm{T}}X)^{-1}X^{\mathrm{T}})\sigma^2 I)+E(\boldsymbol{y})^{\mathrm{T}}(I-X(X^{\mathrm{T}}X)^{-1}X^{\mathrm{T}})E(\boldsymbol{y})\\&=(n-p)\sigma^2+\boldsymbol{\alpha}^{\mathrm{T}}X^{\mathrm{T}}(I-X(X^{\mathrm{T}}X)^{-1}X^{\mathrm{T}})X\boldsymbol{\alpha}=(n-p)\sigma^2\end{aligned} \tag{A.1.11}$$

因此，σ^2 可以按照以下方式估计

$$\sigma^2=\frac{E(S_e)}{n-p} \tag{A.1.12}$$

多元线性回归误差分析涉及的内容较多，这里不再赘述，有兴趣的读者可阅读文献[269]。

A.1.4 Lagrange 乘子法最优化求解

在本书第 10 章与第 12 章描述最优嵌入理论与相关自适应隐写方法等内容时使用了 Lagrange 乘子法求解最优化问题，这里简单介绍该方法。

Lagrange 乘子法是在有等式约束的情况下求函数极大值的一种方法。例如，考虑以下包含两个变元与一个等式约束条件求极大值的问题

$$\max_{x,y} f(x,y) \tag{A.1.13}$$

$$\text{s. t.}\quad g(x,y)=0$$

如果函数 $f(x,y)$ 与 $g(x,y)$ 均处处具有一阶连续偏导数，那么可以构造以下 Lagrange

函数

$$L(x,y,\lambda)=f(x,y)-\lambda g(x,y) \tag{A.1.14}$$

其中，新引入的变量 λ 称为 Lagrange 乘子 (Lagrange multiplier)。显然，这个函数的极大值在一阶偏导数均为 0 的稳定点 (stationary point) 处，即梯度 $G_{x,y}L(x,y,\lambda)$ 为零处，当然这只是极大值存在的必要条件，但一般已经可以解决实际问题了。设

$$G_{x,y}f(x,y)=\left(\frac{\partial f(x,y)}{\partial x},\frac{\partial f(x,y)}{\partial y}\right) \tag{A.1.15}$$

$$G_{x,y}g(x,y)=\left(\frac{\partial g(x,y)}{\partial x},\frac{\partial g(x,y)}{\partial y}\right) \tag{A.1.16}$$

分别表示函数 $f(x,y)$ 与 $g(x,y)$ 的梯度，则由 $G_{x,y}L(x,y,\lambda)=\mathbf{0}$ 可得

$$\begin{cases}G_{x,y}f(x,y)-\lambda G_{x,y}g(x,y)=\mathbf{0}\\ g(x,y)=0\end{cases} \tag{A.1.17}$$

以上第一个方程两个方向上偏导数分别相等，因此方程组有 3 个变元与 3 个方程，求解后可得 $f(x,y)$ 在 $g(x,y)=0$ 约束下的极大值。

一般情况下，可以假设有等式约束情况下求函数极大值的问题中有 n 个变元与 m 个等式约束。若将 n 个变元写成 n 维向量 $\boldsymbol{x}$，则问题可描述为

$$\max_{\boldsymbol{x}} f(\boldsymbol{x}) \tag{A.1.18}$$

$$\text{s. t.}\quad g_1(\boldsymbol{x})=g_2(\boldsymbol{x})=\cdots=g_m(\boldsymbol{x})=0$$

相应的 Lagrange 函数为

$$L(\boldsymbol{x},\lambda_1,\lambda_2,\cdots,\lambda_M)=f(\boldsymbol{x})-\sum_{k=1}^{m}\lambda_k g_k(\boldsymbol{x}) \tag{A.1.19}$$

令梯度 $G_x L(\boldsymbol{x},\lambda_1,\lambda_2,\cdots,\lambda_M)=0$，得到

$$\begin{cases}G_x f(\boldsymbol{x})-\sum_{k=1}^{m}\lambda_k G_x g_k(\boldsymbol{x})=0\\ g_1(\boldsymbol{x})=g_2(\boldsymbol{x})=\cdots=g_m(\boldsymbol{x})=0\end{cases} \tag{A.1.20}$$

以上方程组有 $n+m$ 个变元与相同数量的方程，通过求解后可以确定 $f(\boldsymbol{x})$ 在以上约束条件下的极大值。

A.2　信息论与编码

本书涉及信息论、熵编码、信道编码 (纠错码) 等方面的内容，以下简要介绍相关知识点，读者可进一步参考文献[5]、文献[57]和文献[141]。

A.2.1　信息量单位与转换

在隐写算法的设计中，消息的信息量往往是约束条件或者优化目标，可以在不同单位下表示并相互转换。例如，在 11.3 节介绍的双层 STC 编码中，需要为两层分别分配嵌入的比特数，在比较三元最优嵌入模拟器时，需采用三元编码下的消息长度；在第 10 章求解 DLS 问题时，需要极大化消息嵌入量。一般情况下，将信息量用不同单位表示取决于设计与分析是否方便，它们之间存在等价关系，因此不影响最后的嵌入效果。例如，在 12.1.2 节，为了便于求导与推导，MG 算法的设计以奈特(nat)为单位表示信息量，但这不意味着算法最后要按每 nat 一个单位嵌入，而是在求得嵌入概率与失真后，用于三元嵌入完成隐写。

不同信息量单位之间的对应关系取决于其自信息的表达形式。设离散信源 $x=(a_1,\cdots,a_q)$ 的概率分布为 $P(x)=(P(a_1),\cdots,P(a_q))$，则 a_i 传递的信息量为其自信息

$$I(a_i)=-\log_r P(a_i)=\log_r\frac{1}{P(a_i)},\quad r>1 \tag{A.2.1}$$

当 $r=2$ 时，信息量单位为比特(bit)；当 $r=\mathrm{e}$ 时，信息量单位为奈特(nat)；当 $r=10$ 时，信息量单位为哈特(hart)；当 $r=3$ 时，本书命名信息量单位为三元单位(triunit)。这些是常见的单位，但是，满足 $r>1$ 的任何对数底数都对应一个单位。由于 $\log_r x=\log_s x/\log_s r$，$1\mathrm{nat}=\log_2 \mathrm{e}\approx 1.443\mathrm{bit}$，$1\mathrm{hart}=\log_2 10\approx 3.322\mathrm{bit}$，$1\mathrm{triunit}=\log_2 3\approx 1.585\mathrm{bit}$。

常见的信息熵是平均自信息量

$$H_r(x)=E(-\log_r P(a_i))=-\sum_{i=1}^{q}P(a_i)\log_r P(a_i) \tag{A.2.2}$$

因此，它也具有上述信息量单位及其转换关系。

A.2.2　Fisher 信息

Fisher 信息(Fisher information)与隐写安全指标 KL 散度有内在联系，12.1.2 节介绍的 MG 隐写利用了这个联系，因此，以下给出 Fisher 信息的表达形式与具体含义。设随机变量 X 的概率质量函数(probability mass function，PMF)可表示为 $f(\boldsymbol{x};\theta)$，其中 θ 为待估计参数；在最大似然估计中，可以将 $\log f(\boldsymbol{x};\theta)$ 作为似然函数，基于观测样本，使似然值最大的 θ 值最可能是真实的参数值。为方便论述，以下设对数为自然对数。为了求得这个参数值需计算似然函数的一阶导数

$$S(\boldsymbol{x};\theta)\triangleq\frac{\partial\log f(\boldsymbol{x};\theta)}{\partial\theta}=\frac{1}{f(\boldsymbol{x};\theta)}\cdot\frac{\partial f(\boldsymbol{x};\theta)}{\partial\theta} \tag{A.2.3}$$

并令其为 0，但目前还有个问题：如何评价以上方法的估计能力？设观测样本覆盖 X 的全部可能出现值，Fisher 信息可用于一般性地刻画这个能力，其表达形式是

$$\begin{aligned}I(\theta) &= \mathrm{Var}(S(\boldsymbol{x};\theta)) = E(S(\boldsymbol{x};\theta)^2) - E(S(\boldsymbol{x};\theta))^2 \\ &= E\left(\left(\frac{\partial \log f(\boldsymbol{x};\theta)}{\partial\theta}\right)^2\right) - \left(\sum_x\left(\frac{1}{f(\boldsymbol{x};\theta)}\cdot\frac{\partial f(\boldsymbol{x};\theta)}{\partial\theta}\cdot f(\boldsymbol{x};\theta)\right)\right)^2 \\ &= E\left(\left(\frac{\partial \log f(\boldsymbol{x};\theta)}{\partial\theta}\right)^2\right) - \left(\frac{\partial}{\partial\theta}\sum_x f(\boldsymbol{x};\theta)\right)^2 \\ &= E(S(\boldsymbol{x};\theta)^2) - \left(\frac{\partial}{\partial\theta}1\right)^2 = E(S(\boldsymbol{x};\theta)^2) = E\left(\left(\frac{\partial \log f(\boldsymbol{x};\theta)}{\partial\theta}\right)^2\right)\end{aligned} \tag{A.2.4}$$

这说明 Fisher 信息是对数似然函数一阶导数的方差，从参数估计的角度看，Fisher 信息值越大，说明似然函数曲线存在明显的极值情况，因此能够更可靠地估计参数 θ 。由于

$$\begin{aligned}\frac{\partial^2 \log f(\boldsymbol{x};\theta)}{\partial\theta^2} &= \frac{1}{f(\boldsymbol{x};\theta)}\cdot\frac{\partial^2 f(\boldsymbol{x};\theta)}{\partial\theta^2} - \left(\frac{1}{f(\boldsymbol{x};\theta)}\cdot\frac{\partial f(\boldsymbol{x};\theta)}{\partial\theta}\right)^2 \\ &= \frac{1}{f(\boldsymbol{x};\theta)}\cdot\frac{\partial^2 f(\boldsymbol{x};\theta)}{\partial\theta^2} - \left(\frac{\partial \log f(\boldsymbol{x};\theta)}{\partial\theta}\right)^2\end{aligned}$$

并且

$$\begin{aligned}E\left(\frac{1}{f(\boldsymbol{x};\theta)}\cdot\frac{\partial^2 f(\boldsymbol{x};\theta)}{\partial\theta^2}\right) &= \sum_x\left(\frac{1}{f(\boldsymbol{x};\theta)}\cdot\frac{\partial^2 f(\boldsymbol{x};\theta)}{\partial\theta^2}\cdot f(\boldsymbol{x};\theta)\right) \\ &= \frac{\partial^2}{\partial\theta^2}\sum_x f(\boldsymbol{x};\theta) = \frac{\partial^2}{\partial\theta^2}0 = 0\end{aligned}$$

因此，Fisher 信息还可以表示为

$$\begin{aligned}I(\theta) &= E\left(\left(\frac{\partial \log f(\boldsymbol{x};\theta)}{\partial\theta}\right)^2\right) = E\left(\frac{1}{f(\boldsymbol{x};\theta)}\cdot\frac{\partial^2 f(\boldsymbol{x};\theta)}{\partial\theta^2}\right) - E\left(\frac{\partial^2 \log f(\boldsymbol{x};\theta)}{\partial\theta^2}\right) \\ &= -E\left(\frac{\partial^2 \log f(\boldsymbol{x};\theta)}{\partial\theta^2}\right)\end{aligned} \tag{A.2.5}$$

这说明，Fisher 信息 $I(\theta)$ 还是分布函数 $f(\boldsymbol{x};\theta)$ 二阶导数的期望乘以 -1 的结果；这样，Fisher 信息值越大，说明分布函数曲线的波峰更加上凸，因此能够更可靠地对参数 θ 进行估计，这与上面说明的原理是等同的。

A.2.3　KL 散度性质

本书 1.3 节介绍的 KL 散度是衡量两个分布差异的度量，也常作为隐写安全指标使用。设 p 与 q 是样本空间 $\mathcal{X}$ 上的两个 PMF，则它们的 KL 散度是

$$D_{\mathrm{KL}}(p\|q)=\sum_{x\in\mathcal{X}}p(\boldsymbol{x})\log\frac{p(\boldsymbol{x})}{q(\boldsymbol{x})} \tag{A.2.6}$$

KL 散度的单位取决于以上对数的底，例如，当以 2 为底时，单位为比特，当以 e 为底时，单位为奈特，但由于这些单位存在固定的转换关系，各种对数底表示的 KL 散度是等价的。显然，$p(\boldsymbol{x})=q(\boldsymbol{x})$，$D_{\mathrm{KL}}(p\|q)=0$，$p(\boldsymbol{x})$ 与 $q(\boldsymbol{x})$ 差异越大，散度值越大。下面的定理证明了 KL 散度值的非负性。

定理 A.2.1　设 p 与 q 是样本空间 $\mathcal{X}$ 上任意两个 PMF，则

$$D_{\mathrm{KL}}(p\|q)\geqslant 0 \tag{A.2.7}$$

当且仅当 $p(\boldsymbol{x})=q(\boldsymbol{x}),\forall\boldsymbol{x}\in\mathcal{X}$，等号成立。

证明　在以下证明中，假设对数函数以 e 为底。由于 $(\log t)''=-t^{-2}<0$，说明 $\log t$ 是凸函数，并且 $y=t-1$ 是 $\log t$ 在 $t=1$ 处的切线，因此有

$$\log t\leqslant t-1,\quad t>0 \tag{A.2.8}$$

当且仅当 $t=1$ 时等号成立。令 $t=q(\boldsymbol{x})/p(\boldsymbol{x})$，代入式(A.2.8)得到

$$p(\boldsymbol{x})\log\frac{p(\boldsymbol{x})}{q(\boldsymbol{x})}\geqslant p(\boldsymbol{x})-q(\boldsymbol{x}) \tag{A.2.9}$$

对式(A.2.9)两边针对全部 $\boldsymbol{x}\in\mathcal{X}$ 求和得到

$$D_{\mathrm{KL}}(p\|q)=\sum_{x\in\mathcal{X}}p(\boldsymbol{x})\log\frac{p(\boldsymbol{x})}{q(\boldsymbol{x})}\geqslant\sum_{x\in\mathcal{X}}p(\boldsymbol{x})-\sum_{x\in\mathcal{X}}q(\boldsymbol{x})=1-1=0 \tag{A.2.10}$$

当且仅当 $p(\boldsymbol{x})=q(\boldsymbol{x}),\forall\boldsymbol{x}\in\mathcal{X}$，$p(\boldsymbol{x})/q(\boldsymbol{x})=1$，此时 $D_{\mathrm{KL}}(p\|q)=0$。　□

如果 $\forall\boldsymbol{x}\in\mathcal{X}$ 中每个维度相互独立，则有以下定理。

定理 A.2.2　设矢量随机变量 $\boldsymbol{x}=(x_1,\cdots,x_n)\in\mathcal{X}$ 与 $\boldsymbol{y}=(y_1,\cdots,y_n)\in\mathcal{X}$ 的分布分别为 $p(\boldsymbol{x})$ 与 $q(\boldsymbol{x})$，其中，$x_1,\cdots,x_n$ 与 $y_1,\cdots,y_n$ 为相互独立的标量随机变量，它们的分布分别为 $p_1(x_1),\cdots,p_n(x_n)$ 与 $q_1(x_1),\cdots,q_n(x_n)$，则有

$$D_{\mathrm{KL}}(p\|q)=\sum_{n=1}^{n}D_{\mathrm{KL}}(p_i\|q_i) \tag{A.2.11}$$

证明　展开式(A.2.6)得到

$$D_{\mathrm{KL}}(p\|q)=\sum_{x_1,\cdots,x_n}p_1(x_1)\cdots p_n(x_n)\log\prod_{i=1}^{n}\frac{p_i(x_i)}{q_i(x_i)}$$

$$= \sum_{i=1}^{n} \sum_{x_1,\cdots,x_n} p_1(x_1)\cdots p_n(x_n) \log \frac{p_i(x_i)}{q_i(x_i)}$$

$$= \sum_{i=1}^{n} \sum_{x_i} \left(p_i(x_i) \log \frac{p_i(x_i)}{q_i(x_i)} \sum_{x_1,\cdots,x_{i-1},x_{i+1},\cdots,x_n} p_1(x_1)\cdots p_n(x_n) \right)$$

$$= \sum_{i=1}^{n} \sum_{x_i} \left(p_i(x_i) \log \frac{p_i(x_i)}{q_i(x_i)} \right) = \sum_{i=1}^{n} D_{\mathrm{KL}}(p_i \| q_i)$$ □

KL 散度的重要性质是它与 Fisher 信息存在联系。为方便论述，以下设对数为自然对数。

定理 A.2.3 设 $p(x;\theta)$ 是随机变量 x 的 PMF，其中 θ 为标量参数，则有

$$D_{\mathrm{KL}}(p(x;0) \| p(x;\theta)) = \frac{\theta^2}{2} I(0) + O(\theta^3) \tag{A.2.12}$$

其中，$I(\theta)$ 为 Fisher 信息

$$I(\theta) = \sum_{x} \left(p(x;\theta) \left(\frac{\partial \log p(x;\theta)}{\partial \theta} \right)^2 \right) = \sum_{x} \left(\frac{1}{p(x;\theta)} \left(\frac{\partial p(x;\theta)}{\partial \theta} \right)^2 \right) \tag{A.2.13}$$

证明 式(A.2.13)中间式与右式相等是通过求导关系直接确立的。下面以参数 θ 为变量，用泰勒级数在 $\theta = 0$ 处展开 $\log p(x;\theta)$ 得到

$$\log p(x;\theta) = \log \left(p(x;0) + \theta \frac{\partial p(x;0)}{\partial \theta} + \frac{\theta^2}{2} \frac{\partial^2 p(x;0)}{\partial \theta^2} + O(\theta^3) \right)$$

$$= \log \left(p(x;0) \left(1 + \frac{\theta}{p(x;0)} \frac{\partial p(x;0)}{\partial \theta} + \frac{\theta^2}{2p(x;0)} \frac{\partial^2 p(x;0)}{\partial \theta^2} + O(\theta^3) \right) \right)$$

$$= \log p(x;0) + \log \left(1 + \left(\frac{\theta}{p(x;0)} \frac{\partial p(x;0)}{\partial \theta} + \frac{\theta^2}{2p(x;0)} \frac{\partial^2 p(x;0)}{\partial \theta^2} + O(\theta^3) \right) \right)$$

由于 $\ln(1+x)$ 用泰勒级数展开为 $x - x^2/2 + x^3/3 - \cdots$，上式可进一步展开为

$$\log p(x;\theta) = \log p(x;0) + \frac{\theta}{p(x;0)} \frac{\partial p(x;0)}{\partial \theta} + \frac{\theta^2}{2p(x;0)} \frac{\partial^2 p(x;0)}{\partial \theta^2} - \frac{\theta^2}{2} \left(\frac{1}{p(x;0)} \frac{\partial p(x;0)}{\partial \theta} \right)^2 + O(\theta^3)$$

因此，可以得到

$$p(x;0)(\log p(x;0) - \log p(x;\theta)) = -\theta \frac{\partial p(x;0)}{\partial \theta} - \frac{\theta^2}{2} \frac{\partial^2 p(x;0)}{\partial \theta^2} + \frac{\theta^2}{2p(x;0)} \left(\frac{\partial p(x;0)}{\partial \theta} \right)^2 + O(\theta^3) \tag{A.2.14}$$

由于

$$\sum_x \frac{\partial p(x;0)}{\partial \theta} = \frac{\partial}{\partial \theta}\sum_x p(x;0) = \frac{\partial}{\partial \theta}1 = 0$$

$$\sum_x \frac{\partial^2 p(x;0)}{\partial \theta^2} = \frac{\partial^2}{\partial \theta^2}\sum_x p(x;0) = \frac{\partial^2}{\partial \theta^2}1 = 0$$

可进一步得到

$$\begin{aligned} D_{\mathrm{KL}}(p(x;0)\,\|\,p(x;\theta)) &= \sum_x (p(x;0)(\log p(x;0) - \log p(x;\theta))) \\ &= \frac{\theta^2}{2}\sum_x \frac{1}{p(x;0)}\left(\frac{\partial p(x;0)}{\partial \theta}\right)^2 + O(\theta^3) = \frac{\theta^2}{2}I(0) + O(\theta^3) \end{aligned} \quad \text{(A.2.15)}$$

□

A.2.4　Huffman 编码

Huffman 编码被用于 JPEG 图像的熵编码；在 3.4 节中，Huffman 编/解码的原理被隐写用于保持统计分布特性。

Huffman 编码是一种对信源符号数据的无损压缩编码方法，它充分利用了信源符号的分布，已经证明，如果不同信源符号在分布上独立，则 Huffman 编码是最优的。

将 m 个信源符号按出现概率由大到小排列，将 m 个码字按长度由短到长排列，如果能使它们一一对应，则码字的平均长度最小，即短码字对应出现概率大的符号，长码字对应出现概率小的符号。基于上述原理，最常使用的二元 Huffman 编码步骤如图 A.2.1 所示。

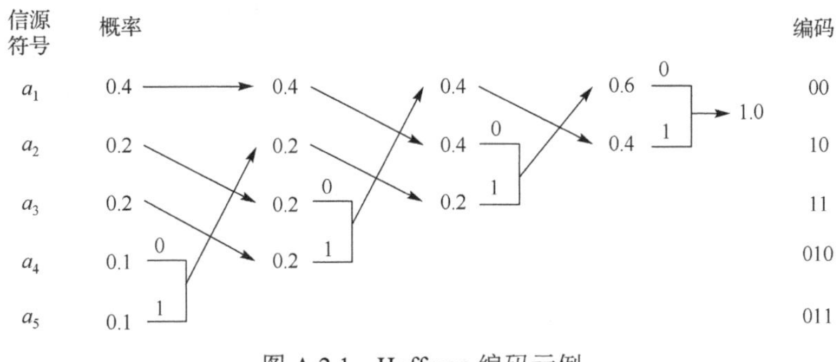

图 A.2.1　Huffman 编码示例

(1) 按递减顺序排列信源符号的出现概率：$p_1 \geqslant p_2 \geqslant \cdots \geqslant p_m$。

(2) 将 0 与 1 分别分配给最小出现概率的两个信源符号，将这两个符号合并为一个新符号，它的出现概率是以上两个最小概率之和，这样，连同其他 $m-2$ 个符号，得到缩减后的 $m-1$ 个信源符号。

(3) 重复以上过程，直到信源符号缩减为最后一级的两个(它们的出现概率和必为 1)，将 0 与 1 分别分配给它们。

(4) 在以上编码构成的每条树图路径上，从最后一级缩减信源符号开始向前逐级记录分配的 0 或 1(图 A.2.1 中由右向左)，得到该条路径上的 Huffman 码，先记录下来的 0/1 串为码字前缀，解码时优先读入。

Huffman 编码的性质可以主要通过平均码长与编码效率两个指标来衡量。设信源符号集合为 $S=\{s_1,s_2,\cdots,s_m\}$，其出现概率分别为 $P(s_i)$，则平均码长为

$$\bar{L}=\sum_{i=1}^{m} l_i P(s_i) \tag{A.2.16}$$

其中，l_i 为从 s_i 出发路径上得到的码字长度；编码效率为

$$E=\frac{H(S)}{\bar{L}} \tag{A.2.17}$$

以上编码中存在一些需要进一步说明的情况。第一，Huffman 编码的任何码字前缀不会是一个码字；第二，Huffman 编码不唯一，在当前级缩减符号上对两个出现概率最小的符号，可以分别分配 1 与 0 或者 0 与 1，但是不同方法得到的平均码长与编码效率相同；第三，若合并得到的符号出现概率与其他符号概率相同，则排列次序不同也将使得编码出现不同，但是平均码长也是相同的，由于将等概率合并符号前置(靠近大概率符号)使码长比较接近，一般将合并符号在等概率符号中前置排列，如图 A.2.1 中的斜向箭头所示。

在应用中，信源符号的数量可能很少，为了发挥 Huffman 编码的优势，需要进行信源符号扩张。典型地，在压缩 0/1 组成的二进制数据中，可以将连续出现的 k 比特作为一个信源符号，这样符号的个数为 2^k 个，一般这样处理后编码效率会明显提高。在以上情况下，可以称每个二进制位上的分布概率为基础概率。

从以上 Huffman 编码描述看，信源符号出现概率是编/解码的配置参数，编/解码操作只需按照码字表在码字与信源符号之间完成映射即可。

A.2.5　线性分组纠错码

在第 4 章中，线性分组纠错码的原理被用于构造矩阵编码隐写方案。

一般来说，纠错码的编码通过为消息分组添加校验信息形成码字，使得解码能通过检验码字中消息与校验信息之间的关系获得检错、纠错能力。记 $\boldsymbol{m}=(m_1,m_2,\cdots,m_k)^{\mathrm{T}}$ 为消息分组，m_i 为消息元，$\boldsymbol{c}=(c_1,c_2,\cdots,c_n)^{\mathrm{T}}$ 为相应的码字，c_i 为码

元，其中，码字比消息分组增加了 $n-k$ 位信息，注意消息分组不一定会在码字中直接出现。如果不同消息元或码元的个数均是 q，则一共有 q^k 个消息分组，也应只有 q^k 个有效码字，称为许用码字，在全部 q^n 个可能码字中的其他码字称为禁用码字。最常见的情况是 $q=2$，$m_i, c_i \in \mathrm{GF}(2)$。

以下主要基于 GF(2) 上的纠错码回顾它们的一些共同性质。由于在长度为 n 的码字中传输了长度为 k 的消息，因此消息的传输率(或称为编码率)为 k/n；当 $c_i \in \mathrm{GF}(2)$ 时，一个码字中非零元的个数被称为码重或汉明重量，两个码字之间的汉明距离是指相同码元位置上不同码元的个数，任意两个码字之间的最小汉明距离称为码的最小距离 d，它与码的检错与纠错能力直接相关；设码字 $\boldsymbol{c}$ 在传输中被叠加了噪声 $\boldsymbol{e}$，后者改变了 $\boldsymbol{c}$ 相应位置上的码元，一个纠错码的检错、纠错能力一般分别用其能够检错、纠错的位数来衡量。

当每个码字的 $n-k$ 位校验信息只由本组消息元按照一定规律生成，而与其他消息组无关时，这样形成的码为分组纠错码(以下简称分组码)，一般记为 (n,k) 或者 (n,k,d) 码。一般分组码的校验信息通过线性运算生成，因此一般也称为线性分组码(linear block code)。关于分组码的检错、纠错能力，有以下基本定理。

定理 A.2.4　对 (n,k) 分组码，记其最小距离为 d，则有

(1) 如果能够检测 e 个位置的随机错误，则要求 $d \geqslant e+1$。

(2) 如果能够纠正 t 个位置的随机错误，则要求 $d \geqslant 2t+1$。

(3) 如果能够纠正 t 个位置的随机错误，并能够检测 $e>t$ 个位置的随机错误，则要求 $d \geqslant t+e+1$。

在数学上，(n,k,d) 线性分组码的编码问题可以描述为，在 GF(q) 上 n 维向量 $\mathrm{GF}(q)^n$ 组成的 n 维线性空间中，按照一定的检错与纠错要求找出一个 k 维线性子空间，将其中的向量作为许用码字。一种直接的构造是在码字中保留消息分组：对任何一个许用码字 $\boldsymbol{c}$，扩展的 $n-k$ 位信息 $\boldsymbol{r}_{(n-k)\times 1}$ 是消息 $\boldsymbol{m}$ 的线性变换结果，可以表示为

$$I_{(n-k)\times(n-k)} \times \boldsymbol{r}_{(n-k)\times 1} = L_{(n-k)\times k} \times \boldsymbol{m}_{k\times 1} \tag{A.2.18}$$

其中，L 为变换矩阵，则有

$$(-L_{(n-k)\times k}, I_{(n-k)\times(n-k)}) \times \begin{pmatrix} \boldsymbol{m}_{k\times 1} \\ \boldsymbol{r}_{(n-k)\times 1} \end{pmatrix} \overset{\mathrm{def}}{=\!=} H_{(n-k)\times n} \times \boldsymbol{c}_{n\times 1} = \boldsymbol{0}_{(n-k)\times 1} \tag{A.2.19}$$

其中，$H_{(n-k)\times n}$ 称为校验矩阵(parity-check matrix)，请注意，当 $\boldsymbol{c}$ 为许用码字时，$H\boldsymbol{c}=\boldsymbol{0}$，否则 $H\boldsymbol{c}\neq\boldsymbol{0}$，这个性质下面将被用于纠错。线性分组码的 q^k 个许用码字构成了 $\mathrm{GF}(q)^n$ 上的 k 维线性空间(这里 k 维是指线性空间维度，而不是向量的维度)，也可以利用这一点设计分组码：设 k 个线性不相关码字为

$$\boldsymbol{c}_1 = (g_{1,1}, g_{2,1}, \cdots, g_{n,1})^{\mathrm{T}} \stackrel{\text{def}}{=} \boldsymbol{g}_1$$
$$\boldsymbol{c}_2 = (g_{1,2}, g_{2,2}, \cdots, g_{n,2})^{\mathrm{T}} \stackrel{\text{def}}{=} \boldsymbol{g}_2$$
$$\vdots$$
$$\boldsymbol{c}_k = (g_{1,k}, g_{2,k}, \cdots, g_{n,k})^{\mathrm{T}} \stackrel{\text{def}}{=} \boldsymbol{g}_k$$

令

$$G_{n\times k} = \begin{pmatrix} g_{1,1} & g_{1,2} & \cdots & g_{1,k} \\ g_{2,1} & g_{2,2} & \cdots & g_{2,k} \\ \vdots & \vdots & & \vdots \\ g_{n,1} & g_{n,2} & \cdots & g_{n,k} \end{pmatrix} \tag{A.2.20}$$

则可以用以下方法将消息分组 $\boldsymbol{m}$ 映射到码字

$$\boldsymbol{c} = G\boldsymbol{m} = \begin{pmatrix} g_{1,1} & g_{1,2} & \cdots & g_{1,k} \\ g_{2,1} & g_{2,2} & \cdots & g_{2,k} \\ \vdots & \vdots & & \vdots \\ g_{n,1} & g_{n,2} & \cdots & g_{n,k} \end{pmatrix} \begin{pmatrix} m_1 \\ m_2 \\ \vdots \\ m_k \end{pmatrix} \tag{A.2.21}$$

由于要求 $H\boldsymbol{c} = \boldsymbol{0}$，即 $HG\boldsymbol{m} = \boldsymbol{0}, \forall \boldsymbol{m}$，有

$$H_{(n-k)\times n} G_{n\times k} = \boldsymbol{0} \tag{A.2.22}$$

这说明 H 的行与 G 的列所生成空间相互垂直。如果在设计 (n,k) 分组码中 H 由式 (A.2.19) 确定，则它与对应的 G 分别为

$$H = (-L_{(n-k)\times k}, I_{(n-k)\times(n-k)}), \quad G = (I_{k\times k}, L_{(n-k)\times k})^{\mathrm{T}} \tag{A.2.23}$$

称该线性分组码为系统码或者可分码。这类码的特点是，信息元分组 $\boldsymbol{m}_{k\times 1}$ 直接在码字 $(\boldsymbol{m}_{k\times 1}, \boldsymbol{r}_{(n-k)\times 1})$ 中，与校验元可以分开，可以验证以上 $HG = \boldsymbol{0}$。

以上主要讨论了线性分组码的编码，下面讨论译码。设码字 $\boldsymbol{c}$ 在传输中变成了 $\boldsymbol{r} = \boldsymbol{c} + \boldsymbol{e}$，其中，噪声 $\boldsymbol{e}$ 又称为错误图样，译码的目标是基于 $\boldsymbol{r}$ 得到 $\hat{\boldsymbol{c}}$，使得 $\hat{\boldsymbol{c}}$ 尽可能是 $\boldsymbol{c}$。线性分组码的译码采用一致校验矩阵计算如下校验子(syndrome)

$$\boldsymbol{s} = H\boldsymbol{r} = H(\boldsymbol{c} + \boldsymbol{e}) = H\boldsymbol{c} + H\boldsymbol{e} = H\boldsymbol{e} \tag{A.2.24}$$

如果 $\boldsymbol{e} = \boldsymbol{0}$，则 $\boldsymbol{s} = \boldsymbol{0}$，否则 $\boldsymbol{s} \neq \boldsymbol{0}$，并且仅与 $\boldsymbol{e}$ 相关。显然，如果能够得到 $\boldsymbol{e}$ 的估计 $\hat{\boldsymbol{e}}$，等价于得到 $\hat{\boldsymbol{c}} = \boldsymbol{r} - \hat{\boldsymbol{e}}$，这要求

$$\boldsymbol{s} = H\boldsymbol{e} = (\boldsymbol{h}_1, \boldsymbol{h}_2, \cdots, \boldsymbol{h}_n) \begin{pmatrix} 0 \\ \vdots \\ e_{i_1} \\ \vdots \\ e_{i_l} \\ \vdots \\ 0 \end{pmatrix} = e_{i_1}\boldsymbol{h}_{i_1} + e_{i_2}\boldsymbol{h}_{i_2} + \cdots + e_{i_l}\boldsymbol{h}_{i_l} \tag{A.2.25}$$

与 $\boldsymbol{e}$ 有唯一对应关系，其中，$e_{i_j}, j=1,2,\cdots,t$ 为传输信道引入的 t 个噪声分量；$(\boldsymbol{h}_i)_{(n-k)\times 1}$ 为 H 的列向量。这样，如果 (n,k,d) 线性分组码可以纠正 t 个位置上的错误，则要求

$$e_{i_1}\boldsymbol{h}_{i_1}+e_{i_2}\boldsymbol{h}_{i_2}+\cdots+e_{i_t}\boldsymbol{h}_{i_t}\neq e_{j_1}\boldsymbol{h}_{j_1}+e_{j_2}\boldsymbol{h}_{j_2}+\cdots+e_{j_t}\boldsymbol{h}_{j_t} \tag{A.2.26}$$

这要求 H 中任意 $2t$ 个列向量线性无关。对正好纠正 t 个位置上出现错误的分组码有 $d=2t+1$。因此，对 (n,k,d) 线性分组码有以下定理。

定理 A.2.5　(n,k,d) 线性分组码能够纠正 $\leqslant t$ 个错误的充要条件是，校验矩阵 H 中任意 $2t$ 个列向量线性无关，或者说任意 $d-1$ 个列向量线性无关。

定理 A.2.6　(n,k,d) 线性分组码最小距离为 d 的充要条件是，校验矩阵 H 中任意 $d-1$ 个列向量线性无关。

从以上论述可以看出，交换 H 中各个列向量的排列次序，不会影响分组码的纠错能力。

以下用常用的汉明(Hamming)码示例线性分组码的编解码。汉明码是码元在 GF(2) 上能够纠正 $t=1$ 个错误的分组码，由以上描述可知，$d=2t+1=3$，并且 H 中任意 $2t=2$ 个列向量线性无关。从构造 H 的角度看，其每列有 $r=n-k$ 个元素，非全零 r 维列向量有 $n=2^r-1$ 个，用它们按照任意排列次序组成 H，而信息分组的长度为 $k=n-r=2^r-1-r$。因此，确定了校验元的位数 r 后，可以得到 n 与 k。

例 A.2.1　(7,4)汉明码的构造与编解码。

取 $r=3$，非全零 $r=3$ 维列向量有 $n=2^r-1=7$ 个，用它们按照任意次序排列得到一致校验矩阵 H，常用的形式为

$$H=\begin{pmatrix} 0 & 0 & 0 & 1 & 1 & 1 & 1\\ 0 & 1 & 1 & 0 & 0 & 1 & 1\\ 1 & 0 & 1 & 0 & 1 & 0 & 1 \end{pmatrix} \tag{A.2.27}$$

因此，根据 $H\boldsymbol{c}=\boldsymbol{0}$，可以得到 $2^k=2^4=16$ 个许用码字，每个对应一组 $k=4$bit 的消息组。例如，$\boldsymbol{c}=(0001111)^{\mathrm{T}}$ 是一个码字，如果它在传输中变为 $\boldsymbol{r}=\boldsymbol{c}+\boldsymbol{e}=(0001111)^{\mathrm{T}}+(0100000)^{\mathrm{T}}=(0101111)^{\mathrm{T}}$，则校验子 $\boldsymbol{s}=H\boldsymbol{r}=(010)^{\mathrm{T}}$，它是十进制的 2，因此，说明 $\boldsymbol{r}$ 中从高(左)位开始第 2 个码元有错，以此类推。

例 A.2.2　(7,4)汉明码的系统码改造。

可以将以上构造的(7,4)汉明码改造为系统码。根据前面的论述，交换 H 中各个列向量的排列次序不会影响分组码的纠错能力。通过调整 H 列的次序得到

$$H=\begin{pmatrix} 1 & 1 & 1 & 0 & 1 & 0 & 0\\ 0 & 1 & 1 & 1 & 0 & 1 & 0\\ 1 & 1 & 0 & 1 & 0 & 0 & 1 \end{pmatrix}=(-L_{3\times 4}, I_{3\times 3}) \tag{A.2.28}$$

与之对应的生成矩阵为

$$G=\begin{pmatrix}1&0&0&0\\0&1&0&0\\0&0&1&0\\0&0&0&1\\1&1&1&0\\0&1&1&1\\1&1&0&1\end{pmatrix}=\begin{pmatrix}I_{4\times4}\\L_{3\times4}\end{pmatrix} \tag{A.2.29}$$

这样，得到的许用码字中直接在高 4 位包含了消息元，例如，(0100111) 是一个许用码字，其对应的消息元是其前 4 位，即 (0100)。但是，此时校验子与错误图样的对应关系就不如前面例子中直接，例如，当第 2 个码元有错时，得到的校验子是 $\boldsymbol{s}=H(0100000)^{\mathrm{T}}=(111)^{\mathrm{T}}$。

汉明码解码比较简单，下面讨论码元在 GF(2) 上线性分组码一般的解码方法。许用码字与禁用码字的总数是 2^n，它们构成了 n 维向量的 n 维线性空间，是个群。根据式(A.2.21)，(n,k,d) 线性分组码的 2^k 个许用码字构成了 n 维线性空间中的子群，如果以它为基础，将 n 维线性空间中 2^n 个向量按每 2^k 个划分为一个陪集，可得到表 4.1 的译码表，又称为标准阵。其中，每行是一个陪集，全部许用码字在第 1 行，对于第 $i\geqslant 2$ 行，每行分别是全部许用码字加上一个不同噪声得到的陪集；由于同一行任意码字的校验子相等，在译码中，若收到的码字为 $\boldsymbol{r}$ 并且校验子不为零，则可通过校验子确定搜索的陪集，若 $\boldsymbol{r}$ 在该陪集的第 j 列，则一般译为相应的许用码字 $\boldsymbol{c}_j$，后者是距离 $\boldsymbol{r}$ 最近的许用码字。由于普遍认为汉明重量轻的噪声更可能发生，以上解码一般使总译码错误率达到最小。

可以从几何上描述以上标准阵译码方法。在几何上，标准阵译码表中的每一列是 n 维线性空间中以 $\boldsymbol{c}_j$ 为圆心、以噪声最大重量为半径的“球体”，由于这些球体互不相交并且覆盖整个线性空间，这个半径称为线性码的覆盖半径。若收到的码字 $\boldsymbol{r}$ 仍然在原来的球体中，则能够被正确纠错；如果噪声没有使许用码字保持为许用码字，均可以检错。

A.3　模式识别

第 8 章、第 9 章与第 13 章介绍的通用隐写分析与选择信道感知隐写分析主要基于对特征的提取与分类完成隐写的存在性判决，以下简介模式识别中有关分类的基本知识，读者可进一步参考文献[175]、文献[272]和文献[273]。

A.3.1　分类问题与判别函数

假设样本总体存在 M 类模式 $\omega_1,\omega_2,\cdots,\omega_M$，模式识别的目的是，基于从检测样

本中提取的 n 维特征 $\boldsymbol{x}=(x_1,x_2,\cdots,x_n)^{\mathrm{T}}$ 识别样本所属的模式 ω_i。如果 $M=2$，则称以上模式识别问题为二分类问题，当 $M>2$ 时，称为多分类问题，分类方法也被称为分类器(classifier)。

判别函数(discriminant function)是定义在 n 维空间中的单值函数，对应以上 M 个模式，它们可以分别记为 $g_1(\boldsymbol{x}),g_2(\boldsymbol{x}),\cdots,g_M(\boldsymbol{x})$，若 $\boldsymbol{x}$ 属于 ω_i，则有

$$g_i(\boldsymbol{x})>g_j(\boldsymbol{x}),\quad \forall j\in\{1,2,\cdots,M\}-\{i\} \tag{A.3.1}$$

从几何上看，判别函数形成了分割各类模式特征的分界面，在 ω_i 与 ω_j 的分界面上有

$$g_i(\boldsymbol{x})=g_j(\boldsymbol{x}) \tag{A.3.2}$$

如果以上判别函数容易实现，则可以实现多分类。但是，一般只有两个模式类别的二分类问题比较容易解决，因此，多分类问题往往基于二分类问题解决。这里有两种解决方法，第一种是将 M 分类转化为 $M-1$ 个二分类，其中第 i 个二分类是将属于 ω_i 的样本与其他类样本分开，进行 $M-1$ 种检测后，对结论无冲突的样本直接输出结果，如果结论有冲突，则根据一定策略(如根据反映特征与分界面距离的返回值)确定模式类型；第二种解决方法是进行两两分类，即构造 $C_M^2=M(M-1)/2$ 个二分类，每次试图分类出属于 ω_i 与 ω_j 类的样本，经过 C_M^2 种检测后，如果一个样本被分到 ω_i 的次数最多，就判定其属于该模式。

有多种方法确定判别函数或分类界面，它们一般先假设判别函数或分类界面的基本参数形式，参数通过对样本集进行训练估计。这种训练过程也称为监督学习(supervised learning)，在开始前，需要标注样本的模式类型，标注的样本集可以表示为

$$S=\{(\boldsymbol{x}_1,y_1),(\boldsymbol{x}_2,y_2),\cdots,(\boldsymbol{x}_N,y_N)\} \tag{A.3.3}$$

其中，$\boldsymbol{x}_i$ 是样本的特征向量；$y_i\in\{\omega_1,\omega_2,\cdots,\omega_M\}$ 是它的模式标识。除了将全部训练数据用于学习，当前很多分类器研发环境均支持交叉验证(cross validation)策略，它将训练数据分为 C 份，将其中每 $C-1$ 份数据的组合作为一次训练数据，将剩下的 1 份数据作为正确性验证数据，最后采用 C 次训练中正确性最高那次得到的分类器参数。

由于多分类问题可以基于二分类问题解决，以下主要介绍常用的二分类方法，包括 Bayes 分类、线性分类、支持向量机与神经网络。

A.3.2　Bayes 分类器

5.1.4 节介绍了 Harmsen 与 Pearlman[72]提出的直方图特征函数质心(HCF COM)隐写分析，它的分类器就是基于 Bayes 分类器构造的。

定义 $P(\omega_i\,|\,\boldsymbol{x}),i=1,2,\cdots,M$ 为后验概率。显然，如果这个概率能够被有效估计，可以直接基于 Bayes 分类准则进行模式分类，即如果

$$P(\omega_i \mid \boldsymbol{x}) > P(\omega_j \mid \boldsymbol{x}), \quad \forall j \neq i \tag{A.3.4}$$

则可判定 $\boldsymbol{x}$ 属于 ω_i。由于后验概率不易直接估计，一般需要根据概率论中的 Bayes 定理按照下式进行估计

$$P(\omega_i \mid \boldsymbol{x}) = \frac{p(\boldsymbol{x} \mid \omega_i) P(\omega_i)}{p(\boldsymbol{x})} \tag{A.3.5}$$

其中，先验概率 $P(\omega_i)$ 与 $p(\boldsymbol{x} \mid \omega_i)$ 在应用中相对容易获得，另外，若基于式(A.3.5)分析 $\boldsymbol{x}$ 的模式类别，显然 $p(\boldsymbol{x})$ 可以省去，因此可以将判别准则改为

$$p(\boldsymbol{x} \mid \omega_i) P(\omega_i) > p(\boldsymbol{x} \mid \omega_j) P(\omega_j), \quad \forall j \neq i \tag{A.3.6}$$

用以上准则进行模式识别的方法称为 Bayes 分类器。对一些应用有 $P(\omega_i) = P(\omega_j)$，这样判别准则进一步简化为

$$p(\boldsymbol{x} \mid \omega_i) > p(\boldsymbol{x} \mid \omega_j), \quad \forall j \neq i \tag{A.3.7}$$

其中，$p(\boldsymbol{x} \mid \omega_i) P(\omega_i)$ 实际上是一种判别函数。例如，如果 ω_i 类下的特征变量 $\boldsymbol{x}$ 的维数是 l 并且满足高斯分布

$$p(\boldsymbol{x} | \omega_i) = \frac{1}{(2\pi)^{l/2} |\Sigma_i|^{1/2}} \mathrm{e}^{-\frac{(x-\mu_i)^{\mathrm{T}} \Sigma_i^{-1} (x-\mu_i)}{2}} \tag{A.3.8}$$

其中，$\boldsymbol{\mu}_i = E(\boldsymbol{x})$ 为均值；$\Sigma_i = E((\boldsymbol{x} - \boldsymbol{\mu}_i)(\boldsymbol{x} - \boldsymbol{\mu}_i)^{\mathrm{T}})$ 为 $l \times l$ 协方差矩阵，则根据式(A.3.6)可以构造以下判别函数

$$g_i(\boldsymbol{x}) = \ln p(\boldsymbol{x} \mid \omega_i) P(\omega_i) = \ln p(\boldsymbol{x} \mid \omega_i) + \ln P(\omega_i) \tag{A.3.9}$$

它可以展开为

$$\begin{aligned} g_i(\boldsymbol{x}) &= -\frac{1}{2}(\boldsymbol{x} - \boldsymbol{\mu}_i)^{\mathrm{T}} \Sigma_i^{-1} (\boldsymbol{x} - \boldsymbol{\mu}_i) + \ln P(\omega_i) + c_i \\ &= -\frac{1}{2} \boldsymbol{x}^{\mathrm{T}} \Sigma_i^{-1} \boldsymbol{x} + \frac{1}{2} \boldsymbol{x}^{\mathrm{T}} \Sigma_i^{-1} \boldsymbol{\mu}_i + \frac{1}{2} \boldsymbol{\mu}_i^{\mathrm{T}} \Sigma_i^{-1} \boldsymbol{x} - \frac{1}{2} \boldsymbol{\mu}_i^{\mathrm{T}} \Sigma_i^{-1} \boldsymbol{\mu}_i + \ln P(\omega_i) + c_i \end{aligned} \tag{A.3.10}$$

其中，$c_i = -(l/2)\ln 2\pi - (1/2)\ln|\Sigma_i|$ 为常数。

A.3.3 线性分类器

如果判别函数是线性的，相应的分类器就称为线性分类器。对于模式 ω_i，线性判别函数可以表示为

$$g_i(\boldsymbol{x}) = w_{i1}x_1 + w_{i2}x_2 + \cdots + w_{in}x_n + w_{i0}, \quad i = 1, 2, \cdots, M \tag{A.3.11}$$

记 $\boldsymbol{w}_i = (w_{i1}, w_{i2}, \cdots, w_{in})^{\mathrm{T}}$，则式(A.3.11)可表示为

$$g_i(\boldsymbol{x}) = \boldsymbol{w}_i^{\mathrm{T}} \boldsymbol{x} + w_{i0}, \quad i = 1, 2, \cdots, M \tag{A.3.12}$$

这里从几何上描述二分类下的线性分类器。在只有两类模式的情况下，$g_1(\boldsymbol{x})=\boldsymbol{w}_1^{\mathrm{T}}\boldsymbol{x}+w_{10}$，$g_2(\boldsymbol{x})=\boldsymbol{w}_2^{\mathrm{T}}\boldsymbol{x}+w_{20}$，若 $\boldsymbol{x}$ 属于 ω_1，则有 $g_1(\boldsymbol{x})>g_2(\boldsymbol{x})$，即有 $(\boldsymbol{w}_1^{\mathrm{T}}-\boldsymbol{w}_2^{\mathrm{T}})\boldsymbol{x}+(w_{10}-w_{20})>0$。令 $\boldsymbol{w}=\boldsymbol{w}_1^{\mathrm{T}}-\boldsymbol{w}_2^{\mathrm{T}}$，$w_0=w_{10}-w_{20}$，得到特征 $\boldsymbol{x}$ 的投影函数

$$y=g(\boldsymbol{x})=\boldsymbol{w}^{\mathrm{T}}\boldsymbol{x}+w_0 \tag{A.3.13}$$

显然，在几何上 $g(\boldsymbol{x})=0$ 是一个分界面(图 A.3.1)，线性分类器的判别方法可以是：如果 $g(\boldsymbol{x})>0$，则判断 $\boldsymbol{x}$ 属于 ω_1，否则属于 ω_2。显然，若 $\boldsymbol{x}$ 在分界面上，则 $g(\boldsymbol{x})=0$；对分界面上任意两点 $\boldsymbol{x}_1$ 和 $\boldsymbol{x}_2$，有 $\boldsymbol{w}^{\mathrm{T}}\boldsymbol{x}_1+w_0=\boldsymbol{w}^{\mathrm{T}}\boldsymbol{x}_2+w_0=0$，即

$$\boldsymbol{w}^{\mathrm{T}}(\boldsymbol{x}_1-\boldsymbol{x}_2)=0 \tag{A.3.14}$$

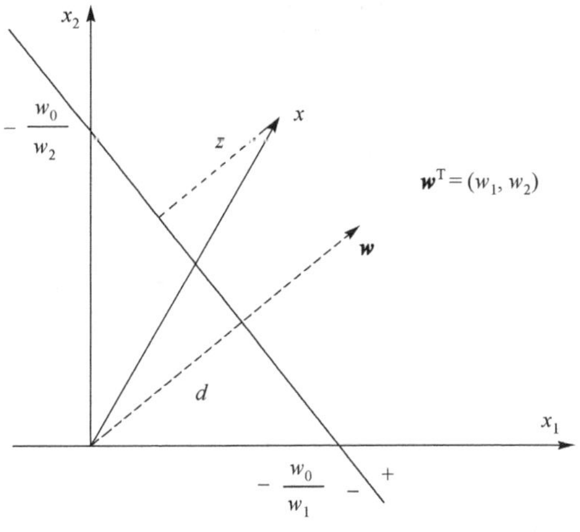

图 A.3.1　判别分界面的几何解释

由于 $\boldsymbol{x}_1-\boldsymbol{x}_2$ 可以代表分界面上的任一向量，这说明 $\boldsymbol{w}$ 垂直于分界面。从图 A.3.1 可以看出，原点到分界面的距离为

$$d=\frac{|w_0|}{\sqrt{w_1^2+w_2^2}}=\frac{|w_0|}{\|\boldsymbol{w}\|} \tag{A.3.15}$$

将任一向量 $\boldsymbol{x}$ 向分界面投影，记投影点为 $\boldsymbol{x}_p$，投影距离为 z，有

$$\boldsymbol{x}=\boldsymbol{x}_p+z\times\frac{\boldsymbol{w}}{\|\boldsymbol{w}\|} \tag{A.3.16}$$

由于

$$g(\boldsymbol{x})=g\left(\boldsymbol{x}_p+z\times\frac{\boldsymbol{w}}{\|\boldsymbol{w}\|}\right)=\boldsymbol{w}^{\mathrm{T}}\left(\boldsymbol{x}_p+z\times\frac{\boldsymbol{w}}{\|\boldsymbol{w}\|}\right)+w_0=z\times\|\boldsymbol{w}\|$$

因此

$$z=\frac{g(\boldsymbol{x})}{\|\boldsymbol{w}\|} \tag{A.3.17}$$

以上说明，投影函数 $g(x)$ 的值可以度量特征到分界面的距离。

一般情况下，可以用有标注的样本特征集通过训练确定 $g(\boldsymbol{x})$，训练方法有梯度下降、固定增量、最小均方误差等。由于本书介绍的高维特征隐写分析普遍采用了 FLD(Fisher's linear discriminant)线性分类作为集成分类的基础分类器，以下简介它的训练方法。

在 FLD 的训练中，同时考虑了使同类模式投影更密集、不同类模式投影平均距离更大两重优化要求，以下仅基于二分类的情况进行介绍。设已计算了两类模式的特征集合$\mathcal{X}_1$与$\mathcal{X}_2$，$|\mathcal{X}_1| = n_1$，$|\mathcal{X}_2| = n_2$，并记它们对应的投影集合分别为$\mathcal{Y}_1$与$\mathcal{Y}_2$，则

$$\boldsymbol{m}_i = \frac{1}{n_i}\sum_{x\in\mathcal{X}_i}\boldsymbol{x}, \quad i\in\{1,2\} \tag{A.3.18}$$

为第 i 类模式特征的均值，而

$$m_i^* = \frac{1}{n_i}\sum_{y\in\mathcal{Y}_i} y = \frac{1}{n_i}\sum_{x\in\mathcal{X}_i}\boldsymbol{w}^{\mathrm{T}}\boldsymbol{x} = \boldsymbol{w}^{\mathrm{T}}\boldsymbol{m}_i \tag{A.3.19}$$

是第 i 类模式特征投影的均值，则两类特征投影均值的距离为

$$m_1^* - m_2^* = \boldsymbol{w}^{\mathrm{T}}(\boldsymbol{m}_1 - \boldsymbol{m}_2) \tag{A.3.20}$$

在确定投影函数时，除了希望以上距离更大，还希望同类模式的投影比较密集，这样，以上均值差较大才更有意义，因此定义投影的类内分散度为

$$S_i^{*2} = \sum_{y\in\mathcal{Y}_i}(y - m_i^*)^2 \tag{A.3.21}$$

所以两个类的类内分散度为 $S_1^{*2} + S_2^{*2}$，为使同类模式的投影更密集，也希望它更小。因此，构造以下准则函数

$$J(\boldsymbol{w}) = \frac{(m_1^* - m_2^*)^2}{S_1^{*2} + S_2^{*2}} \tag{A.3.22}$$

希望选取的判别 $g(\boldsymbol{x}) = \boldsymbol{w}^{\mathrm{T}}\boldsymbol{x}$ 的 $\boldsymbol{w}$ 使得它最大。为此，需要重新表示 $J(\boldsymbol{w})$。首先定义

$$S_i = \sum_{x\in\mathcal{X}_i}(\boldsymbol{x} - \boldsymbol{m}_i)(\boldsymbol{x} - \boldsymbol{m}_i)^{\mathrm{T}} \tag{A.3.23}$$

为第 i 类模式分散度矩阵，则两类之和 $S_w = S_1 + S_2$；另定义

$$S_B = (\boldsymbol{m}_1 - \boldsymbol{m}_2)(\boldsymbol{m}_1 - \boldsymbol{m}_2)^{\mathrm{T}} \tag{A.3.24}$$

为类间模式均值分散度矩阵，则有

$$S_i^{*2} = \sum_{x\in\mathcal{X}_i}(\boldsymbol{w}^{\mathrm{T}}\boldsymbol{x} - \boldsymbol{w}^{\mathrm{T}}\boldsymbol{m}_i)^2 = \sum_{x\in\mathcal{X}_i}\boldsymbol{w}^{\mathrm{T}}(\boldsymbol{x} - \boldsymbol{m}_i)(\boldsymbol{x} - \boldsymbol{m}_i)^{\mathrm{T}}\boldsymbol{w} = \boldsymbol{w}^{\mathrm{T}}S_i\boldsymbol{w} \tag{A.3.25}$$

$$S_1^{*2} + S_2^{*2} = \boldsymbol{w}^{\mathrm{T}} S_w \boldsymbol{w} \tag{A.3.26}$$

$$(m_1^* - m_2^*)^2 = (\boldsymbol{w}^{\mathrm{T}}\boldsymbol{m}_1 - \boldsymbol{w}^{\mathrm{T}}\boldsymbol{m}_2)^2 = \boldsymbol{w}^{\mathrm{T}}(\boldsymbol{m}_1 - \boldsymbol{m}_2)(\boldsymbol{m}_1 - \boldsymbol{m}_2)^{\mathrm{T}}\boldsymbol{w} = \boldsymbol{w}^{\mathrm{T}} S_B \boldsymbol{w} \tag{A.3.27}$$

所以有

$$J(\boldsymbol{w}) = \frac{\boldsymbol{w}^{\mathrm{T}} S_B \boldsymbol{w}}{\boldsymbol{w}^{\mathrm{T}} S_w \boldsymbol{w}} \tag{A.3.28}$$

由于以上优化准则是使式(A.3.28)分子最大、分母最小，则可以构造 Lagrange 函数

$$L(\boldsymbol{w}, \lambda) = \boldsymbol{w}^{\mathrm{T}} S_B \boldsymbol{w} + \lambda(C - \boldsymbol{w}^{\mathrm{T}} S_w \boldsymbol{w}) \tag{A.3.29}$$

并求其极大值，其中，λ 与 C 为常数；对式(A.3.29)关于 $\boldsymbol{w}$ 求导并令结果为 0，得到

$$S_B \boldsymbol{w} = \lambda S_w \boldsymbol{w} \tag{A.3.30}$$

一般 S_w 非奇异，因此得到 $S_w^{-1} S_B \boldsymbol{w} = \lambda \boldsymbol{w}$，以及

$$\boldsymbol{w} = \frac{1}{\lambda} S_w^{-1}(\boldsymbol{m}_1 - \boldsymbol{m}_2)(\boldsymbol{m}_1 - \boldsymbol{m}_2)^{\mathrm{T}} \boldsymbol{w} = \frac{R}{\lambda} S_w^{-1}(\boldsymbol{m}_1 - \boldsymbol{m}_2) \tag{A.3.31}$$

其中，$R \stackrel{\mathrm{def}}{=} (\boldsymbol{m}_1 - \boldsymbol{m}_2)^{\mathrm{T}} \boldsymbol{w} = m_1^* - m_2^*$ 为标量。由于 $J(\boldsymbol{w}) = J(a\boldsymbol{w})$，其中 a 是任意常数，则一般取

$$\boldsymbol{w} = S_w^{-1}(\boldsymbol{m}_1 - \boldsymbol{m}_2) \tag{A.3.32}$$

实际上以上 $\boldsymbol{w}$ 与 $-\boldsymbol{w}$ 均是解，一般而言，将第一类样本组作为正(阳性)样本，则采用 $\boldsymbol{w}$，反之采用 $-\boldsymbol{w}$。在实际使用中[115]，为了增加 S_w 的正定性，避免矩阵出现奇异与病态(ill-conditioned)情况，一般在其对角线上加上一个常数 λ，则有

$$\boldsymbol{w} = (S_w + \lambda I)^{-1}(\boldsymbol{m}_1 - \boldsymbol{m}_2) \tag{A.3.33}$$

求解得到 $\boldsymbol{w}$ 后，还需要继续求解 w_0。w_0 的求解准则是使分类器对训练样本分类准确率最高。一种典型的做法是，对两类样本分别计算投影值 $\boldsymbol{w}^{\mathrm{T}}x$，排序得到投影值的升序序列 $y_1,\cdots,y_j,\cdots,y_{n_1+n_2}$，通过不断调节 w_0 的值，使得基于 $y_1 - w_0,\cdots,y_j - w_0,\cdots,y_{n_1+n_2} - w_0$ 的正负进行二分类的准确率最高，或者在漏检率与虚警率上正好达到所需的平衡。

A.3.4　支持向量机

支持向量机(support vector machine，SVM)是一类分界面得到优化的分类器，分界准则是使不同模式下的特征与分界面的距离都最大，分界面不偏向任何一类模式特征。一般对可分类问题可能存在多个可能的分界面(图 A.3.2)，但是其中有一个使不同模式特征在垂直分界面方向的距离最大，这样的分界面判别效果更

好。间隙(margin)是指在分界面的垂直方向上不同类特征的距离，例如，在图 A.3.2 中，方向 1 分界面的间隙是 $2z_1$，方向 2 分界面的间隙是 $2z_2$，其中，距离分界面最近的点 $\boldsymbol{x}$ 称为支持向量(support vector)，这些点用圆圈进行了标注，另外，分界面在间隙的正中间。在线性分类情况下，根据式(A.3.17)，z_i 可以用 $g(\boldsymbol{x})/\|\boldsymbol{w}\|$ 表示。

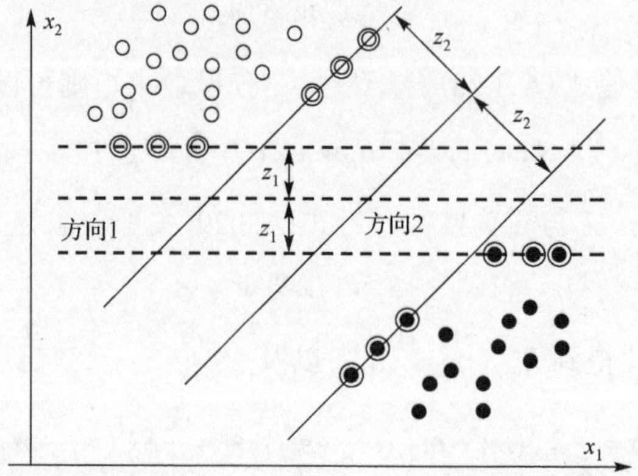

图 A.3.2 分界面的不同方向划分方法(圈住的点为支持向量)

以下介绍二分类 SVM 的构造。为了达到以上要求，需要使 $g(\boldsymbol{x})$ 满足：对 $\boldsymbol{x}\in\omega_1$，$g(\boldsymbol{x})\geqslant C$；对 $\boldsymbol{x}\in\omega_2$，$g(\boldsymbol{x})\leqslant -C$。这可以表示为

$$\boldsymbol{w}^{\mathrm{T}}\boldsymbol{x}+w_0\geqslant 1,\quad \boldsymbol{x}\in\omega_1 \tag{A.3.34}$$

$$\boldsymbol{w}^{\mathrm{T}}\boldsymbol{x}+w_0\leqslant -1,\quad \boldsymbol{x}\in\omega_2 \tag{A.3.35}$$

以上右侧是±1的原因是，不等式中全部系数待定，并且乘以常数不等式仍然成立，因此，将右侧限定为±1不失一般性。在此情况下，对距离分界面最近的特征有：$g(\boldsymbol{x})=1$，$\boldsymbol{x}\in\omega_1$；$g(\boldsymbol{x})=-1$，$\boldsymbol{x}\in\omega_2$。因此间隙为

$$\frac{1}{\|\boldsymbol{w}\|}+\frac{1}{\|\boldsymbol{w}\|}=\frac{2}{\|\boldsymbol{w}\|} \tag{A.3.36}$$

最大化间隙需要最小化 $\|\boldsymbol{w}\|$，在获得训练样本特征后，这等价于求解以下优化问题

$$\text{Minimize } J(\boldsymbol{w},w_0)=\frac{1}{2}\|\boldsymbol{w}\|^2 \tag{A.3.37}$$

$$\text{s.t. } y_i(\boldsymbol{w}^{\mathrm{T}}\boldsymbol{x}_i+w_0)\geqslant 1,\quad i=1,2,\cdots,N \tag{A.3.38}$$

根据 Karush-Kuhn-Tucker 理论[272]，以上优化的必要条件是，对定义的 Lagrange 函数

$$L(\boldsymbol{w},w_0,\boldsymbol{\lambda})=\frac{1}{2}\boldsymbol{w}^{\mathrm{T}}\boldsymbol{w}-\sum_{i=1}^{N}\lambda_i[y_i(\boldsymbol{w}^{\mathrm{T}}\boldsymbol{x}_i+w_0)-1] \tag{A.3.39}$$

其中，$\lambda_i \geqslant 0, i=1,2,\cdots,N$，为 Lagrange 乘子，满足

$$\frac{\partial L(\boldsymbol{w}, w_0, \boldsymbol{\lambda})}{\partial \boldsymbol{w}} = 0 \Rightarrow \boldsymbol{w} - \sum_{i=1}^{N} \lambda_i y_i \boldsymbol{x}_i = 0 \Rightarrow \boldsymbol{w} = \sum_{i=1}^{N} \lambda_i y_i \boldsymbol{x}_i \tag{A.3.40}$$

$$\frac{\partial L(\boldsymbol{w}, w_0, \boldsymbol{\lambda})}{\partial w_0} = 0 \Rightarrow \sum_{i=1}^{N} \lambda_i y_i = 0 \tag{A.3.41}$$

$$\lambda_i [y_i(\boldsymbol{w}^{\mathrm{T}} \boldsymbol{x}_i + w_0) - 1] = 0, \quad i = 1,2,\cdots,N \tag{A.3.42}$$

由于只有支持向量满足式(A.3.42)，有

$$\boldsymbol{w} = \sum_{i=1}^{N} \lambda_i y_i \boldsymbol{x}_i = \sum_{j=1}^{N_S} \lambda_{i_j} y_{i_j} \boldsymbol{x}_{i_j} \tag{A.3.43}$$

其中，N_s 为支持向量数量，即若 $\boldsymbol{x}_i$ 不是支持向量，则 $\lambda_i = 0$。最后，根据 Lagrange 对偶(duality)优化理论[272]，以上极小化问题可转化为以下极大化问题

$$\text{Maximize } L(\boldsymbol{w}, w_0, \boldsymbol{\lambda}) \tag{A.3.44}$$

$$\text{s.t. } \boldsymbol{w} = \sum_{i=1}^{N} \lambda_i y_i \boldsymbol{x}_i \tag{A.3.45}$$

$$\sum_{i=1}^{N} \lambda_i y_i = 0, \quad \lambda_i \geqslant 0, i = 1,2,\cdots,N \tag{A.3.46}$$

将式(A.3.45)与式(A.3.46)代入式(A.3.44)，可进一步将以上问题简化表示为

$$\max_{\lambda} \left(\sum_{i=1}^{N} \lambda_i - \frac{1}{2} \sum_{i,j} \lambda_i \lambda_j y_i y_j \boldsymbol{x}_i^{\mathrm{T}} \boldsymbol{x}_i \right) \tag{A.3.47}$$

$$\text{s.t.} \sum_{i=1}^{N} \lambda_i y_i = 0, \quad \lambda_i \geqslant 0, i = 1,2,\cdots,N \tag{A.3.48}$$

以上问题已经比较容易解决了，可以参见最优化方法的相关描述。假设 $\lambda_i \geqslant 0$，$i = 1,2,\cdots,N$ 是求出的解，则 $\boldsymbol{w}$ 按式(A.3.43)得出。由于在两类支持向量上判别函数的值分别为 1 与−1，任选两个支持向量 $\boldsymbol{x}_1 \in \omega_1$ 与 $\boldsymbol{x}_2 \in \omega_2$，有 $\boldsymbol{w}^{\mathrm{T}} \boldsymbol{x}_1 + w_0 = 1$，$\boldsymbol{w}^{\mathrm{T}} \boldsymbol{x}_2 + w_0 = -1$，因此

$$w_0 = -\frac{1}{2}(\boldsymbol{w}^{\mathrm{T}} \boldsymbol{x}_1 + \boldsymbol{w}^{\mathrm{T}} \boldsymbol{x}_2) \tag{A.3.49}$$

以上介绍的是可分类情况下的线性 SVM 设计，即训练样本提取的模式特征向量在空间中是可分的，但是也可能样本不是完全可分的。在不可分的情况下，样本特征向量 $\boldsymbol{x}_i$ 存在三种情况：$y_i(\boldsymbol{w}^{\mathrm{T}} \boldsymbol{x}_i + w_0) \geqslant 1$ 并正确分类，$0 \leqslant y_i(\boldsymbol{w}^{\mathrm{T}} \boldsymbol{x}_i + w_0) < 1$ 并正

确分类，$y_i(\boldsymbol{w}^{\mathrm{T}}\boldsymbol{x}_i+w_0)<0$ 并错误分类，几何上分别对应 $\boldsymbol{x}_i$ 在支持向量之后、处于分界面与支持向量之间以及超出分界面三种情况，它们可以统一用以下不等式描述

$$y_i(\boldsymbol{w}^{\mathrm{T}}\boldsymbol{x}_i+w_0)\geqslant 1-\xi_i \tag{A.3.50}$$

其中，ξ_i 为松弛变量，以上三种情况分别对应 $\xi_i=0$、$0<\xi_i\leqslant 1$ 与 $\xi_i>1$，在优化中，不但希望间隙较大，而且希望 ξ_i 的值总和较小，则优化问题变为

$$\text{Minimize } J(\boldsymbol{w},w_0)=\frac{1}{2}\|\boldsymbol{w}\|^2+C\sum_{i=1}^{N}\xi_i \tag{A.3.51}$$

$$\text{s.t. } y_i(\boldsymbol{w}^{\mathrm{T}}\boldsymbol{x}_i+w_0)\geqslant 1-\xi_i,\quad \xi_i\geqslant 0,\ i=1,2,\cdots,N \tag{A.3.52}$$

其中，C 是控制目标函数两项之间关系的参数，它也控制对错分样本的惩罚程度，因此也称为惩罚参数(penalization parameter)。进一步通过 Karush-Kuhn-Tucker 理论与对偶表示方法[272]可推得以上优化问题等价于

$$\max_{\lambda}\left(\sum_{i=1}^{N}\lambda_i-\frac{1}{2}\sum_{i,j}\lambda_i\lambda_j y_i y_j \boldsymbol{x}_i^{\mathrm{T}}\boldsymbol{x}_j\right) \tag{A.3.53}$$

$$\text{s.t. } \sum_{i=1}^{N}\lambda_i y_i=0,\quad 0\leqslant\lambda_i\leqslant C, i=1,2,\cdots,N \tag{A.3.54}$$

这样求解得到的分类器称为软间隙(soft margin) SVM，在求解中，一般需要在一个范围内搜索 C 的最优值。求得 λ_i 后，仍按照式(A.3.43)计算 $\boldsymbol{w}$。

对很多分类问题，采用线性分类器不可分，而采用非线性分类器是可分的(图 A.3.3)。为了获得非线性的分界面，需要将特征变换到新的空间：$\boldsymbol{x}\mapsto\phi(\boldsymbol{x})\in H$，在这个空间中可按照线性方法处理，并要求 H 是 Hilbert 空间，即存在内积运算并对应原空间的一个函数 K

$$\langle\phi(\boldsymbol{x}),\phi(\boldsymbol{z})\rangle=K(\boldsymbol{x},\boldsymbol{z}) \tag{A.3.55}$$

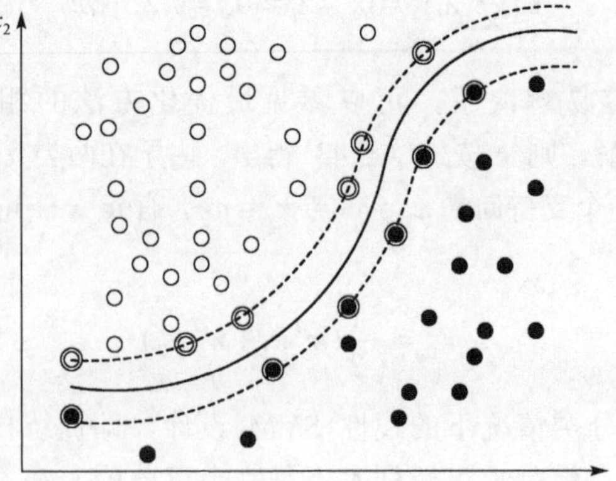

图 A.3.3　采用非线性分界面可分的情况(圈住的点为支持向量)

在以上优化中，特征向量之间仅存在内积操作，因此，求解非线性分类器的优化问题是

$$\max_{\lambda}\left(\sum_{i=1}^{N}\lambda_i-\frac{1}{2}\sum_{i,j}\lambda_i\lambda_j y_i y_j K(\boldsymbol{x}_i,\boldsymbol{x}_j)\right) \tag{A.3.56}$$

$$\text{s.t.}\quad \sum_{i=1}^{N}\lambda_i y_i=0,\quad 0\leqslant\lambda_i\leqslant C, i=1,2,\cdots,N \tag{A.3.57}$$

函数 K 称为核函数(kernel function)，常用的核函数如下。

(1) 多项式核函数

$$K(\boldsymbol{x},\boldsymbol{z})=(\boldsymbol{x}^{\mathrm{T}}\boldsymbol{z}+1)^q,\quad q>0 \tag{A.3.58}$$

(2) 高斯核函数

$$K(\boldsymbol{x},\boldsymbol{z})=\exp(-\gamma\|\boldsymbol{x}-\boldsymbol{z}\|^2),\quad \gamma>0 \tag{A.3.59}$$

(3) 双曲核函数

$$K(\boldsymbol{x},\boldsymbol{z})=\tanh(\beta\boldsymbol{x}^{\mathrm{T}}\boldsymbol{z}+\sigma) \tag{A.3.60}$$

核函数中的参数称为核参数(kernel parameter)，一般要进行搜索求解。Pevny 等人[95]在提出 SPAM 隐写分析的文献中较详细描述了优选惩罚参数、核参数等的过程。

A.3.5 神经网络基础

研究人员一直在模仿人类大脑与神经系统的感知功能，提出了各种人工神经网络。这些网络结构与功能不同，但普遍基于一种得到广泛认可的基础构件——神经元(neuron)构造。一个神经元有与人类神经末梢类似的结构，如图 A.3.4 所示，设该神经元编号为 j，其中 $x_k, k=1,\cdots,K$ 表示输入，w_{jk} 一般称为突触权重(synaptic weight)，用于对相应输入进行乘性调节，w_{j0} 为偏置(bias)参数，用于加性调节被突触权重调节后的输入信号之和

$$v_j=\sum_{k=1}^{K}w_{jk}x_k+w_{j0} \tag{A.3.61}$$

经过以上处理后的信号 v_j 在输出前需要经过激活函数(activation function)的处理

$$y_j=f(v_j) \tag{A.3.62}$$

激活函数的作用主要是限制或者变换输出数值的范围，因此也被称为挤压函数(squashing function)，并且这种处理添加的非线性表达能力也是神经网络需要的。为了实现以下将介绍的后向传播学习，要求激活函数具有连续性。常见的这类函数有以下几个(图 A.3.5)。

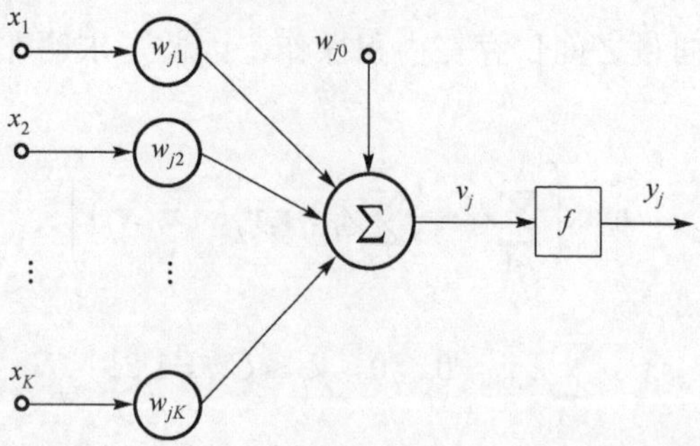

图 A.3.4　一个神经元(编号为 j)的组成与信号流

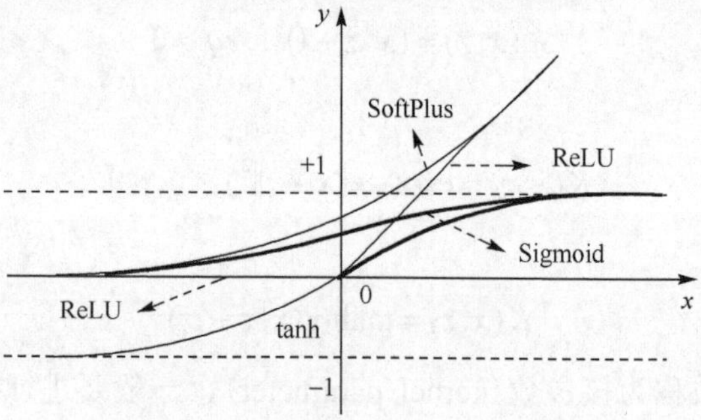

图 A.3.5　典型的激活函数曲线

(1) Sigmoid 函数。如果希望将输入信号变换到[0,1]范围内，可采用 Sigmoid 函数

$$f(v)=\frac{1}{1+\exp(-av)} \tag{A.3.63}$$

其中，a 为斜度参数，决定了输出从 0 变为 1 阶跃曲线的斜度，值越大曲线越陡。

(2) 双曲正切(hyperbolic tangent)函数。如果希望将输入信号转换到[−1,1]范围内，可以采用双曲正切函数

$$f(v)=\frac{2}{1+\exp(-av)}-1\overset{\text{def}}{=}\tanh(v) \tag{A.3.64}$$

其中，a 为斜度参数，决定了输出从−1 变为 1 阶跃曲线的斜度，值越大曲线越陡。

(3) ReLU (rectified linear unit) 函数。如果希望只保留单边信号，则可采用 ReLU 函数

$$f(v)=\max(0,v) \tag{A.3.65}$$

SoftPlus 函数是其“平滑版”

$$f(v)=\ln(1+\exp(v)) \tag{A.3.66}$$

从构造神经网络上看，以上抑制单边信号的激活函数有助于减小计算量并抑制过拟合。

(4) Softmax 函数。该函数具有多输入多输出的特点，它将 K 个输入 $v_1,\cdots,v_K$ 变换为 K 个输出

$$y_k = f(v_k) = \frac{\exp(v_k)}{\sum_{k=1}^{K}\exp(v_k)}, \quad k=1,\cdots,K \tag{A.3.67}$$

其中，$y_k \in [0,1]$。Softmax 函数常用于神经网络最后的二分类或多分类，它的每个输出数值可代表相应分类出现的比例，其和为 1。

将以上神经元作为基本构件，可以构造典型的多层神经网络。图 A.3.6 给出了一个基本的 3 层神经网络结构，除了输入层，其他层均由神经元组成，注意图中大的圆圈合并了神经元的求和与激活函数的运算；网络中每层的输出是下一层的输入，构成一般性的全连接结构，在输出层与输入层之间的神经元层称为隐层(hidden layer)；神经元在层间的连接方式由突触权重调节，这些权重与偏置参数需要通过训练学习获得。基于这类网络的分类方法特点是，在学习与检测中，将特征提取与分类判别作为一个整体过程完成。

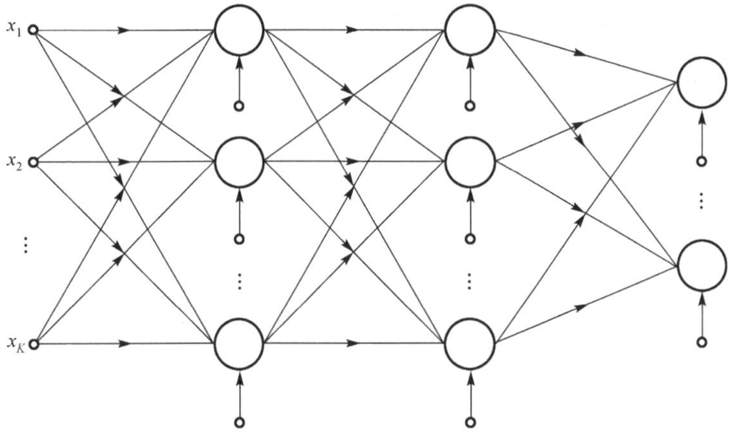

图 A.3.6　有两个隐层、一个输入层与一个输出层的神经网络

针对训练类似图 A.3.6 的多层神经网络，反向传播(backpropagatioin)是最核心的技术之一，这里给出其基本原理。设除了输入层一共有 L 个神经元层，第 $r\in\{1,\cdots,L\}$ 层有 k_r 个神经元，在全连接下每个神经元有 k_{r-1} 个输入，其中 k_0 也是输入层的输入个数；另设所有神经元均采用相同的激活函数 f。这样，第 r 层第 j 个神经元的突触权重可表示为

$$\boldsymbol{w}_j^r = (w_{j0}^r, w_{j1}^r, \cdots, w_{jk_{r-1}}^r)^{\mathrm{T}}$$

其中，w_{j0}^r 为偏置参数。在训练中，一共进行 N 次输入，可表示为 $(\boldsymbol{y}(i),\boldsymbol{x}(i))$，$i=1,\cdots,N$，$\boldsymbol{x}(i)=(x_1(i),\cdots,x_{k_0}(i))^{\mathrm{T}}$ 是训练样本，$\boldsymbol{y}(i)=(y_1(i),\cdots,y_{k_L}(i))^{\mathrm{T}}$ 为标注信息，

也就是期望的输出结果。若 $\hat{\boldsymbol{y}}(i)$ 为实际输出，神经网络的训练目标是，根据实际输出偏离期望输出的程度调整各层神经元的突触权重与偏置参数，使得代价函数

$$J=\sum_{i=1}^{N}\varepsilon(i) \tag{A.3.68}$$

最小，其中，$\varepsilon(i)$ 反映了 $\boldsymbol{y}(i)$ 与 $\hat{\boldsymbol{y}}(i)$ 的差异，典型地，可以取以下误差平方和

$$\varepsilon(i)=\frac{1}{2}\sum_{m=1}^{k_L}e_m^2(i)=\frac{1}{2}\sum_{m=1}^{k_L}(\boldsymbol{y}_m(i)-\hat{\boldsymbol{y}}_m(i))^2 \tag{A.3.69}$$

通过计算代价函数对每个神经元突触权重的梯度，训练过程可用以下向量更新权重

$$\Delta\boldsymbol{w}_j^r=-\eta\frac{\partial J}{\partial\boldsymbol{w}_j^r} \tag{A.3.70}$$

其中，η 是学习率(learning rate)参数，用于控制更新步长与学习速度。以上更新是从输出层向后进行的，因此称为反向传播，基于式(A.3.70)，反向传播对参数的更新也称为梯度下降(gradient descent)算法。

这里简介反向传播算法的原理。设 $y_k^{r-1}(i)$ 是第 $r-1$ 层第 k 个神经元的输出，根据图 A.3.7 描述的两层神经元之间的关系有

$$v_j^r(i)=\sum_{k=1}^{k_{r-1}}w_{jk}^r y_k^{r-1}(i)+w_{j0}^r=\sum_{k=0}^{k_{r-1}}w_{jk}^r y_k^{r-1}(i) \tag{A.3.71}$$

其中，令 $y_0^r(i)=1$，$r\in\{1,\cdots,L\}$。另外需注意，当 $r=1$ 时，$y_k^{r-1}(i)\overset{\text{def}}{=\!=}y_k^0(i)=x_k(i)$，$k=1,\cdots,k_0$。根据求导的链式法则有

$$\frac{\partial\varepsilon(i)}{\partial\boldsymbol{w}_j^r}=\frac{\partial\varepsilon(i)}{\partial v_j^r(i)}\frac{\partial v_j^r(i)}{\partial\boldsymbol{w}_j^r}\overset{\text{def}}{=\!=}\delta_j^r(i)\frac{\partial v_j^r(i)}{\partial\boldsymbol{w}_j^r} \tag{A.3.72}$$

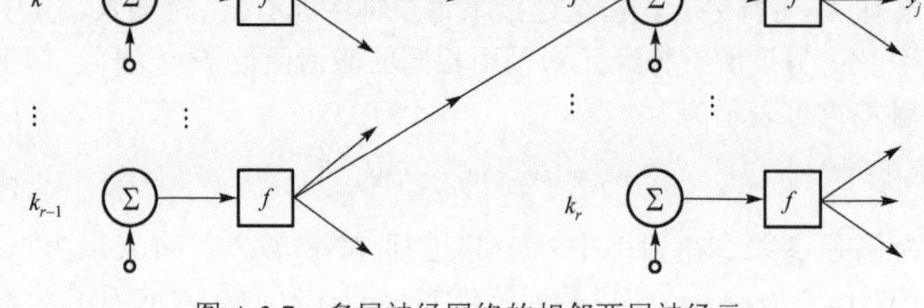

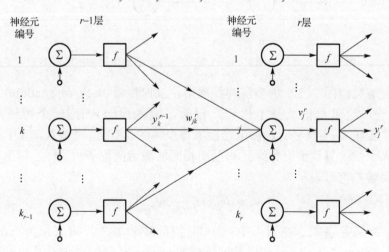

图 A.3.7　多层神经网络的相邻两层神经元

其中，根据式(A.3.71)有

$$\frac{\partial v_j^r(i)}{\partial \boldsymbol{w}_j^r}=\begin{pmatrix}\dfrac{\partial v_j^r(i)}{\partial w_{j0}^r}\\ \vdots \\ \dfrac{\partial v_j^r(i)}{\partial w_{jk_{r-1}}^r}\end{pmatrix}=\begin{pmatrix}1\\ y_1^{r-1}(i)\\ \vdots \\ y_{k_{r-1}}^{r-1}(i)\end{pmatrix}=\boldsymbol{y}^{r-1}(i) \tag{A.3.73}$$

则式(A.3.70)可以转换为

$$\Delta \boldsymbol{w}_j^r=-\eta\sum_{i=1}^{N}\delta_j^r(i)\boldsymbol{y}^{r-1}(i) \tag{A.3.74}$$

其中，$\delta_j^r(i)$ 称为局部梯度(local gradient)。以下针对式(A.3.69)的误差平方和代价函数给出计算 $\delta_j^r(i)$ 与 $\Delta \boldsymbol{w}_j^r$ 的具体方法。

(1) $r=L$。算法从第 L 层开始，逐层向后，一开始有

$$\begin{aligned}\delta_j^L(i)&=\frac{\partial \varepsilon(i)}{\partial v_j^L(i)}=\frac{1}{2}\frac{\partial}{\partial v_j^L(i)}\sum_{m=1}^{k_L}e_m^2(i)=\frac{1}{2}\frac{\partial}{\partial v_j^L(i)}\sum_{m=1}^{k_L}(f(v_m^L(i))-y_m(i))^2\\&=(f(v_j^L(i))-y_j(i))f'(v_j^L(i))=e_j(i)f'(v_j^L(i))\end{aligned} \tag{A.3.75}$$

其中，f' 代表激活函数的导数。显然，式(A.3.75)可以基于上次正向训练的结果计算。

(2) $r<L$。由于已经计算得到 $\delta_j^L(i)$，这里主要描述 $\delta_j^{r-1}(i)$ 的计算方法。由于 $v_j^{r-1}(i)$ 的变化会影响全部 $v_k^r(i)$，$k=1,2,\cdots,k_r$，此时有

$$\delta_j^{r-1}(i)=\frac{\partial \varepsilon(i)}{\partial v_j^{r-1}(i)}=\sum_{k=1}^{k_r}\frac{\partial \varepsilon(i)}{\partial v_k^r(i)}\frac{\partial v_k^r(i)}{\partial v_j^{r-1}(i)}=\sum_{k=1}^{k_r}\delta_j^r(i)\frac{\partial v_k^r(i)}{\partial v_j^{r-1}(i)} \tag{A.3.76}$$

其中，根据式(A.3.71)有

$$\frac{\partial v_k^r(i)}{\partial v_j^{r-1}(i)}=\frac{\partial}{\partial v_j^{r-1}(i)}\sum_{m=0}^{k_{r-1}}w_{km}^r y_m^{r-1}(i)=\frac{\partial}{\partial v_j^{r-1}(i)}\sum_{m=0}^{k_{r-1}}w_{km}^r f\left(v_m^{r-1}(i)\right)=w_{kj}^r f'\left(v_j^{r-1}(i)\right) \tag{A.3.77}$$

因此有

$$\delta_j^{r-1}(i)=f'(v_j^{r-1}(i))\sum_{k=1}^{k_r}\delta_j^r(i)w_{kj}^r \tag{A.3.78}$$

由于 $\delta_j^L(i)$ 已经求得，按照式(A.3.78)可以依次求得 $\delta_j^{L-1}(i),\delta_j^{L-2}(i),\cdots,\delta_j^1(i)$，从而依次按照式(A.3.74)更新各层的突触权重与偏置参数。

在训练方法上，具体的神经网络研发环境可能采取改造的其他算法[176]。在训练策略上，批量梯度下降(batch gradient descent)使每次反向传播针对全部样本进行，这样修改比较准确，但计算代价非常高。例如，如果认为全部训练数据只有 N 次输

入，基于式(A.3.74)的每次更新就是针对全部 N 次输入的，这样多次迭代更新的计算量很大。随机梯度下降(stochastic gradient descent)对每个样本进行一次反向传播，这样每次计算量很小，但是可能造成更新不够准确。小批量梯度下降(mini-batch gradient descent)是以上两种策略的折中，每次用一部分样本进行一次反向传播，在实践中得到了较多应用。

在实际使用神经网络的过程中，除了学习率 η，需要设定的反向传播参数一般还包括动量(momentum)参数与权重衰减(weight decay)参数等。根据式(A.3.70)有

$$\boldsymbol{w}_j^r(u+1) \leftarrow \boldsymbol{w}_j^r(u) - \eta \frac{\partial J}{\partial \boldsymbol{w}_j^r(u)} \tag{A.3.79}$$

其中，u 表示迭代次数；为了加速收敛，一般希望如果上次的梯度下降方向与本次相同，则可以多下降一些，反之则少一些，因此，需要记录一个历史信息序列

$$\boldsymbol{d}_j^r(u+1) = \beta \boldsymbol{d}_j^r(u) + \frac{\partial J}{\partial \boldsymbol{w}_j^r(u)} \tag{A.3.80}$$

使得

$$\boldsymbol{w}_j^r(u+1) = \boldsymbol{w}_j^r(u) - \eta \boldsymbol{d}_j^r(u+1) \tag{A.3.81}$$

其中，参数 β 为动量，它控制使用上次信息的程度。在训练中，为了防止过拟合，往往需要削弱部分参数的影响，有一种策略是，按一定比例 λ 削减当前权值的数值，这个比例就是权重衰减参数。如果采用权重衰减，则式(A.3.79)变为

$$\boldsymbol{w}_j^r(u+1) \leftarrow \boldsymbol{w}_j^r(u) - \eta \frac{\partial J}{\partial \boldsymbol{w}_j^r(u)} - \eta \lambda \boldsymbol{w}_j^r(u) \tag{A.3.82}$$

学习率 η、动量 β 与权重衰减 λ 等参数一般不通过学习获得，而是在训练前设定。

A.4　信号处理与检测

信号处理与检测技术几乎贯穿本书的全部内容。例如，第 2 章说明信号变换所得到的变换域系数是最主要的隐写嵌入域；假设检验为第 5 章介绍的专用隐写分析奠定了判别方法基础。以下简介正文中不便展开的相关内容，读者可进一步参考文献[274]～文献[278]。

A.4.1　离散 Fourier 变换

定义 A.4.1(DFT)　设 $x(n)$ 是长度为 M 的有限长时域离散信号序列，则它的 N 点离散 Fourier 变换(discrete Fourier transform，DFT)为

$$X(k)=\mathrm{DFT}[x(n)]=\sum_{n=0}^{N-1}x(n)\mathrm{e}^{-\mathrm{j}\frac{2\pi}{N}kn},\quad k=0,1,\cdots,N-1 \tag{A.4.1}$$

其中，$N\geqslant M$，k 为整数；一般 $N=M$，否则实际上有 $x(n)=0$，$M\leqslant n\leqslant N-1$。

将式(A.4.1)代入

$$x(n)=\mathrm{IDFT}[X(k)]=\frac{1}{N}\sum_{k=0}^{N-1}X(k)\mathrm{e}^{\mathrm{j}\frac{2\pi}{N}kn},\quad n=0,1,\cdots,N-1 \tag{A.4.2}$$

可验证式(A.4.2)是逆 DFT(inverse DFT，IDFT)。

若 $N=M$，则 DFT 是正交变换，可将式(A.4.1)与式(A.4. 2)分别写为 $X=F\boldsymbol{x}$ 与 $\boldsymbol{x}=F^{-1}X$ 的矩阵形式，变换矩阵 F 满足 $F^T=F^{-1}$；DFT 将信号变换到复数域，因此其系数有幅度、实部、虚部与相位角这些构成成分。

设 $x(n_1,n_2)$ 为包含 $N_1\times N_2$ 个样点的 2 维信号，则 2 维 DFT 和 IDFT 可以分别表示为

$$X(k_1,k_2)=\mathrm{DFT2}[x(n_1,n_2)]=\sum_{n_1=0}^{N_1-1}\sum_{n_2=0}^{N_2-1}x(n_1,n_2)\mathrm{e}^{-\mathrm{j}\frac{2\pi}{N_1}k_1n_1}\mathrm{e}^{-\mathrm{j}\frac{2\pi}{N_2}k_2n_2} \tag{A.4.3}$$

$$x(n_1,n_2)=\mathrm{IDFT2}[X(k_1,k_2)]=\frac{1}{N_1N_2}\sum_{k_1=0}^{N_1-1}\sum_{k_2=0}^{N_2-1}X(k_1,k_2)\mathrm{e}^{\mathrm{j}\frac{2\pi}{N_1}k_1n_1}\mathrm{e}^{\mathrm{j}\frac{2\pi}{N_2}k_2n_2} \tag{A.4.4}$$

当 $N_1=N_2$ 时，以上式(A.4.3)和式(A.4.4)也可以分别写为矩阵形式

$$X=F\times\boldsymbol{x}\times F^{\mathrm{T}} \tag{A.4.5}$$

$$\boldsymbol{x}=F^{\mathrm{T}}\times X\times F \tag{A.4.6}$$

类似地，可定义更高维度的 DFT。

A.4.2　离散余弦变换

与 DFT 不同，离散余弦变换(discrete cosine transform，DCT)及其逆变换(IDCT)均是实数域之间的映射。

定义 A.4.2(DCT)　设 $x(n)$ 是长度为 N 的有限长时域离散信号序列，则它的 DCT 为

$$X(k)=\mathrm{DCT}[x(n)]=\sqrt{\frac{2}{N}}c(k)\sum_{n=0}^{N-1}x(n)\cos\left[\frac{2n+1}{2N}\pi k\right],\quad k=0,1,\cdots,N-1 \tag{A.4.7}$$

其中，$c(0)=1/\sqrt{2}$，当 $k=1,\cdots,N-1$ 时有 $c(k)=1$。

对式(A.4.7)，可验证其 IDCT 为

$$x(n)=\mathrm{IDCT}[X(k)]=\sqrt{\frac{2}{N}}\sum_{k=0}^{N-1}c(k)X(k)\cos\left[\frac{2n+1}{2N}\pi k\right],\quad 0\leqslant n\leqslant N-1 \tag{A.4.8}$$

设 $x(n_1,n_2)$ 为包含 $N_1 \times N_2$ 个样点的 2 维信号，2 维 DCT 和 IDCT 可分别表示为

$$X(k_1,k_2)=\mathrm{DCT2}[x(n_1,n_2)]$$
$$=\frac{2}{\sqrt{N_1N_2}}c_1(k_1)c_2(k_2)\sum_{n_1=0}^{N_1-1}\sum_{n_2=0}^{N_2-1}x(n_1,n_2)\cos\left[\frac{2n_1+1}{2N_1}\pi k_1\right]\cos\left[\frac{2n_2+1}{2N_2}\pi k_2\right] \quad (\mathrm{A}.4.9)$$

$$x(n_1,n_2)=\mathrm{IDCT2}[X(k_1,k_2)]$$
$$=\frac{2}{\sqrt{N_1N_2}}\sum_{k_1=0}^{N_1-1}\sum_{k_2=0}^{N_2-1}c_1(k_1)c_2(k_2)X(k_1,k_2)\cos\left[\frac{2n_1+1}{2N_1}\pi k_1\right]\cos\left[\frac{2n_2+1}{2N_2}\pi k_2\right] \quad (\mathrm{A}.4.10)$$

其中，$c_1(0)=c_2(0)=1/\sqrt{2}$；当 $k_i=1,2,\cdots,N_i-1$ 时有 $c_i(k)=1$，$i=1,2$。

DCT 也是正交变换，也存在与 DFT 类似的矩阵表达形式与高维变换。

A.4.3　离散小波变换

与前述信号变换不同，离散小波变换(discrete wavelet transform，DWT)的变换基向量尺寸小，每次只能处理信号的一个局部，因此其输出同时反映了信号的时域和频域特性，也称为时频域。

在小波变换理论的发展中，DWT 在不同文献中有不同的定义，目前文献中提到的 DWT 普遍是基于小波多分辨率分解的。小波多分辨率分解的理论较复杂，这里仅简介一维情况下的基本原理与过程。在小波多分辨率分解中(图 A.4.1)，分解被分为由低到高的 J 个级别进行(级别编号由高到低亦可)，初始信号全部被看作第 0 级尺度系数(scaling coefficient) c_0，每阶段分解采用高频与低频两个子带滤波器 $h_1(-n)$ 与 $h_0(-n)$ 分别处理输入的低一级尺度系数，并立即进行隔 2 下采样，得到高一级的小波系数与尺度系数，直到获得第 J 级的小波系数 d_J 与尺度系数 c_J。因此，DWT 得到的结果是 $H_{1\leqslant l\leqslant J}\stackrel{\mathrm{def}}{=}\{d_{1\leqslant l\leqslant J}\}$ 与 $L_J\stackrel{\mathrm{def}}{=}\{c_J\}$。DWT 的反变换(图 A.4.2)也称为小波综合(synthesis)，操作被分为由高到低的 J 个阶段进行，每阶段综合采用高频与低频两个子带滤波器 $h_1(n)$ 与 $h_0(n)$ 分别处理输入的高一级小波系数与尺度系数，并立即进行隔 2 上采样，相加后得到低一级的尺度系数，直到得到 c_0。在以上处理中，子带滤波器 h_1 与 h_0 对应采用的相应小波，目前主要的小波有 Daubechies 小波、Gabor 小波、Haar 小波等。

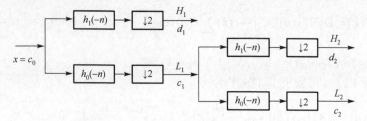

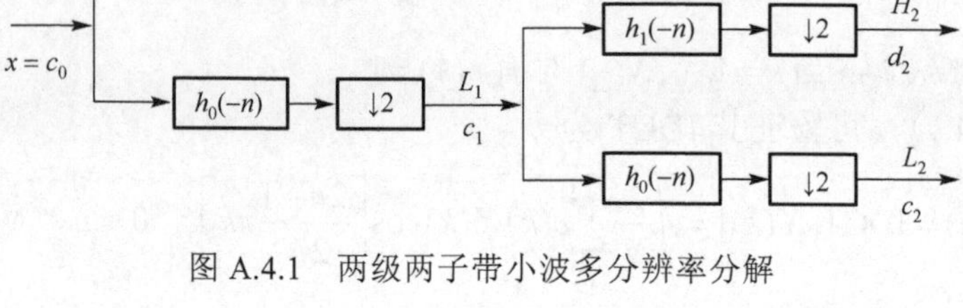

图 A.4.1　两级两子带小波多分辨率分解

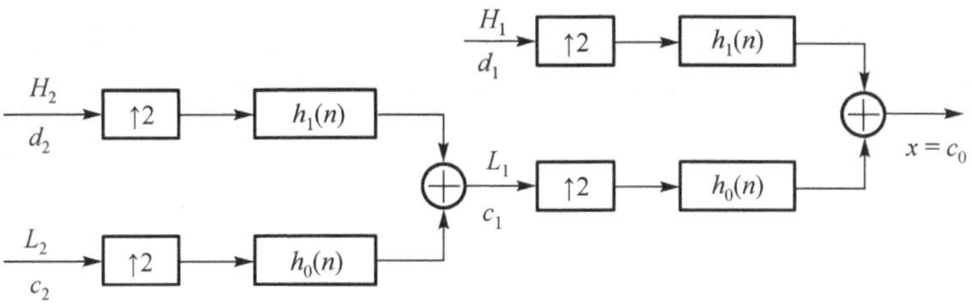

图 A.4.2 两级两子带小波多分辨率综合

在对2维信号进行DWT时，分解和综合中采用的4个滤波器都是2维的，它们可以基于以上两个一维滤波器构造。每一级分解都将用这4个子带滤波器产生4个子带上的系数(图A.4.3)，一般标记为LL、LH、HL和HH，其中，HH主要包含输入信号的细节信息，LL主要包含输入信号的概貌信息，LH和HL的信息细节度介于它们之间。在2维信号DWT中，每一级分解只处理下一级输入的LL。

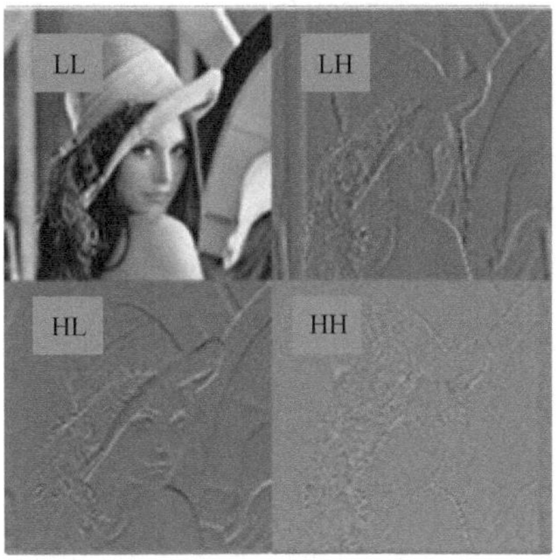

图 A.4.3 图像Lena亮度域的一级小波分解子带

A.4.4 最小均方误差直方图修正

直方图修正方法在3.3节与3.4节描述的隐写统计分布保持中有直接的应用。

直方图修正问题可以描述为，对一组总数为L固定的样点，可能的样点值数量N也固定，通过修改样点值使其直方图逼近一个预设的直方图。由于样点总数与可能取值数量一定，对直方图的调整只能通过样点值之间的映射进行；该问题的解可以用一个矩阵表示，其元素γ_{ij}表示从i值样点映射到j值样点的次数。进一步地，最小均方误差(mean squared error，MSE)直方图修正问题是，在以上修正中，输入样点$x_1,\cdots,x_L$与输出样点$y_1,\cdots,y_L$之间的以下均方差最小

$$D = \frac{1}{L}\sum_{n=1}^{L}(x_n - y_n)^2 \tag{A.4.11}$$

为解决最小 MSE 直方图修正问题，Mese 与 Vaidyanathan[277]提出了一种基于整数线性规划的修正方法，Tzschoppe 等[278]提出了最小 MSE 直方图修正的数值保序定理，简化了修正算法，以下简介该定理与基于它的直方图修正方法。设

$$\mathcal{X}=\{x^{(1)},\cdots,x^{(N)}\},\quad x^{(1)}<\cdots<x^{(N)} \tag{A.4.12}$$

为排序样点集合，显然 $N=|\mathcal{X}|$， $y_n\in\mathcal{X}$，MSE 也可以表示为

$$D=\frac{1}{L}\sum_{i=1}^{N}\sum_{j=1}^{N}\gamma_{ij}(x^{(i)}-x^{(j)})^2 \tag{A.4.13}$$

Tzschoppe 等[278]证明，最小 MSE 直方图修正满足数值保序关系。

定理 A.4.1 设最小 MSE 直方图修正算法输入样点为 $x_1,\cdots,x_L$，输出样点为 $y_1,\cdots,y_L$，P 与 Q 是两个有排序作用的置乱，使得 $x_{P(1)}\leqslant\cdots\leqslant x_{P(L)}$，$y_{Q(1)}\leqslant\cdots\leqslant y_{Q(L)}$，则 MSE 有以下性质：对任何置乱 T

$$\frac{1}{L}\sum_{n=1}^{L}(x_{P(n)}-y_{Q(n)})^2\leqslant\frac{1}{L}\sum_{n=1}^{L}(x_{P(n)}-y_{T(n)})^2$$

根据以上定理，按照最小 MSE 准则将 $x_1,\cdots,x_L$ 的直方图 $h_x(i)$ 修正到预设的 $h_y(i)$，$i=1,\cdots,N$，可以按照以下方法进行：首先，使得形成 $h_y(1)$ 的 $h_y(1)$ 个 y_n 必来自最小的 $h_y(1)$ 个 x_n 的映射，这些 x_n 不一定数值都相同；从 x_n 中去除这些映射出去的样点后，再使得形成 $h_y(2)$ 的 $h_y(2)$ 个 y_n 必来自当前最小的 $h_y(2)$ 个 x_n 的映射；显然，以此类推可完成全部直方图的修正。

A.4.5 假设检验

假设检验(hypothesis testing)是一种基于统计推断的信号检测方法[276]，本书介绍的一些专用隐写分析是基于假设检验构造的，并且假设检验的理论也被用于设计自适应隐写。在统计学中，将需要判断正确与否的命题称为假设，将通过分析样本进行判决的过程称为假设检验。一般假设可以有多个命题，常用的二元假设检验包括两个对立的命题。

H_0(原假设)：对待检测样本不具有相应特性的假设。

H_1(备择假设)：对待检测样本具有相应特性的假设。

假设检验的任务是，通过分析待检测样本或者部分抽样样本判断接受哪一个假设。由于隐写分析一般进行二元判断，以下主要介绍二元假设检验的原理。

设待检测样本或者其抽样样本的观测值为 t，由于一般不能直接从该值完成判决，需要对它进行进一步的统计分析。检验统计量(test statistic)是一个基于观测值 $\boldsymbol{t}$ 计算的数值，它基于相应的统计原理，对所需的判断具有更好的决策支持作用。记检验统计量 $\boldsymbol{x}=T(\boldsymbol{t})$，在最简单的情况下可以通过以下方法判决哪一个假设正确。

接受 H_0：如果 $\boldsymbol{x}$ 不满足某判定条件。

接受 H_1：如果 $\boldsymbol{x}$ 满足某判定条件。

以上两种情况下的 $\boldsymbol{x}$ 分别构成了拒绝域 R_0 与接受域 R_1，它们的总体被称为观测域(图 A.4.4)。当然，以上两种情况的具体含义随应用的不同而变化。

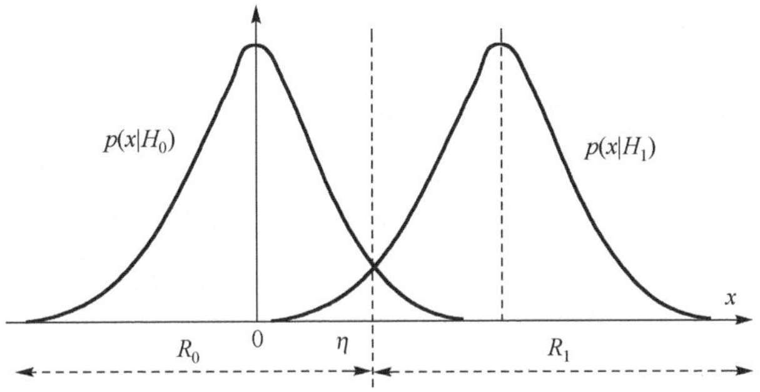

图 A.4.4　假设检验观测域与检验统计量分布示意

假设检验存在两类错误，介绍如下。

类型Ⅰ错误 α：当 H_0 正确时判断其不正确，等价地，当 H_1 不正确时判断其正确。

类型Ⅱ错误 β：当 H_1 正确时判断其不正确，等价地，当 H_0 不正确时判断其正确。

通过分别估计 $\boldsymbol{x}$ 在两种假设正确情况下的分布，可以估算以上错误率。设当 H_0 正确时其分布为 $p(\boldsymbol{x}|H_0)$，当 H_1 正确时其分布为 $p(\boldsymbol{x}|H_1)$，则

$$\alpha = \int_{R_1} p(\boldsymbol{x}|H_0)\mathrm{d}\boldsymbol{x} = P(H_1|H_0) \tag{A.4.14}$$

$$\beta = \int_{R_0} p(\boldsymbol{x}|H_1)\mathrm{d}\boldsymbol{x} = P(H_0|H_1) \tag{A.4.15}$$

以上两类错误在实际检测中一般有等价的名称。典型地，如果 H_0 假设某事实不存在，H_1 假设某事实存在，则类型Ⅰ错误也称为虚警率，类型Ⅱ错误也称为漏检率。如果认为以上两类错误的重要性一样，则总错误率是它们的和除以 2。

在以上框架下，假设检验的核心内容是确定判决方法，以下给出常用的方法。

1. Bayes 准则

设 C_{ij} 表示判别为 H_i 但事实是 H_j 的代价，$i,j \in \{0,1\}$，一般对 $i \neq j$ 有 $C_{ij} > C_{ii}$。显然，H_j 为真时平均判别代价为

$$C(H_j) = \sum_{i=0}^{1} C_{ij} P(H_i|H_j) \tag{A.4.16}$$

记 $P(H_j)$ 为 H_j 的先验概率，则判别的平均代价为

$$E(C)=\sum_{j=0}^{1}\sum_{i=0}^{1}C_{ij}P(H_j)P(H_i\,|\,H_j)$$
$$=C_{00}P(H_0)P(H_0\,|\,H_0)+C_{10}P(H_0)P(H_1\,|\,H_0)$$
$$+C_{01}P(H_1)P(H_0\,|\,H_1)+C_{11}P(H_1)P(H_1\,|\,H_1) \qquad (A.4.17)$$

式(A.4.17)也可以表示为

$$E(C)=\sum_{j=0}^{1}\sum_{i=0}^{1}C_{ij}P(H_j)\int_{R_i}p(\boldsymbol{x}\,|\,H_j)\mathrm{d}\boldsymbol{x}$$
$$=C_{00}P(H_0)\int_{R_0}p(\boldsymbol{x}\,|\,H_0)\mathrm{d}\boldsymbol{x}+C_{10}P(H_0)\int_{R_1}p(\boldsymbol{x}\,|\,H_0)\mathrm{d}\boldsymbol{x} \qquad (A.4.18)$$
$$+C_{01}P(H_1)\int_{R_0}p(\boldsymbol{x}\,|\,H_1)\mathrm{d}\boldsymbol{x}+C_{11}P(H_1)\int_{R_1}p(\boldsymbol{x}\,|\,H_1)\mathrm{d}\boldsymbol{x}$$

记 $R=R_0\bigcup R_1$，由于 $R_0\bigcap R_1=\varnothing$，并且有

$$\int_R p(\boldsymbol{x}\,|\,H_0)\mathrm{d}\boldsymbol{x}=\int_R p(\boldsymbol{x}\,|\,H_1)\mathrm{d}\boldsymbol{x}=1 \qquad (A.4.19)$$

则以上在 R_1 上的积分可表示为在 R_0 上的积分

$$\int_{R_1}p(\boldsymbol{x}\,|\,H_j)\mathrm{d}\boldsymbol{x}=\int_R p(\boldsymbol{x}\,|\,H_j)\mathrm{d}\boldsymbol{x}-\int_{R_0}p(\boldsymbol{x}\,|\,H_j)\mathrm{d}\boldsymbol{x}=1-\int_{R_0}p(\boldsymbol{x}\,|\,H_j)\mathrm{d}\boldsymbol{x} \qquad (A.4.20)$$

因此有

$$E(C)=C_{10}P(H_0)+C_{11}P(H_1)$$
$$+\int_{R_0}[P(H_1)(C_{01}-C_{11})p(\boldsymbol{x}\,|\,H_1)-P(H_0)(C_{10}-C_{00})p(\boldsymbol{x}\,|\,H_0)]\,\mathrm{d}\boldsymbol{x} \qquad (A.4.21)$$

Bayes 准则的目标是使以上总平均代价最小，由于式(A.4.21)前两项为正数，积分项可正可负，为了使总平均代价最小，要求在 R_0 上的积分项为负数，即满足

$$P(H_1)(C_{01}-C_{11})p(\boldsymbol{x}\,|\,H_1)-P(H_0)(C_{10}-C_{00})p(\boldsymbol{x}\,|\,H_0)<0 \qquad (A.4.22)$$

的 $\boldsymbol{x}$ 都判别为 H_0，这样得到以下判别方法

$$\Lambda(\boldsymbol{x})\overset{\text{def}}{=\!=}\frac{p(\boldsymbol{x}\,|\,H_1)}{p(\boldsymbol{x}\,|\,H_0)}\underset{H_0}{\overset{H_1}{\gtrless}}\frac{P(H_0)(C_{10}-C_{00})}{P(H_1)(C_{01}-C_{11})}\overset{\text{def}}{=\!=}\eta \qquad (A.4.23)$$

式(A.4.23)左式为似然比(likelihood ratio)，右式为似然比检测阈值，该公式表示，当似然比大于阈值时判别为 H_1，否则为 H_0。一般习惯取似然比的自然对数进行判别

$$\ln\big(\Lambda(\boldsymbol{x})\big)\underset{H_0}{\overset{H_1}{\gtrless}}\ln(\eta) \qquad (A.4.24)$$

2. 最小错误概率准则

一般可以认为，在正确判断下没有付出代价，这样可以设 $C_{00}=C_{11}=0$，$C_{01}=C_{10}=1$。此时总体平均代价为

$$\begin{aligned} E(C) &= C_{10}P(H_0)P(H_1 \mid H_0) + C_{01}P(H_1)P(H_0 \mid H_1) \\ &= P(H_0)\int_{R_1} p(\boldsymbol{x} \mid H_0)\mathrm{d}\boldsymbol{x} + P(H_1)\int_{R_0} p(\boldsymbol{x} \mid H_1)\mathrm{d}\boldsymbol{x} \overset{\text{def}}{=} P_{\mathrm{e}} \end{aligned} \tag{A.4.25}$$

式(A.4.25)表示的总平均代价正好等于错误率 P_{e}。

最小错误概率准则的目标是使 P_{e} 最小。根据式(A.4.25)，P_{e} 另可表示为

$$P_{\mathrm{e}} = P(H_0) + \int_{R_0} [P(H_1)p(\boldsymbol{x} \mid H_1) - P(H_0)p(\boldsymbol{x} \mid H_0)]\,\mathrm{d}\boldsymbol{x} \tag{A.4.26}$$

为了使 P_{e} 最小，类似前面的 Bayes 准则得到

$$\Lambda(\boldsymbol{x}) \overset{\text{def}}{=} \frac{p(\boldsymbol{x} \mid H_1)}{p(\boldsymbol{x} \mid H_0)} \underset{H_0}{\overset{H_1}{\gtrless}} \frac{P(H_0)}{P(H_1)} \overset{\text{def}}{=} \eta \tag{A.4.27}$$

3. Neyman-Pearson 准则

由于先验概率 $P(H_0)$ 与 $P(H_1)$ 一般不易获得，影响了 Bayes 准则与最小错误率准则的应用。Neyman-Pearson 准则不同于前者，它通过限定虚警率 P_{FA} 为固定值 α 并最大化检测率 P_{D} 的方法(等价于最小化漏检率 P_{MD})确定似然比检测阈值。这样做的原因是，显然难以同时最小化 P_{FA} 与 P_{MD}。为了用 Lagrange 乘子法求解这个问题，取 Lagrange 乘子 $\lambda>0$，构造以下代价函数

$$L = P_{\mathrm{MD}} + \lambda(P_{\mathrm{FA}} - \alpha) = \int_{R_0} p(\boldsymbol{x} \mid H_1)\mathrm{d}\boldsymbol{x} + \lambda\left(\int_{R_1} p(\boldsymbol{x} \mid H_0)\mathrm{d}\boldsymbol{x} - \alpha\right) \tag{A.4.28}$$

根据前面的方法，可以将 R_1 上的积分表达为在 R_0 上的积分，因此有

$$L = \lambda(1-\alpha) + \int_{R_0} [p(\boldsymbol{x} \mid H_1) - \lambda p(\boldsymbol{x} \mid H_0)]\,\mathrm{d}\boldsymbol{x} \tag{A.4.29}$$

类似地，由于以上第一项为正数，要使 L 最小，要求以上积分项在 R_0 上满足

$$p(\boldsymbol{x} \mid H_1) - \lambda p(\boldsymbol{x} \mid H_0) < 0 \tag{A.4.30}$$

因此有

$$\Lambda(\boldsymbol{x}) \overset{\text{def}}{=} \frac{p(\boldsymbol{x} \mid H_1)}{p(\boldsymbol{x} \mid H_0)} \underset{H_0}{\overset{H_1}{\gtrless}} \lambda \tag{A.4.31}$$

为应用 Neyman-Pearson 准则，需要求得似然比检测阈值。一般基于 $p(\boldsymbol{x} \mid H_0)$ 与

$p(\boldsymbol{x}\,|\,H_1)$可以得到$\Lambda(\boldsymbol{x})$的表达式或估计，简化后得到等价的

$$T(\boldsymbol{x}) \underset{H_0}{\overset{H_1}{\gtrless}} \lambda' \tag{A.4.32}$$

其中，$T(x)$的分布容易推导或者估计，这样 λ' 可以通过求解

$$P_{\mathrm{FA}} = \int_{R_1} p(\boldsymbol{x}\,|\,H_0)\mathrm{d}\boldsymbol{x} = \int_{\lambda'}^{\infty} p(T(\boldsymbol{x})\,|\,H_0)\mathrm{d}T = \alpha \tag{A.4.33}$$

得到。

附录B 实　　验

为了让读者能够更好地理解本书主要内容，以下给出了相关的实验方案。实验资料、数据与程序可以从 http://www.media-security.net 下载。

B.1 图像隐写工具的使用

实验目的

进一步理解隐写算法 F5[46]、MME[56]、JSteg[33]和 OutGuess[41]，学会用相应隐写工具嵌入和提取消息并初步体会相关性质，为以后制备隐写分析训练与测试样本打下基础。

实验环境

(1) Windows 7 或以上版本操作系统。

(2) MATLAB 2012 或以上版本软件。

(3) JRE (Java runtime environment)。

(4) 实验软件包主要文件及其功能如下。

f5_embed.jar：F5 隐写嵌入。

f5_extract.jar：F5 消息提取。

cjpeg.exe：JSteg 隐写嵌入。

djpeg.exe：JSteg 消息提取。

mme.jar：MME 隐写嵌入和消息提取。

outguess.exe：OutGuess 隐写嵌入和消息提取。

lopez.bmp：F5、MME 实验图像样本。

flower.jpg：OutGuess 实验图像样本。

landscape.ppm：JSteg 实验图像样本。

jpeg_read.mexwX：JPEG 图像结构及数据解析。

原理简介

F5 算法是基于 $(2^r-1,r)$ 汉明码设计的矩阵编码隐写。对于 2^r-1 bit 的载体分组，F5 最多只需修改其中 1bit 即可嵌入 2^r-1-r bit 消息，其原理可以基于一般的矩阵编码阐述(4.3.1 节)：给定一个(n,k)线性分组码及其校验矩阵$H_{(n-k)\times n}$和相应的标准阵译码表，若要在载体分组$\boldsymbol{x}=(x_1,x_2,\cdots,x_n)^{\mathrm{T}}$中嵌入消息分组$\boldsymbol{m}=(m_1,m_2,\cdots,m_{n-k})^{\mathrm{T}}$，并尽可能降低对 $\boldsymbol{x}$ 的修改次数，则首先计算校验子$\boldsymbol{s}=\boldsymbol{m}-H\boldsymbol{x}$；其次在标准阵译码表中找到对应$\boldsymbol{s}$的重量最轻的(1 的数量最少)陪集首$\boldsymbol{e}$，其满足$H\boldsymbol{e}=\boldsymbol{s}=\boldsymbol{m}-H\boldsymbol{x}$，通过计算$\boldsymbol{y}=\boldsymbol{x}+\boldsymbol{e}$得到含密载体$\boldsymbol{y}$；提取消息时，只需要计算$H\boldsymbol{y}=H\boldsymbol{x}+\boldsymbol{s}=\boldsymbol{m}$。

F5 隐写的优化目标是对每个载体分组修改次数最少，而 MME 隐写的目标是信号扰动最轻(4.3.2 节)。对基于(n,k)线性分组码构造的矩阵编码，若校验子可表示为$\boldsymbol{s}_i=\boldsymbol{s}_u+\boldsymbol{s}_v$，则嵌入$\boldsymbol{e}_i$与嵌入$\boldsymbol{e}_u+\boldsymbol{e}_v$对有效提取消息是等价的。更一般地，若校验子$\boldsymbol{s}_i$可分解为其他 S 个校验子之和，即$\boldsymbol{s}_i=\boldsymbol{s}_{i_1}+\boldsymbol{s}_{i_2}+\cdots+\boldsymbol{s}_{i_S}$，则嵌入$\boldsymbol{e}_i$与嵌入$\boldsymbol{e}_{i_1}+\boldsymbol{e}_{i_2}+\cdots+\boldsymbol{e}_{i_S}$对有效提取消息是等价的。因此，矩阵编码提供了多种嵌入方式，从信号扰动的角度看，多次嵌入造成的扰动不一定比单次嵌入的扰动高，MME 在这些等价嵌入方式中选择信号扰动总幅度最低的嵌入方法，但需要在 JPEG 图像的压缩编码过程中完成嵌入，即输入为空域编码图像，输出为 JPEG 图像。若允许校验子分解为S个校验子的和，则此时的MME称为MMES，本实验使用MME2和MME3。

JSteg 是一款互联网上可公开下载的 JPEG 图像隐写软件，它通过将 JPEG 系数(除了值为 0 与 1 的系数)的 LSB 替换成秘密消息比特完成隐写嵌入。

OutGuess 是一款互联网上可公开下载的 JPEG 图像隐写软件(3.3.1 节)，采用了基于预留区的一阶统计特征保持方法。它在 LSB 嵌入之后，通过调整非嵌入区的 LSB 值修正改变的直方图。

实验步骤

(1)制备消息文件：输入任意字符，包括英文字母、数字、标点、中文汉字等，制备大小为 50B 左右的消息文件。

(2)制备 F5 隐写样本：以 lopez.bmp 为载体，使用 f5_embed.jar 向其中嵌入制备的消息文件，生成 QF 为 90 的 F5 隐写样本。

(3)提取 F5 隐写样本中的秘密消息：对于制备的 F5 隐写样本，使用 f5_extract.jar 提取其中的消息，并和原始消息文件进行对比。

(4)制备 F5 载体样本：以 lopez.bmp 为载体，使用 f5_embed.jar，但不嵌入任何秘密消息文件，生成 QF 为 90 的 F5 载体样本。

(5)计算 F5 算法的嵌入效率：对比制备的 F5 隐写样本和载体样本，计算嵌入效率。

(6)制备 MME 隐写样本：以 lopez.bmp 为载体，使用 mme.jar 向其中嵌入消息，生成 QF 为 90 的 MME 隐写样本。

(7)提取 MME 隐写样本中的消息：对于制备的 MME 隐写样本，使用 mme.jar 提取其中的消息，并和原始消息文件进行对比。

(8) 制备 MME 载体样本：以 lopez.bmp 为载体，使用 mme.jar，但不嵌入任何消息文件，生成 QF 为 90 的 MME 载体样本。

(9) 计算 MME 算法的嵌入效率：对比制备的 MME 隐写样本和载体样本，计算嵌入效率。

(10) 对比 F5 和 MME 算法向载体引入的隐写扰动：对于 F5 和 MME 算法，计算制备的隐写和载体样本之间的像素值均方误差，验证 MME 算法引入的隐写扰动较小。

(11) 制备 JSteg 隐写样本：以 landscape.ppm 图像为载体，使用 cjpeg.exe 嵌入制备的消息文件，生成 QF 为 90 的 JSteg 隐写样本。

(12) 提取 JSteg 隐写样本中的消息：对于制备的 JSteg 隐写样本，使用 djpeg.exe 提取其中的消息，并和原始消息文件进行对比。

(13) 制备 OutGuess 隐写样本：以 flower.jpg 为载体，使用 outguess.exe 嵌入制备的消息文件，生成 OutGuess 隐写样本。

(14) 提取 OutGuess 隐写样本中的消息：对于制备的 OutGuess 隐写样本，使用 outguess.exe 提取其中的消息，并和原始消息文件进行对比。

以上验证了 MME 相比 F5 的提高，后续实验将引导读者通过专用隐写分析验证 OutGuess 相比 JSteg 的优势，以及通过通用隐写分析验证 F5 相对 OutGuess 的优势。

实验提示

(1) 在命令行参数下输入“java -jar mme.jar Embed”（不包括双引号，下同），可以查看使用 mme.jar 进行消息嵌入的控制台参数。

(2) 在命令行参数下输入“java -jar mme.jar Extract”，可以查看使用 mme.jar 进行消息提取的控制台参数。

(3) 在命令行参数下输入“java -jar f5_embed.jar”，可以查看使用 f5_embed.jar 进行消息嵌入的控制台参数。

(4) 在命令行参数下输入“java -jar f5_extract.jar”，可以查看使用 f5_extract.jar 进行消息提取的控制台参数。

(5) 在命令行参数下输入“cjpeg.exe”，可以查看使用 cjpeg.exe 进行消息嵌入的控制台参数。

(6) 在命令行参数下输入“djpeg.exe”，可以查看使用 djpeg.exe 进行消息提取的控制台参数。

(7) 使用“djpeg.exe”时，除了需要指定提取的消息文件路径外，还需指定解码 JPEG 隐写图像产生的 ppm 文件路径。

(8) 在命令行参数下输入“outguess.exe”，可以查看使用 outguess.exe 进行消息嵌入或提取的控制台参数。

(9) jpeg_read.mexw 用于读取与解析 JPEG 图像，相应的 MATLAB 函数接口为 imgDataStruct = jpeg_read(imgPath)，其中，imgPath 为待解析的 JPEG 图像路径，imgDataStruct 为读取的 JPEG 图像数据，其为结构体。

B.2 图像专用隐写分析

实验目的

进一步理解典型专用隐写分析——χ^2 隐写分析[40]的原理，采用其攻击 JPEG 系数域 LSBR 隐写 JSteg[33]以及攻击一阶统计分布保持隐写 OutGuess[41]，并验证后者的改进。

通过采用 RQP(raw quick pair) 分析[66]检测彩色空域图像的 LSBR 隐写，进一步理解专用隐写分析的概念与特点。

实验环境

(1) Windows 7 或以上版本操作系统。

(2) MATLAB 2012 或以上版本软件。

(3) 实验软件包主要文件及其功能如下。

chiSqrAtk.m：χ^2 分析。

rqpAtk.m：RQP 分析。

samples1.rar：χ^2 分析测试样本。

samples2.rar：RQP 分析训练及测试样本。

jpeg_read.mexwX：JPEG 图像结构及数据解析。

RGBLSBEmbed.m：RGB 图像 LSB 隐写。

原理简介

LSBR 类型的隐写算法会改变载体数据的直方图对值分布特征，隐写后一般数据直方图中取值为 $2i$ 与 $2i+1$ 的值分布频数相比隐写前趋于接近。χ^2 分析(3.1.1 节)的基本原理是，利用载体数据以下直方图的统计量衡量对值分布变化

$$t=\sum_{i}\frac{(h_{2i}-h_{2i}^{*})^{2}}{h_{2i}^{*}}$$

其中，h_i 表示取值为 i 样点的直方图值；h_{2i}^{*} 表示 h_{2i} 与 h_{2i+1} 的均值。实验表明，t 基本服从 χ^2 分布，记 $f(t)$ 为通过统计获得的概率密度。由于对含密载体 t 的值非常小，在实际中可以简单地用以下统计量完成检测

$$p=\int_{T}^{+\infty} f(t)\mathrm{d}t=1-\int_{0}^{T} f(t)\mathrm{d}t$$

其中，T 表示具体的 t 值；如果 p 接近 1，则认为存在隐写，否则不存在。

RQP 分析方法专门针对检测基于彩色空域图像的 LSBR 隐写，它基于检测隐写前后载体接近色彩对相对数量的变化。其中，接近色彩对的定义是，两个像素 (R_i,G_i,B_i) 与 (R_j,G_j,B_j) 满足

$$|R_i-R_j|\leqslant 1,\quad |G_i-G_j|\leqslant 1,\quad |B_i-B_j|\leqslant 1$$

为了更好地反映接近色彩对相对数量的变化，RQP 分析方法采用了一些分析技巧，包括主动嵌入一次后再进一步分析的处理方法，具体请见 5.1.2 节。

实验步骤

对 JSteg 与 OutGuess 的 χ^2 分析如下。

(1) 分析参数配置。设置 χ^2 分析的 JPEG 系数数值检测区间。

(2) 攻击 JSteg。对载体与 JSteg 产生的隐写样本，计算它们的 χ^2 分析值，通过统计隐写分析真阳性率、真阴性率和正确率，验证 χ^2 分析检测 LSBR 隐写的有效性。

(3) 攻击 OutGuess。对载体与 OutGuess 产生的隐写样本，计算它们的 χ^2 分析值，统计隐写分析真阳性率、真阴性率和正确率，验证 OutGuess 在安全性上的改进。

对彩色图像 LSBR 的 RQP 分析如下。

(1) 分析参数配置。设置 RQP 分析的消息嵌入率；如果图像较大，可以设置检测窗口的大小和位置以控制分析时间，一般平滑区分析效果较好。

(2) RQP 分析操作。对于彩色空域图像载体和 LSBR 隐写算法在一个嵌入率下的隐写样本，先随机选取其中一部分标注图像计算 RQP 分析值，并得到最佳判断阈值(5.1.2)节；再根据此阈值对剩余图像进行隐写判决，记录该嵌入率下 RQP 隐写分析的真阳性率、真阴性率和正确率。

实验提示

对 JSteg 与 OutGuess 的 χ^2 分析如下。

(1) samples1.rar 包含该实验所需的全部样本，其中共有 4 个文件夹，文件夹命名格式为 BOSS_StegoAlg_EmbedRate，其中，StegoAlg 表示算法名称，EmbedRate 代表嵌入率，例如，文件夹 BOSS_OTGS_500 包含采用 OutGuess 隐写算法在 0.5bpnac 的嵌入率下制备的隐写样本。

(2) χ^2 分析的 MATLAB 函数接口为 R = analysis(imgPath, var)，其中，imgPath 表示待分析图像的路径，var 代表配置参数，其为结构体变量，成员包括 WinDown、WinUp，[WinDown, WinUp]表示 χ^2 分析的 JPEG 系数值检测区间。

对彩色图像 LSBR 的 RQP 分析如下。

(1) samples2.rar 包含该实验所需的全部样本，其中共有 3 个文件夹，文件夹命名格式为 BOSS_LSBR_EmbedRate，EmbedRate 代表嵌入率，例如，文件夹 BOSS_LSBR_300 包含采用彩色空域图像 LSBR 隐写算法在 0.3bpp 嵌入率下制备的隐写样本。

(2) RQP 分析的 MATLAB 函数接口为 R = analysis(imgPath, var)，其中，imgPath 表示待分析图像的路径，var 代表配置参数，其为结构体变量，成员包括 rate、width、height、startX 与 startY，它们依次表示：对待测图像进行二次嵌入的嵌入率(该值一般很小，建议取值区间为[0.01, 0.05])，检测窗口的宽度、高度(不宜过大，否则影响算法执行时间，一般小于 100 像素)，检测窗口在图像中的水平、垂直偏移(以像素为单位)。

B.3 JPEG 图像通用隐写分析

实验目的

通过采用 JPEG 融合校准特征(Pev-274)[91]与 SVM 构造的隐写分析检测 F5 和 OutGuess 隐写，进一步了解通用隐写分析的概念与方法。

实验环境

(1) Windows 7 或以上版本操作系统。

(2) MATLAB 2012 或以上版本软件。

(3) 实验软件包主要文件及其功能如下。

CCMerge.exe：Pev-274 特征提取。

samples.rar：Pev-274 特征训练及测试样本。

libsvmtrain.mexwX：SVM 分类器训练。

libsvmpredictX：SVM 分类器检测。

原理简介

Pev-274 是一组基于图像校准技术得到的 274 维 JPEG 隐写分析特征，它组合了多种类型的特征，主要用于检测 JPEG 图像隐写，在富模型分析被提出前是非常具有优势的方法。记被分析图像为 J_1，对 J_1 进行校准(如解压至空域，行列各剪切 4 像素然后重新压缩)得到图像 J_2，Pev-274 基于 J_1 和 J_2 的差异提取，这样有利于压制图像内容对隐写分析的干扰。

Pev-274 包含了 193 维扩展 DCT 系数特征和 81 维 Markov 特征(8.3.2 节)。其中，第一大类特征主要基于 JPEG 系数的一阶和二阶直方图等统计量进行计算，它包括 11 维总直方图校准差、5×11 维 AC 系数直方图校准差、11×9 维 AC 系数对偶直方图校准差、1 维相邻块 JPEG 系数平均变化程度、2 维块效应特征以及 25 维邻块 JPEG 系数共生矩阵特征；第二大类特征基于校准的 JPEG 系数 Markov 特征，首先计算图像的 JPEG 系数矩阵在水平、垂直、主对角线和副对角线 4 个方向上的差异矩阵，然后分别提取它们的一阶 Markov 状态转移概率矩阵作为特征组，并将 4 个方向的结果求和后除以 4。

实验步骤

(1)提取 Pev-274 特征：分别对载体与用 F5 和 OutGuess 制备的隐写样本提取 Pev-274 特征。

(2)检测 F5 算法：对载体特征与 F5 产生的特定负载率隐写样本特征，随机选取其中的一半图像特征对用于训练 SVM，剩下的另一半特征对用于隐写分析，得到真阳性率、真阴性率和正确率，重复前述步骤 10 次，记录该嵌入率下对 F5 算法进行隐写分析的平均真阳性率、真阴性率和正确率。

(3)检测 OutGuess 算法：对载体特征与 OutGuess 产生的特定负载率隐写样本特征，随机选取其中的一半图像特征对用于训练 SVM，剩下的另一半特征对用于进行隐写分析，得到真阳性率、真阴性率和正确率，重复前述步骤 10 次，记录该嵌入率下对 OutGuess 算法进行隐写分析的平均真阳性率、真阴性率和正确率。

实验提示

(1)samples.rar 包含本次实验所需的全部样本，其中共有 8 个文件夹，文件夹命名格式为 BOSS_StegoAlg_EmbedRate，其中，StegoAlg 表示算法名称，EmbedRate 代表嵌入率，例如，文件夹 BOSS_OTGS_200 包含采用 OutGuess 隐写算法在 0.2bpnac 嵌入率下制备的隐写样本。

(2)CCMerge.exe 的调用方式为“CCMerge.exe -o featPath imgFolderPath”，其中 featPath 表示输出的特征文件路径，imgFolderPath 表示待提取特征的图像文件夹路径。

(3)CCMerge.exe 输出的特征文件需要先正确转化为 MATLAB 中的矩阵，才能采用函数 libsvmtrain 和 libsvmpredict 进行 SVM 的训练和分类。

(4)训练集中的载体样本和隐写样本应当成对出现，以获得更好的检测效果。

(5)训练集中的任何样本均不可出现在测试集中。

(6)训练集和测试集特征需要经过归一化处理(每维特征进行 0 均值、1 方差处理)，以提升检测效果。

(7)libsvmtrain 的调用参数为 libsvmtrain(trainSetLabel, trainSet, svmParams)，其中，trainSetLabel 表示训练集标签，trainSet 为训练集特征，SVM 训练参数为 svmParams = '-s 0 -t 2 -g 0.00014 -c 20000'。

(8) libsvmpredict 的调用参数为 libsvmpredict(testSetLabel, testSet, model)，其中，testSetLabel 表示测试集标签，testSet 为测试集特征，model 为 SVM 分类器。

(9) Pev-274 特征源代码可参考 http://dde.binghamton.edu/download/ccmerged。

B.4 空域图像自适应隐写

实验目的

通过实验基于 S-UNIWARD[143]隐写失真函数与 STC 编码[138,139]的自适应图像隐写，进一步理解与掌握空域图像自适应隐写的基本原理与方法。

实验环境

(1) Windows 7 或以上版本操作系统。

(2) MATLAB 2012 或以上版本软件。

(3) 实验软件包主要文件及其功能如下。

STC matlab implementation.rar：原 STC MATLAB 实现。

calc_relative_paylaod.m：计算相对负载的脚本。

create_code_from_submatrix.m：创建子矩阵脚本。

dec2binvec.m：十进制转二进制向量脚本。

calc_syndrome.m：计算伴随式脚本(用于提取)。

dual_viterbi.m：STC 嵌入 Viterbi 算法脚本。

lenna.bmp：测试用图。

stc_app.m：STC 测试主程序。

UNIWARD.m：S-UNIWARD 空域代价计算脚本。

原理简介

记 H 为校验矩阵，$\boldsymbol{m}$ 为秘密消息，$\boldsymbol{x}$ 与 $\boldsymbol{y}$ 分别表示载体与含密载体可修改的位平面向量，则一般优化的隐写需要在满足提取方程 $H\boldsymbol{y}=\boldsymbol{m}$ 的同时，选取一个失真总和最小的 $\boldsymbol{y}$。虽然把所有的解都求出来逐个尝试是理论可行的，但显然不是最好与现实的办法。STC 编码(11.1 节与 11.2 节)的主要特点是采用分块带状校验矩阵，提取方程的求解可以沿校验矩阵对角线逐子块进行，这样有利于提取方程的优化构造，可以提前排除不具有优化可能的路线，以确定性的方式实现优化目标。基于 STC 编码的隐写优化可以结合任何失真函数，优化的效果是，在假设隐写修改不相互影响的加性模型下，实现失真总和最小。

S-UNIWARD 代表一种针对空间域编码图像的失真函数(12.1.2 节)，或者其结合 STC 后的空域图像自适应隐写。这种失真函数在图像的小波系数域定义，通过计算每次隐写修改对小波系数的相对扰动衡量失真。

实验步骤

(1) 确定代码添加位置。在脚本 stc_app.m 中，根据注释提示确定需要添加、编写代码的位置。

(2) 构造子校验阵。在嵌入前需要构造子校验阵 $\hat{H}$ (代码中变量为 H_hat)，实验中采用$\begin{bmatrix}1 & 0\\ 1 & 1\end{bmatrix}$(MATLAB 代码表示为[3, 2])，其负载率 $\alpha = 0.5$ 。

(3) 生成待嵌消息序列。根据像素序列长度与负载率确定待嵌消息长度，生成随机二进制比特序列作为待嵌消息序列。

(4) 构造校验矩阵。调用函数[code,alpha] = create_code_from_submatrix(H_hat, num_of_sub_blocks) 构造校验矩阵，相关参数说明如下：H_hat 用于构造校验矩阵的子校验阵，num_of_sub_blocks 为校验矩阵中包含的子校验阵的个数，code 是包含校验矩阵信息的结构体，其作为 STC 算法的输入参数，alpha 为根据子校验阵计算得到的负载率。

(5) 根据嵌入失真寻找最佳修改模式。调用函数[y,min_cost,paths] = dual_viterbi (code, x, w, m)，根据各像素的隐写修改失真寻找载体 x 的最佳修改 y，相关参数说明如下：code 是步骤(4)计算得到的包含校验矩阵信息的结构体；x 为载体图像像素的 LSB 序列；w 为载体图像像素对应的嵌入失真序列；m 为需要嵌入的消息序列；y 是载体图像像素经过隐写修改后的 LSB 序列；min_cost 为实施隐写修改引入的嵌入失真。

(6) 用实验代码中的提取算法提取嵌入的消息流，确定它与嵌入的消息流一致。调用函数 m = calc_syndrome(code, y)，相关参数说明如下：code 为包含校验矩阵信息的结构体；y 为含密序列；m 为提取消息。

(7) 求出一些载体与相应隐写载体之间的差值图像，观察隐写信号的嵌入位置。

实验提示

(1) 有关 STC 编码的简介可参考 http://dde.binghamton.edu/download/syndrome，其中包含用于辅助理解的动态演示。

(2) 阅读提供的 STC matlab implementation.rar 中的示例程序 example1.m，学习如何生成二进制随机消息序列，如何调用函数 create_code_from_submatrix 和 dual_viterbi，并了解 STC 的消息嵌入过程。

(3) 在提供的脚本文件中，除 stc_app.m 需要在指定位置添加代码外，其余文件均不需要修改。

(4) 本实验不涉及 STC 的算法实现，只涉及两个核心函数 create_code_from_submatrix 和 dual_viterbi 的使用。

(5) 运行 stc_app.m 将生成隐写图像 stego.bmp 和修改位置图像 location.bmp，若载体图像的某像素被修改，则 location.bmp 的对应位置为黑点。

(6) STC 为自适应编码方法，故隐写扰动将集中于图像的纹理和边缘区域，若程序编写正确，则 location.bmp 可勾勒出载体图像的大体轮廓。

B.5 JPEG 图像自适应隐写

实验目的

通过实验基于 J-UNIWARD[143]隐写失真函数与双层 STC 编码[138,139]的自适应图像隐写，进一步理解 JPEG 图像自适应隐写 J-UNIWARD 的嵌入流程及双层编码的效能。

实验环境

(1) Windows 7 或以上版本操作系统(64 bit)。

(2) MATLAB 2012 或以上版本软件。

(3) 实验软件包主要文件及其功能如下。

J_UNIWARD.m：代价计算函数。

STC_EMBED.m：STC 嵌入脚本。

STC_EXTRACT.m：STC 提取脚本。

jpeg_read.mexw64：JPEG 解析程序。

jpeg_write.mexw64：JPEG 写入程序。

stc_pm1_pls_embed.mexw64：STC 嵌入程序。

stc_ml_extract.mexw64：STC 提取程序。

原理简介

J-UNIWARD 是目前主要的 JPEG 域隐写算法之一，它属于 UNIWARD 算法族，因此具有该族算法的一般特征，即使用小波系数相对扰动评估隐写失真。相比 S-UNIWARD，J-UNIWARD 的特点在于，由于修改一个 JPEG 系数后，信号扰动范围覆盖其所在的空域 8×8 分块，在计算该系数的修改失真时，需要先将 JPEG 系数变换到空域再进行小波变换，最后才能计算小波残差的扰动情况。在小波域，

J-UNIWARD 度量小波系数扰动的方法与 S-UNIWARD 基本一致，具体可参见 12.1.3 节。

由于前一实验采用了单层 STC，为了扩大实验学习的范围，本实验采用的隐写编码为双层 STC，具体可参见 11.3.1 节。

实验步骤

请编写 MATLAB 脚本，通过以下调用实现 J-UNIWARD 隐写嵌入与提取。

(1) 调用 J_UNIWARD.m，计算载体图像 JPEG 系数的+1 和–1 失真矩阵。

(2) 调用 jpeg_read，读入载体 JPEG 图像文件，解析其中的 JPEG 系数。

(3) 调用 STC_EMBED.m，结合步骤(1)计算得到的+1 和–1 失真矩阵，在步骤(2)得到的 JPEG 系数矩阵中嵌入一个指定负载率的消息流。为了体会双层 STC 的嵌入容量优势，建议负载率大于 0.5bpnac。

(4) 将嵌入完成的 JPEG 系数矩阵写回 JPEG 文件结构体，再调用 jpeg_write 将文件结构体写回硬盘文件。

(5) 调用 jpeg_read，读入隐写图像的 JPEG 文件，解析其中的 JPEG 系数。

(6) 调用 STC_EXTRACT.m，结合前面嵌入过程输出的 STC 两层负载量，在步骤(5)得到的系数矩阵提取其中嵌入的消息，并对比嵌入消息与提取消息是否一致。

(7) 求出一些载体与相应隐写载体之间的差值图像，观察隐写信号的嵌入位置。

实验提示

(1) [rhoP1, rhoM1] = J_UNIWARD(coverPath)为隐写嵌入代价计算函数，相关参数说明如下：coverPath 表示载体文件路径；rhoP1 表示+1 失真矩阵；rhoM1 表示–1 失真矩阵。

(2) [distortion, stego] = STC_EMBED(cover, rhoP1, rhoM1, payload)为双层 STC 嵌入函数，相关参数说明如下：cover 为载体 JPEG 系数矩阵；rhoP1 为+1 失真矩阵；rhoM1 为–1 失真矩阵；payload 为负载率；distortion 为总体隐写嵌入代价(失真)；stego 为载密 JPEG 系数矩阵。

(3) 请认真阅读提供的.m 文件，学习具体的算法实现原理。

(4) jpeg_read.mexw 用于读取与解析 JPEG 图像文件，相应的 MATLAB 函数接口为 imgDataStruct = jpeg_read(imgPath)，其中，imgPath 为待解析的 JPEG 图像路径，imgDataStruct 为读取的 JPEG 图像数据，其为结构体。

(5) jpeg_write.mexw 用于生成 JPEG 图像，相应的 MATLAB 函数接口为 jpeg_write(imgDataStruct, imgPath)，其中，imgPath 为生成的 JPEG 图像路径，imgDataStruct 为相应的 JPEG 图像数据，其为结构体。

B.6　富模型空域图像隐写分析

实验目的

通过提取空域富模型(spatial rich model，SRM)特征[120]并采用 FLD 集成分类器[115]对其进行分类，了解空域富模型特征的概念与构成，进一步理解与掌握富模型空域图像隐写分析的基本原理与方法。

实验环境

(1) Windows 7 或以上版本操作系统。

(2) MATLAB 2012 或以上版本软件。

(3) 实验软件包主要文件及其功能如下。

SRM.m：富模型特征提取。

SubmodelConcatenation.m：子模型特征拼接。

ensemble_training.m：集成分类器训练。

ensemble_testing.m：集成分类器检测。

SRM_cover.mat：载体样本 SRM 特征。

SRM_stego.mat：隐写样本 SRM 特征。

原理简介

SRM 是一组基于多种子模型的 34671 维空域隐写分析特征，它组合了由不同残差图像提取的共生矩阵特征，增加了隐写分析特征的多样性，能够更全面地捕捉隐写嵌入对图像统计特性带来的影响。

SRM 包含 106 组子模型，即在 106 种残差图像中提取特征，其中，不同残差图像是采用不同滤波器、滤波方式、量化步长等处理方法得到的，具体可以参阅 9.2.1 节。SRM 的特征种类较多，为了在实验中区别各类特征，对不同类子模型或残差图像一般标记为 s{class}_{type}{*f*}{sigma}{scan}_q{step}的形式。其中 class∈{'1','2','3','35','3×3','5×5'}表示 6 类滤波器，就是 9.2.1 节中提到的大类，1、2、3 分别表示一阶、二阶、三阶滤波器，35 表示 3×3 和 5×5 的 SQUARE 滤波器，3×3 表示 EDGE 3×3 滤波器，5×5 表示 EDGE 5×5 滤波器；type∈{'spam','minmax'}表示滤波方式，spam 表示线性滤波，minmax 表示最小最大滤波，即取同一位置上不同类滤波的最大值或最小值；*f* 表示得到特征使用的线性滤波器数；sigma 表示对称指数，它指通过旋转图像能带来的不同种残差数；scan 表示共生矩阵计算方向，scan∈{∅,'hv','h','v'}，其中符号∅表示没有方向标注，这说明残差图像既是水平又是垂直对称的，可合并两个方向的共生矩阵，hv 表示包含由水平和垂直方向残差计算的共生矩阵，h、v 分别表示由水平、垂直方向计算的共生矩阵，值得注意的是，这里的共生矩阵计算方向是相对滤波器方向的；step∈{'1','15','2'}表示量化步长，这里的 1、15、2 分别表示 c、$1.5c$、$2c$，c 为残差的阶，请参见式(9.14)的说明。

实验步骤

为了完成实验，需要编写 MATLAB 脚本调用相应接口实现 SRM 特征提取，并利用已生成的 SRM 特征和集成分类器进行隐写检测。

提取 SRM 特征的主要步骤如下。

(1) 调用 SRM.m，得到 SRM 的各个子模型特征。

(2) 调用 SubmodelConcatenation 函数，拼接各个子模型特征。

(3) 调用 save 函数，将最终拼接得到的 34671 维 SRM 特征保存到硬盘。

利用已提取 SRM 特征进行隐写检测的主要步骤如下。

(1) 调用 load 函数，加载 1000 对图像的 SRM 特征，其中隐写样本由使用 0.05bpp 负载率的 S-UNIWARD 得到。

(2) 调用 ensemble_training 函数，利用集成分类器对训练样本进行训练。

(3) 调用 ensemble_testing 函数，利用集成分类器对测试样本进行检测。

(4) 统计以上隐写分析的虚警率、漏检率与错误率。

实验提示

(1) F=SRM(ImagePath) 为 SRM 特征的计算函数，ImagePath 表示空域图像文件路径，F 表示 SRM 的子模型特征集合。

(2) fea=SubmodelConcatenation(F) 对 SRM 各个子模型特征进行拼接，得到最终 34671 维的 SRM 特征，F 表示 SRM 子模型特征集合，fea 表示 34671 维的 SRM 特征。

(3) save(saveFilePath,'fea') 将最终得到的 SRM 特征以 mat 格式保存到硬盘，saveFilePath 表示 mat 文件的保存路径，fea 表示 34671 维的 SRM 特征。

(4) SRM 特征源代码可参考 http://dde.binghamton.edu/download/feature_extractors。

(5) load(saveFilePath) 加载已生成的 SRM 特征，saveFilePath 表示 mat 文件的保存路径。

(6) [trained_ensemble,results] = ensemble_training(TRN_cover,TRN_stego) 为集成分类器的训练操作，TRN_cover 表示载体训练样本的特征，TRN_stego 表示隐写训练样本的特征，trained_ensemble 表示训练后集成分类器的参数，results 表示训练结果。

(7) test_results = ensemble_testing(TST_sample,trained_ensemble) 为集成分类器

的测试操作，TST_sample 表示载体/隐写测试样本的特征，trained_ensemble 表示训练后集成分类器的参数，test_results 表示测试结果，–1 表示载体，1 表示隐写。

(8) 集成分类器的代码可参考 http://dde.binghamton.edu/download/ensemble。

B.7　选择信道感知隐写分析

实验目的

通过提取空域选择信道感知(SCA)隐写分析特征 maxSRM[158]并采用 FLD 集成分类器[115]进行分类，进一步理解与掌握 SCA 隐写分析的基本原理与方法。

实验环境

(1) Windows 7 或以上版本操作系统。

(2) MATLAB 2012 或以上版本软件。

(3) 实验软件包主要文件及其功能如下。

maxSRM.mexwX：maxSRM 特征提取。

SubmodelConcatenation.m：子模型特征拼接。

S_UNIWARD.m：S-UNIWARD 隐写嵌入。

S_uniward_pro.m：隐写图像修改概率。

ensemble_training.m：集成分类器训练。

ensemble_testing.m：集成分类器检测。

maxSRM_cover.mat：载体样本 maxSRM 特征。

maxSRM_stego.mat：隐写样本 maxSRM 特征。

原理简介

当前的图像自适应隐写利用“嵌入失真函数+STC”的架构取得了很好的抗检测性能，但这种架构下自适应隐写的隐写信道确定方式是公开的，即隐写根据嵌入失真函数来确定嵌入更改的载体元素，因此，隐写分析者也可以根据嵌入失真函数来估计载体元素的嵌入修改概率，并利用载体元素的嵌入修改概率实现 SCA 能力，其实质是重点考察被修改的区域，进一步提高对自适应隐写的检测正确率。

maxSRM 是由空域隐写分析特征 SRM 结合各个像素位置上的修改概率得到的，后者在特征提取中起到了位置权重的作用。maxSRM 和 SRM 的差别在于如何计算共生矩阵，而共生矩阵的对称合并等其他处理过程相同。SRM 在残差图像上计算 4 阶共生矩阵时，同等地看待每个四元组向量的贡献，即对扫描中出现的每个四元组向量，对共生矩阵相同坐标向量上的数值加 1。而在 maxSRM 中，每次四元组出现时，对应共生矩阵坐标向量加上的是 4 个元素嵌入修改概率的最大值(图 13.3)。由于 maxSRM 特征的构成利用了像素嵌入修改概率，针对分析空域图像自适应隐写能取得比 SRM 特征更高的检测准确率。

实验步骤

为了完成实验，请编写 MATLAB 脚本调用相应接口实现 maxSRM 特征提取，并利用已生成的 maxSRM 特征和集成分类器进行隐写检测。

maxSRM 的特征提取过程如下。

(1) 调用 S_uniward_pro 函数，得到当使用 S-UNIWARD 自适应隐写方法时图像每个像素的嵌入修改概率。

(2) 调用 maxSRM.mexw64，得到 maxSRM 特征的各个子模型特征。

(3) 调用 SubmodelConcatenation 函数，拼接各个子模型特征。

(4) 调用 save 函数，将最终拼接得到的 34671 维 maxSRM 特征保存到硬盘。

利用已提取 maxSRM 特征进行隐写检测的过程如下。

(1) 调用 load 函数，加载 1000 对图像的 maxSRM 特征，其中隐写样本是使用 0.05 bpp 负载率 S-UNIWARD 得到的。

(2) 调用 ensemble_training 函数，利用集成分类器对训练样本进行训练。

(3) 调用 ensemble_testing 函数，利用集成分类器对测试样本进行检测。

(4) 统计以上隐写分析的虚警率、漏检率与错误率。

实验提示

(1) MAP = S_uniward_pro(img,payload) 函数可得到使用 S_UNIWARD 时图像的嵌入修改概率图，img 表示空域图像文件的路径，payload 表示 S_UNIWARD 的负载率，MAP 表示空域图像的嵌入修改概率图。

(2) F = maxSRM(I, MAP) 为 maxSRM 特征的计算函数， I 表示空域图像文件，MAP 表示空域图像的嵌入修改概率图，F 表示 maxSRM 的子模型特征集合。

(3) fea=SubmodelConcatenation(F) 可对 maxSRM 各个子模型的特征进行拼接，得到最终的 34671 维 maxSRM 特征，F 表示 maxSRM 的子模型特征集合，fea 表示 34671 维的 maxSRM 特征。

(4) save(saveFilePath, 'fea') 可将最终得到的 maxSRM 特征以 mat 格式保存到硬盘，saveFilePath 表示 mat 文件的保存路径，fea 表示 34671 维的 maxSRM 特征。

(5) maxSRM 特征的代码可参考 http://dde.binghamton.edu/download/feature_extractors。

(6) load(saveFilePath) 可加载已生成的 maxSRM 特征，saveFilePath 表示 mat 文件的保存路径。

(7) [trained_ensemble, results] = ensemble_training (TRN_cover, TRN_stego) 为集成分类器的训练操作，TRN_cover 表示载体训练样本的特征，TRN_stego 表示隐写训练样本的特征，trained_ensemble 表示训练后集成分类器的参数，results 表示训练结果。

(8) test_results = ensemble_testing (TST_sample, trained_ensemble) 为集成分类器的测试操作，TST_sample 表示载体/隐写测试样本的特征，trained_ensemble 表示训练后集成分类器的参数，test_results 表示测试结果，–1 表示载体，1 表示隐写。

B.8　空域图像 CNN 隐写分析

实验目的

通过在机器学习研发环境 Tensorflow 下运行 CNN 隐写分析网络 XuNet[166]，检测基于 S-UNIWARD[143]的自适应图像隐写，进一步了解空域图像 CNN 隐写分析的概念与方法。

实验环境

(1) Windows 7 或以上版本操作系统。

(2) Python 3.5 环境。

(3) Tensorflow 环境。

(4) Visual C++ Redistributable Packages。

(5) 实验软件包主要文件及其功能如下。

main.py：主程序代码。

run.py：网络训练与测试代码。

config.py：参数配置文件代码。

filters.py：KV 滤波器配置文件代码。

network.py：网络实现代码。

label.txt：所使用的测试集标签文件。

utils.py：获取 batch 等辅助工具代码。

image_preprocess.py：图像预处理代码。

layer.py：网络卷积层、全连接层基本模块代码。

readme.md：实验软件包详细使用说明。

model 文件夹：已训练好的网络模型所在目录。

TEST 文件夹：所用测试集所在目录。

原理简介

在隐写分析领域，XuNet 已经成为一个比较有代表性的 CNN 隐写分析网络，之后出现的网络普遍借鉴了其处理方法。XuNet 的基本处理流程是(图 14.4)：首先，预处理层对图像进行高通滤波以增强隐写噪声；其次，利用 5 层卷积、归一化与池化等操作实现对图像特征的提取；最后，采用全连接层对提取的特征映射进行分类。在以上处理中，除了预处理层的滤波核，其他层次上的滤波核、偏移、权重等参数均需要通过基于反向传播的训练获取。XuNet 在刚提出时采用了一些非常有特色的处理，使得其检测性能在小尺寸图上首次稳定地超过了 SRM。XuNet 的具体学习与检测方法请参阅 14.2.1 节。

实验步骤

(1) 安装 Python 3.5 环境：运行提供的 python-3.5.2-amd64.exe(x86-64)，将 Python 加入环境。

(2) 安装 Tensorflow 人工智能学习框架：在控制台中输入 pip install tensorflow。

(3) 安装 scikit-image：在控制台中输入 pip install scikit-image。

(4) 安装 scipy：在控制台中输入 pip install scipy。

(5) 检测 S-UNIWARD 自适应图像隐写：在 tf_steganalysis_master 文件夹下运行"python main.py --mode test --submode batch --network stegshi --height 512 --width 512 --model_file_path model/steganalysis_xunet --test_files_dir TEST/ --label_file_path label.txt"命令，可以看到对测试集的隐写分析结果，并记录真阳性率、真阴性率和正确率。相关参数说明如下。

mode test：表明处于测试模式。

submode batch：表明处于批(测试)模式。

network stegshi：表明所对应的网络结构描述为 stegshi(XuNet)。

height 512, width 512：表明输入图像的高、宽。

model_file_path model/steganalysis_xunet：表明该测试使用已训练好的网络模型，配置文件在 model 文件夹下。

test_files_dir TEST/：表明该测试所使用的测试集所在目录是 TEST 文件夹，其中包括 200 个图像。若以文件名字典序排列，前 100 个为未隐写样本，后 100 个是嵌入率为 0.4bpp、基于 S-UNIWARD 隐写失真函数与 STC 的自适应隐写样本。

label_file_path label.txt：表明该测试所使用的测试集标签文件，其中，载体图标注为 0，隐写图标注为 1，以测试集图像文件名字典序排列。

实验提示

(1)为了简化实验与节省时间，本实验不涉及网络的搭建和训练。若要学习本实验所用CNN模型架构的搭建方法，可阅读tf_steganalysis_master文件夹下network.py文件中对Stegshi网络的定义。

(2)在本实验中，所用神经网络的训练样本集规模较小，可能会对检测结果产生一定影响。若有兴趣，可在硬件允许的条件下，尝试采用规模更大的样本集进行神经网络的训练，相关训练参数和配置及更多实验软件包的详细使用说明请参见tf_steganalysis_master文件夹下的readme.md文件。

名 词 索 引

A

AC 系数(alternating current coefficient), 18

AoSO(adding-or-subtracting operation) 特征, 248

ASAC 分析模式, 117

ASNC 分析模式, 118

B

Bayes 分类器, 292

Bayes 准则, 311

BN(batch-normalization), 230

bpnac(bits per nonzero alternating-current coefficient), 3

bpp(bits per pixel), 3

C

CC(Cartesian calibration), 137

CC-Pev-548 特征, 137

CDF(cross-domain feature)特征, 132

CMD(clustering modification directions)隐写, 209

CNN(convolutional neural networks), 228

COM(center of mass), 71

CRM(color rich model), 133

CRMQ1 特征, 133

D

DCRAS(DCT coefficients relationship based adaptive steganography), 251

DCT(discrete cosine transform), 305

DCTR(discrete cosine transform residual)特征, 142

DC 系数(direct current coefficient), 18

DeJion(decomposing joint distortion)隐写, 214

DeJion_2, 216

DFT(discrete Fourier transform), 306

DLS(distortion limited sender), 158

DSTC(double-layered STC), 178

DWT(discrete wavelet transform), 306

F

F3 隐写, 31

F4 隐写, 32

F5 隐写, 56

Fisher 信息(Fisher information), 281

G

Gabor 滤波, 146

GAN(generative adversarial network), 245

GFR(Gabor filter residual)特征, 146

GFR-GSM(GFR-Gabor symmetric merging), 149

GFR-GSM4 特征, 151

GFR-GW(GFR-Gabor symmetric merging and weighted histograms), 149

GFR-GW4 特征, 151

GFR-GW6 特征, 151

GIF, 17

GLSBM(generalized LSBM), 99

GNCNN(Gaussian neuron CNN)隐写分析, 231

GPU-DCTR 特征, 252
GPU-PSRM 特征, 251
GPU-SRM 特征, 252

H

HCF (histogram characteristic function), 70
HDL (hybrid deep-learning), 239
HILL (high-pass, low-pass, low-pass) 隐写, 194
HM-JPEG 隐写, 38
HPDM (histogram-preserving data mappings), 44
Huffman 编码, 285
HUGO (highly undetectable stego) 隐写, 189

J

J+SRM 特征, 137
JPEG, 17
JPEG 系数 (JPEG coefficient), 18
JPSRM (JRM PSRM) 特征, 140
JRM (JPEG rich model) 特征, 133
JSRM 特征, 137
J-UNIWARD (JPEG-universal wavelet relative distortion) 隐写, 198

K

Kerckhoffs 准则 (Kerckhoffs's principle), 9
KL 散度 (Kullback-Leibler divergence), 12
KV 核, 232

L

Lagrange 乘子 (Lagrange multiplier), 280
LSB (least significant bit), 19
LSBM (LSB matching), 21
LSBM-R (LSB matching revisited), 97
LSBR 替换 (LSB replacement), 20

M

Markov 特征, 111
MAX-2-SAT 问题, 30
MAX-SAT (maximum satisfiability), 30
maxSRMd2 特征, 221
maxSRM 特征, 220
MB (model based) 隐写, 45
MCMC (Markov chain Monte Carlo), 166
MG (multivariate Gaussian), 195
MMD (maximum mean discrepancy), 12
MME (modified matrix encoding), 58
MP3Stego 隐写, 248
MVG (multi-variate Gaussian), 195
MVRB (MV restoration-based) 特征, 248

N

NDSTC (near-optimal DSTC), 183
Neyman-Pearson 准则, 311
NSAC 分析模式, 118
nsF5 (no-shrinkage F5), 94
NSNC 分析模式, 118

O

OOB (out-of-bag) 错误指标, 126
OPA (optimum parity assignment), 22
OutGuess 隐写, 34

P

Pev-274 特征, 115
PHARM (phase aware projection model) 特征, 153
PLS (payload limited sender), 158
PQ (perturbed quantization), 94
PSRM (projection SRM), 138
PSRMQ1, 140

PSRMQ3, 140
P 值图像, 83

Q

QF (quality factor), 18
QIM (quantization index modulation), 24
QIM-JPEG 隐写, 41

R

ReLU (rectified linear unit) 函数, 300
RGB, 15
ROC (receiver operating characteristic), 6
RQP (raw quick pair) 隐写分析, 66
RS (regular-sigular) 隐写分析, 61

S

SCA (selection channel aware), 218
SCA-TLU-CNN, 236
SCRMQ1 (spatial CRMQ1), 133
SDCS (sum and difference covering set), 100
Sigmoid 函数, 300
SI-UNIWARD (side-channel informed UNIWARD), 200
Softmax 函数, 302
SPA (sample pair analysis), 68
SPAM (subtractive pixel adjacency matrix) 特征, 108
SPE (secure payload estimation), 203
SPOM (subtractive probability of optimal matching) 特征, 248
SRM (spatial rich model), 127
SRMd2 特征, 220
SRMQ1 特征, 132
SRMQ2 特征, 132
STC (syndrome-trellis code), 171, 172
S-UNIWARD (spatial-universal wavelet relative distortion), 193
SVM (support vector machine), 295
Synch (synchronization), 211

T

TLU (truncated linear unit) 函数, 236
TLU-CNN, 236
tSRM (thresholded SRM), 219

U

UED (uniform embedding distortion), 199
UERD (uniform embedding revisited distortion), 200
uSA (upper bounded sum of absolute values), 224

V

VNet, 243

W

WHOS (wavelet high-order statistics), 107
WOW (wavelet obtained weights), 191
WPC (wet paper code), 87

X

XuNet, 234

Y

YASS (yet another steganographic scheme), 251
YC_bC_r, 16
YeNet, 236
YUV, 16

Z

Zigzag 次序, 18

E

ε 安全(ε-secure), 12

Σ

σmaxSRM 特征, 223
σspamPSRM 特征, 223

B

半脆弱水印(semi-fragile watermarking), 5
被动攻击者(passive adversary), 12
边信息(side information), 41
编码损失(coding loss), 161
步幅(stride), 229

C

残差(residuals), 128
残差阶(residual order), 128
超像素(super-pixel), 214
惩罚参数(penalization parameter), 298
池隐写分析(pooled steganalysis), 245
抽样(sampler), 166
初始图像(raw image), 15
脆弱水印(fragile watermarking), 5

D

笛卡儿校准(Cartesian calibration), 137
定量隐写分析(quantitative steganalysis), 6
动量(momentum)参数, 304
对抗样本(adversarial examples), 245
对偶直方图(dual histogram), 115

E

二次型距离(quadratic distance), 29
二元编码(binary coding), 25

F

反向传播(backpropagatioin), 302
分类器(classifier), 292
分量和(sum of components), 22
分析过配(analytic overfitting), 125
分支(clique), 212
负载率(payload), 3
覆盖半径(covering radius), 52

G

干点(dry point), 87
格(lattice), 23
更新式 DeJion(updating-DeJion), 216
共生矩阵(co-occurrence matrix), 128
光栅格式(raster format), 15
规格化(normalization), 229

H

哈特(Hart), 281
汉明(Hamming)码, 289
和差覆盖集(sum and difference covering set), 100
核参数(kernel parameter), 299
核函数(kernel function), 299
环(ring), 276
混合深度学习(hybrid deep-learning), 239
混合专家系统(mixture of experts), 120

J

激活函数(activation function), 299
集成分类器(ensemble classifier), 124
挤压函数(squashing function), 299
加减 1 嵌入(±1 embedding), 21
加性模型(additive model), 162

假设检验(hypothesis testing), 308
假阳性率(false positive rate), 6
假阴性率(false negative rate), 6
间隙(margin), 296
监督学习(supervised learning), 291
检测率(detection rate), 6
检验统计量(test statistic), 308
校验矩阵(parity-check matrix), 287
校验子(syndrome), 52
校验子格编码(syndrome-trellis code), 171
校准(calibration), 75
交叉相关运算(cross-correlation), 143
交叉验证(cross validation), 291
接近色彩对(close color pairs), 66
接收操作特性(receiver operating characteristic), 6
捷径连接(shortcut connection), 245
局部特征(local characteristics), 167
局部校验子(partial syndrome), 174
矩阵编码(matrix embedding/encoding), 53

K

χ^2 卡方隐写分析(Chi-squred steganalysis), 27
可逆水印(reversible watermarking), 5
空域编码图像, 15
空域富模型(spatial rich model)特征, 127
块效应(blockiness), 73

L

拉普拉斯分布(Laplacian distribution), 26
离散 Fourier 变换(discrete Fourier transform), 304
离散小波变换(discrete wavelet transform), 306
离散余弦变换(discrete cosine transform), 305
亮度分量(luminance component), 16
漏检率(miss detection rate), 6
鲁棒水印(robust watermarking), 4

M

盲(blind)隐写分析, 9
模式(mode), 19
模型矫正(model correction), 190

N

奈特(nat), 281

P

判别函数(discriminant function), 291
陪集(coset), 23, 275
陪集首(coset leader), 52
批量梯度下降(batch gradient descent), 303
偏置(bias)参数, 299
偏移系数(deflection coefficient), 206
平均池化(average pooling), 229

Q

奇异颜色(abnormal color)隐写分析, 82
嵌入率(embedding rate), 3
嵌入效率(embedding efficiency), 3
囚犯问题, 7
取证辅助(forensic-aided)隐写分析, 119
全局(global)池化, 236
权重衰减(weight decay)参数, 304
权重直方图(weighted histogram), 151
群(group), 274

R

扰动量化(perturbed quantization), 94
扰动运动估计(perturbed motion estimation)隐写, 247

融合校准特征(merged calibrated features), 113
软间隙(soft margin), 298

S

三元编码(ternary coding), 25
三元单位(triunit), 281
色彩分量(color component), 15
神经元(neuron), 299
生成对抗网络(generative adversarial network), 245
失真漂移(distortion drift), 248
失真修正(distortion correction), 209
湿点(wet point), 87
湿纸编码(wet paper code), 87
似然比(likelihood ratio), 310
收缩(shrinkage), 26
数字水印(watermarking), 2
双曲正切(hyperbolic tangent)函数, 300
死区(dead zone), 39
算法去失配(algorithm de-mismatch), 118
算法失配(algorithm mismatch), 118
随机梯度下降(stochastic gradient descent), 304

T

特征映射(feature map), 228
梯度下降(gradient descent), 302
提取方程(extraction equation), 89
调色板(palette), 17
通用定量(universal quantitative)隐写分析, 121
通用盲(universal blind)隐写分析, 117
通用隐写分析(universal steganalysis), 105
突触权重(synaptic weight), 299

W

完美安全(perfectly secure), 12

X

限负载发送(payload limited sender), 158
限失真发送(distortion limited sender), 158
线性分组码(linear block code), 287
相对熵(relative entropy), 12
相位分离(phase split)层, 241
相位感知(phase aware)特征分析, 141
小波高阶统计特征(wavelet high-order statistics), 107
小批量(mini-batch), 230
小批量梯度下降(mini-batch gradient descent), 304
信息隐藏(information hiding), 1
虚警率(false alarm rate), 6
选择信道感知(selection channel aware)隐写分析, 218
学习率(learning rate), 302

Y

隐蔽通信(covert communication), 1
隐层(hidden layer), 301
隐写(steganography), 3
隐写编码损失(coding loss), 204
隐写分析(steganalysis), 6
隐写过配(steganographic overfitting), 8
隐写码(steganographic codes), 51
隐写体制(steganosystem), 34
游程(run length), 84
有限域(finite field), 277
预留区(reserved part), 33
域(field), 278
运动向量回复(MV restoration-based)特征, 248

Z

载体(cover), 2

载体去失配(cover de-mismatch), 119
载体失配(cover mismatch), 118
真阳性率(true positive rate), 6
真阴性率(true negative rate), 6
正确率(accuracy rate), 6
支持向量(support vector), 297
支持向量机(support vector machine), 295
直方图特征函数(histogram characteristic function), 70
值对(value pair), 20
指纹痕迹(fingerprint), 16
质量因子(quality factor), 18
专用(specific)隐写分析, 61
子格(sublattice), 23
子格嵌入(sublattice embedding)隐写, 209
子群(subgroup), 275
自适应隐写(adaptive steganography), 187
自适应隐写分析(adaptive steganalysis), 218
最大池化(max pooling), 229
最大平均偏差(maximum mean discrepancy), 12
最小错误概率准则, 311
最优嵌入(optimal embedding), 157
最优嵌入参数(optimal embedding parameter), 159
最优嵌入模拟器(simulator of optimal embedding), 164